Thomas Ruf

Scientific&Statistical Databases

Thomas Ruf

Scientific&Statistical Databases

Datenbankeinsatz
in der multidimensionalen Datenanalyse

ISBN-13:978-3-528-05565-3   e-ISBN-13:978-3-322-84947-2
DOI: 10.1007/978-3-322-84947-2

Vorwort

Das vorliegende Buch behandelt einen Themenbereich, für den sich noch kein deutschsprachiger Begriff hat etablieren können; deshalb wurde als Haupttitel die anglo-amerikanische Bezeichnung "Scientific&Statistical Databases" verwendet. Der deutschsprachige Untertitel hebt einen mit diesem Themenbereich verbundenen zentralen Aspekt, die Datenbankunterstützung für die multidimensionale Datenanalyse, besonders heraus. Den Gegenstand des Buches bildet die Untersuchung von Anforderungen an und die Erarbeitung geeigneter Lösungsvorschläge für die Modellierung, Verwaltung und Auswertung von empirisch erhobenen Massendaten in Anwendungsgebieten des statistischen und technisch-wissenschaftlichen Umfeldes.

Das vorliegende Buch stellt das Ergebnis von Forschungsarbeiten dar, welche ich in den vergangenen zehn Jahren am Lehrstuhl für Datenbanksysteme der Friedrich-Alexander-Universität Erlangen-Nürnberg unter der Leitung von Prof. Dr. Hartmut Wedekind durchgeführt habe. Die erste Phase dieser Arbeiten war geprägt durch eine stark anwendungsorientierte Auseinandersetzung mit Datenbankaspekten bei der Modellierung und dem Betrieb von flexiblen Fertigungssystemen. Ein unmittelbares Ergebnis dieser Arbeitsphase stellt meine im Jahre 1991 vorgelegte Dissertation zum Thema "Featurebasierte Integration von CAD/CAM-Systemen" dar, welche als Informatik-Fachbericht im Springer-Verlag verlegt wurde. Wenn auch der Schwerpunkt bei dieser Arbeit eindeutig auf der Anwendungsseite lag, wurde durch die in intensiver Projektarbeit gewonnenen Erfahrungen in einem klassischen Einsatzgebiet von "Scientific&Statistical Databases" doch ein wichtiger Grundstein für die spätere Auseinandersetzung mit dem datenbankorientierten Themengebiet des vorliegenden Buches gelegt.

Der entscheidende Anstoß zur intensiveren Auseinandersetzung mit dem Themengebiet "Scientific&Statistical Databases" erfolgte während meines einjährigen Forschungsaufenthaltes am Almaden Research Center der Fa. IBM in San Jose, Kalifornien. Die Mitarbeit in der "Advanced Manufacturing Process Control"-Gruppe ermöglichte mir eine enge Zusammenarbeit mit Fertigungsingenieuren des ADSTAR-Speicherplattenfertigungswerks, bei der die Implementierung und Weiterentwicklung datenbankgestützter Prozeßkontrollsysteme für die Wafer-Fertigung im Vordergrund stand. Dieser datenintensive Anwendungsbereich stellt im Vergleich zu herkömmlichen Datenbankanwendungen teilweise völlig neue Anforderungen an die Ebene der Datenverwaltung und -auswertung, welche mit herkömmlichen Ansätzen zur Datenverwaltung und -auswertung nur äußerst unzureichend abgedeckt werden. Die erkannten Schwachstellen führten zur Entwicklung eines verallgemeinerten Schichten-Architekturmodells für Prozeßkontrollsysteme, welches die Ausgangsbasis für eine systematische Erweiterung von Datenbanksystemen für Anwendungsbereiche der statistischen Prozeßkontrolle darstellte.

Seit meiner Rückkehr aus den USA an den oben genannten Lehrstuhl im Jahre 1993 beschäftige ich mich mit einer kleinen Arbeitsgruppe intensiv mit der Erforschung des Themengebiets "Scientific&Statistical Databases". Wiederum sind die Arbeiten durch eine starke Anwendungsorientierung gekennzeichnet, welche insbesondere auf der intensiven Kooperation mit einem führenden europäischen Marktforschungsunternehmen beruht. Das auf Basis dieser Zusammenarbeit entwickelte CROSS-DB-Modell stellt eine über bestehende Ansätze zur Beschreibung von Anwendungen aus dem Bereich "Scientific&Statistical Databases" wesentlich hinausgehende Modellierungsflexibilität bereit und erlaubt gleichzeitig eine systematische Anfrageoptimierung für datenintensive Anwendungsbereiche.

Das vorliegende Buch beruht auf meiner im Jahre 1996 an der Technischen Fakultät der Friedrich-Alexander-Universität eingereichten Habiliationsschrift, deren Entstehen ohne eine fortwährende intensive wissenschaftliche Förderung und Kooperation nicht möglich gewesen wäre. Tiefen Dank schulde ich Herrn Prof. Dr. Hartmut Wedekind für seine stete großzügige Unterstützung meiner Forschungsarbeiten. Ebenso großer Dank gebührt meinen Mitstreitern in der SSDB-Forschungsgruppe, Herrn Dipl.-Inf. Wolfgang Lehner und Herrn Dipl.-Inf. Michael Teschke. In unzähligen Diskussionen wurde mit ihnen das CROSS-DB-Modell entwickelt und ständig verfeinert; ein Gutteil der Darstellung der Anwendungsfallstudien sowie des CROSS-DB-Modells selbst beruht auf gemeinsam mit ihnen durchgeführten Vorarbeiten. Der Kontakt zu unserem Projektpartner aus dem Bereich der Marktforschung wurde durch Herrn Prof. Dr. Dr. h.c. mult. Peter Mertens hergestellt, wofür ich ihm ebenso danke wie für die Übernahme des Korreferats im Zuge meines Habilitationsverfahrens.

Zehn Jahre Datenbankforschung hinterlassen auch im persönlichen Bereich ihre Spuren. Zu den erfreulichen Folgen zählt neben dem wissenschaftlichen Fortkommen sicherlich das auch aus familiärer Hinsicht überaus erfolgreiche Jahr in Amerika. Weniger erfreulich dürfte, vor allem in jüngster Zeit, für meine Familie der mit einer intensiven Forschungsarbeit verbundene Zeitaufwand gewesen sein. Meiner Frau Gabriele sowie unseren beiden kleinen Sonnenscheinen Stefanie und Maximilian widme ich die Arbeit aus Dank für die moralische Unterstützung und das entgegengebrachte Verständnis.

Fürth, im November 1996   Thomas Ruf

Inhaltsübersicht

Die Datenverwaltung und -auswertung in technisch-wissenschaftlichen Anwendungsgebieten stellt eines der ersten Einsatzgebiete der Computertechnik überhaupt dar. Bereits bei den großen Volkszählungen zu Ende des vergangenen Jahrhunderts wurden erste Vorläufer moderner programmgesteuerter Rechenmaschinen eingesetzt. Die Erfolge dieser frühen Anwendungen der maschinellen Rechentechnik ebneten den Weg für die Entwicklung heutiger Computersysteme.

Lange Zeit waren Rechneranwendungen im Umfeld der Verarbeitung empirisch erhobener Massendaten durch ad-hoc-Lösungen mit proprietärer Datenverwaltung auf Ebene der Anwendungsprogrammierung gekennzeichnet. Durch den Siegeszug der modernen Datenbanktechnologie, insbesondere des relationalen Datenbankmodells, in kommerziellen Anwendungsbereichen wurde auch im Anwendungsfeld der empirischen Massendatenverarbeitung die Suche nach anwendungsbereichsübergreifenden Modellen unter Einsatz generischer Datenverwaltungs- und -auswertungsdienste initiiert. Erste, noch rudimentäre Datenbanksysteme für statistische Anwendungen wurden zu Ende der siebziger Jahre vorgestellt. Seit Beginn der achtziger Jahre findet das im vorliegenden Buch behandelte Themengebiet im Bereich der Datenbankforschung unter dem Stichwort *Scientific and Statistical Databases* (SSDB) stärkere Beachtung, was sich auch in der Etablierung einer internationalen Konferenzreihe mit diesem Titel widerspiegelt.

Der wachsenden Bedeutung und Aufmerksamkeit, die das Themengebiet der Verwaltung und Auswertung empirisch erhobener Massendatenbestände gegenwärtig auch im kommerziellen Bereich unter Schlagworten wie "Online Analytical Processing" und "Data Warehousing" erfährt, steht im deutschsprachigen Raum eine starke Unterrepräsentation sowohl hinsichtlich einschlägiger Forschungsprojekte als auch spezifischer Veröffentlichungen gegenüber. Die im vorliegenden Buch verfolgte Zielsetzung ist deshalb zum einen, aus einer anwendungsorientierten Sichtweise heraus die spezifischen Anforderungen des SSDB-Bereichs an die Ebene der Datenverwaltung und -auswertung zu beschreiben und einen Überblick über die bisher im Datenbankbereich beschriebenen Lösungsansätze zu geben. Besonderer Wert wird in der Darstellung auf eine umfassende Literaturübersicht zu den verschiedenen Themenbereichen gelegt, welche dem Leser als Ausgangspunkt für eine spezifische Vertiefung einzelner Aspekte dienen kann. Zum anderen wird dann auf Basis dieser Darstellung des status quo ein neues Datenbankmodell für empirisch-wissenschaftliche Massendatenanwendungen vorgeschlagen, welches insbesondere in den für Datenbanksysteme zentralen Aspekten "Datenneutralität" und "Datenunabhängigkeit" deutlich über bestehende Vorschläge aus dem SSDB-Bereich hinausgeht.

Entsprechend der verfolgten Zielsetzung ist das vorliegende Buch in drei große Abschnitte untergliedert. In Hauptabschnitt A werden die spezifischen Anforderungen im SSDB-Bereich auf Ebene der Datenverwaltung und -auswertung sowie die in gegenwärtigen Datenbanksystemen vorzufindende Unterstützung dieser Anforderungen aufgezeigt. Hierzu werden nach einem Überblick über die historischen und technologischen Grundlagen der Massendatenverarbeitung sowie einigen begrifflichen Ein- und Abgrenzungen des Themengebiets "Scientific and Statistical Database Management" (Kapitel 1) fünf paradigmatische Anwendungsbereiche der empirisch-wissenschaftlichen Massendatenverwaltung und -auswertung untersucht (Kapitel 2). Anhand eines konkreten Anwendungsszenarios werden für jeden Anwendungsbereich die auf Ebene der Datenverwaltung und -auswertung bestehenden Anforderungen samt der derzeit verfolgten Lösungsansätze vorgestellt. Im dritten Kapitel erfolgt dann auf Basis zweier konkreter Fallstudien eine Darstellung der gegenwärtig vorzufindenden Datenbankunterstützung für empirisch-wissenschaftliche Anwendungsgebiete aus anwendungsübergreifender Sicht, was auch die Identifikation der Schwachpunkte bei den bisher verfolgten Lösungsansätzen ermöglicht.

Hauptabschnitt B ist der Diskussion der in der Literatur vorgeschlagenen Ansätze zur spezifischen Unterstützung der Datenverwaltung und -auswertung in empirisch-wissenschaftlichen Anwendungsgebieten gewidmet. In Kapitel 4 werden Ansätze zur Zeit- und Verlaufsmodellierung in Datenbanksystemen als ein wichtiger Baustein von SSDB-Systemen dargestellt. Das fünfte Kapitel beschreibt spezifische Datenmodelle für den SSDB-Bereich, wobei auf graphisch und konzeptionell orientierte Ansätze sowie Summendatenmodelle besonders eingegangen wird. Der Schwerpunkt bei der Darstellung der einzelnen Modelle liegt dabei auf der Seite der logischen Datenmodellierung; für ausgewählte Vertreter werden aber auch Aspekte der Anfragespezifikation und -verarbeitung diskutiert.

In Hauptabschnitt C wird ein neuer Vorschlag für ein Datenbanksystem zur Unterstützung von Anwendungsgebieten der Verwaltung und Auswertung empirisch erhobener Massendaten unterbreitet. Dieses Modell namens CROSS-DB (*Categorization- and Redundancy-based Optimization of Scientific and Statistical Data Bases*) zeichnet sich gegenüber den bisher unterbreiteten Vorschlägen vor allem durch seine integrative, alle drei Schemaebenen eines Datenbanksystems umfassende Sichtweise aus. Spezifische Beiträge sind die hohe Modellierungsflexibilität auf Basis eines featureerweiterten multidimensionalen Datenmodells sowie die systematische Bereitstellung und Nutzung von Mitteln zur Anfrageoptimierung. Die grundlegende Architektur des Gesamtmodells sowie die auf konzeptioneller, externer und interner Schemaebene vorzufindenden Charakteristika werden in Kapitel 6 aus modellorientierter Sicht beschrieben, bevor in Kapitel 7 die für den CROSS-DB-Ansatz charakteristische Anfrageoptimierung auf der Basis von im Datenbanksystem gehaltenen Datenverdichtungswerten dargestellt wird. Kapitel 8 greift den Aspekt der Anwendungsorientierung, der sich wie ein roter Faden durch das gesamte Buch zieht, nochmals auf und beschreibt das CROSS-DB-Modell aus Sicht der Anwendungsmodellierung.

Hauptabschnitt D faßt die wichtigsten Ergebnisse des vorliegenden Buches zusammen und gibt einen Ausblick auf künftige Weiterentwicklungen des CROSS-DB-Modells.

Inhaltsverzeichnis

Abbildungsverzeichnis

Tabellenverzeichnis

A Datenverwaltung und -auswertung in empirisch-wissenschaftlichen Anwendungsgebieten: Eine anwendungsorientierte Einführung

In diesem einleitenden Hauptabschnitt wird eine anwendungsorientierte Einführung in das in diesem Buch bearbeitete Themengebiet, die Modellierung, Verwaltung und Auswertung empirischerhobener Massendatenbestände, gegeben. Das erste Kapitel dient neben einer Übersicht über die historischen und technologischen Grundlagen der Massendatenverarbeitung insbesondere der Einordnung und Abgrenzung der Themenstellung. Hierzu werden aktuelle Schlagworte der Informatik wie "Online Analytical Processing" und "Data Warehousing", welche einen inhaltlichen Bezug zu der Themenstellung dieses Buches aufweisen, grob definiert und voneinander abgegrenzt. Diese Abgrenzung erlaubt es dann auch, die verschiedenen Themenschwerpunkte unter Angabe der verfolgten Zielsetzungen näher zu erörtern und das Buch weiter zu gliedern.

Unter Berücksichtigung der im ersten Kapitel vorgenommenen Abgrenzung des behandelten Stoffes werden im zweiten Kapitel einige beispielhafte Anwendungen von "Scientific&Statistical Databases" vorgestellt. Das Spektrum reicht dabei von der Klima- und Umweltforschung über die Molekularbiologie, die Fertigungsqualitätskontrolle und das Banken- und Finanzwesen bis hin zur beschreibenden Statistik. Für jeden Anwendungsbereich werden anhand eines Beispielszenarios die Anforderungen an die Datenverwaltung und -auswertung sowie die spezifischen Lösungsansätze im Datenbankbereich vorgestellt und diskutiert. Schließlich werden gemeinsame Charakteristika im Hinblick auf Datenverwaltungs- und -auswertungsaspekte herausgefiltert, welche als Anforderungskatalog die gemeinsame Referenz für die weiteren Ausführungen bilden.

Im dritten Kapitel des einführenden Hauptabschnittes wird die im zweiten Kapitel eingenommenen Sichtweise quasi umgekehrt. Standen im zweiten Kapitel die sich aus konkreten Anwendungen ergebenden Anforderungen an eine Datenverwaltungs- und -auswertungskomponente in empirisch-wissenschaftlichen Anwendungsgebieten im Vordergrund, so bildet im dritten Kapitel die heute verfügbare Datenbanktechnologie den Ausgangspunkt der Betrachtungen. Auf Basis der Beschreibung zweier Fallstudien aus dem Bereich der Marktforschung wird untersucht, inwieweit bekannte Methoden und Techniken der logischen Datenmodellierung, der Zugriffsmodellierung und Anfrageverarbeitung sowie des physischen Datenbankentwurfs die im zweiten Kapitel aufgestellten Anforderungen zu erfüllen vermögen.

1 Einführung

Im vorliegenden Buch wird eine Themenstellung bearbeitet, für die sich im deutschen Sprachraum noch keine einheitliche Bezeichnung hat etablieren können. Im anglo-amerikanischen Sprachraum wird das Themengebiet mit "Scientific&Statistical Databases" bezeichnet. Eine Übersetzung dieses Ausdruck mit "wissenschaftliche und statistische Datenbanken" stellt den entscheidenden Punkt, die Verwaltung und Auswertung empirisch erhobener Massendatenbestände, nicht deutlich genug heraus. Deshalb wird das Themengebiet nachfolgend häufig als "empirisch-wissenschaftliche Massendatenverarbeitung" bezeichnet. In diesem einführenden Kapitel wird das Themengebiet charakterisiert und eingegrenzt. Hierzu wird zunächst in aller gebotenen Kürze ein Überblick über wichtige Meilensteine der Entwicklung moderner Massendatenverarbeitungssysteme und über gegenwärtige technologische Entwicklungstrends gegeben. Es wird sich zeigen, daß der derzeitig erreichte bzw. in Entwicklung befindliche technologische Stand sehr gute Voraussetzungen für eine bessere Unterstützung alter und die Erschließung neuer Anwendungsgebiete bietet. Zur thematischen Ab- und Eingrenzung werden im Anschluß an die historische und technologische Übersicht aktuelle Schlagworte der Massendatenverarbeitung präzisiert, um dann schließlich die im Buch verfolgte Themenstellung näher zu charakterisieren und zu gliedern.

1.1 Historische Entwicklung der empirisch-wissenschaftlichen Massendatenverarbeitung

Der Siegeszug des Computers in der Arbeitswelt wird heute allgemein mit dem Durchdringen kaufmännischer und administrativer Anwendungsgebiete gleichgesetzt. Diese Sichtweise ist zwar im Hinblick auf den kommerziellen Erfolg der digitalen Rechentechnik sicherlich richtig, verstellt aber zuweilen den Blick auf ein heute weithin unbeachtetes Phänomen: die ersten erfolgreichen Anwendungen von Datenverarbeitungsanlagen waren im empirisch-statistischen Bereich zu finden. Als Geburtsstunde der rechnergestützten Massendatenverarbeitung kann aus heutiger Sicht die automatengesteuerte Erfassung und Auswertung der amerikanischen sowie der österreichischen Volkszählungsdaten im Jahre 1890 unter Verwendung von Hollerith-Maschinen angesehen werden ([Holl 1889]). Diese Maschinen beruhten zwar noch nicht auf dem digitalen Verarbeitungskonzept heutiger Computer, wiesen jedoch bereits eine Programmsteuerung nach anwendungsspezifischen Kriterien, welche von Charles Babbage im Jahre 1833 erfunden worden war, als ein entscheidendes Merkmal heutiger Datenverarbeitungsanlagen auf.

Standen bei den ersten Anwendungen programmgesteuerter Datenverarbeitungsanlagen in der Bevöl-
kerungs- und Sozialstatistik noch vergleichsweise einfache Zähl- und Sortieraufgaben im Vordergrund,
so wurden durch die stürmische Entwicklung neuer Technologien und in deren Gefolge besserer Rechner und Peripheriegeräte nach und nach völlig neue Anwendungsgebiete erschlossen. Als ein wichtiger
Meilenstein kann der Einsatz von Elektronenröhren für den Bau elektronischer Rechenmaschinen ab
dem Jahr 1937 angesehen werden. Hierdurch wurde der Ersatz der bis dahin weitverbreiteten mechani-
schen Rechenmaschinen eingeleitet. Der Vorteil der neuen Gerätegeneration lag in der Möglichkeit der
wesentlich schnelleren Ausführung komplexer Rechenvorgänge, was einen Einsatz vor allem für
Anwendungen im numerischen Bereich (z.B. Ballistik oder Kybernetik) erlaubte. Diese Anwendungsgebiete sind allerdings nicht der eigentlichen Massendatenverarbeitung zuzurechnen, da bei ihnen die
Ausführung umfangreicher Berechnungsverfahren auf vergleichsweise geringen Datenmengen im
Vordergrund steht. Anwendungen der Massendatenverarbeitung wurden bis in die 50er Jahre hinein
durch die von Frederik R. Bull im Jahre 1925 entwickelte elektromechanische Lochkartenmaschine
dominiert.

Einen entscheidenden Durchbruch zur weiten Verbreitung der Computertechnik in vielfältigen Anwendungsgebieten der Massendatenverarbeitung leistete die Erfindung des Transistors im Jahre 1948. Mit
der Transistortechnologie erlebte die von John von Neumann im Jahre 1945 vorgeschlagene Idee der
Gleichbehandlung von Daten und Programmen den entscheidenden Durchbruch. Die damit einhergehende Programmierflexibilität öffnete völlig neue Horizonte in der Anwendung; insbesondere im kauf-
männisch-administrativen Bereich verhalf dies der Computertechnik zum Durchbruch. Zudem erlaub-
ten die zu dieser Zeit entwickelten neuen Speichertechnologien wie Magnettrommelspeicher (Billing
und Booth, 1947) und die erste Anwendung des Magnetbandes im Magnettrommelrechner Mark III von
Howard H. Aiken den allmählichen Einstieg in die Online-Speicherung der zu verarbeitenden Daten.
Der Magnettrommelspeicher erlaubte sogar einen wahlfreiem Zugriff, was eine hocheffiziente Auswertung der gespeicherten Daten nach anwendungsspezifisch definierbaren Kriterien ermöglichte und
somit völlig neue Anwendungsgebiete erschloß.

Die rasanten Weiterentwicklungen in der Rechner- und Speichertechnologie in den fünfziger und sech-
ziger Jahren (eine Zeittafel der Entwicklung von Rechenmaschinen in diesem Zeitraum findet sich
beispielsweise in [Grae 73]) führten schließlich schrittweise zu der Entwicklung moderner Massendatenverarbeitungssysteme, die in der relationalen Datenbanktechnologie in den siebziger Jahren einen
vorläufigen Höhepunkt erreichten. Trotz des heutigen Erfolges dieser Systeme in verschiedensten
kommerziellen und administrativen Bereichen wurden und werden aber weiterhin viele Anwendungen
mit extrem hohem Datenaufkommen (z.B. Klima- und Umweltforschung, Molekularbiologie) auf Basis
proprietärer Datenverwaltungskonzepte betrieben. Es ist eine der wesentlichen Zielsetzungen des
vorliegenden Buches, die Gründe hierfür zu eruieren und gegebenenfalls bestehende Defizite in heutigen Massendatenverwaltungs- und -verarbeitungssystemen aufzuzeigen, um daraus Vorschläge für die
Weiterentwicklung dieser Systeme abzuleiten.

1.2 Technologische Grundlagen der Massendatenverarbeitung

In diesem Abschnitt des einführenden Kapitels werden die wesentlichen Entwicklungslinien in den Hauptkomponenten von Massendatenverarbeitungssystemen aufgezeichnet. Der Schwerpunkt liegt auf der Darstellung des status quo und dem Aufzeigen von Entwicklungstrends, welche die künftige Entwicklung von datenbankgestützten Verwaltungs- und Auswertesystemen für die empirische Massendatenverarbeitung beeinflussen können. Diese Übersicht ist nötig, um die weiteren Ausführungen im Bucht, welche sich auf datenbanktechnische Fragen konzentrieren werden, in einen Kontext der derzeitigen und künftigen technologischen Realisierbarkeit einordnen zu können. Aus darstellungstechnischen Gründen wird eine Untergliederung nach Hardware- und Softwarebereich vorgenommen; in der Praxis sind die Trennlinien oft unscharf bzw. verwischen zunehmend. Natürlich kann die folgende Übersicht nur zweckorientiert und stark verallgemeinernd sein; für weitere Ausführungen wird auf die einschlägige Fachliteratur verwiesen.

1.2.1 Hardware

Die erste Auswertung der im Rahmen der bereits erwähnten amerikanischen Volkszählung von 1890 erhobenen 12,5 Millionen Familienformulare benötigte 47 Tage; in dieser Auswertung wurden die auf den Lochkarten angegebenen Familiengrößen 20 installierten Zähluhren zugewiesen, aus deren Endstand dann die Gesamteinwohnerzahl des Landes errechnet werden konnte ([Zema 88]). Die Hollerith-Maschine war eine reine Zähl- und Sortiermaschine, wie eine zeitgenössische Beschreibung verdeutlicht ([Klep 1896]); eine von Hollerith 1892 patentierte Addiereinrichtung kam bei der Auswertung noch nicht zum Einsatz. Neben der Zählfunktion über Zähluhren konnten die Lochkarten anhand der auf ihnen kodierten Daten verschiedenen Ablageschächten zugewiesen und somit sortiert werden. Zur "Programmierung" des im angeschlossenen Sortierers zu öffnenden Schachts war bei der Hollerith-Maschine noch eine Änderung der internen Verdrahtung erforderlich. Bereits 1895 wurde jedoch Otto Schäffler ein Patent auf die Erweiterung der Hollerith-Maschine um einen "Generalumschalter" erteilt, mittels dessen eine Änderung der Programmierung wie in einer Telefonvermittlung durch einfaches Umstöpseln von Kabeln erfolgen konnte ([Schä 1895]). Gegenüber der Hollerith-Maschine konnte hierdurch der Durchsatz an Lochkarten von 1506 Karten pro Maschine und Tag auf 3274 gesteigert werden, was neben einer enormen Beschleunigung des Auswertungsvorgangs zu einer Senkung der Kosten für die Auswertung der Volkszählungsdaten auf weniger als die Hälfte führte. Gerade der Kostensenkungsaspekt war wegen der für damalige Verhältnisse immens hohen Mietkosten für die Geräte besonders wichtig ([Rauc 1896]).

Die obige Beschreibung der Volkszählungsauswertung zu Beginn der Entwicklung moderner Computertechnologie zeigt, daß aus Sicht der Massendatenverwaltung und -auswertung bereits in der Frühzeit des Computers die Grenzen der Einsetzbarkeit eher durch die zur Verfügung stehende Speichertechnologie und insbesondere durch Probleme an den Schnittstellen zwischen Verarbeitungseinheiten und Externspeichern als durch Defizite in den Verarbeitungseinheiten selbst gesetzt waren. Dieses Phänomen hat bis heute seine grundlegende Gültigkeit behalten, woran die Leistungsverdopplung im Prozessorenbereich alle 18 Monate seit den 80er Jahren[†] ([GrRe 93]) sowie die Möglichkeiten der zusätzli-

---

[†] Seit ca. 1986 ist sogar von einer Verdopplung der Verarbeitungsgeschwindigkeit in der Central Processing Unit (CPU) innerhalb von nur 12 Monaten auszugehen ([Gray 95b]).

chen Leistungssteigerung durch Parallelverarbeitung in speicher- und netzgekoppelten Rechensystemen ([HePa 90], [PaHe 94]) mit im Prinzip beliebiger Skalierbarkeit der Verarbeitungsleistung ([Gray 95a]) einen entscheidenden Anteil haben.

Die Entwicklung von neuen Speichermedien in den vergangenen Jahren hat eine Vielzahl von unterschiedlichen Speichermedien mit jeweils spezifischen Zugriffsgeschwindigkeiten, Speichervolumina und -kosten sowie Lese-und Schreibcharakteristika hervorgebracht. In Abbildung 1.1 ist eine Speicherhierarchie mit zwölf Speichermedien in fünf unterschiedlichen Speicherklassen angegeben. Die hierarchische Anordnung der Speichermedien erfolgt im wesentlichen anhand der typischen Speicherkapazität. Weitgehend proportional hierzu ist die mittlere Zugriffszeit, wohingegen sich die Speicherkosten, ausgedrückt in DM pro MegaByte, für die meisten Speichermedien umgekehrt proportional verhalten. Die nichtorthogonale Einteilung in verschiedene Speicherklassen (Primär-, Sekundär- und Tertiär- bzw. Online-, Nearline- und Offline-Speicher) erfolgt anhand ähnlicher Zugriffscharakteristika, die nachfolgend genauer erläutert werden.

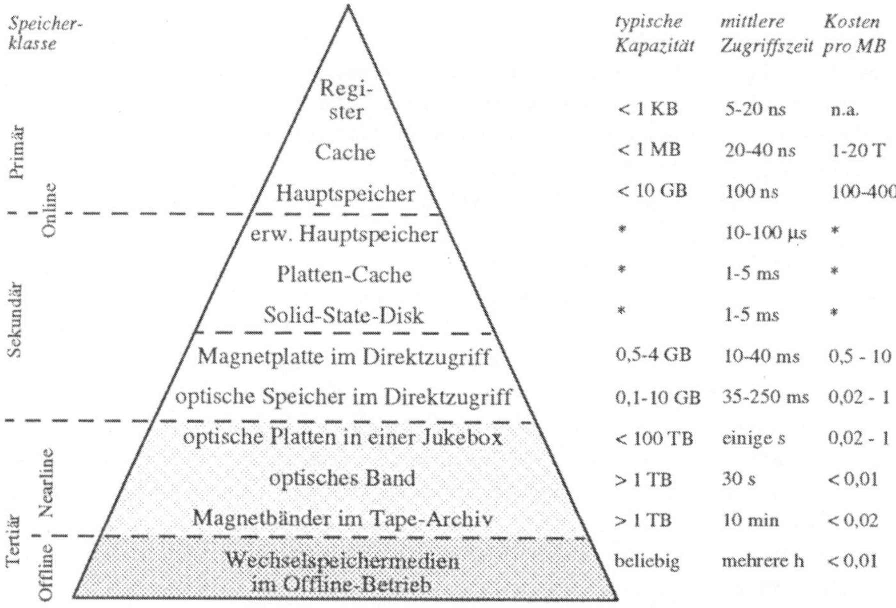

Abb. 1.1: Erweiterte Speicherhierarchie (nach [GuSS 93], [Rahm 93], [GrRe 93])

Den ersten Block der Speicherhierarchie bilden flüchtige, direkt von der CPU adressierbare Speichermedien, klassischerweise als Primärspeicherbereich bezeichnet. Register und Cache sind üblicherweise durch den Prozessortyp festgelegt, während der Hauptspeicher (Random Access Memory, RAM) in gewissen Grenzen konfigurierbar ist. Auch bei den heute teilweise bereits vorzufindenden Hauptspeichergrößen von mehreren GigaByte kann dieser Speicherbereich i.a. nur einen Bruchteil der in einer Massendatenanwendung typischerweise anfallenden Datenmengen aufnehmen. Jedoch kann die von einer spezifischen Anfrage benötigte Datenmenge oft im (u.U. durch Virtualisierung erweiterten) Hauptspeicher gehalten werden.

Die in Abbildung 1.1 zwischen Hauptspeicher und Magnetplatten zu erkennenden Speichermedien der zweiten Speicherklasse stellen ein Mittel dar, die Zugriffslücke zwischen sehr schnellem Hauptspeicher und ca. 100-fach langsameren Externspeichernmedien abzumildern; eine eigene Bezeichnung dieser Klasse hat sich noch nicht etablieren können. Der wesentliche Unterschied zum Hauptspeicher liegt in der nur seitenweisen Adressierbarkeit, weshalb für Datenzugriffe die zugehörigen Seiten zunächst in den Hauptspeicher geladen werden müssen. Die Vorteile gegenüber Magnetplatte und CD-ROM liegen im Wegfall mechanischer Zugriffsbewegungen und dadurch bedingt einer geringeren und vor allem stabilen Zugriffszeit ([Rahm 93]). Wegen der noch immer vergleichsweise hohen Kosten von DRAM-Speicherbausteinen, mit denen diese Speichermedien üblicherweise realisiert werden, kommen seiten-adressierbare Halbleiterspeicher bisher allerdings fast ausschließlich im Großrechnerbereich (z.B. Expanded Storage in der IBM3090) zum Einsatz. Nachdem die in Abbildung 1.1 eingetragenen Werte breite Durchschnittswerte darstellen, sind bei den Medien dieser Speicherklasse keine Speicherkapazitäten und Speicherkosten eingetragen.

Den dritten großen Bereich in der Speicherhierarchie stellen Plattenmedien (magnetisch oder optisch) im Direktzugriff dar. Das vorherrschende Online-Externspeichermedium stellt heute noch immer die bereits in den 50er Jahren eingeführte Magnetplatte dar. Während die Flächendichte und damit die Plattenkapazität seit dieser Zeit drastisch gesteigert werden konnten, haben sich die Umdrehungswartezeit und die durchschnittliche Positionierzeit des Schreib-/Lesekopfes nur in bescheidenem Maße erhöht, woraus eine nur etwa 2,5-fache Verbesserung der Zugriffszeiten gegenüber einer mehr als 100-fachen Kapazitätserweiterung in den Jahren von 1971 (IBM 3330) bis 1989 (IBM 3390-1) resultiert ([Rahm 93]); bis heute dürfte sich an diesem (Miß-)Verhältnis nichts wesentliches geändert haben. Hieraus ergibt sich auch der bereits mehrfach erwähnte zentrale Engpaß an der Ein/Ausgabeschnittstelle zwischen Haupt- und Externspeicher, was in datenintensiven Anwendungen besonders zu Tragen kommt. Auch die neuerdings verwendeten (magneto-)optischen Plattenspeichermedien wie WORMs, CD-ROMs und überschreibbare optische Platten stellen hier keine Lösung dar, sind die Datentransferraten doch meist sogar schlechter als bei Magnetplatten. Dies gilt insbesondere für Schreibvorgänge, weil diese bei optischen Speichermedien aufgrund separater Lösch- und Schreiboperationen oft mehrere Plattenumdrehungen erfordern. Die im Vergleich zu Magnetplatten höhere Datensicherheit und die vergleichsweise geringen Speicherkosten stellen aber in einer Kombination verschiedener Online-Speichermedien ein erhebliches Potential zur Erweiterung des Einsatzspektrums in Massendatenanwendungen dar.

Gerade bei optischen Plattenspeichermedien bietet sich wegen der Robustheit des Speichermediums der Einsatz von automatisierten Medienwechselsystemen an. Die Speicherkapazität von modernen Jukebox-Systemen mit mehreren Schreib/Lesestationen und oft Hunderten von Ablagefächern für WORM-Platten mit Einzelkapazitäten bis zu 10 GigaByte erreicht beachtliche Größenordnungen im TeraByte-Bereich. Die mittlere Zugriffszeit liegt in einer Größenordnung von 5-15 Sekunden, wovon ein Gutteil für das Herunter- und Hochfahren des Laufwerkes benötigt wird und sich somit auch kaum verringern läßt. Eine Alternative zu den hauptsächlich für Archivierungszwecke eingesetzten Jukeboxen stellen optische Bänder dar, die bei einer Kapazität von einem TeraByte und mehr pro Band durch extrem schnelle Spulvorgänge beachtliche mittlere Zugriffszeiten ermöglichen; allerdings erfordert das Schreiben von Daten im Umfang eines TeraBytes auf ein optisches Band noch mehrere Tage. Deshalb und wegen der hohen Kosten der Bandlaufstationen für optische Bänder werden zur Langzeit-Datenarchivierung heute noch überwiegend Magnetbänder eingesetzt. Aufgrund der vergleichsweise geringen

Kapazität eines einzelnen Magnetbandes von meist nur wenigen GigaByte kann ein Nearline-Zugriff nur beim Einsatz eines automatisierten Band-Archivs ([SNKT 95]) erzielt werden, wobei die Zugriffszeiten von etlichen Minuten vor allem durch Spulzeiten bedingt sind.

Den letzten Block der in Abbildung 1.1 gezeigten Speicherhierarchie stellen Offline-Medien dar. Prinzipiell können alle wechselbaren Speichermedien im Offline-Archiv verwaltet werden. Der wesentliche Unterschied zur Klasse der Nearline-Speichermedien besteht darin, daß die Datenträger nicht robotergesteuert aus Ablagefächern in die zugehörigen Schreib-/Lesestationen eingelegt werden können, sondern erst manuell aus dem Archiv geholt und in die Laufwerke eingelegt werden müssen. Die Offline-Speicherung kann somit nur Zwecken der Speicherung extrem hoher Datenvolumina, beispielsweise von Satellitenbildern, oder der Langzeitdatenarchivierung aufgrund gesetzlicher Vorgaben dienen. Nearline- und Offline-Speichermedien werden häufig zusammenfassend als Tertiärspeichermedien bezeichnet.

Die mit der Nutzung einer Speicherhierarchie wie der in Abbildung 1.1 gezeigten erzielbaren Vorteile können durch Maßnahmen auf verwaltungstechnischer Ebene wie dem sog. Striping von Dateien über mehrere Magnetplatten ([SaGa 86]) oft noch weiter gesteigert werden. Der grundlegende Ansatz hierbei ist, die Ein-/Ausgabekapazität mehrerer Plattenlaufwerke parallel zu nutzen, wobei gleichzeitig durch den Einsatz geeigneter Kodierungsverfahren, etwa einer Huffman- ([Huff 52]) oder Hamming-Kodierung ([PeWe 72]), eine erhöhte Fehlertoleranz gegenüber Medienfehlern erzielt werden kann ([CLG+ 94]). Auf die Darstellung von Plazierungsstrategien für Daten auf verschiedenen Speichermedien ([GrSi 73], [WJLF 80], [FoCh 91], [Goeb 95]) zur Kapazitäts- und Transferoptimierung kann in dieser technologieorientierten Einführung ebenso wie auf die Diskussion neuer technologischer Entwicklungstrends, z.B. holographischer Speichermedien ([ReWi 91]), verzichtet werden. Aus anwendungsorientierter Sicht sind noch Bestrebungen wie die Definition des sog. Mass Storage System Reference Models ([CoHu 93]) erwähnenswert, welche durch Definition von Datenbehältern mit Enthaltenseins-Relation eine logische Grundlage zur Nutzung von Speicherhierarchien darstellen können. Auf diese und andere speicherorientierte Ansätze, etwa in Richtung Datenkomprimierung, wird in Abschnitt 3.5 noch näher eingegangen.

1.2.2   Systemsoftware

In Abschnitt 1.2.1 wurde bereits verdeutlicht, daß die Leistungsmerkmale moderner Rechensysteme zunehmend aus der Parallelisierung von zentralen Komponenten resultieren. Die Systemsoftware zur Nutzung dieses Verarbeitungspotentials ist im Lichte von Massendatenanwendungen unter zwei Blickwinkeln zu betrachten: Datenverwaltung und Datenauswertung[†]. Für den Aspekt der Datenverwaltung wird heute ein breites Spektrum an Mechanismen angeboten, welches von verteilten Dateisystemen auf Betriebssystemsebene bis hin zu hochgradig parallelen Datenbanksystemen reicht. Praktisch alle modernen Datenbanksysteme unterstützen die verteilte Verarbeitung, wobei sowohl das relationale wie das objektorientierte Paradigma bereits modellseitig Parallelisierungspotentiale bieten. Neben parallelen Versionen kommerzieller Datenbanksysteme wird auch an der Entwicklung spezifischer Paralleldatenbanksysteme (z.B. DBS3, [BeCV 91]) gearbeitet. Für den Benutzer ist die Verteiltheit durch Mechanismen wie das verteilte Zwei-Phasen-Freigabeprotokoll in der Regel transparent. Auch effizienzsteigernde Maßnahmen wie die Bereitstellung und Verwaltung von Datenreplikaten nach

---

† Auf Basisdienste der Parallelverarbeitung im Betriebssystem- und Kommunikationssystembereich (z.B. Zeitsynchronisation, Namensdienste und Fehlertoleranzmaßnahmen) wird beispielsweise in [Wede 94] eingegangen.

anwendungsspezifischen Konsistenzkriterien ([Jabl 90], [Lenz 95]) erfordern in der Regel kein explizites Eingehen auf Verteilungsaspekte des zugrundeliegenden Rechensystems, sondern können auf logischer Ebene spezifiziert werden.

Aus Sicht der Datenauswertung ist in parallelen und/oder verteilten Systemen eine Unterscheidung zweier grundlegender Parallelisierungsansätze in der Anfrageverarbeitung vorzunehmen ([Gray 95b]):

- Datenflußarchitekturen (z.B. PVM)
- Tuple-Space-Architekturen (z.B. LINDA)

Beiden Ansätzen ist gemeinsam, daß sie von der physischen Ausprägung des verteilten Rechensystems abstrahieren und somit ein gemeinsames Programmiermodell sowohl für speichergekoppelte Multiprozessorsysteme als auch für netzgekoppelte Systeme mit Nachrichtenaustausch darstellen. Beim ersten Ansatz bildet das sog. Pipelining-Paradigma die Grundlage des parallelen Einsatzes mehrerer Verarbeitungseinheiten für die Abarbeitung einer Anfrage. Mehrere Bearbeitungsschritte werden hier in einer Bearbeitungskette angeordnet, welche durch Pufferspeicher miteinander verbunden sind. Teilergebnisse eines Bearbeitungsschrittes werden nachfolgenden Stationen im Puffer übergeben und können zeitlich parallel weiterverarbeitet werden.Beim zweiten Ansatz steht dagegen das Delegationsprinzip im Vordergrund; wenn für die Anfrage keine direkte Antwort gefunden werden kann, wird eine Vielzahl von Unteranfragen generiert, die an andere Verarbeitungseinheiten delegiert werden. Die Antwort auf die Anfrage wird dann aus den eingehenden Teilantworten synthetisiert. Unter Berücksichtigung moderner Vernetzungstechniken zwischen räumlich auch weit entfernt liegenden Rechnerknoten weist der zweite Ansatz insbesondere für Massendatenanwendungen das wesentlich bessere Skalierungspotential auf ([Gray 95b]).

Die beiden skizzierten grundlegenden Programmierparadigmen für verteilte Systeme beruhen auf der Verteilung und parallelen Verarbeitung verschiedener Operationen (sog. Inter-Operationen-Parallelität). Auf zusätzliche Möglichkeiten der Parallelisierung im Zuge der Abarbeitung einzelner Operationen (sog. Intra-Operationen-Parallelität) soll an dieser Stelle nicht eingegangen werden, da hier wenig spezifische Aspekte der Massendatenauswertung vorzufinden sind; der Leser sei auf die einschlägige Literatur (z.B. [Bräu 93], [PfFS 89]) verwiesen. Aus Sicht der Massendatenverwaltung und -auswertung ist zusammenfassend festzustellen, daß die heutigen Methoden und Techniken im Bereich Systemsoftware ein hinreichendes Spektrum an effizienten Verwaltungsmechanismen auch für verteilte Systemumgebungen bereitstellen. Wenn in Massendatenanwendungen des empirisch-wissenschaftlichen Bereiches in der Praxis dennoch ein mangelnder Einsatzgrad von datenbankorientierten Verfahren zu konstatieren ist, so liegt das häufig an einer fehlenden Anwendungsorientierung der generischen Datenverwaltungsdienste. Beispielsweise erfolgt in heutigen Datenbanksystemen noch eine viel zu geringe Unterstützung der effizienten Anfrageverarbeitung durch geeignete Maßnahmen auf physischer Speicherungsebene ([Grae 93a], [Grae 93b]). Es ist ein zentrales Anliegen des vorliegenden Buches, diese Defizite im einzelnen herauszuarbeiten und geeignete Lösungsvorschläge zu unterbreiten.

1.2.3 Anwendungssoftware

Mit der im vorangegangenen Abschnitt beschriebenen Systemsoftware wird zunächst nur eine anwendungsinvariante Infrastruktur zur Bearbeitung von im Prinzip beliebigen Aufgaben bereitgestellt. In der Regel wird eine konkrete Anwendung nicht direkt auf der systemnahen Schnittstelle eines Betriebs- und Kommunikationssystems, sondern unter Einsatz höherer, anwendungsorientierter Dienste realisiert.

Die für die Bereitstellung dieser Dienste eingesetzte Software nimmt somit eine Mittlerrolle zwischen Rechensystem und Anwendung ein: aus Sicht der Systemsoftware stellt sie ein Anwendungssystem dar, während sie aus Sicht der Anwendung als eine Erweiterung der Betriebsinfrastruktur aufgefaßt werden kann.

Die Anwendungssoftware zur Massendatenverwaltung und -auswertung hat sich, historisch gesehen, vor allem aus Programmpaketen zur statistischen Datenanalyse entwickelt. In diesen Paketen lag und liegt der Schwerpunkt zunächst auf der Bereitstellung eines möglichst vollständigen Spektrums an statistischen Analyse- und Darstellungsmethoden, wohingegen die zugrundeliegende Datenverwaltung in vielen Systemen auch heute noch proprietär auf Basis einfacher Dateisysteme vorgenommen wird. Waren die Statistikpakete zunächst meist für großrechnerorientierte Systemumgebungen konzipiert, so werden in letzter Zeit verstärkt Anstrengungen unternommen, diese Dienste auch auf anderen Systemplattformen wie Workstations und PCs verfügbar zu machen. Dabei wird häufig das aus dem PC-Bereich bekannte Auswerte- und Darstellungsparadigma der Tabellenkalkulation als Basis neuer Datenanalyse- und -visualisierungswerkzeuge adaptiert. Auch graphische Analysetools werden zunehmend auf die speziellen Anforderungen der Visualisierung von Massendaten erweitert, beispielsweise in Richtung multidimensionaler Darstellungen wissenschaftlicher Simulationsdaten.

Die heute unter dem Schlagwort OLAP (*OnLine Analytical Processing*) am Markt angebotenen Datenanalyse- und -visualisierungswerkzeuge beruhen überwiegend auf einer proprietären Datenverwaltung oder bedienen sich der Methoden des zugrundeliegenden Spreadsheet- oder Graphikprogramms. Dies setzt dem auswertbaren Datenvolumen meist relativ enge Grenzen, weil diese Programme vornehmlich für den PC-Bereich unter der Annahme eines Einbenutzerbetriebs mit begrenzten Speicherressourcen ausgerichtet sind. Deshalb ist für eine rohdatenbasierte Datenanalyse in solchen Systemen meist eine Partitionierung der Anwendungsdaten erforderlich, um den Analysedatenbestand auf ein für das System handhabbares Maß zu begrenzen. In den wenigsten der heute erhältliche Programmpakete sind Möglichkeiten zum dynamischen Nachladen von Daten vorgesehen. Selbst wenn in einem System der Auswertedatenbestand im Zuge der interaktiven Datenanalyse inkrementell austauschbar wäre, beispielsweise in einer "Drill-Down-Analyse", wäre dies bei neuen Verfahren wie beispielsweise dem Data Mining, mit denen noch nicht bekannte Querbezüge in den Daten aufgedeckt werden sollen (vgl. Abschnitt 5.4.4) und somit der Auswertedatenbestand nicht a priori partitioniert werden kann, nicht ausreichend.

Ein zweiter Ansatzpunkt zur besseren Unterstützung der Massendatenverwaltung und -auswertung besteht darin, generische Datenbankdienste um anwendungsorientierte Verwaltungs- und Auswertungsdienste zu erweitern ([JaRW 90a]). Für heutige Datenbanksysteme kann dies beispielsweise heißen, die Anfragesprache um spezielle statistische Operatoren wie die lineare Regressionsanalyse anzureichern und auf der Darstellungsebene erweiterte Möglichkeiten wie multidimensionale Tabellen- und Graphikdarstellungen anzubieten. Systemseitig wird an der Bereitstellung entsprechender Möglichkeiten unter dem Schlagwort "erweiterbare Datenbanksysteme" bereits gearbeitet; bisher fehlen allerdings entsprechende Funktionsbibliotheken, so daß der Endbenutzer selbst gezwungen ist, die Erweiterungen vorzunehmen. Dies erweist sich insbesondere im Umfeld technisch-wissenschaftlicher Anwendungen als kaum praktikabler Weg, weil die Analysen überwiegend von Fachexperten ohne einschlägige Datenbankkenntnisse durchgeführt werden. Spätestens wenn es darum geht, die Erweiterungen systemseitig performant zu definieren (z.B. durch Konfiguration eines kostenbasierten Anfrageoptimierers im Datenbanksystem), sind die "domain experts" in der Regel überfordert.

Als Fazit ist für den Bereich der Anwendungssoftware zu konstatieren, daß aus dem Bereich der Datenbankforschung bisher noch sehr wenig zur Unterstützung der spezifischen Anforderungen bei der Verwaltung und Auswertung empirisch erhobener Massendatenbestände im technisch-wissenschaftlichen Umfeld beigetragen wurde. Ein direkter Einsatz von heutigen kommerziell verfügbaren Datenbanksystemen für solche Anwendungen resultiert in teilweise inakzeptablen Antwortzeiten, so daß nach grundlegend neuen Wegen der Verbesserung der Datenverwaltungs- und -auswertefähigkeiten gesucht werden muß. Dies betrifft praktisch alle Ebenen eines Datenbanksystems, von der Speicherrepräsentation multidimensionaler Datenstrukturen über anwendungsorientierte Protokollierungs- und Sperrverfahren bis hin zu einer problemadäquaten Anfrageformulierung und -optimierung.

1.3 Begriffliche Ein- und Abgrenzungen

Das Gebiet der Massendatenverwaltung und -auswertung hat in jüngster Zeit unter einer Vielzahl von Schlagworten eine starke Aufmerksamkeit erfahren. In diesem Abschnitt werden diese Begriffe einer inhaltlichen Ein- und Abgrenzung unterzogen. Für die Einordnung und Abgrenzung der zu charakterisierenden Begriffe ist eine Unterscheidung verschiedener Grundformen der Massendatenanwendung sinnvoll. In Abbildung 1.2 wird eine grundlegende Unterscheidung der Klassen *Online Transaction Processing (OLTP)* und *Online Analytical Processing (OLAP)* vorgenommen, welche jeweils durch typische Anwendungsbereiche, die grundlegenden Auswertungsmethoden und die Ziele auf Datenverwaltungsebene charakterisiert werden. Die Abbildung zeigt, daß OLTP-Systeme zumeist als *Administrations- und Kontrollsysteme* eingesetzt werden, während OLAP-Systeme überwiegend die Grundlage von *Analyse- und Entscheidungsunterstützungssystemen (Decision Support Systems, DSS)* darstellen. Auswertungsbezogen können die beiden Klassen dahingehend unterschieden werden, daß in OLTP-Systemen auf die Daten vor allem einzelsatzweise auf Basis des Primärschlüssels zugegriffen wird, während im OLAP-Bereich verlaufsorientierte, informationsverdichtende Auswertungen im Vordergrund stehen. Auf der Ebene der Datenverwaltung schließlich unterscheiden sich die Klassen vor allem hinsichtlich des Zeitbezuges der auszuwertenden Daten und des angelegten Konsistenzbegriffs. Während im OLTP-Bereich die Erhaltung von Datenaktualität und -konsistenz im operationalen Datenbanksystem das oberste Ziel darstellt, werden im OLAP-Bereich die Daten verlaufsorientiert im Sinne einer Versionierung verwaltet; in [OrHE 94] wird hierfür die Unterscheidung *Produktions-* vs. *Informationelle Datenbanken* getroffen. Nachfolgend werden beide Bereiche noch näher charakterisiert, bevor weitere Begriffe ein- und abgegrenzt werden.

Heutige kommerzielle Datenbanksysteme sind fast ausschließlich dem OLTP-Bereich zuzurechnen. Typische Anwendungssysteme des OLTP-Bereichs sind beispielsweise Buchungs- und Abrechnungssysteme, Lagerverwaltungssysteme und auch Fertigungskontrollsysteme. All diesen Anwendungsgebieten ist gemeinsam, daß der zugrundeliegende Datenbestand ein möglichst aktuelles und konsistentes

	Anwendungs-bereiche	*Auswertungs-methoden*	*Datenverwaltungs-ziele*	*Transaktionsart und -dauer*
OLTP	Administration und Kontrolle	schlüsselbasiert, einzelsatzweise	transaktionale Konsistenzerhaltung	kurze Lese- und Schreibtransaktionen
OLAP	Analyse und Entscheidungsunterstützung	verlaufsorientiert, verdichtend	zeitbasierte Versionierung	lange Lesetransaktionen

Abb. 1.2: Abgrenzung von OLTP und OLAP

Abbild des modellierten Weltausschnitts darstellen soll. Die zu verwaltenden Daten sind in einem *konzeptionellen Schema* beschrieben, welches auch Kriterien zur Konsistenzerhaltung des Datenbestandes umfaßt; hierbei sind sowohl modellbasierte Kriterien, etwa die Erhaltung der Primärschlüsseleindeutigkeit und der referentiellen Integrität von Fremdschlüsselbeziehungen im relationalen Datenmodell (*konstitutive Integritätsbedingungen*), als auch anwendungsbezogene Kriterien, etwa die Forderung nichtnegativer Lagerbestände (*regulative Integritätsbedingungen*), spezifizierbar ([Wede 81]). Die Konsistenzerhaltung des Datenbestandes wird insbesondere durch die transaktionale Verarbeitungsweise in OLTP-Systemen gewährleistet. Eine *Transaktion* definiert eine logische Verarbeitungseinheit, welche eine Datenbank von einem konsistenten Ausgangszustand über möglicherweise inkonsistente, nach außen aber nicht sichtbare Zwischenschritte in einen (nicht notwendigerweise von Ausgangszustand verschiedenen) konsistenten Endzustand überführt. Ein klassisches Beispiel einer solchen konsistenzerhaltenden Transaktion ist die Debit/Credit-Transaktion, die einen Saldenausgleich der Soll- und Habenkonten in kaufmännischen Datenbanksystemen sicherstellt. Hierzu ist von Datenbankverwaltungssystem die Einhaltung der sog. *ACID-Eigenschaften* von Transaktionen (Atomicity, Consistency, Isolation, Durability) zu gewährleiten, was technisch im wesentlichen durch den Einsatz von Sperr- und Protokollierverfahren sichergestellt wird ([LoSc 87]). Verarbeitungstechnisch kann für den transaktionalen Betrieb zwischen dem *TP-Lite-* und dem *TP-Heavy*-Ansatz unterschieden werden ([OrHE 94]). Während beim TP-Lite-Ansatz die Kontrolle der Transaktionsverarbeitung vom Datenbankverwaltungssystem selbst übernommen wird, erfolgt beim TP-Heavy-Modell die Transaktionskontrolle durch einen separaten TP-Monitor. Diese Unterscheidung ist insbesondere für verteilte Systemumgebungen von Bedeutung ([OrHE 94]).

Im Gegensatz zum OLTP-Bereich mit seinen typischerweise kurzen, nur wenige Datenelemente betreffenden Operationen, für die im Änderungsfall ein Ersetzen von Datenwerten in der Datenbank durch einen aktuelleren Wert typisch ist, zeichnet sich der OLAP-Bereich durch oft langdauernde und sehr viele Datenelemente betreffende Anfragen aus. Dabei steht nicht die Änderung von Datenelementen, sondern die Filterung und Darstellung vorhandener oder die Ableitung neuer, verdichteter Datenwerte im Vordergrund. Als "Vater" des Begriffs OLAP wird im allgemeinen E.F. Codd angesehen, der in [CoCS 93] zwölf Regeln zur Evaluierung von OLAP-Produkten[†] angibt, welche mittlerweile unter dem Schlagwort OLAP++ durch weitere ergänzt wurden ([Drur 95]). Typische Anfragemuster im OLAP-Bereich sind *Datenkonsolidierung* (Verdichtung von Datenwerten anhand vorgegebener Klassifikationshierarchien), *Drill-Down-Analyse* (schrittweise Detaillierung verdichteter Datenwerte) und *Slicing&Dicing* (Partitionierung und Darstellung der Datenwerte aus verschiedenen Blickwinkeln, beispielsweise zur Trendanalyse). Diese Operationen sind zur Entscheidungsunterstützung in *Executive- bzw. Management-Informationssystemen (EIS/MIS)* wichtig, insbesondere bei der sog. *what-if-Analyse*. Auch Ansätze wie die *instanzenbasierte Schemagenerierung (Data Mining)* auf Massendatenbeständen weisen OLAP-typische Zugriffsmuster auf, beispielsweise sequentielle Lesezugriffe (Scan-Operationen) über sehr große Datenbestände. Kennzeichnend für den OLAP-Bereich ist weiterhin eine stark Berichts- und Graphikorientierung, die auf einer *multidimensionalen Datenanalyse* beruht. Auf Datenverwaltungsebene ist hierzu die Verwendung eines multidimensionalen Datenmodells nicht zwingend; zur Zeit ist eine heftige Diskussion um die Vor- und Nachteile *multidimensionaler Datenbanksysteme* vs. *relationaler OLAP-Systeme (ROLAP)* im Gange. Einige Hersteller propagieren einen strikt

---

[†] Diese Regeln sind nicht unumstritten; so werden teilweise Zweifel an der Unvoreingenommenheit der Autoren laut, kann dieser Aufsatz doch als sog. White Paper von verschiedenen OLAP-Produkt-Herstellern bezogen werden. Es wird moniert, daß im Teil zur Evaluierung des jeweiligen Produkts für die verschiedenen Hersteller nicht immer gleiche Maßstäbe angesetzt werden.

multidimensionalen Ansatz (z.B. Arbor, [Fink 95]), andere favorisieren eine streng relationale OLAP-Modellierung (z.B. MicroStrategy, [Micr 95]), während Dritte einen Kompromiß in der Bereitstellung spezieller Datentypen für multidimensionale Anwendungen sehen (z.B. Helical Hyperspatial Code in Oracle 7 MultiDimension, [Orac 95]). Die Diskussion beschäftigt sich insbesondere mit Aspekten der problemadäquaten Datenmodellierung und Anfragespezifikation (z.B. die Unterstützung von Star-Queries, [Pete 94]) sowie Performance- und Skalierbarkeitsfragen (z.B. Zugriff auf hochdimensionale Rohdaten, [Micr 95]). Zum gegenwärtigen Zeitpunkt kann noch kein eindeutiger Sieger oder Verlierer dieser Diskussion ausgemacht werden; es ist allerdings auffällig, daß in jüngster Zeit praktisch alle großen Hersteller relationaler Datenbanksysteme Fremdfirmen mit multidimensionalen OLAP-Produkten übernommen haben.

Ein überaus aktuelles Schlagwort, das insbesondere im Zusammenhang mit OLAP häufig genannt wird, ist *Data Warehousing*. Ein Data Warehouse (häufig auch als Information Warehouse oder Decision Warehouse bezeichnet) wird oft als die Grundlage für Decision Support-und Data Mining-Anwendungen beschrieben. Im Data Warehouse werden Daten aus verschiedenen operativen Systemen im Sinne materialisierter Datenbanksnapshots ([AdLi 80]) übernommen und für die beschriebenen Auswertungen aufbereitet. Dies bedeutet neben der Schemaintegration für die Quelldatenbanksysteme insbesondere den Aufbau zeitbehafteter Datensequenzen, auf denen dann verlaufsbezogene Auswertungen durchgeführt werden können. Beispielsweise kann der Schlußkurs eines Aktienindex täglich in ein Warehouse übernommen werden, um dort eine Zeitreihe des Kursverlaufes aufzubauen. Die Daten im Warehouse können in der Regel nur lesend zugegriffen werden; ein schreibender Zugriff würde den Einsatz von verteilten Datenbanktechniken oder zumindest eines Föderationsschemas erfordern ([ShLa 90]), wobei dann im Regelfall aber wieder alte Datenwerte durch neue überschrieben würden (*update-in-place-Semantik*) anstatt die neuen Werte mit den alten logisch verkettet (*append-Semantik*).

Hinsichtlich des Aspekts der Integration verschiedener Datenquellen steht der Data Warehousing-Ansatz in der Tradition des *record linking*, einer Technik, die im Bereich statistischer Anwendungen schon seit den 50-er Jahren zum Einsatz kommt ([NKAJ 59]); die dabei eingesetzten Techniken (siehe z.B. [DiMa 86]) können als Vorläufer und Grundlage moderner Data Mining-Ansätze angesehen werden. Aus Datenverwaltungssicht weist ein Data Warehouse große Ähnlichkeit mit einem sog. *Scientific Database System (ScDBS)* auf; auch dort gilt es, "von außen" übergebene Datenwerte auswertungsgerecht aufzubereiten und zu verwalten, beispielsweise durch das Bereithalten verdichteter Summenwerte für eine Menge von Rohdatenelementen. Der Unterschied liegt darin, daß im Data Warehouse operative Datenbanksysteme die Datenquellen darstellen, während in ScDBS die Datenwerte in der Regel aus technischen Prozessen über Sensoren (z.B. durch ein Radiostereoskop an Bord eines Satelliten) sowie durch Simulationen, Experimente oder auch durch empirische Erhebung (z.B. Meinungsumfrage) gewonnen werden. Werden die eingehenden Rohdaten nicht im ScDBS gehalten, spricht man häufig auch von einem *statistischen Datenbanksystem (Statistical Database System, StDBS)*. Oft werden ScDBS und StDBS auch unter dem gemeinsamen Begriff *Statistical and Scientific Database Management System (SSDBMS)* angesprochen, da der Begriff des Rohdatums häufig nur relativ zum jeweiligen Anwendungskontext festgelegt werden kann.

1.4 Zielsetzung und Gliederung des Buches

Mit den im vorangegangenen Abschnitt vorgenommenen Begriffserläuterungen und -eingrenzungen ergibt sich als Gegenstand dieses Buches die Untersuchung von Anforderungen und die Erarbeitung von Lösungsvorschlägen für die Verwaltung und Auswertung empirisch erhobener Massendatenbestände in statistischen und empirisch-wissenschaftlichen Anwendungsgebieten. Ausdrücklich ausgenommen sind somit einschlägige Arbeiten im Gebiet des Online Transaction Processing, aber auch Fragen der Schemaintegration im Zuge des Data Warehousing. Statt dessen steht die Frage der problemadäquaten Repräsentation und Verarbeitung von sequenzbasierten Roh- und Verdichtungsdaten des technisch-wissenschaftlichen Umfelds unter datenbanktechnischen Gesichtspunkten im Zentrum der Betrachtungen. Auf statistische Grundlagen und darstellungsbezogene Aspekte des Online Analytical Processing wird nur insoweit eingegangen, als dies Auswirkungen auf die Ebene der Datenverwaltung und -auswertung hat.

Das zweite Kapitel im einleitenden Hauptabschnitt A ist der Analyse typischer Anwendungsklassen der Massendatenverwaltung und -auswertung im obigen Sinne gewidmet. Anhand konkreter Anwendungsszenarien werden die Bereiche Klima- und Umweltforschung, Molekularbiologie, Fertigungsqualitätskontrolle, Banken- und Finanzwesen sowie beschreibende Statistik hinsichtlich ihrer Anforderungen an eine anwendungsorientierte Datenbankunterstützung analysiert und die derzeit im Anwendungsgebiet verfolgten Lösungsansätze skizziert. Die Beispielanwendungen sind dabei so gewählt, daß sich auch die Anforderungen weiterer Anwendungsklassen wie der experimentellen Physik und der medizinischen Forschung in den gemeinsamen Charakteristika der Fallbeispiele wiederfinden. Im dritten Kapitel werden die in heutigen Datenbanksystemen vorzufindenden und in der einschlägigen Literatur beschriebene Methoden und Techniken einer kritischen Prüfung hinsichtlich ihrer Einsetzbarkeit für die in Kapitel 2 vorgestellten Anforderungen überprüft. Um die Diskussion auf eine anwendungsorientierte Grundlage zu stellen, werden zwei Fallstudien aus dem Bereich der Marktforschung geschildert, an denen sich Fragestellungen der logischen Datenmodellierung, des Zugriffsmodells und der Anfrageverarbeitung sowie des physischen Datenbankentwurfs konkretisieren lassen.

In Hauptabschnitt B werden Ansätze zur Unterstützung der Datenverwaltung und -auswertung in technisch-wissenschaftlichen Anwendungsgebieten dargestellt. Kapitel 4 beschreibt Ansätze zur datenbankorientierten Zeit- und Verlaufsmodellierung und -auswertung als eine wichtige Grundlage der Unterstützung dieses Anwendungsbereichs. In Kapitel 5 werden spezifische Ansätze zur logischen Modellierung statistischer und empirisch-wissenschaftlicher Daten vorgestellt. Im einzelnen werden Vorschläge zur graphischen Rekonstruktion von statistischen Tabellen, konzeptionell orientierte Modellierungsansätze sowie Ansätze zur Summendatenmodellierung und -verwaltung diskutiert und anhand der auf konzeptioneller, externer und interner Schemaebene angebotenen Systemunterstützung zur Anwendungsmodellierung im SSDB-Bereich gegenübergestellt. Zum Abschluß des Kapitels werden einige weitere SSDB-Modellierungsansätze sowie Techniken des Data Mining im Überblick skizziert.

Hauptabschnitt C ist der Beschreibung eines neuentwickelten SSDB-Datenmodells namens CROSS-DB (Categorization- and Redundancy-based Optimization of Scientific and Statistical DataBases) gewidmet. In Kapitel 6 wird im Anschluß an eine logische Rekonstruktion der multidimensionalen Datenmodellierung das CROSS-DB-Modell anhand der bekannten Drei-Schema-Architektur für Datenbanksystems nach ANSI/SPARC im Überblick vorgestellt, bevor die verschiedenen Schemaebenen detailliert erörtert werden. Auf konzeptioneller Ebene wird die fundamentale Unterscheidung von qualifizierenden und quantifizierenden Daten sowie der klassifikations- und merkmalsorientierten Dimensionsmodellierung getroffen. Zur Darstellung der externen Ebene wird das in CROSS-DB verwendete Daten- und Zugriffsmodell einschließlich der zugehörigen Zugriffsoperatoren ausgeführt. Schließlich werden die auf interner Ebene angesiedelten Anforderungen an ein logisches Speichermodell für multidimensionale Daten beschrieben, welche die Grundlage für eine kostenbasierte Anfrageoptimierung darstellen. Das siebte Kapitel stellt auf Basis einer Formalisierung der Modellierungskonstrukte und Operatoren des CROSS-DB-Modells den Ansatz zur dimensionslokalen und den globalen Anfrageoptimierung vor. Der Einsatz der CROSS-DB-Modellierungskonstrukte aus anwendungsorientierter Sicht wird im achten Kapitel erörtert.

In Hauptabschnitt D werden die wesentlichen Inhalte und Ergebnisse des Buches zusammengefaßt, und es wird ein Ausblick auf Ausblick auf mögliche Folgearbeiten im Rahmen des CROSS-DB-Ansatzes gegeben.

2 Anwendungsgebiete von Scientific&Statistical Databases

In diesem Kapitel werden typische Anwendungsgebiete der empirisch-wissenschaftlichen Massendatenverwaltung und -auswertung vorgestellt. An je einem konkreten Beispielszenario werden für die Bereiche Klima- und Umweltforschung, Molekularbiologie, Fertigungsqualitätskontrolle, Banken- und Finanzwesen sowie beschreibende Statistik die vorherrschenden Anforderungen an die Datenverwaltung und -auswertung herausgearbeitet sowie die heute vorzufindende Datenbankunterstützung beschrieben. Mit dem Anwendungsspektrum werden die grundlegenden Bereiche der empirisch-wissenschaftlichen Massendatenverwaltung und -auswertung abgedeckt; weitere Anwendungsklassen wie Hochenergiephysik ([Shie 91]), Kernfusion ([PaSp 86]), computergestützte Chemie ([CMR+ 92]) oder Materialwissenschaft ([OzOV 94]) weisen aus Datenbanksicht ähnliche Charakteristika wie die explizit behandelten Anwendungsbereiche auf und sind somit weitgehend unter diese subsumierbar. Am Ende des Kapitels werden die gemeinsamen Charakteristika der Anwendungsgebiete in einem Anforderungskatalog zusammengefaßt, anhand dessen dann in Kapitel 3 der status quo und künftige Entwicklungen bei der Datenbankunterstützung für empirisch-wissenschaftliche Massendatenanwendungen analysiert werden.

2.1 Klima- und Umweltforschung

Bei der Entwicklung moderner Zivilisationen spielt die Klima- und Umweltforschung eine herausragende Rolle. Die heutigen Lebensformen der Menschheit wären beispielsweise ohne eine moderne Wettervorhersage und die daraus ableitbaren Schlußfolgerungen kaum denkbar; das Spektrum reicht dabei von einfachen Fragen des Lebenskomforts (z.B. kurzfristige Reiseplanung) bis hin zu gravierenden Überlebensfragen wie der Eindämmung der zunehmenden Bodenerosion oder des Treibhauseffektes ([Wiin 91]). Die Grundlage der modernen Klima- und Umweltforschung stellen sog. generelle Zirkulationsmodelle dar, die auf der Basis eines räumlich und zeitlich festen Erhebungsrasters klima- und umweltrelevante Kenngrößen erfassen und aus den Meßreihen Modelle entwickeln, welche dann in einem räumlich mehr oder minder stark eingegrenzten Bereich zumindest für einen begrenzten Vorausschauhorizont wahrscheinlichkeitsbehaftete Aussagen über künftige Entwicklungen ermöglichen ([BFG+ 91]). Die Verläßlichkeit der Vorhersagen hängt dabei neben der Rasterweite bei der Meßwerterfassung in entscheidendem Maße von der simultanen Berücksichtigung möglichst vieler Einflußfaktoren ab. Mathematisch besteht die Modellberechnung aus der Lösung von Gleichungssystemen mit oft einigen hunderttausend Gleichungen für jeden Zeitschritt. Je nach geforderter zeitlicher und räumlicher Auflösung der Eingangswerte kann die Errechnung einer spezifischen Vorhersage auch auf modernen Hochleistungsrechnern mehrere Stunden oder Tage erfordern ([Perr 93]).

Bereits bei einer rein landgestützten Untersuchung in einem räumlich eng begrenzten Bereich (z.B. Umwelt-Kartographierung der Insel Islay, [BaKe 92]) fallen bei hinreichend kleinem Erfassungsraster (im Beispiel 1x1km große Gebiete, welche in 50x50m großen Teilen u.a. hinsichtlich Bewachsung und physiographischer Kriterien katalogisiert werden) immense Datenmengen an. Sollen dagegen globale Fragestellungen wie etwa die Auswirkungen des Treibhauseffekts und der Ozonbelastung in der Stratosphäre oder die Folgen der zunehmenden Entwaldung und der Vergiftung der Atmosphäre durch Chemikalien untersucht werden, so müssen hierzu auch mit Hilfe von Satelliten erhobene Meßwerte verschiedener Kategorien (z.B. Mikrowellen- oder Infrarotaufnahmen) herangezogen werden. Die hierbei anfallenden Datenmengen erfordern neben Maßnahmen zur Bewältigung der erhebungstechnischen Komplexität auch völlig neue Wege in der Datenverwaltung und -auswertung.

2.1.1 Beispielszenario

Ende der 80er Jahre wurde in den USA mit dem *Global Change Research Program* eine noch nicht abgeschlossene Initiative mit dem Ziel gestartet, die komplexen Zusammenhänge verschiedener klima- und umweltbezogener Faktoren besser zu verstehen und die Auswirkungen menschlicher Aktivitäten darauf zu erforschen ([BrSt 95]). Hierzu sollen insbesondere die bisher eher unkoordinierten Forschungsaktivitäten der satellitengestützten Klima- und Umweltforschung gebündelt und eine umfassende Daten- und Informationsquelle für interdisziplinäre Forschungsarbeiten bereitgestellt werden ([CEES 93]). Durch breite Zurverfügungstellung dieser Daten mit Hilfe des sog. *Global Change Master Directory* soll insbesondere auch der Nutzungsgrad der Daten deutlich erhöht werden[†]. Seit dem Jahr 1991 arbeiten in dem von der NASA geführten Projekt *Mission to Planet Earth*, einem Nachfolgeprojekt des NASA-Programms *Astrophysics Data System* ([SqCh 87], [PoGo 90]), verschiedene öffentliche, universitäre und private Forschungseinrichtungen intensiv am Aufbau der benötigten Projektinfrastruktur. Den Kernbereich des Gesamtvorhabens stellt das Projekt EOS *(Earth Observing System)* dar, im Rahmen dessen in den Jahren 1998 bis 2002 sechs Satelliten mit insgesamt 20 Sensoren in den Orbit gebracht werden und dort über 15 Jahre hinweg Daten in einem Volumen von ca. 1,9 TeraByte pro Tag erfassen und zur Auswertung an verschiedene Forschungsinstitute senden sollen ([BrSt 95]). Das erwartete Gesamtdatenvolumen liegt somit im Bereich von 10 PetaByte (dies entspricht 10.000 TeraByte bzw. 10 Millionen GigaByte); damit wird die EOS-Datenbasis einmal das größte Datenarchiv der Welt darstellen ([SFGM 92]).

Ein typisches Beispiel der im Rahmen von EOS erfaßten Daten stellen die Satellitenbilder des AVHRR-Instruments (*Advanced Very High Resolution Radiometer*) an Bord des sich bereits im Orbit befindlichen Satelliten der NOAA (*National Oceanic and Atmospheric Administration*) dar ([AnSt 94]). Jedes AVHRR-Bild besteht aus 2889 Zeilen und 4587 Spalten, wobei sich jeder Spaltenwert aus mehreren gemessenen Datenwerten zusammensetzt. Pro Bildelement werden über einen Zeitraum von 14 Tagen zu einem Meßzeitpunkt fünf verschiedene Datenwerte erfaßt, aus denen charakteristische Kenngrößen wie Wolkenanteil und Größe der schneebedeckten Fläche abgeleitet werden. Ein vorverarbeitetes AVHRR-Bild enthält somit neben den kalibrierten Meßdaten der fünf Meßkanäle des Radiometers weitere charakteristische abgeleitete Werte, z.B. den NDVI-Index (*Normalized Difference Vegetation Index*), der den Grad der "Grünheit" eines Bildpunktes als Maß für die Vegetationsdichte angibt. Die erhebungsbezogene, räumliche und zeitliche Information zu jedem AVHRR-Bild wird in einem Meta-

---

[†] Von den verschiedenen jemals per Satellit aufgenommenen Daten wurden bis zum Jahre 1988 nach einer Schätzung des *Wall Street Journal* nur ca. 10% überhaupt jemals ausgewertet und nur ca. 1% intensiver analysiert ([Knea 88]).

datenschema festgehalten ([AnSt 94]). In den EOS-Datenbestand sollen auch Daten anderer Quellen (z.B. LANDSAT ([Capp 85]), Hubble Space Telescope ([Farr 94]), COMPTEL ([Dieh 92]), BSRN ([GiSt 92])) aufgenommen werden, welche dann ebenfalls durch ein solches Metadatenschema zu beschreiben sind.

Einen Kernbereich innerhalb des EOS-Vorhabens bildet die Bereitstellung einer Daten- und Informationsinfrastruktur für interdisziplinäre Forschungsarbeiten. Hierzu sollen die aus verschiedenen Quellen gesammelten Meßdaten in fünf verschiedenen "Veredelungsstufen" aufbereitet werden ([Dutt 89]). Ausgehend von den Sensorrohdaten (Stufe 0), reicht dabei das Spektrum von der Zuordnung von Maßeinheiten (Stufe 1) und der Ableitung physikalischer und biologischer Variablen (Stufe 2) und Einflußfaktoren (Stufe 3) über die Gewinnung konsolidierter Modellparameter (Stufe 4) bis zur Beantwortung spezifischer geowissenschaftlicher Fragestellungen (Stufe 5). Die abgeleiteten sog. Datenprodukte werden im EOS-Informationssystem abgespeichert und den beteiligten Forschungseinrichtungen über ein Hochleistungsnetzwerk bereitgestellt. Eine funktionale Beschreibung der EOS-Architektur ist in Abbildung 2.1 wiedergegeben.

Ein Beispiel einer einfachen Anfrage an den EOS-Datenbestand ist "finde alle AVHRR-Tagesaufnahmen der südlichen Sierra Nevada im Zeitraum zwischen Oktober 1991 und Juni 1992 und sortiere sie chronologisch" ([Dozi 92]). Zur Beantwortung solcher Anfragen ist neben den aus den Meßwerten abgeleiteten Kenngrößen (z.B. Helligkeit) auch ein Zugriff auf die zugehörigen Metadaten (z.B. zeitliches und räumliches Meßgitter) erforderlich.

Komplexe Zirkulationsmodelle erfordern oft aufwendige Anfragen mit zum Teil umfangreichen Berechnungen ([BrSt 95]). Probleme bereiten dabei insbesondere Berechnungen über mehrere Partialmodelle mit stark unterschiedlichen dynamischen Charakteristika, z.B. verschiedene Strömungsgeschwindigkeit in der Atmosphäre und den Ozeanen ([Perr 93]). Die erhebungstechnischen und geowissenschaftlichen Fragestellungen im Rahmen des Global Change Research Programs werden beispielsweise in [BFG+ 91], [Zorp 93] und [StDo 91] ausführlich behandelt.

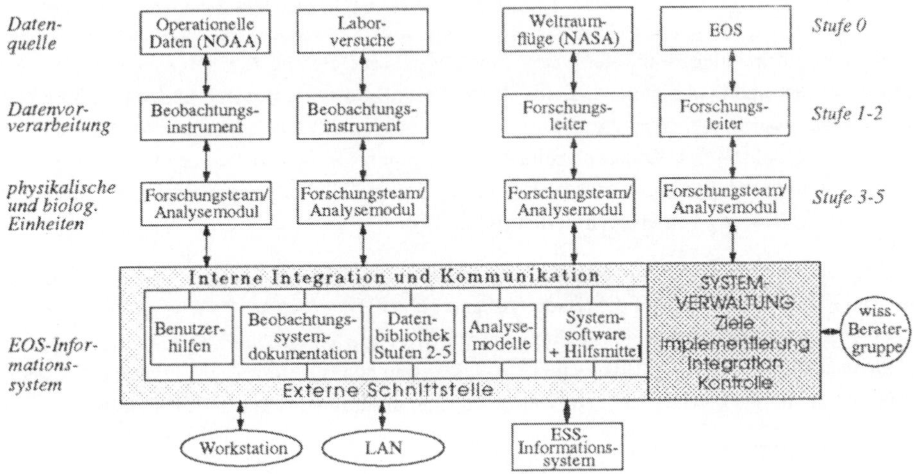

Abb. 2.1: Funktionale Architektur des EOS Daten- und Informationssystems (nach [Dutt 89])

2.1.2   Anforderungen an die Datenverwaltung und -auswertung

Die allgemeinen Anforderungen an das Daten- und Informationssystem des Projekts EOS namens
EOSDIS (*Earth Observing System Data and Information System*) wurden vom Hauptprojektträger
bereits Mitte der achtziger Jahre festgelegt ([NASA 86], Zusammenfassung in [Chas 89]). In diesem
Abschnitt werden auf dieser Grundlage die verallgemeinerbaren Anforderungen an die Datenverwaltung und -auswertung im Bereich der Klima- und Umweltforschung zusammengestellt. Im folgenden
Abschnitt wird dann dargelegt, inwieweit diese Anforderungen von existierenden Systemen abgedeckt
oder zumindest in laufenden Forschungs- und Entwicklungsarbeiten adressiert werden.

Die augenfälligste An- und Herausforderung im Projekt EOS ist das immense zu verwaltende und
auszuwertende Datenvolumen. Es wird erwartet, daß die EOS-Instrumente im Endausbaustadium
insgesamt Meßdaten in einem Umfang von 51 MegaBit/sec (bzw. 553 GigaByte/Tag) zur Erde senden
werden. Durch Anreicherung und Veredelung dieser Meßdaten zu anwendungsorientierten Datenprodukten wird sich das Datenvolumen mehr als verdreifachen, so daß insgesamt Daten im Umfang von 1,9
TeraByte/Tag anfallen werden. Für EOSDIS wird eine jährliche weltweite Anzahl von ca. 100.000
Benutzern erwartet, davon 75.000 selten (ca. einmal pro Jahr), 20.000 gelegentlich (ca. einmal pro
Monat) und 5.000 häufig (ca. zweimal pro Woche). Wegen dieser enormen Zugriffslast muß EOSDIS
als verteiltes Informationssystem realisiert werden, um bei einer geschätzten mittleren Anzahl simulta-
ner Benutzer von 50 bei den erwarteten 20.000 pro Tag anfallenden Anfragen auf im Schnitt 10 Mega-
Byte große Datenobjekte vernünftige Antwortzeiten garantieren zu können (alle Zahlenangaben nach
[KoBe 91]). Bemerkenswert ist noch, daß sich das Datenvolumen in diesem Anwendungsfeld durch
Verfeinerung der zeitlichen und/oder räumlichen Meßdatengitterweite praktisch beliebig erhöhen läßt.

Das riesige Datenvolumen im Projekt EOS macht den Einsatz von Tertiärspeichermedien unabdingbar
([BrSt 95]). Da alle Daten grundsätzlich ohne menschliche Eingriffe zugreifbar sein sollen, müssen im
wesentlichen sog. Nearline-Medien wie optische Jukeboxen oder Bandmedien in roboterbetriebenen
Tape-Archiven eingesetzt werden. Wegen der relativ geringen mittleren Zugriffszeit dieser Medien
(vgl. Abschnitt 1.2.1), muß der Einsatz von Mechanismen zur Steigerung der Ein-/Ausgabegeschwin-
digkeit, wie Datenkomprimierung, paralleles Lesen und Schreiben oder auch das Vorabeinlagern
demnächst wahrscheinlich benötigter Datenobjekte ("data prefetching"), erwogen werden. Wegen der
geforderten Lese- und Löschraten von mehr als 344 MegaBit/sec ([KoBe 91]) können auch zusätzliche
Maßnahmen bei der Speicherrepräsentation, wie z.B. spezielle Clusterungsverfahren für multidimensionale Felder ([SaSt 94]), erforderlich sein. Auf anwendungsbezogener Seite ist neben einer verwen-
dungsorientierten Datenpartitionierung und -allokation im verteilten System ([DHL+ 93]) oft auch eine
semantische Verdichtung von Daten möglich ([Dutt 89])[†].

Neben einfachen Datentypen zur Speicherung numerischer Meßdatenwerte werden im Bereich der
Klima- und Umweltforschung auf Metadatenebene höhere Datentypen wie Dimensionen (geordnete
Mengen von Datenwerten mit Eigenschaften wie Startwert und Granularität), Domains (Kreuzprodukte
von Dimensionen) und multidimensionale Datenfelder (ein oder mehrere Datenobjekte mit zugeordnetem Domain) benötigt ([DHL+ 93]). Die Repräsentation multidimensionaler Felder sollte symmetrisch

---

[†] So reduziert sich das Rohdatenvolumen bei der in EOS vorgesehenen fünfstufigen Veredelungshierarchie auf der
      höchsten Abstraktionsstufe auf ca. 2%, wobei allerdings einige Zwischenstufen auch ein im Vergleich zur Rohdaten-
      ebene deutlich höheres Volumen aufweisen ([BrSt 95]).

sein und eine gleichberechtige Verarbeitung aus verschiedenen Zugangsrichtungen erlauben ([Dutt 89]). Wegen der Heterogenität der Datenquellen kann sich in diesem Zusammenhang die zusätzliche Anforderung der Anpassung unterschiedlicher Dimensionsgranularitäten oder aber der Tolerierung gewisser "Unschärfen" in der Anfragespezifikation ergeben ([DeGü 95]). Für zeitbehaftete und räumliche Attribute sollte eine spezielle systemseitige Unterstützung erfolgen, z.B. die Unterstützung verlaufsbezogener Auswertungen oder topologisch orientierter Anfragen ([Lang 89], [BaFA 91]).

Aus verwendungsorientierter Sicht stehen für Anwendungen im Bereich der Klima- und Umweltforschung eine schnelle Datenbereitstellung und eine hohe Fehlertoleranz in der Abspeicherung im Vordergrund. Weiterhin werden eine zumindest teilweise Automatisierung von Routineaufgaben der anwendungsorientierten Datenvorverarbeitung sowie die operationale Unterstützung spezieller Anwendungsbereiche gefordert. Durch schnelle Datenbereitstellung sollen Aspekte der Datenverteilung und Speicherlokation so weit wie möglich benutzertransparent gehalten werden. Wegen der Unwiederbringlichkeit von Meßwerten im Bereich der Satellitenforschung ist eine sichere Langzeitarchivierung unabdingbar. Schließlich ist eine Unterstützung höherer Anwendungsfunktionen zu fordern, wie beispielsweise das Bereitstellen von Browsing-Operationen oder der Vergleich und das Mischen von Bildern auf Ebene des Datenverwaltungssystems. Insgesamt sollte das Datenverwaltungs- und -auswertesystem eine deutlich höhere Anwendungsunterstützung als herkömmliche Datenbanksysteme bieten ([StDo 91], [Ston 91]).

2.1.3 Gegenwärtige Lösungsansätze im Anwendungsgebiet

Eine grundlegende Fragestellung bei der Realisierung von Systems wie EOSDIS stellt die Wahl der geeignetsten Datenverwaltungs- und -auswertungsplattform dar. Da praktisch alle konkurrierenden Datenzugriffe in EOSDIS nur lesend sein werden, stellt sich die Frage, ob die EOS-Datenobjekte sinnvollerweise in einem Dateisystem oder einem Datenbanksystem verwaltet werden sollen. Für die erste Vorgehensweise spricht, daß hiermit unnötiger Mehraufwand, beispielsweise zur Transaktionssicherung, vermieden werden kann. Allerdings ist allein schon für die Datenidentifikation bei dem stark interdisziplinären Charakter des Projekts eine anwendungsneutrale, deklarative Anfrageschnittstelle von größter Wichtigkeit. Hier bieten Datenbankdienste und -sprachen systemseitig bereitgestellte, erheblich komfortablere und teilweise auch performantere Möglichkeiten als einfache Dateisysteme, so daß zumindest für die Ebene der Metadatenverwaltung der Einsatz eines Datenbanksystems unabdingbar erscheint. Allerdings erfüllt keines der heute erhältlichen Systeme alle Anforderungen; vor allem im Bereich der robusten Verwaltung von Tertiärspeicherhierarchien sind noch erhebliche Defizite zu erkennen ([Ston 94]).

Im Jahr 1991 wurde unter dem Projektnamen *Sequoia 2000* ein Forschungs-Verbundprojekt an verschiedenen Standorten des kalifornischen Universitätenverbundsystems etabliert mit dem Ziel, die wesentlichen Voraussetzungen zur Realisierung von Daten- und Informationssystemen im Bereich der Klima- und Umweltforschung (z.B. für EOSDIS oder auch für das *Climate Systems Modeling Program* der UCAR (*University Corporation for Atmospheric Research*) zu schaffen. Hierzu arbeiten Forscher an universitären Einrichtungen aus der Informatik und den Geowissenschaften, staatliche Behörden wie das California Department of Water Resources, das California Air Resources Board und das United States Geological Survey sowie industrielle Partner unter Führung der Fa. Digital Equipment Corporation interdisziplinär an grundlegenden Fragestellungen in den Bereichen Hardware-, Betriebs-, Kommunikations-, Datenbank- und Visualisierungssysteme. Nachfolgend werden die wichtigsten der im

Rahmen von Sequoia 2000 erzielten bzw. erwarteten Forschungsbeiträge exemplarisch zur Verdeutlichung des Standes der Technik bei der Datenbankunterstützung für das Anwendungsgebiet ´Earth Sciences´ aufgeführt.

Im Projekt Sequoia 2000 werden aus Sicht der Informatik vier grundlegende Forschungsziele verfolgt ([Ston 94]):

- Hochleistungs-Daten-Import und -Export für Datenvolumina im TeraByte-Bereich;
- Datenintegration durch Benutzung eines Datenbanksystems zur Metadatenverwaltung;
- verbesserte, datenbankgestützte Datenvisualisierungswerkzeuge;
- Hochleistungsvernetzung des verteilten Rechnersystems.

Abbildung 2.2 zeigt die grundlegende Architektur von Sequoia 2000 als Schichten-Architektur-Modell mit vertikalem Datenfluß. Die einzelnen Schichten werden nachfolgend im Überblick beschrieben; eine ausführlichere Darstellung ist in [Ston 94] zu finden.

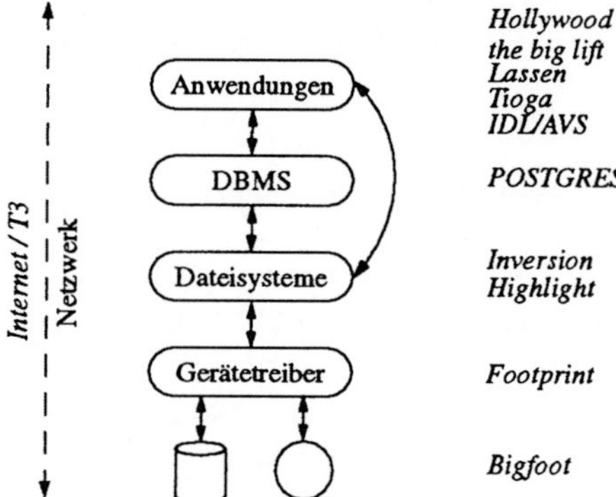

Abb. 2.2: Schichten-Architektur-Modell von Sequoia 2000 (nach [Ston 94])

Die in Abbildung 2.2 mit *Footprint* bezeichnete Schicht gewährleistet Geräteunabhängigkeit für die höheren Schichten. Hierzu sind insbesondere Verwaltungs- und Zugriffsroutinen für Nearline-Speichermedien bereitzustellen. *Footprint* kann somit als generischer Robotertreiber angesehen werden, der in Sequoia 2000 vier unterschiedliche Near-Line-Speichermedien und die zugehörigen Geräte namens *Bigfoot* verwaltet ([Ston 94]).

Die Ebene der Dateiverwaltung wird in Sequoia 2000 durch zwei verschiedene prototypische Systeme realisiert. Das System *Highlight* ([KoSS 93]) erweitert den Ansatz log-strukturierter Dateisysteme ([RoSe 88], siehe auch Abschnitt 3.5.1) auf Tertiärspeichermedien, wobei das Sekundärspeicher-Dateisystem als Cache herangezogen wird. Dieser Ansatz unterstützt das im Anwendungsgebiet vorherrschende Zugriffsmuster (wenige, sequentielle Schreiboperationen, viele wahlfreie Leseoperationen) in besonderer Weise. Der zweite Ansatz, *Inversion* ([Olso 93]), zielt dagegen auf die Nutzung von Datenbankdiensten wie z.B. Transaktionsunterstützung auf Ebene der Dateiverwaltung ab, indem das Dateisystem auf der BLOB (*Binary Large OBject*)-Schnittstelle des zugrundeliegenden Datenbanksystems *POSTGRES* ([StKe 91]) simuliert wird. Die hierbei gegenüber herkömmlichen Dateisystemen potentiell schlechte Performance kommt bei der typischen Last in Sequoia 2000 (überwiegend sequentielles Lesen und Schreiben großer Datenbereiche) nicht gravierend zum Tragen.

Auf der Ebene des Datenbankverwaltungssystems (*Data Base Management System*, DBMS) stehen in Sequoia 2000 vor allem Erweiterungen des Typ- und Zugriffssystems zur Debatte. Zur Beschreibung der Metadaten werden die Datentypen Skalar, Vektor, Raster und Text bereitgestellt. Skalardaten werden direkt auf *POSTGRES*-Basisdatentypen, Vektordaten auf spezielle Linien- und Polygontypen, Rasterdaten auf multidimensionale Datenfelder und Textdaten auf den *POSTGRES*-Datentyp Document abgebildet; Feld- und Dokumentdaten benutzen dabei die *POSTGRES*-Unterstützung großer Datenobjekte ([StOl 93]). Für die Speicherabbildung multidimensionaler Datenfelder wurde eine spezielle Clustermethode, das sog. Chunking ([SaSt 94]), eingeführt (siehe Abschnitt 3.5.3). Zur Verbesserung der Zugriffsunterstützung werden anwendungsorientierte Funktionen als sog. *stored procedures* im Datenbanksystem hinterlegt; beispielsweise ermittelt die an der Universität Santa Barbara entwickelte Funktion SNOW auf einem Satellitenbild die schneebedeckten Flächen. Bemerkenswert in diesem Zusammenhang sind die Arbeiten zur Erweiterung der Anfrageoptimierungskomponente des DBMS für benutzerdefinierte Funktionen ([HeST 93]).

Auf Anwendungsebene werden in Sequoia 2000 verschiedene Visualisierungs-, Lade- und Konferenzmechanismen angeboten. Interessant aus Sicht der Datenverwaltung und -aktualisierung sind vor allem die Bestrebungen zur Schaffung einer datenbankzentrierten Programmier- und Datenanalyseumgebung namens *Tioga* ([SCN+ 93]). In Analogie zu einem Flugsimulator soll hierbei das Navigieren in einem multidimensionalen Datenraum mit der Möglichkeit des "Zoom-in" geboten werden. Darüber hinaus werden in einer Zusammenarbeit der Universitäten in Berkeley (*University of California Berkeley, UCB*) und Los Angeles (*University of California Los Angeles, UCLA*) im System *the big lift* Fragen des effizienten Einladens großer Datenmengen in ein DBMS untersucht. Hierzu werden Simulationsdaten aus dem an der UCLA betriebenen GCM (*General Circulation Model*) in Echtzeit in das an der UCB entwickelte erweitert-relationale Datenbanksystem *POSTGRES* geladen. Die erforderliche Datenrate liegt, je nach Ausführumgebung für GCM, zwischen 0,1 und 10 MegaByte/sec und erreicht damit bereits die in EOSDIS geforderten Werte.

Das in Sequoia 2000 anvisierte Gesamtdatenvolumen beträgt mit 100 TeraBytes zwar nur ca. ein Hundertstel der in EOS erwarteten Datenmenge, aber die in Sequoia 2000 entwickelten Methoden sollen sich später leicht auf EOSDIS übertragen lassen, da auf entsprechendes Skalierungsverhalten der Datenstrukturen und Algorithmen geachtet wird. Ein wichtiger Aspekt ist in diesem Zusammenhang das Zusammenspiel der verschiedenen Systemkomponenten zur Gewährleistung von Dienstgarantien auf Anwendungsebene. Einen Ansatz hierzu stellt die im System *Mariposa* ([SDK+ 94]) vorgenommene Übertragung ökonomischer Prinzipien, etwa der Selbstregulierung durch Angebot und Nachfrage, auf Kooperationsfragen in verteilten Rechensystemen dar. Auch zur Optimierung der Speichernutzung und des Datentransfers im verteilten Rechensystem müssen verschiedene Systemkomponenten in geeigneter Weise kooperieren. So sollten geeignete Daten so bald wie möglich komprimiert und so spät wie möglich wieder dekomprimiert werden, so daß beispielsweise der Datentransfer im Netz möglichst in komprimierter Form erfolgt ([Ston 94]). Für Daten, bei denen eine Komprimierung unwirtschaftlich wäre, werden in Sequoia 2000 Möglichkeiten der inhaltsorientierten Datenverdichtung (z.B. Verwendung verschiedengranularer räumlicher Gitter) und einer darauf aufbauenden Anfrageoptimierung untersucht ([FAD+ 92]). Die Grundlagen hierfür wurden bereits zu Beginn der 80er Jahre im Bereich von Geo-Datenbanken gelegt ([Hero 80]) und später unter dem Stichwort Multimedia-Datenbanksysteme erweitert ([Meye 91]).

Auch für komprimierte und/oder verdichtete Datenbestände sind im Rahmen der Speicherabbildung im Datenbanksystem, speziell bei Einbezug von Tertiärspeicherhierarchien, einige offene Fragen zu lösen. In [DHL+ 93] werden Bitfile-Sets als Erweiterung der von der IEEE Storage System Standards Working Group eingeführten sog. Bitfile-Container zur Aufnahme von multidimensionalen Datenfeldern vorgeschlagen. Bitfile-Sets bzw. -Container stellen eine abstrakte Schnittstelle zum Massenspeichersystem dar und sollen Lokations- und Gerätespezifika zu den höheren Verarbeitungsebenen hin verbergen. Insbesondere soll durch geeignete Caching- und Prefetching-Mechanismen von der Latenzzeit der Tertiärspeichermedien abstrahiert werden können ([FAD+ 92]). Das Container-Paradigma kann darüber hinaus die Grundlage einer kostenbasierten Anfrageoptimierung durch die Möglichkeit der Schachtelung und der Inhaltsbeschreibung auf dem Container-Deckel darstellen; allerdings stehen die Arbeiten hierzu noch ganz am Anfang ([GuHQ 95], [Fren 95]). In [BrSt 95] werden einige grundlegende Überlegungen zur Frage des optimalen Zeitpunktes für die Anlage von Datenverdichtungen bzw. -aggregationen sowie ihrer Plazierung und Migration in der Speicherhierarchie angestellt; die Forschungsarbeiten hierzu sind derzeit am Lawrence Livermore National Laboratory im Rahmen des Projektes HPSS (*High Performance Storage System*) im Gange. Für die Vereinheitlichung der Beschreibung heterogener Datenquellen und den Datenaustausch im verteilten Rechensystem sind in diesem Zusammenhang standardisierte Beschreibungsformate für die zu modellierenden Daten von Bedeutung, z.B. CDF (*Common Data Format*, [TrGo 87]), TSDN (*Transfer Syntax Description Notation*, [BJGM 89]) und SAIF (*Spatial Archive and Interchange Format*, [AnSt 94]).

Auch in einem interdisziplinären Großprojekt wie Sequoia 2000 können nicht alle der in Abschnitt 2.1.2 aufgeführten Anforderungen gleichermaßen adressiert werden. Zu den weniger stark thematisierten Bereichen gehören beispielsweise die automatische Vereinheitlichung der Meßraster für unabhängig voneinander erhobene Daten und die benutzertransparente temporale und räumliche Interpolation von Anfragen als Erweiterung eines relationalen DBMS; Ansätze hierzu sind beispielsweise in [HiMG 94] bzw. [Neug 89] zu finden. Auch Fragen der (teil)automatisierten Erzeugung und Verteilung von semantisch höherstehenden Datenprodukten aus den Rohdaten sind in EOS zwar auf Anforderungsebene definiert ([WhNe 89]), werden aber aktuell eher in anderen Forschungsgruppen behandelt ([ShDi 95]).

Im Projekt Sequoia 2000 werden wesentliche Grundfragen der erweiterten Datenbankunterstützung für den Bereich Klima- und Umweltforschung adressiert. Viele Arbeiten befinden sich allerdings noch im Entwicklungsstadium und müssen für einen Einsatz durch die Anwendergruppen noch wesentlich stabiler und besser dokumentiert werden. Auch besteht zwischen Informatikern und Geowissenschaftlern oftmals eine "kulturelle Brücke", beispielsweise bei der Frage geeigneter Datentransferformate oder der Definition von Leistungsbenchmarks. Für den zentralen Bereich von Tertiärspeichermedien gilt, daß weder die im Projekt entwickelte noch die kommerziell erhältliche Software einen befriedigenden Reifegrad aufweist ([Ston 94]). Die Durchführung von Funktions- und Leistungsvergleichen verschiedener potentieller Realisierungsplattformen für EOSDIS auf Basis des sog. Sequoia 2000-Benchmarks ([SFGM 92]) zeigte zudem, daß sämtliche bisher zur Verfügung stehenden Ansätze[†] funktional unvollständig sind und zum Teil noch erhebliche Performanceprobleme bei einer Skalierung in den für EOSDIS vorgesehenen Bereich erwarten lassen.

[†] Exemplarisch wurden die Systeme ARC-INFO (kommerzielles geographisches Informationssystem), GRASS (kostenlos erhältliches geographisches Informationssystem), IPW (universitär entwickeltes Rasterbild-Verarbeitungssystem) und POSTGRES (universitär entwickeltes post-relationales DBMS) verglichen.

2.2 Molekularbiologie

Spätestens seit der wissenschaftlichen Anerkennung der Darwinschen Lehren zur Evolutionstheorie gilt die Erforschung der Vererbungsprinzipien und damit letztlich des Funktionsprinzips des Lebens als eine der grundlegenden Herausforderungen der Wissenschaft. Die Zyto- und Molekulargenetik hat in den vergangenen Jahrzehnten durch Fortschritte im Bereich der biochemischen Forschung erheblichen Auftrieb erhalten. So ermöglicht die Entdeckung von sog. Restriktionsenzymen eine gezielte Aufteilung von Desoxiribonucleinsäure-Molekülen (DNS), den Trägern der Erbinformation in einem Chromosom. Hierdurch kann eine Isolierung und Untersuchung einzelner Gene vorgenommen werden, von denen beispielsweise die 46 Chromosomen eines Menschen insgesamt ca. 100000 aufweisen. Die Entdeckung von James D. Watson und Francis Crick im Jahre 1953, daß die DNS als ein helixförmiger Doppelstrang von Nucleinsäuren aufgebaut ist, in dem sich je zwei von insgesamt nur vier verschiedenen Nucleinsäuren jeweils paarweise komplementieren, stellt dabei den Schlüssel zum Verständnis sowohl der Eiweißsynthese als auch der Reproduktion des Erbmaterials dar. Durch Aufspaltung der DNS-Stränge kann ein spiegelbildliches Abbild eines Stranges gewonnen werden, welches dann nach Ergänzung durch die jeweilige Komplementärnucleinsäure im Falle der Chromosomen-Reproduktion wieder einen DNS-Doppelhelix-Ring ergibt.

Die meisten der in einem Chromosom enthaltenen Gene dienen dem Aufbau von körpereigenen Eiweißen. Zur Eiweißsynthese wird zunächst ein Teilabzug eines DNS-Strangs als sog. Ribonucleinsäure-Molekül (RNS) erzeugt. Je drei benachbarte Nucleinsäuren in der RNS kodieren je eine Aminosäure des zu erzeugenden Eiweißmoleküls; manche Aminosäuren werden auch durch mehrere Nucleotid-Triplets kodiert. Statt in einer regulären Doppelhelix-Struktur organisieren sich die Aminosäuren in komplexen dreidimensionalen Formen, welche sich durch die Eigenschaften der im Eiweißmolekül enthaltenen Aminosäuren und deren Anordnung ergeben ([Smit 85]).

Die Vorhersage der Form von Eiweißmolekülen aus der Sequenz der konstituierenden Aminosäuren ist ein hochaktuelles Forschungsthema im Grundlagenbereich. Anwendungen der Molekularbiologie liegen in Untersuchungen zur Vererbungslehre, in der medizinisch-genetischen Diagnostik einschließlich der Behebung genetischer Defekte, in der gezielten Beeinflußung genetischen Materials, z.B. zur Synthese von medizinischen Wirkstoffen, sowie in der Genmanipulation von Planzen und Bakterien, beispielsweise zur Steigerung von Ernteerträgen, der Schaffung von Resistenz gegen bestimmte Schädlinge oder Pflanzenschutzmittel oder auch der Einbringung gewünschter Eigenschaften in Organismen, etwa bei der Züchtung erdölverzehrender Bakterien zur Beseitigung von Umweltschäden nach Tankerunglücken. Auf die verschiedenen Anwendungsgebiete der Molekularbiologie kann hier ebensowenig näher eingegangen werden wie auf die zugrundeliegenden Prinzipien und Techniken; der Leser sei beispielsweise auf [AyKi 84] verwiesen. Nachfolgend wird die molekularbiologische Grundlage all dieser Ansätze, die Identifikation der Nucleotid-Sequenz in der Erbmasse und gegebenenfalls deren gezielte Abänderung, näher ausgeführt.

2.2.1 Beispielszenario

Im Jahre 1988 wurde vom National Research Council in den USA ein Bericht unter dem Titel *Mapping and Sequencing the Human Genome* vorgelegt ([NRC 88]), in dem ein Kommittee von Biologen verschiedener Fachdisziplinen Grundfragen der Machbarkeit und des Nutzens eines Projektes zur Erforschung des menschlichen Genoms, d.h. aller seiner 46 Chromosomen, erörtert. Als globale Zielsetzung eines entsprechenden Projekts wurde die vollständige Entschlüsselung der Nucleotidfolge des menschlichen Genoms angegeben. Auf Grundlage dieses Berichts wurde unter der Federführung der nationalen Gesundheitsbehörde (National Institutes of Health) und des Energieministeriums (Department of Energy) das *Human Genome Project (HGP)* mit einem vorgesehenen Forschungsbudget von ca. 200 Millionen US-Dollar pro Jahr über eine Projektlaufzeit von 15 Jahren ins Leben gerufen. 20 Prozent der Projektgelder sollen dabei für die Entwicklung der benötigten Informatik-Infrastruktur verwendet werden.

Für die direkte Entschlüsselung der Nucleotidfolge in der gesamten DNA-Kette eines Chromosoms fehlen bis heute die technischen Möglichkeiten. Die Gesamtzahl der Nucleotide im menschlichen Genom wird auf ca. 3 Milliarden geschätzt, wobei die Größe der einzelnen Chromosomen zwischen 50 und 250 Millionen Nucleotiden schwankt ([Sear 93]). Auch mit modernsten Analysemethoden können allerdings nur Sequenzen bis zu einer Größenordnung von einigen Tausend Nucleotiden untersucht werden ([MLM+ 92]). Deshalb verfolgt das HGP eine zweistufige Vorgehensweise. Durch zytologische Untersuchung von Vererbungsvorgängen wird zunächst eine genetische Landkarte der ungefähren Lage der Gene im untersuchten Chromosom aufgestellt. Auf dieser Grundlage werden dann physische Lagekarten unterschiedlicher Auflösungsstufe (relative Genlage, Schnittstellen von Restriktionsenzymen, Überlappungsbereiche geklonter Teilstücke bis hin zur Abfolge der einzelnen Nucleotide in einem DNS-Teilstück bzw. der Aminosäuresequenz in Eiweißmolekülen) erstellt. Das eigentliche Ziel des HGP ist somit die Angabe einer vollständigen physischen Lagekarte der Nucleotide im menschlichen Genom, also die Angabe der Sequenz der konstituierenden 3 Milliarden Nucleotide. In [Fren 91] wird diese Aufgabe in einer schönen Analogie mit der Rekonstruktion des Inhalts eines Magnetbandes mit 3,5 GigaByte Binärdaten verglichen, welches den sequentiellen Dump einer Magnetplatte mit fragmentierten, teilweise gelöschten oder sonstwie ungenutzten Programmdateien enthält. Die Aufgabe besteht nun darin, die ungenutzte Information herauszufiltern, die Teilstücke der benutzten Dateien zu ausführbaren Programmen zusammenzufügen, diese in den Source-Code zu rekompilieren und diesen schließlich durch Reengineering in die Programmspezifikation zu überführen. Erschwerend kommt hinzu, daß die Kenntnisse über die Ausführumgebung (CPU, Registerbestückung, Betriebssystemcodes) unvollständig sind und daß Programmteile selbstmodifizierend sind, d.h. ihre Struktur dynamisch verändern können. An praktischen Problemen kommt hinzu, daß mehrere Kopien des Magnetbandes in viele kleine Teilstücke zerschnitten wurden und die richtige Reihenfolge der Teile zuerst wie in einem dreidimensionalen Puzzle mit überlappenden Teilen gefunden werden muß. In diesem Puzzle können zudem Teile mit identischer Form verschiedene Inhalte tragen, oder es kann dasselbe Teil an vielen Stellen einbaubar sein. Schließlich können Teile bereits zu größeren Einheiten verbunden sein, ohne daß sie notwendigerweise im Ursprungsband tatsächlich benachbart lagen. Eine letzte Schwierigkeit liegt darin, daß aus wirtschaftlichen Gründen nicht der Inhalt aller Bandstücke gelesen werden kann, sondern eine Vorauswahl getroffen werden muß, die aber trotzdem eine vollständige Rekonstruktion des Ausgangsbandes ermöglicht[†].

Die obige Schilderung einer Analogie der HGP-Problematik im Bereich der Informatik verdeutlicht auf drastische Weise die Problemstellung. Gemäß dieser Analogie werden im HGP derzeit hauptsächlich Grundlagenarbeiten zur physischen Rekonstruktion des Magnetbandes geleistet. Es wurde im HGP-Projektvorschlag ausdrücklich angemerkt, daß die Sequenzierung großer DNS-Fragmente erst nach Entwicklung entsprechender Basistechnologien im Bereich des Klonens der Ausgangsmaterialien und

---

[†]   Schilderung eines von Robert Robins, Programmdirektor der NSF-Datenbankaktivitäten und geschäftsführender Direktor der Genom-Informatik-Aktivitäten am DOE, vorgetragenen Analogiebeispiels.

der schnellen Analysetechnik erfolgen sollte [NRC 88]). Bei der Entwicklung der benötigten biologi-
schen und analysetechnischen Basistechnologien wurden bereits signifikante Fortschritte erzielt
([Meld 95]). Die Arbeiten konzentrieren sich derzeit auf die Entwicklung hochautomatisierter Sequenzierungssysteme, mit denen die bisherige Rate von ca. 700000 analysierten Basis-Nucleotidpaaren pro
Jahr und Instrument noch erheblich gesteigert werden soll. In [LaLS 91] werden als Ziel für 1994 160
Millionen analysierte Basis-Nucleotidpaare als Gesamtergebnis aller weltweiten Sequenzierungsarbeiten angegeben, eine Verzehnfachung gegenüber dem Wert von 1989. Dieses Ergebnis konnte nur durch
die Entwicklung robotergesteuerter Analysestationen mit einem Durchsatz von 10000 Proben pro Tag
erreicht werden.[†] Die aktuellen Forschungsarbeiten befassen sich mit der Entwicklung und dem Einsatz
massiv-paralleler, computergesteuerter Analysesysteme, neuer Mikroskopsysteme mit Auflösung im
atomaren Bereich (z.B. Raster-Tunnel-Mikroskope), schlüsselfertiger Sequenzierungssysteme, nicht-
radioaktiver Detektionstechnologien sowie paralleler Hochleistungsrechner im TeraFlop-Bereich
([Garn 94]).

2.2.2 Anforderungen an die Datenverwaltung und -auswertung

Bei der Schaffung eines Datenverwaltungs- und -auswertungssystems in praktisch jedem naturwissen-
schaftlichen Forschungsgebiet sind im allgemeinen sind zwei grundlegende Zielsetzungen denkbar:
entweder die Erstellung eines idealtypischen, transsubjektiven Referenzmodells, wie es beispielsweise
in klassischen Lehrbüchern der Biologie und Medizin zu finden ist, oder die Beschreibung konkreter
Einzelfälle mit Hervorhebung der Besonderheiten und Unterschiede in den verschiedenen Ausprägungen. Der erste Ansatz unterstützt vor allem Lehr- und Ausbildungszwecke; die dabei vorgenommenen
Abstraktionen und Verallgemeinerungen sind für eine vertiefte wissenschaftliche Auseinandersetzung
mit dem Forschungsgebiet allerdings meist eher hinderlich. Der zweite Ansatz stellt die nötigen Detail-
daten für die wissenschaftliche Forschungsarbeit bereit, allerdings auf Kosten einer Vervielfachung des
Datenvolumens.

Für das Human Genome Project ist die grundlegende Orientierung in eine der beiden oben angegebenen
Richtungen noch nicht abschließend festgelegt worden; nachdem aber auf der Basis der Sequenzinfor-
mation z.B. auch gezielte medizinische Untersuchungen zu Gendefekten vorgenommen werden sollen,
muß wohl längerfristig mit einer Verfolgung des zweiten Ansatzes mit entsprechend höherem Datenvolumen gerechnet werden ([Fren 91]). Momentan konzentrieren sich die Arbeiten allerdings auf die
Entschlüsselung von durch Klonen erzeugten Referenzproben ([Garn 94]); das dabei anfallende Datenvolumen stellt aus Datenbanksicht keine grundlegende technische Herausforderung dar, zumal bereits
vorgeschlagen wird, nur die vergleichsweise wenigen und kurzen Bereiche eines Chromosoms, die
tatsächlich Gene kodieren, zu betrachten, und die Zwischenbereiche in der DNS-Kette, deren Funktion
bislang weitgehend ungeklärt ist, zu ignorieren ([Sear 93]).

Kann das im HGP anfallende Datenvolumen als für heutige Datenbanksysteme mehr oder minder
problemlos bewältigbar eingestuft werden, so bestehen aus struktureller Sicht einige spezifische Anforderungen. Während in herkömmlichen Systemen die Datenelemente meist in keiner ausgezeichneten
Ordnung stehen, sondern über Schlüsselattribute auf sie zugegriffen wird, beruhen die grundlegenden
Datenstrukturen in der Molekularbiologie, Sequenz und Zuordnungskarte, auf topologischen Beziehungen zwischen Datenelementen. Der Zugriff auf Einzelelemente, also die konkreten Nucleotide, erfolgt

---

† Die mit der "Industrialisierung" der Sequenzierungsarbeiten einhergehende Konzentration der Forschung in Großla-
bors war in der ursprünglichen Projektempfehlung ausdrücklich als unerwünscht eingestuft worden ([NRC 88]).

im Bereich der Molekularbiologie fast ausschließlich anhand der topologischen Struktur, was die Unterstützung entsprechender navigierender Zugriffsoperationen durch das Datenbanksystem nahelegt. Speziell stellt z.B. der strukturell-topologische Vergleich zweier modellierter Sequenzen eine häufig verwendete Grundoperation dar ([MiSH 94]); diese und andere nichtkonventionelle Zugriffsoperationen gilt es im Datenbanksystem entsprechend effizient zu realisieren. Eine besondere Schwierigkeit liegt darin, daß die analysierten Teilsequenzen oft Redundanzen und Überlappungen aufweisen, so daß im allgemeinen nur eine Halbordnung zwischen verschiedenen Teilstücken aufgestellt werden kann. Schließlich treten auch Skalierungsprobleme auf, d.h. je nach Detaillierung in der Betrachtung werden verschiedene sequenzierte Teilstücke als deckungsgleich oder nicht identifiziert ([Sear 93]). Die sequenzorientierten Zugriffs- und Vergleichsoperationen im Datenbanksystem müssen diese Besonderheiten natürlich berücksichtigen.

Neben grundlegenden technischen Fragestellungen sind im HGP oft "kulturelle Differenzen" zwischen Molekularbiologen und Informatikern zu überwinden, insbesondere hinsichtlich der Pflege und Nutzung der bereitgestellten Hilfsmittel ([Fren 91]). Nur wenn alle neuen Erkenntnisse unverzüglich in entsprechenden Datenbanken bereitgestellt werden, besteht die Hoffnung, daß es auch aus Anwendungssicht effizienter ist, ein neues Forschungsergebnis in einer Datenbank mit den bisherigen zu vergleichen, anstatt Laborversuche redundant durchzuführen. Letztlich werden Aktivitäten wie das Human Genome Project zu einer grundlegenden Veränderung der Arbeitsweise in der Molekularbiologie und Genetik führen: Während bisher die Forschungsarbeit weitgehend in kleinen, unabhängigen "nassen" Labors geleistet wird, wird die hochautomatisierte Erfassung und Verbreitung von Sequenzierungsergebnissen künftig zu breiter Entwicklung und Nutzung von Genom-Datenbanken führen. Diese weltweit verteilten Datenbanken können quasi als "trockenes" Labor die Durchführung von Basisarbeiten der Sequenzierung reduzieren helfen und eine Konzentration auf weitergehende Fragen, etwa die inhaltliche Entschlüsselung von genetischen Vorgängen, ermöglichen ([Sear 93]).

Um die Genom-Datenbanken effektiv zu nutzen, muß für jede verarbeitete Nucleotid-Sequenz zunächst festgestellt werden, ob sie bereits an anderer Stelle ganz oder teilweise identifiziert wurde; gegebenenfalls muß eine Erweiterung des globalen Wissens in den entsprechenden Datenbanken vorgenommen werden. Der heute noch zu beobachtende Einsatz vieler verschiedener, unter lokaler Kontrolle autonomer Forschungseinrichtungen stehender Teildatenbestände stellt bei der Schaffung eines globalen Genom-Informationssystems besondere Anforderungen hinsichtlich Datenredundanzkontrolle, Datenwiederverwendung und Datenaustausch, Verbergen von physischer Verteilung und Systemheterogenität auf Ebene der Benutzerschnittstelle, erweiterbarem Typ- und Operatorensystem und anwendungsspezifischer Speichermechanismen ([RiDi 94]). In diesem Zusammenhang entstehen wiederum besondere Anforderungen an die Datenverwaltung, beispielsweise hinsichtlich Qualitätssicherung und Standardisierung von Versuchsprotokollen ([Fren 91]).

Eine weitere wesentliche Anforderung an ein Informationssystem der Molekularbiologie entsteht durch die Art und Weise, in der eine solche umfassende, integrierte Datenquelle aufgebaut wird. Nachdem die Einträge in der Datenbank aus einer Vielzahl von Einzelbeiträgen zusammengesetzt sind, kommt der Nachvollziehbarkeit der Quelleninformation besondere Bedeutung zu. Klassischerweise wurden und werden neue Forschungsergebnisse in der Molekularbiologie in wissenschaftlichen Zeitschriften veröffentlicht und von dort in einschlägige Repositories wie z.B. EMBL (*European Molecular Biology Laboratory*, [StCa 91]), PIR (*Protein Identification Resource*, [BGHG 91]), GBD (*Genome Data Base*, [Pear 91]) oder GenBank ([BCC+ 91]) übernommen. In jüngerer Zeit wird auch verstärkt an der Erfassung von Beiträgen in elektronischer Form gearbeitet, um so die Zeitspanne von der Publikation bis zur allgemeinen Verfügbarkeit zu reduzieren. Weiterhin sollten in diesen Repositories Verzeichnisse von zur Verfügung stehenden Proben und Hilfsstoffen als übergreifende Metadaten enthalten sein, um so die Koordination der verteilten Forschungsarbeiten zu unterstützen ([NRC 88]).

2.2.3 Gegenwärtige Lösungsansätze im Anwendungsgebiet

Ähnlich wie im Bereich der Klima- und Umweltforschung, ist das grundlegende Problem bei der Datenverwaltung im Bereich der Molekularbiologie die extreme Heterogenität in den Quellen und den in den verschiedenen Repositories eingesetzten Systemen. Viele der im vorangegangenen Abschnitt genannten öffentlichen Repositories basieren intern statt auf Datenbanksystemen auf dedizierten Datenstrukturen und Dateisystemen. Dies ist insofern nachvollziehbar, als ihre Entwicklungsgeschichte oft in Zeiten zurückreicht, in denen die verfügbaren kommerziellen Datenbanksysteme nur unzureichende Modellierungsunterstützung boten und nicht anwendungsspezifisch erweiterbar waren ([BKW+ 77], [MaDi 81]). Ein typisches Beispiel für die Speicherung molekularbiologischer Daten in einfachen Textdateien stellt *GenBank* dar, nach wie vor eines der verbreitetsten Repositories im Genomforschungsbereich. Ein Eintrag in *GenBank* wird im sog. Line Type Format beschrieben, das lediglich ein Schlüsselwortgerüst zur Beschreibung einer Nucleotidsequenz vorgibt, die Einträge in diesem Gerüst aber unter Anwendungskontrolle stellt[†]. Die Portabilität als Textdatei und eine hohe "Lesbarkeit" erweisen sich bei diesem Ansatz als Vorteile; allerdings wird für komplexere, übergreifende Auswertungen keine über einfache Textoperationen hinausgehende Unterstützung angeboten ([FiBu 89]). Eine Skalierung dieses Ansatzes in die im HGP vorgesehenen Bereiche erscheint aus Sicht des Datenvolumens und der Auswertungskomplexität kaum machbar.

Die im Anwendungsbereich der Molekularbiologie vorherrschenden topologischen Beziehungen legen einen Einsatz von hierarchischen oder netzwerkorientierten Datenmodellen nahe. Allerdings werden nach diesen Datenmodellen konzipierte Datenbanksysteme wegen ihrer konzeptionellen Schwachstellen für eine Neuentwicklung umfangreicher Informationssysteme nur noch in Ausnahmefällen in Betracht gezogen. Zudem erfordert die weltweite Nutzung der molekularbiologischen Datenbanken vereinheitlichte Zugangsmöglichkeiten, so daß eher ein Einsatz moderner relationaler Datenbanksysteme und der standardisierten Datenbankabfragesprache SQL anzustreben ist.

Die Verwendung von relationalen Datenbanksystemen zur Modellierung und Auswertung von Sequenzdaten erfordert aus struktureller und auswertungsorientierter Sicht grundlegende Erweiterungen. Probleme bereitet vor allem die Modellierung von topologischen Beziehungsstrukturen, da das mengenorientierte Relationenmodell keine strukturelle Ordnung auf der Tupelmenge einer Relation vorsieht. Der künstliche Ausweg, die Tupelordnung durch die Vergabe von Tupelsequenznummern als Schlüsselattribut zu repräsentieren, führt bei der Auswertung häufig zu sehr ineffizienten Lösungen ([Fren 91]). Ein anderer Weg, die in heutigen Systemen angebotenen BLOBs (*Binary Large OBjects*) zu verwenden, um in ihnen unter Anwendungskontrolle die benötigten Datenstrukturen und Verwaltungsoperationen bereitzustellen, macht von den im Datenbanksystem angebotenen Diensten keinen Gebrauch und ist semantisch der Verwendung eines einfachen Dateisystems gleichzusetzen.

---

† So sind neben Annotationsfeldern zur Aufnahme biologischer Information beispielsweise auch variabel lange Listen zur Beschreibung der Quellen der zugehörigen wissenschaftlichen Veröffentlichungen und zur Angabe von Schlüsselwörtern vorgesehen.

Ein Ausweg aus der beschriebenen Misere könnte sein, erweiterbare relationale oder andere offene Datenbanksysteme einzusetzten. Erweiterungen an relationalen Systemen können zwar grundsätzlich unter Beibehaltung einer genormten Zugriffsschnittstelle wie SQL vorgenommen werden, aber die Mächtigkeit dieses Typs von Anfragesprachen reicht für die Formulierung komplexer Abfragen oft nicht aus. Beispielsweise bietet SQL keine Rekursion; entsprechende Kontrollkonstrukte müssen in der einbettenden Wirtsprache realisiert werden, was neben einem höheren Programmieraufwand vor allem zu Problemen bei der globalen Anfrageoptimierung im Datenbanksystem führt. Hier können deduktive Datenbanken einen Ausweg bilden, die eine Anfrage als logische Ableitung aus einer als Fakten (Tupel) definierten Axiomenmenge beschreiben und somit implizit eine Rekursion auf Anfrageebene beinhalten. Außerdem können auf diesem Weg im System leicht verschiedene Theorien zum gleichen Sachverhalt repräsentiert werden, was helfen kann, der Volatibilität der Lehrmeinungen im jungen Fachgebiet der Molekularbiologie Rechnung zu tragen. Allerdings befinden sich deduktive Datenbanksysteme für den kommerziellen Einsatz in datenintensiven Anwendungen noch in der Entwicklungsphase ([Fren 91]). Objektorientierte Datenbanksysteme schließlich bieten eine hohe Modellierungsflexibilität an, allerdings unter Inkaufnahme des Fehlens standardisierter, modellbezogen optimierter Abfragesprachen. Unter Umständen liegt die Zukunft in der Kombination verschiedener 'Schulen'; [LeRT 94a] beschreibt beispielsweise einen Ansatz zur Verbindung der Modellierungsmächtigkeit eines objektorientierten Datenbanksystems mit den Abfragemöglichkeiten deduktiver Datenbanken.

Auch wenn es gelingen sollte, ein aus struktureller und abfrageorientierter Sicht ideales Datenbanksystem für den Bereich der Molekularbiologie zu schaffen, ist es doch unwahrscheinlich, daß damit die grundlegende Integrationsproblematik aus der Welt zu schaffen wäre. Hierzu wäre eine vollständige Standardisierung der Anwendungswelt vonnöten, was bei der teilweise langen Tradition der involvierten nationalen Institutionen mit einem immensen Bestand an bereits erfaßten Daten kaum realisierbar erscheint. Ansätze in Richtung einer solchen Standardisierung wie das Sequence Tag Site Protokoll zur Erleichterung der Katalogisierung von Forschungsergebnissen decken folgerichtig auch nur den Bereich der Registrierinformation ab ([Fren 91]). Nachdem die Schaffung und Etablierung eines globalen konzeptionellen Schemas für den Bereich der Molekularbiologie derzeit nicht erreichbar erscheint, konzentriert man sich aus pragmatischer Sicht darauf, Interoperabilität zwischen verschiedenen lokalen Datenbeständen und -systemen herzustellen, allerdings meist nur auf Datenzugriff- und -austauschebene für Daten in Datenbank- und einfachen Dateisystemen ([BCC+ 91], [BDH+ 95]).

2.3 Fertigungsqualitätskontrolle

Die industrielle Revolution im letzten Jahrhundert eröffnete durch die mit ihr verbundene Automatisierung der Herstellungsprozesse technischer Erzeugnisse die Entwicklung moderner Industriegesellschaften. War zu Beginn der Industrialisierung aus Gründen der Wirtschaftlichkeit eine möglichst hohe Repetivität der Stückprozesse in der Fertigung angestrebt, so ist mit der zunehmend zu beobachtenden Individualisierung in modernen Industriegesellschaften auch ein Trend zu immer individuelleren Produkten und damit zu kleineren Fertigungsstückzahlen bei deren Herstellung festzustellen. Nach der Automatisierung und der Integration der Fertigungs- und Montageprozesse steht somit heute die Flexibilisierung der Teilefertigung im Vordergrund ([Ruf 91]). Hierfür ist neben der Entwicklung entsprechend leistungsfähiger Fertigungseinrichtungen, vor allem in Bezug auf eine Minimierung der durch Rüstvorgänge verursachten Kosten, der Einsatz rechnergestützter Planungs-, Steuerungs- und Kontrollverfahren eine unabdingbare Voraussetzung [Zörn 88].

Mit der wirtschaftlichen Fertigbarkeit kleiner und kleinster Losgrößen ergeben sich auch für den Bereich der Qualitätssicherung tiefgreifende Veränderungen. Wurden im Rahmen der früher üblichen Massen- und Serienfertigung vor allem produktorientierte Endkontrollverfahren mit eventuellen Reparaturmaßnahmen eingesetzt, so ist in jüngerer Zeit ein starker Trend zur Integration der Qualitätsprüfung in den Fertigungsprozeß selbst zu beobachten ([Sche 87]). Globales Ziel ist hierbei eine prozeßbegleitende Fehlervermeidung statt einer Fehlererkennung und -behebung a posteriori ([Sche 95]).

Nach der DIN-Richtlinie 55350 ist Qualität

> *"... die Gesamtheit von Eigenschaften und Markmalen eines Produktes oder einer Tätigkeit, die sich auf die Eignung der Erfüllung gegebener Erfordernisse beziehen."*

Qualitätssicherung wird in derselben Richtlinie in die Teilbereiche Qualitätsplanung, Qualitätsprüfung und Qualitätslenkung untergliedert. In der rechnergestützten Fertigungsqualitätskontrolle sind vor allem die beiden letzten Bereiche von Bedeutung. Gemäß der DIN-Norm ISO9000 bis ISO9004 setzt eine prozeßorientierte Qualitätssicherung die Beherrschung der Fertigungsprozesse, d.h. ein voraussagbares Verhalten bestimmter Prozeßmerkmale, voraus ([Sche 95]). Werden die zur Qualitätssicherung erforderlichen Maßnahmen unter Zuhilfenahme rechnergestützter Verfahren durchgeführt, so spricht man von *Computer Aided Quality Control* (CAQ). Der Grad der Rechnerunterstützung ist im CAQ-Bereich unter allen CIM (*Computer Integrated Manufacturing*)-Funktionen noch am geringsten ([Rula 89]).

Aus datenorientierter Sicht sind im Bereich der rechnergestützten Qualitätssicherung vor allem die Prüfdatenerhebung und -auswertung sowie die darauf basierenden unmittelbaren und mittelbaren Qualitätslenkungsmaßnahmen von Interesse. Nachfolgend wird auf die statistische Prozeßkontrolle (*Statistical Process Control, SPC*) als Instrument zur Überwachung von Prozeßmerkmalen näher eingegangen. Ziel der SPC ist es, für definierte Prozeßparameter die Einhaltung gewisser erlaubter Toleranzbereiche zu überprüfen und bei deren Verletzung entsprechende prozeßbezogene Korrekturmaßnahmen zu veranlassen. Daneben können die erfaßten Daten auch zur Beantwortung mittelbarer, verlaufsbezogener Diagnose- und Planungsfragen herangezogen werden (z.B. Schwachstellenanalyse mit Diagnose-Expertensystemen wie DIPSEX-P, [HiWM 90]). Oftmals müssen hierzu allerdings erst geeignete Verdichtungsstufen für die Eingangsdatenwerte gebildet werden, auf welche dann entsprechende Zeitreihenanalyseverfahren angewandt werden können.

2.3.1 Beispielszenario

Als Anwendungsbeispiel aus dem Bereich der Fertigungsqualitätskontrolle wird nachfolgend die in [KuLe 91] beschriebene Herstellung von MOS-Kondensatoren herangezogen. Die Halbleiterproduktion gilt wegen des hohen Einsatzgrades rechnergestützter Herstellungsverfahren im Rahmen eines vielstufigen Produktionsprozesses als Paradebeispiel für den SPC-Bereich ([Zech 92]). Der Herstellungsprozeß besteht bei dem als Anwendungsbeispiel herangezogenen Szenario aus sechs Einzelschritten mit dem Ziel, einen Kondensator-Grenzspannungswert von einem Volt zu realisieren. Hierzu wird auf einer Substratplatte mit gemessener Ladeverteilung durch thermische Oxydation eine Isolationsschicht definierter Stärke aufgebracht. In diese Isolationsschicht werden anschließend mit einem Elektronenstrahl Ionen eingebracht, welche die späteren elektrischen Eigenschaften des Bauteils festlegen. Die mit der Ionisation erzielte Ladeverteilung wird durch Einbrennen in einer Edelgasatmosphäre stabilisiert. Nach dem Aufbringen einer abschließenden Metallschicht in einer Evaporationskammer wird der Kondensator schließlich einem Funktionstest unterzogen, wobei neben der Grenzspannung auch für weitere Bearbeitungsschritte wichtige Ladeverteilungsparameter bestimmt werden. Zu jedem der zu durchlaufenden Herstellungsschritte sind in Tabelle 2.1 die jeweils charakteristischen Prozeßvariablen mit zugrundliegender Verteilungsannahme sowie Zielwert und Toleranzbereich angegeben. Die prozeßbestimmenden Eingangsvariablen eines Prozeßschrittes sind mit einem vorangestellten E, die gemessenen Ausgangsvariablen mit einem vorangestellten A, unspezifizierte Werte durch % gekennzeichnet.

Prozeßschritt	*Variable*	*Verteilung*	*Zielwert*	*Toleranz*
Substratcharakterisierung	A: Ladeverteilung	Uniform	5^{16} Atome/cm^2	$\pm 1^{16}$ Atome/cm^2
Oxydation	E: Zeit	%	45 min	± 5 min
	E: Temperatur	%	800 °C	± 10 °C
	A: Dicke	Deal-Grove	24 Nanometer	± 24 Nanometer
Ionen-Implantierung	E: Energie	%	30 Kilovolt	± 5 Kilovolt
	E: Dosis	%	1^{12} Atome/cm^2	$\pm 5^{11}$ Atome/cm^2
	A: Flächenwiderstand	Gauss	5240 Ohm/cm^2	± 500 Ohm/cm^2
Einbrennen	E: Zeit	%	60 min	± 5 min
	E: Temperatur	%	1000 °C	± 10 °C
	A: Ladeverteilung	%	%	%
Metallisierung	Annahme eines optimalen Prozesses, d.h. keine Ein- und Ausgangsvariablen			
Funktionstest	A: Grenzspannung	%	1 Volt	%
	A: Ladeverteilung	%	%	%

Tab. 2.1: Prozeßbeschreibung für ein Beispiel aus der Kondensatorfertigung

Interessant aus Sicht der Prozeßkontrolle ist am vorliegenden Beispiel, daß teilweise eine Vorwärtsbehebung von Defiziten in vorangegangenen Prozeßschritten möglich ist. So kann beispielsweise eine mangelhafte Ausgangsdotierung des Substrats durch eine entsprechende Energie- und Dosierungsvariation im Ionen-Implantierungsschritt ausgeglichen werden. Durch Verfolgung der vorgenommenen Korrekturschritte über einen längeren Zeitraum kann auch eine globale Prozeßoptimierung durch Modifikation der Zielwerte für die Eingangsparameter erfolgen. Auf ähnlichem Wege lassen sich auch andere systematische Beeinflussungen des Prozesses dynamisch kompensieren, wie beispielsweise die durch Abnutzung verursachte Veränderung von Gerätecharakteristika.

Die in Tabelle 2.1 angegebenen Variablen können physikalisch teilweise nicht direkt gemessen werden, sondern müssen aus mehreren anderen Werten zusammengesetzt werden, die sich sowohl auf ein Einzelbauteil als auch auf den gesamten Wafer, auf dem eine Vielzahl von Bauteilen angeordnet sind, beziehen können. Insgesamt werden zu jedem Herstellungsprozeß 143 Messungen durchgeführt. Die abgeleiteten Parameter der einzelnen Prozeßschritte werden gemäß ihrem Einflußgrad auf den Gesamtprozeß gewichtet. Diese Gewichtung bildet die Grundlage für das Kontrollmodell zur Prozeßkalibrierung. Ein konkretes Kontrollmodell für das vorliegende Beispiel ist in [KuLe 91] ausgeführt. Die dort verwendete Methode enthält auch spezifische Möglichkeiten der Vorwärts- und Rückwärtspropagierung von Effekten zum Zwecke der globalen Optimierung von Zielwerten für Variablen.

2.3.2   Anforderungen an die Datenverwaltung und -auswertung

Das im obigen Anwendungsszenario beschriebene Kontroll- und Optimierungsmodell ermöglicht die automatische Kalibrierung einer Prozeßkette auf Grundlage einer automatisierten Datenerhebung und Prozeßsteuerung. Im allgemeinen Fall muß allerdings davon ausgegangen werden, daß nicht alle Prozeßschritte vollständig vom Rechner kontrollier- und überwachbar sind. Somit muß die Basisfunktionalität eines SPC-Systems auch Möglichkeiten der manuellen Dateneingabe und der visuellen Darstellung der überwachten Prozeßvariablen beinhalten. Die aufgrund der aktuellen Prozeßsituation zu ergreifenden Maßnahmen müssen häufig ebenfalls manuell durchgeführt werden; in der nachfolgenden verallgemeinerten Darstellung des SPC-Bereichs aus Datenverwaltungs- und -auswertungssicht sind die sich ergebenden Auswirkungen auf die Ebene der Datenverwaltung und -auswertung berücksichtigt.

Den einfachsten Fall einer SPC-Anwendung stellt die isolierte Erhebung und Kontrolle einzelner Prozeßvariablen dar. Zu jeder Variablen muß zumindest der Zielwert und der erlaubte Toleranzbereich festgelegt sein. In realen Anwendungen werden zu einem Zielwert auch mehrere Grenzwertpaare spezifiziert, beispielsweise neben dem Toleranzbereich auch ein Plausibilitätsbereich für die präventive Fehlerbehandlung bei manueller Dateneingabe.[†] Auch mehrere anwendungsspezifische Toleranzbereiche können sinnvoll sein, um eine abgestufte Reaktion auf Bereichsüberschreitungen durchführen zu können[‡]. Wichtige Anforderung aus Sicht der Datenverwaltung und -auswertung ist in jedem Fall eine rasche Verarbeitung der Meßdaten, um bei Übertretungen eines Toleranzbereichs rechtzeitig geeignete Maßnahmen ergreifen zu können ([HoJR 89]). Stehen mehrere Meßvariablen in einem komplexeren Zusammenhang, kann diese Forderung nach garantierten Antwortzeiten gravierende Auswirkungen auf die Realisierung des SPC-Systems haben. So sind moderne SPC-Systeme zunehmend als verteilte Systeme realisiert, um bezüglich Verfügbarkeit, Leistungsfähigkeit, Kosten sowie Verwaltungs- und Betriebsautonomie anwendungsspezifisch konfigurierbar zu sein ([Ruf 93b]). Die Verteilungsaspekte erfordern dann aber aus Sicht der Datenverwaltung oft einen deutlich höheren Aufwand als zentralistisch organisierte Systeme ([JRWZ 87]).

Neben den im Anwendungsszenario geschilderten geschlossenen Regelkreisläufen mit Vor- und Rückwärtspropagierung sehen viele SPC-Anwendungen auch offene Regelkreise sowie interaktive ad-hoc-Auswertungen der erfaßten Datenbestände vor. Die interaktive Datenanalyse kann dabei je nach Benutzerkreis von der einfachen Anzeige von Kontrollcharts für einzelne Variablen bis zur komplexen Verknüpfung verlaufsorientierter Verdichtungswerte aus organisatorisch entfernten Bereichen reichen. Entsprechend verschieden sind die Datenwerte und Verwaltungsoperationen auf den verschiedenen Auswertungsniveaus, wie die in Abbildung 2.3 gezeigte sechsstufige SPC-Verdichtungshierarchie mit den Datenobjekten auf und den Abbildungsoperationen zwischen den verschiedenen Hierarchieebenen verdeutlicht. Auf den Ebenen 0 und 1 erfolgt eine realzeitorientierte Erhebung und Pufferung von stichprobenartigen Meßwerten. Ebene 2 realisiert die lokale, einzelschrittorientierte Prozeßkontrolle. Auf Ebene 3 können Parameterwerte mehrerer Prozeßschritte zur Realisierung gesamtprozeßorientierter Auswertungs- und Fehlerbehebungsmaßnahmen kombiniert werden. Die globalen Optimierungsmaßnahmen auf den Ebenen 4 und 5 beziehen neben verdichteten Meßwerten auch globale Zustandsvariablen der Herstellungsumgebung mit ein. Aus Sicht der Datenverwaltung herrschen auf den unteren Ebenen der Abstraktionshierarchie realzeitorientierte Puffer- und Pipelinemechanismen vor, während für die mittleren Ebenen die Verwaltung der Daten sowohl in proprietären Dateiformaten eines SPC-Pakets als auch in Datenbanksystemen vorzufinden ist. Für die auf höheren Ebenen durchzuführenden

---

[†] So wird man für eine wassergekühlte Fertigungseinrichtung bezüglich der Kühlmitteltemperatur im allgemeinen einen Plausibilitätsbereich von 0-100 °C annehmen können; liegt die Eingabe außerhalb dieses Bereichs, wird sie bereits von Erhebungssystem ohne inhaltliche Prüfung zurückgewiesen.

[‡] Beispielsweise kann bei einer Kühlmitteltemperatur von mehr als 80 °C versucht werden, die Temperatur ohne Unterbrechung des laufenden Betriebs durch Zuführung kalten Wassers zu senken, während bei Überschreitung von 90 °C eine Notabschaltung vorgenommen wird, um Beschädigungen an den Fertigungseinrichtungen durch einen drohenden Abriß des Schmierfilms zu verhindern.

komplexen Auswertungsfunktionen ist dagegen durchwegs eine Datenbankunterstützung anzustreben. Eine detailliertere Beschreibung der SPC-Hierarchie und der zugehörigen Anforderungen hinsichtlich Funktionalität, Benutzerkreis und Datenverwaltung ist in [Ruf 93a] zu finden.

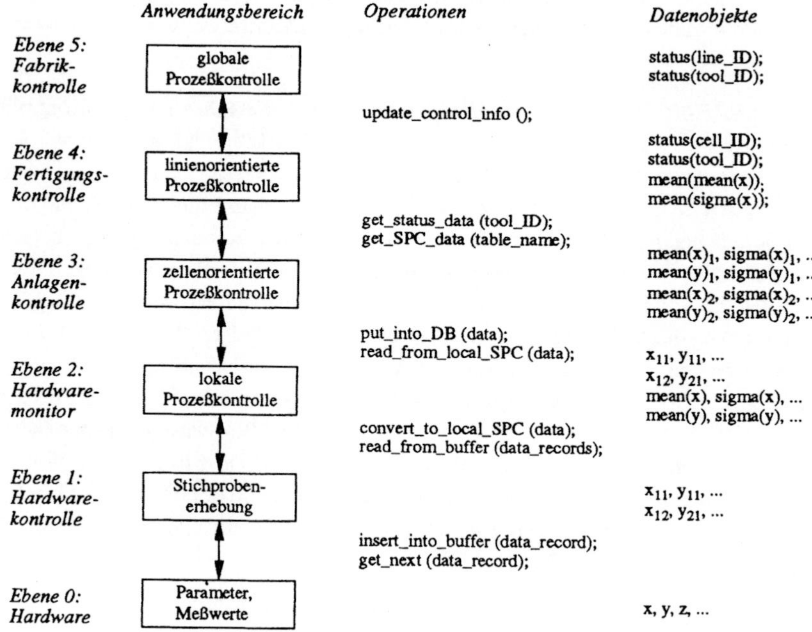

Abb. 2.3: SPC-Abstraktionshierarchie (nach [Ruf 93a])

Eine Besonderheit im Rahmen der Fertigungsqualitätskontrolle stellt neben der Erkennung und Behandlung von Ausreißerwerten auch der Umgang mit fehlenden Datenwerten dar. Da die Prozeßvariablen üblicherweise in einem festen Zeitraster abgetastet werden, ist es bei Ausbleiben eines Datenwertes in der Regel möglich, eine anwendungsorientierte Interpolationsfunktion anzugeben, welche einen Ersatzwert ermittelt, mit dem die Auswerteroutinen weiterarbeiten können. So kann beispielsweise bei einer temporären Sensorstörung ein fehlender Meßwert durch den Durchschnittswert der Nachbarmeßpunkte approximiert werden, wobei sich die konkret zu verwendende Methode nach dem Typ der einer Meßvariablen zugrundeliegenden Skala richtet ([Stev 46]). Manche SPC-Systeme sehen auch explizit mehrere Varianten von Einzeldatenwerten vor, beispielsweise erwarteter Wert, tatsächlich gemessener Wert und Ersatzwert. In jedem Falle sollten die Ersatzwerte auf Metadatenebene gekennzeichnet sein, um gezielt Auswertungen, z.B. bezüglich der Datenerhebungsgüte, vornehmen zu können.

2.3.3   Gegenwärtige Lösungsansätze im Anwendungsgebiet

Statistische Qualitätskontrolle ist eine etablierte Zweigdisziplin der allgemeinen Statistik, deren Methoden und Verfahren in einschlägigen Lehrbüchern dargestellt sind (z.B. [BoHH 78], [LeWW 84], [Mont 85], [KrRa 88]). Die ersten Anwendungen der rechnergestützten statistischen Qualitätskontrolle konzentrierten sich vornehmlich auf eine Implementierung spezifischer Verfahren in anwendungsspezifischen Programmpaketen; die erforderliche Datenverwaltung wurde in diesen Systemen meist auf der

Basis einfacher Dateisysteme mit proprietären, eigenverwalteten Datenstrukturen vorgenommen. Mit der Zeit wurden jedoch die gravierenden Nachteile solcher Speziallösungen vor allem in Hinsicht auf mangelnde Flexibilität bei der Anpassung an sich verändernde Umgebungen erkannt ([Ghos 84]). Deshalb wurden zunehmend Ansätze aus dem Bereich statistischer Datenbanksysteme auf das SPC-Anwendungsfeld übertragen; eine Zusammenfassung der hiermit verbundenen Vorteile ist in [OzHO 90] beschrieben. Die datenbanktechnische Grundlage des Einsatzes statistischer Datenbanksysteme im CAQ-Bereich stellen meist Erweiterungen des relationalen Modells, speziell auf Ebene der Anfrageverarbeitung, dar ([Ghos 86a], [Ghos 89]).

Die erste Generation von prozeßorientierten CAQ-Systemen war gekennzeichnet durch den Aufbau umfangreicher Datensammlungen in einem zentralisierten Datenbanksystem, die meist nicht zur Realzeitkontrolle der Prozesse, sondern als Datengrundlage für globale Optimierungsmaßnahmen eingesetzt wurden. Heutige SPC-Systeme dienen dagegen meist der lokalen Prozeßkontrolle für eine einzelne Fertigungs- oder Meßeinrichtung. Systemtechnisch sind diese SPC-Anlagen der zweiten Generation überwiegend als stand-alone-Lösungen auf PC-Basis mit proprietärer Datenverwaltung realisiert, was aus Performanz-, Kosten- und Verfügbarkeitsgesichtspunkten in der Regel eine deutliche Verbesserung gegenüber zentralisierten Host-Lösungen darstellt ([JaRW 90b]). Allerdings lassen sich auf dieser Grundlage globale Optimierungsmaßnahmen nur durch einen erheblichen Systemaufwand durchführen, weil hierzu die Daten mehrerer lokaler SPC-Stationen zusammengeführt werden müssen. Deshalb wird in Systemen der dritten Generation an verteilten Systemumgebungen mit integrierter Datenbasis gearbeitet, welche ein abgestuftes Kontroll- und Optimierungskonzept ermöglichen ([Ruf 93a]).

Aus Sicht der datenbanktechnischen Modellierung der Prozeßkontrolldaten ist festzustellen, daß diese grundsätzlich geräte- oder prozeß- und nicht produktbezogen erhoben werden. Zum Aufbau einer produktorientierten Sicht sind die durch allgemeine Logistikinformationen zu Erhebungszeit und -ort gekennzeichneten Meßdaten um produkt- und herstellbezogene Informationen, wie Teile- und Prozeß-schrittnummer, zu ergänzen. Die Kennzeichnung eines Meßwertes kann somit einen erheblichen Umfang annehmen. Werden zu einem Meßzeitpunkt für einen Prozeßschritt mehrere Meßwerte erhoben, würde eine streng relationale Modellierung zu einer starken Redundanz in den Attributen für die logistische Information führen. Wesentlich günstiger ist es, die zusammengehörigen Meßdatenwerte speichertechnisch dicht zu packen und für das Entpacken dieser Datenpakete eine Formatbeschreibung in den logistischen Daten zu hinterlegen (Abbildung 2.4). Diese Modellierung ist zum einen wesentlich performanter als eine tupelorientierte relationale Modellierung; zum anderen geht sie wesentlich über Lösungen auf Basis selbstbeschreibender Austauschdateien hinaus, bei denen die Strukturinformation im Dateikopf hinterlegt ist. Die Datenbankunterstützung bringt hierbei insbesondere die Möglichkeit deskriptiver Zugriffs- und Vergleichsoperationen auf den Logistikdaten mit sich. Für Zugriffe auf die Meßdaten müssen allerdings spezielle Zugriffsoperationen bereitgestellt werden, welche eine Adressierung anhand der Formatbeschreibung vornehmen ([Zech 92]). Derartige Systeme befinden sich gegenwärtig noch im Entwicklungsstadium.

Meßdatensätze

Serien#	Prozeß#	Masch.#	Datum	Uhrzeit	Format#

Format-tabelle

Format#	Variable	Beginn	Länge
17	1	0	10
17	2	10	20
17	3	30	15
...	...	...	...

Abb. 2.4: Meßdatenpackung mit externer Formatbeschreibung (nach [Ruf 93a])

Hinsichtlich der Nutzung der Daten in der Datenbank bleibt für SPC-Systeme noch anzumerken, daß neben dem üblichen interaktiven DB-Analysemodus zur Realisierung systemgesteuerter Monitoring- und Kontrollfunktionen auch ein "Subskriptionsmodus" angeboten werden sollte. Bei dieser Bezugs- form geht die Initiative zur Auswertung der entsprechenden Meßdaten nicht von Benutzer aus, sondern erfolgt unter Einsatz entsprechender aktiver Komponenten systemseitig. Einfache Systeme sehen hier lediglich eine laufende Datenanzeige vor; im Idealfall sollte das Datenbanksystem anhand vorgegebe- ner Anwendungsprofile selbständig relevante Dateneinträge erkennen und nur in Fehler- und Ausnah- mesituationen aktiv werden. Die hierfür benötigte Basisfunktionalität ist in modernen kommerziellen Datenbanksystemen in Form von Trigger-, Alerter- oder Regelkomponenten meist vorhanden. Das Debugging von Systemen mit aktiven Komponenten stellt aber nach wie vor ein grundlegendes Problem dar ([KLS+ 94]), so daß in den meisten SPC-Anwendungen die Aktivitätsträger nicht auf Ebene des Datenbanksystems, sondern in den Anwendungsprogrammen angesiedelt sind, was aller- dings im allgemeinen zu ineffizienteren Speziallösungen führt.

2.4 Banken- und Finanzwesen

Eine der wesentlichen Errungenschaften beim Aufbau moderner Gesellschaftsformen stellt die Entwicklung eines leistungsfähigen Zahlungsverkehrs dar. Der zunächst durch die Indirektion der Geld- statt Warenverrechnung flexibilisierte Warenaustausch wurde im Laufe der Zeit auch auf nichtmateri- elle Dinge wie Dienstleistungen erweitert. Schließlich wurden gänzlich "gegenstandslose" Formen des Finanzverkehrs wie etwa der Handel mit Optionsscheinen eingeführt. Bei dieser Art von Börsenge- schäften wird das immaterielle Geld- oder Aktiensystem selbst zum Bezugspunkt einer finanztechni- schen Transaktion. Auch wenn moderne Finanzprodukte überwiegend durch Fachleute genutzt und verwaltet werden, erfordert die schier unübersehbare Fülle an Informationen, auf denen diese Produkte beruhen, eine zunehmende Systematisierung der früher oft eher durch eine "glückliche Hand" denn durch methodische Vorgehensweisen geprägten Finanzgeschäfte. Mit zunehmender Spezialisierung des Produktangebots wird es immer wichtiger, Trends rechtzeitig zu erkennen und in entsprechende Reak- tionen umzusetzen, also beispielsweise Aktien nahe an ihrem Kursmaximum zu verkaufen.[†] Nur mit computergestützten Analyse- und Prognoseverfahren können alle Möglichkeiten im modernen Banken- und Finanzbereich genutzt werden.

Schon seit den 70er Jahren werden Methoden zur Trendanalyse im Finanzbereich eingesetzt ([EdMa 66]). Heute bedienen sich Experten wie z.B. professionelle Fondsmanager zunehmend modern- ster rechnergestützter Methoden, um für ihre Anleger optimale Erträge bei Minimierung des Risikos zu erwirtschaften. Die Computerisierung der Entscheidungsprozesse bei Finanztransaktionen birgt aber auch ein erhebliches Gefahrenpotential in sich: So erlebten die internationalen Finanzmärkte am 19. Oktober 1987 drastische Kurseinbrüche auf breiter Front, deren Ursache zunächst kaum erklärbar schien[‡]. Erst eine eingehende Analyse zeigte, daß in einer Art Dominoeffekt verschiedene Schwellen- werte für Verkaufsentscheidungen von Aktien überschritten wurden, was eine starke Verkaufswelle auslöste, welche die Kurse weiter sinken ließ und im Gefolge zu einer Auslösung weiterer Verkaufsau-

---

[†] Die jüngsten Produkte des Finanzsektors erheben gar den Trend selbst zum Gegenstand der Spekulation, beispielsweise bei Aktien- oder Wechselkursoptionsscheinen.

[‡] Der Dow-Jones-Industrieindex für 30 Industriewerte, das wichtigste US-Börsenbarometer, büßte an diesem Tag
22,6% seines Wertes ein.

tomatismen führte ([ChSe 93]). Auch wenn man aus den Erfahrungen dieses "Schwarzen Montags" gelernt zu haben glaubt und subtilere Schutzmechanismen gegen solche unerwünschten Kaskadierungseffekte aufgebaut wurden, verbleibt gerade im Lichte der seither noch wesentlich schnelleren Abwicklung von Börsengeschäften doch ein erhebliches Wiederholungsrisiko, wobei das Schadenspotential mit der seit 1987 zu beobachtenden Vervielfachung des in einer Zeitperiode erzielbaren Umsatzvolumens noch wesentlich höher als damals liegt.

Die beschriebene Eskalierung bei der Schwellenwertüberschreitung in computergestützten Finanzproduktverwaltungssystemen wurde entscheidend von der Gleichartigkeit der zugrundeliegenden Entscheidungsregeln in verschiedenen Systemen begünstigt. Hierdurch werden auch im Normalfall die Gewinnpotentiale einer Anlageform wesentlich geschmälert, weil positive Marktphänomene durch Mitzieheffekte auf breiter Front gestreut werden und somit die individuellen Gewinnmöglichkeiten schmälern. Deshalb kommt es heute in bedeutendem Maße darauf an, nicht nur schwellenwertbezogene a posteriori-Maßnahmen zu ergreifen, sondern auch trenderkennende a priori-Instrumente zu entwikkeln, welche den entscheidenden Vorsprung vor den Wettbewerbern sichern ([BaLi 92]).

2.4.1 Beispielszenario

In diesem Abschnitt werden am Beispiel des Handels mit Optionsscheinen die grundlegenden Mechanismen moderner Finanzprodukte verdeutlicht. Mit Optionsscheinen kann entweder eine sog. *Call*- oder eine *Put*-Option auf ein zugrundeliegendes Finanzprodukt, etwa eine bestimmte Aktie oder auch den Wechselkurs zwischen Währungen, ausgeübt werden. Die Grundidee ähnelt dem Abschluß einer Wette auf die künftige Kursentwicklung. Eine Call-Option auf eine Aktie sichert dem Halter der Option z.B. das Recht zu, die Aktie unabhängig vom Tageskurs zu einem bei Optionsabschluß festgelegten Kurs zu erwerben. Die Spekulation besteht nun darin, daß der Kurs der Aktie zum Fälligkeitstag höher liegt als der in der Option festgelegte sog. Exercise-Price. Erwirbt der Halter der Option dann die festgelegte Anzahl von Aktien, kann er den Differenzbetrag zwischen Tageskurs und Exercise-Price als Gewinn verbuchen. Dieser Gewinn wird allerdings um die Abschlußprämie beim Erwerb der Option geschmälert. Wird die Option wegen einer ungünstigen Kursentwicklung nicht ausgeübt, kann der Finanzdienstleister, der die Option emittiert hat, diese Prämie als Gewinn verbuchen.

Optionsscheine räumen dem Halter nicht nur ein Bezugs- oder Verkaufsrecht auf ein bestimmtes Finanzprodukt zu einem vorab festgelegten Preis ein, sondern können, wie die Aktien selbst, zum Gegenstand von Handelsgeschäften werden. Der Halter einer Option kann diese vor Fälligkeit an Dritte verkaufen, wobei der dabei zu erzielende Preis wesentlich von den aus aktueller Sicht erzielbaren Gewinnaussichten bei Nutzung der Option abhängt. Bei der Gewinnbewertung einer Option und ihres aktuellen Handelswerts kommen komplexe Mechanismen zur Anwendung. Neben den Fundamentaldaten des Basisprodukts, auf das sich die Option bezieht (z.B. die aktuelle wirtschaftliche Situation einer Aktiengesellschaft), bestimmt auch die Einschätzung der künftigen Entwicklungspotentiale den aktuellen Handelswert einer Option. Zur Bewertung des Handelswerts und der künftigen Gewinnaussichten bedient man sich häufig des Vergleichs mit ähnlichen Produkten in ähnlichen Situationen in der Vergangenheit. Die Annahme besteht dann darin, daß auch komplexe wirtschaftliche Vorgänge gewisse wiederkehrende Muster aufweisen und somit die Übertragung von Historiendaten auf den aktuellen Fall ein Indiz für die Einschätzung der nicht meßbaren Zukunftsfaktoren sein kann ([Mank 92]).

Die Evaluierungsmechanismen für die Bewertung einer Option können eine beachtliche Komplexität erlangen. Zur Ausfilterung singulärer Effekte wird im allgemeinen eine verlaufsorientierte Betrachtungsweise über einen repräsentativen Zeitraum herangezogen. Gewisse wirtschaftliche Eckdaten, etwa die Zinshöhe eines Landes oder der Wechselkurs zu anderen Währungen, weisen bei globaler Betrachtung meist tatsächlich zyklische Auf- und Abwärtsbewegungen auf. Wegen der meist relativ kurzen Laufzeit einer Option sind in die Bewertung neben der Übertragung des Langfristtrends auf die aktuelle Situation auch kürzerfristige Einflußfaktoren einzubeziehen.

Ein Kennzeichen des heutigen Finanzverkehrs ist die zunehmende Vernetzung von Finanzprodukten zur Optimierung des erzielten Ertrags bei gleichzeitiger Minimierung des Risikos (Fondsbildung). Gleichzeitig wächst durch die starke internationale Vernetzung der Finanzmärkte die Informationsbasis, auf der die Evaluation einzelner Geschäfte beruht, in rasantem Ausmaß. Die Zusammenstellung und dynamische Optimierung von Finanzprodukten, das sog. Portfolio-Management, stellt somit trotz der heute zur Verfügung stehenden computergestützten Analyse- und Prognoseinstrumente wie OPTRAD ([Trau 89]) gerade hinsichtlich der Risikobewertung noch immer eine "Kunst" dar.

2.4.2　Anforderungen an die Datenverwaltung und -auswertung

Der Bankensektor zählt seit jeher zu den erfolgreichsten Anwendungsdomänen von Datenbanksystemen. Aus Sicht der Massendatenverwaltung und -auswertung sind allerdings nicht die klassischen Buchungs- und Abrechnungsprozeduren, etwa im Zuge der Kontenführung, sondern die im Beispielszenario angesprochenen verlaufsorientierten Bewertungs- und Prognoseinstrumente von Interesse. Die nachfolgend geschilderten Anforderungen an die Datenverwaltung und -auswertung beziehen sich somit ausschließlich auf den letzteren Bereich.

Nach [ChSe 93] sind für die Modellierung und Unterstützung von Handelsgeschäften im Finanzbereich folgende Grundelemente von Bedeutung:

- Temporale Objekte (Zeitsequenzen), z.B. die Preisentwicklung einer Aktie im Zeitablauf
- Querschnittsobjekte (Zeitpunktobjekte), z.B. der Stand einer Fonds-Ertragskurve zu einem bestimmten Zeitpunkt
- Externe Objekte, z.B. die DAX-Schlußwerte an den Börsentagen
- Regeln, z.B. zur Festlegung des (Re-)Evaluationszeitpunkts für ein Finanzprodukt;
- Methoden oder Prozeduren, z.B. zur Beschreibung eines Evaluationsschemas;
- Kalender, z.B. zur Beschreibung der Börsentage eines Landes;

Die Elemente stehen dabei nicht orthogonal zueinander; so kann sich eine Regel durchaus im Zeitablauf ändern und somit Charakteristika eines temporalen Objektes aufweisen. Ohne auf Spezifika der einzelnen Elemente näher einzugehen, kann allgemein festgehalten werden, daß die Grundelemente der Modellierung und insbesondere die benötigten zugehörigen Operationen heute überwiegend nicht im Datenbanksystem, sondern auf Ebene der Anwendungsprogrammierung realisiert werden. Durch eine Modellierung der Objekte und Operationen im Datenbanksystem kann eine generische Systemunterstützung mit systematischer Mehrfachnutzbarkeit komplexer Funktionen, etwa zur Identifikation ähnlicher Verlaufsmuster in verschiedenen Zeitreihen, erzielt werden.

Neben der Bereitstellung anwendungsorientierter Modellierungskonstrukte bestehen im Bereich des Banken- und Finanzwesens auch spezifische Anforderungen hinsichtlich des Aufbaus und der Auswertung von Verlaufsdaten. Das in [CoBr 94] beschriebene Finanzdatenverwaltungssystem deckt beispielsweise ca. 500.000 Finanzprodukte ab, für die über kommerziell zugängliche Online-Datendienste (z.B. *MarketFeed* oder *Ticker*) Börsen- und sonstige Handelsdaten (aktueller Kurs, Kauf- oder Verkaufangebote, Optionspreis oder Vertragsabschlußdaten) mit bis zu 500 Meldungen pro Sekunde in einer Datenrate von bis zu 56 KiloBit pro Sekunde eintreffen. Zur Anwendungsunterstützung müssen sowohl die Einzelmeldungen selbst als auch auswertebezogene Summendaten darauf im Datenbanksystem repräsentiert werden. Während die Handelsdaten zu den verschiedenen Produkten aperiodisch eingehen, erfolgt die Modellierung der abgeleiteten historischen Daten periodisch und intervallbezogen, d.h. zu einem anwendungsdefinierten Beobachtungsintervall (z.B. Tag, Woche, Monat, Jahr) werden beispielsweise für eine Aktie der Eröffnungs- und Schlußkurs, der im Intervall beobachtete Höchst- und Niedrigstkurs, das Handelsvolumen sowie die Anzahl der zugehörigen Handelsvorgänge festgehalten. Hierzu müssen die einlaufenden sog. Tick-Daten zum Ablauf eines Intervalls den entsprechenden Zeitreihen zugeordnet und diese gemäß dem vorgegebenen Zeitraster verdichtet werden. Für nicht direkt gespeicherte Historiendaten (z.B. Quartalswerte) müssen die entsprechenden Intervallwerte nachträglich aus den vorliegenden Werten kleinerer Intervallgranularität ermittelt werden. Insgesamt soll das System zu jedem Zeitpunkt eine Antwortzeit von weniger als einer Sekunde für die typischerweise 100-1000 Einträge umfassenden Anfragen garantieren ([CoBr 94]).

2.4.3   Gegenwärtige Lösungsansätze im Anwendungsgebiet

Bei der Abwicklung komplexer Finanzgeschäfte werden kommerzielle Datenbankprodukte im Banken- und Finanzbereich vor allem zu Verwaltungs- und Abrechnungszwecken erfolgreich eingesetzt, wobei allerdings spezielle Vorkehrungen zur Vermeidung sog. *Hot Spots* zu treffen sind. Eine Fallstudie im Bereich des computergestützten Handels von Finanzprodukten hat nämlich gezeigt, daß die An- und Verkaufsangebote im Börsenhandel nicht gleichverteilt über alle Aktien sind: so bezogen sich im Beispiel etwa die Hälfte aller Angebote auf nur 2,86% aller Aktien und weitere 40% der Angebote auf 11,4% der Aktien, während auf die restlichen 85,7% der Aktien nur ca. 10% der Angebote entfielen ([Samm 87]). Maßnahmen wie das in [PeRS 88] vorgeschlagene Check/Revalidate-Zugriffsschema lassen sich weitgehend auf der Ebene der Transaktionsprogrammierung realisieren und ermöglichen somit grundsätzlich den Einsatz kommerziell verfügbarer Datenbanksysteme auch in diesem Anwendungsfeld.

Maßnahmen wie das Check/Revalidate-Verfahren unterstützen eine effiziente Abwicklung und Verwaltung von Handelsgeschäften im Finanzbereich im Sinne des Online Transaction Processing. Die im vorangegangenen Abschnitt beschriebenen Anforderungen bezogen sich dagegen primär auf die Entscheidungsfindungsprozesse zur Auslösung eben dieser Handelsgeschäfte. Die hierzu erforderlichen verlaufsorientierten Analyse- und Prognoseverfahren werden in den meisten kommerziellen Datenbanksystemen ebensowenig wie Möglichkeiten der Modellierung der zugehörigen Datenobjekte angeboten ([ChSe 93]). Ein Ansatz zur Verbesserung der Datenbankunterstützung kann darin bestehen, verschiedene Datenbanksysteme und -dienste zur Unterstützung jeweils einer spezifischen Anforderung in Form eines Multidatenbanksystems zu verbinden ([CoBr 94]). Beispielsweise kann durch den Einsatz sog. write-ahead-log-Verfahren eine Beschleunigung bei der Datenabspeicherung erzielt werden, während für eine effiziente Operationenauswertung durch geeignete Caching-Maßnahmen nach einem Hauptspeicherdatenbankansatz gearbeitet werden kann. Solche horizontal integrierten Systeme, in denen herstellerübergreifend auf jeder Systemebene das jeweils beste Verfahren gewählt wird ([Gray 95a]), weisen aber heute noch eher experimentellen Charakter auf.

Neben spezialisierten Ansätzen zur Unterstützung der Datenbankanforderungen im Bereich des Banken- und Finanzwesens werden in jüngerer Zeit auch erweiterbare kommerzielle Datenbanksysteme angeboten, welche über die Basisfunktionalität des Datenbanksystems hinaus eine gewisse Konfigurierbarkeit für den avisierten Anwendungsbereich aufweisen. Erweiterbare Datenbanksysteme wie Illustra von Illustra Information Technologies, Inc.[†] ([Illu 94]) bestehen aus einem DB-Kernsystem, das je nach Anwendungsfeld spezifisch erweitert werden kann. Mit dem sog. Time Series Data Blade von Illustra werden beispielsweise die zur Zeitreihenmodellierung und -verwaltung benötigten elementaren Verwaltungs- und Zugriffsoperationen sowie Möglichkeiten der Definition anwendungsspezifischer Kalender auf Ebene des Datenbanksystems bereitgestellt. In Verbindung mit der Triggerkomponente eines Datenbanksystems können auf Basis dieser erweiterten Datenbankdienste automatisierte Entscheidungsunterstützungssysteme für das Portfolio-Management aufgebaut werden, die hinsichtlich Datenvolumen und Integrierbarkeit mit anderen Informationsquellen weit über die heute üblichen Portfolio-Verwaltungssysteme hinausgehen. Derartige Systeme befinden sich allerdings heute noch weitgehend im Entwicklungsstadium.

Auf grundlegende Anforderungen zur Sequenzenmodellierung und die zu ihrer Auswertung benötigten Operationen wurde im Abschnitt über Fertigungsqualitätskontrolle bereits eingegangen. Aus methodischer Sicht sind darüber hinaus zur Unterstützung der im Finanzbereich erforderlichen Analyse- und Prognoserechnungen Techniken des *Data Mining*, eines noch relativ jungen Teilgebiets der Datenbankforschung, von Interesse. Neben Verfahren zur Korrelationsanalyse von Dateninstanzen allgemein (eine Übersicht findet sich in [Piat 91]) werden auch spezielle zeit- und sequenzbezogene Methoden entwikkelt (siehe z.B. [APWZ 95] bzw. [ALSS 95]), die im Anwendungsfeld des Banken- und Finanzbereichs bereits erfolgreich eingesetzt wurden ([FaRM 94]). Bisher werden Data-Mining-Systeme meist als Zusatzebenenarchitektur auf einem Datenbanksystem realisiert; die in realistischen Anwendungen vorzufindende Datenfülle erfordert aber aus Effizienzgesichtspunkten eine bessere Unterstützung der Mining-Operatoren auf interner Datenbanksystemebene. Eine Integration von Data-Mining-Techniken in kommerzielle Datenbanksysteme steht bisher noch weitgehend aus, aber das starke Interesse, daß diese Forschungsdisziplin in jüngster Zeit auf einschlägigen Datenbankkonferenzen erfährt, läßt erwarten, daß schon bald kommerzielle Datenbanksysteme entsprechende anwendungsspezifisch konfigurierbare Dienste enthalten werden. Auf die Anfrageverarbeitung und -optimierung in verlaufsorientierten Datenbanken wird in Abschnitt 4.3.2 noch eingegangen.

2.5 Beschreibende Statistik

Statistiken bilden eine wichtige Grundlage für die politischen, wirtschaftlichen und sozialen Aktivitäten in einer Gesellschaft. Schon in der Antike wurden umfangreiche Datenerhebungen vorgenommen, um gesellschaftliche Planungs- und Lenkungsprozesse auf einer soliden Grundlage durchzuführen; eine der berühmtesten statistischen Erhebungen aller Zeiten stellt wohl die zur Geburt Christi in Palästina stattfindende Volkszählung dar. Ziel der beschreibenden Statistik ist, auf der Grundlage von empirischen

---

[†] Illustra wurde mittlerweile durch die Datenbankfirma Informix aufgekauft (vgl. Abschnitt 1.3).

Erhebungsdaten mittels statistischer Methoden relevante Aussagen für ein vordefiniertes Anwendungs-
gebiet zu treffen. Ein typisches Beispiel für eine solche Kenngröße ist die Anzahl der Arbeitslosen einer
Volkswirtschaft, welche die Grundlage für eventuell erforderliche arbeitsmarkt- und sozialpolitische
Maßnahmen darstellt.

Beschreibende Statistiken werden heute in praktisch allen Bereichen des öffentlichen Lebens erstellt.
Schon seit langer Zeit wird auf internationaler Ebene an der Entwicklung eines globalen Systems der
sozialen und demographischen Statistik gearbeitet ([UN 75]). Neben den eher retrospektiv orientierten
Feldern der klassischen Bevölkerungs- und Wirtschaftsstatistik bilden in jüngerer Zeit zunehmend auch
zukunftsorientierte Zielprojektionen und Modellrechnungen den Untersuchungsgegenstand
([ASSS 83]). Ermöglicht wird dies durch die Entwicklung computergestützter Simulations- und Analy-
semodelle für vielfältige Anwendungsbereiche, z.B. im Marketing ([GrTu 78], [Litt 79]). Auf die
jeweils eingesetzten statistischen Verfahren kann hier nicht eingegangen werden; der interessierte Leser
sei z.B. auf [Kres 85] verwiesen.

Gerade im wirtschaftlichen Bereich sind bei empirisch-analytischen Auswertungen auf der Basis
beschreibender Statistiken zwei grundlegende Trends auszumachen. Zum einen erfordert die Globali-
sierung der Märkte eine entsprechend breite regionale Fächerung der Merkmalsträger, zum anderen
müssen wegen der aus Wettbewerbsgründen nötigen starken Zielgruppenorientierung die Erhebungen
immer subtilere qualitative Merkmale aufweisen, um den gesuchten Trend bzw. die zielgruppenorien-
tierte Marktlücke erkennen zu können. Die benötigten Grundgesamtheiten werden somit sowohl "breiter" als auch "tiefer", was bei einer Vollerhebung zu einer geradezu explosionsartigen Ausweitung des
Datenvolumens führen kann. Deshalb beruhen Statistiken heute zunehmend auf repräsentativen Stich-
proben und entsprechenden Hochrechnungsmethoden, wobei man wegen der spezifischeren Erhe-
bungsmöglichkeiten für konkrete Fragestellungen nach Möglichkeit zur Methode der Primärerhebung
greift, d.h. der zielgerichteten Datenerfassung für den jeweiligen Anwendungszweck. Die für den
Bereich der Bevölkerungsstatistik oft alternativ einsetzbaren Sekundärstatistiken, welche im wesentlichen auf der Auswertung von Verwaltungsvorgängen für andere Zwecke beruhen (z.B. Geburten- und
Sterberegister), sind im Bereich der Wirtschaftsstatistik wegen der geringen Merkmaltiefe im allgemeinen nur von bedingtem Nutzen.

Unabhängig vom konkreten Anwendungsfeld kann der Ablauf einer stichprobenbasierten Erhebung
und Auswertung der beschreibenden Statistik als ein mehrstufiger sequentieller Prozeß wiedergegeben
werden (vgl. Abbildung 2.5). Auf die Teilschritte der *Datenerhebung* wird nachfolgend nicht näher
eingegangen, weil hier oft Anwendungsspezifika eine methodische und systemtechnische Verallgemeinerung erschweren.

Der Bereich der *Datenaufbereitung* umfaßt zum einen klassifikatorische und zum anderen auswertevor-
bereitende Aufgabenstellungen. Für periodisch erhobene Statistiken müssen zunächst die Rohdatensätze aus der Erhebung in den Kontext der früher erhobenen Datensätze eingeordnet werden
([DiMa 86]). Erste Ansätze des sog. *record linking* reichen bis in die 50er Jahre zurück ([NKAJ 59]).
Die heute eingesetzten Verfahren (ein Überblick ist in [Newc 85] zu finden) berücksichtigen auch
erschwerende Faktoren wie die Verschlüsselung der Datensätze durch Kontrollnummern aus Gründen
des Datenschutzes, z.B. bei Aufbau von Krebsregistern ([ThAS 95]). Die Problemstellung besteht hierbei im Auffinden von selektiven Einwegfunktionen, d.h. Funktionen, deren Inverse mit praktikablem
Aufwand nicht gefunden werden kann und welche eine möglichst geringe Zahl von Synonymen und
Homonymen erzeugen. Bei der Auswertevorbereitung als zweitem Teil der Datenaufbereitungsphase

Abb. 2.5:   Phasen der stichprobenbasierten Datenerhebung und Auswertung in der beschreibenden Statistik (nach [SoDu 77] und [Ruf 94])

werden die Daten zur Effizienzsteigerung in den anschließenden Analysephasen nach anwendungsorientierten Kriterien voraggregiert; auf diesen Aspekt wird im nachfolgend beschriebenen Anwendungsszenario noch näher eingegangen.

Im Bereich der *Datenauswertung* werden die aufbereiteten Stichprobendaten nach anwendungsspezifischen Kriterien in Beziehung zueinander gesetzt und die Ergebnisse der Auswertungen in tabellarischer oder graphischer Form präsentiert. Auf die verschiedenen Darstellungsformen statistischer Daten soll an dieser Stelle nicht näher eingegangen werden. Erwähnenswert in diesem Zusammenhang ist noch, daß die früher übliche batch-orientierte Datenauswertung mit gedruckten Tabellen und Charts als Ergebnis zunehmend durch interaktive Datenauswertungen im Sinne des Online Analytical Processing (vgl. Abschnitt 1.3) ergänzt bzw. ersetzt wird.

2.5.1   Beispielszenario

In diesem Abschnitt wird am Beispiel der Handelsforschung, einem Teilgebiet der Marktforschung, die konkrete Vorgehensweise bei der stichprobenbasierten Erhebung und Auswertung einer beschreibenden Statistik verdeutlicht. In der Handelsforschung werden die Verkäufe bestimmter Produkte in repräsentativ ausgewählten Geschäften über einen längeren Zeitraum in regelmäßigen Abständen nach gewissen quantifizierenden Daten (z.B. Verkaufspreis und -menge) beobachtet. Auf dieser Datenbasis werden dann marktrelevante Kennzahlen errechnet, beispielsweise die Entwicklung von Marktanteilen einzelner Produkte oder eine Auffächerung von Produktverkäufen nach verschiedenen Preisklassen. Diese Kennzahlen stellen eine wichtige Planungsgröße sowohl im Handel als auch bei den Herstellern dar; so kann anhand der Preisklassenanalyse beispielsweise eine produktindividuelle Preisoptimierung durchgeführt werden. Der überwiegende Teil der Kennzahlberechnungen basiert auf Segmentationen des Datenbestandes nach Produkt- und Geschäftsmerkmalen. Hinsichtlich der im einzelnen verwendeten Methoden und Verfahren sei auf den in [ArHu 95] gegebenen Überblick und insbesondere das darin enthaltene umfassende Literaturverzeichnis verwiesen.

Das folgende Anwendungsszenario beruht auf zwei vom Lehrstuhl für Datenbanksysteme der Universität Erlangen-Nürnberg bei der Gesellschaft für Konsum-, Markt- und Absatzforschung AG in Nürnberg durchgeführten Fallstudien. Das Ziel dieser Fallstudien war zum einen die Untersuchung der Datenmodellierungs- und -auswertemöglichkeiten mit verschiedenen Datenbanksystemplattformen und zum anderen die Evaluierung von Maßnahmen zur Effizienzsteigerung bei verschiedenen Auswertungstypen[†]. Die Vorgabe für beide Fallstudien war, auf einer Datenbasis mit hochgerechneten Rohdatensätzen verschiedene repräsentative Auswertungen der Handelsforschung durchzuführen. Die Rohdatenbasis umfaßt im wesentlichen drei große Bereiche: Produktstamm, Geschäftsstamm sowie Bewegungsdaten (Abbildung 2.6). In den Bewegungsdaten werden die beobachteten quantifizierenden Merkmale (z.B. Preis und Verkaufsmenge) in ein dreidimensionales Beschreibungsraster eingeordnet (Produkt-, Geschäfts- und Periodenkennung). Für Produkte und Geschäfte sind die zugehörigen charakterisierenden Merkmale in Stammdaten hinterlegt. Dabei ist zu beachten, daß die Produktmerkmale je nach Produktgruppenzugehörigkeit variieren und somit flexibel über individuelle Belegungen generischer Merkmalsattribute modelliert werden müssen. Eine ähnliche Vorgehensweise wird wegen der landesspezifisch verschiedenen Geschäftsmerkmale auch für die Geschäftsstämme eingesetzt.

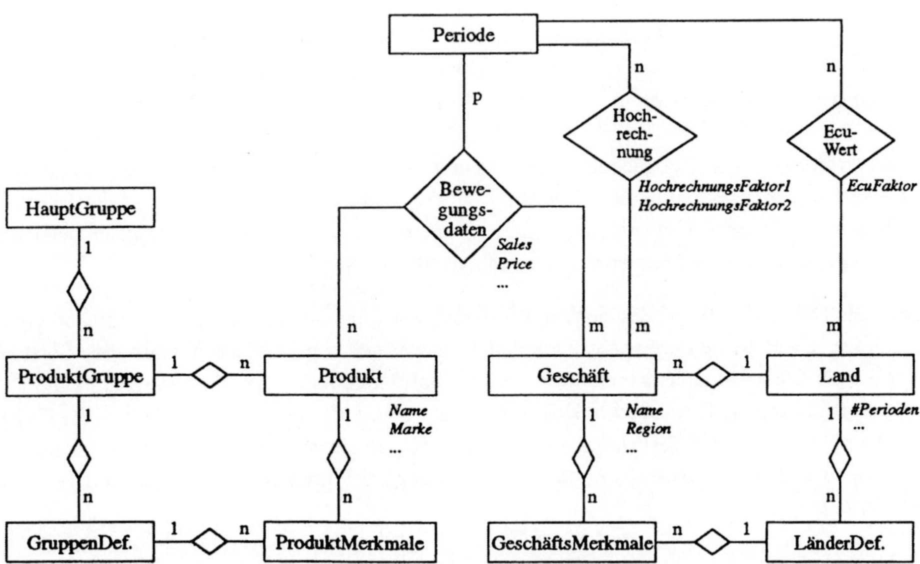

Abb. 2.6: Entity-Relationship-Diagramm der Rohdatenbasis (nach [LeRT 96a])

---

† In diesem Abschnitt wird nur das beiden Fallstudien zugrundeliegende Anwendungsszenario beschrieben; auf die Inhalte und Ergebnisse der beiden Fallstudien wird in Kapitel 3 noch näher eingegangen.

Die im Zuge der Fallstudien durchzuführenden Auswertungen umfassen zum einen Standardanalysen, im konkreten Fall Segmentierungen nach verschiedenen Kriterien (z.B. Vertriebsweg, Region, Marke), und zum anderen Sonderanalysen wie Marktkonzentrations-, Preisklassen- und Distributionsüberschneidungsberechnungen. *Segmentationen* erfordern neben einfachen Summenbildungen entsprechend der jeweils vorgenommenen Gruppierung (z.B. Gesamtverkaufsmenge aller Produkte einer Marke) auch die Berechnung sog. Distributionswerte. Die *numerische Distribution* gibt an, welche Anzahl von Geschäften ein bestimmtes Merkmal erfüllt, während die *gewichtete Distribution* den Umsatz dieser Geschäfte ausweist. Das Verhältnis von numerischer und gewichteter Distribution zeigt einem Hersteller an, ob die von ihm belieferten Geschäfte einen hinreichend großen Umsatzanteil am Gesamtmarktvolumen besitzen. Mit der *Marktkonzentrationsanalyse* wird ermittelt, inwieweit in verschiedenen Geschäften Verkaufskonzentrationen zu verzeichnen sind. Die *Preisklassenanalyse* dient der Aufschlüsselung der Umsatzanteile eines Produkts nach vordefinierten Preisklassen, während die *Distributionsüberschneidungsanalyse* ermittelt, inwieweit in den Geschäften Sortimentsüberschneidungen bestimmter Marken zu verzeichnen sind. Eine detaillierte Beschreibung der einzelnen Auswertungen sowie ihre Formulierung in der Datenbanksprache SQL ist in [RuTe 95] wiedergegeben; weitere Auswertungstypen im Bereich der Marktforschung sind beispielsweise in [Opit 78] und [GaSc 89] beschrieben.

2.5.2 Anforderungen an die Datenverwaltung und -auswertung

Gemeinsames Kennzeichen der im oben beschriebenen Anwendungsszenario vorkommenden Standardanalysen ist die Gruppierung der quantifizierenden Datenwerte gemäß einer Klassifikationshierarchie auf einer oder mehreren Dimensionen. Eine typische hitlistenorientierte Segmentation weist beispielsweise die in den einzelnen Warengruppen erzielten Umsätze nach den verschiedenen Vertriebskanälen in absteigender Sortierung aus. Grundsätzlich sollte das der Auswertung zugrundeliegende Datenmodell die unabhängige Modellierung von Dimensionen (im Beispiel Produkte, Geschäfte und Beobachtungsperioden) sowie von darauf definierten Klassifikationshierarchien erlauben. Unabhängigkeit der Dimensionen bedeutet dabei, daß nicht eine bestimmte Dimensionenschachtelung, wie sie zur zweidimensionalen Ergebnisrepräsentation einer Anfrage in Tabellenform nötig ist, den Vorzug gegenüber einer anderen erhält ([RaSh 90]).

Die auf den Dimensionen definierten Klassifikationshierarchien dienen sowohl der logischen Gruppierung der Daten aus Anwendungssicht als auch der Ausweisung von Verdichtungsdaten. Im allgemeinen sollten auf derselben Dimension mehrere Klassifikationshierarchien definierbar sein (z.B. regionale und vertriebskanalbezogene Geschäftsklassifikation). Zur weiteren Detaillierung der Anfrageergebnisse ist es darüber hinaus nötig, in den verschiedenen Dimensionen klassifikationsbezogene Merkmalsleisten definieren zu können (im Beispiel produktgruppenbezogene Produktmerkmale und landesspezifische Geschäftsmerkmale).

Aus Auswertungssicht ist für die beschreibende Statistik der mehrstufige verdichtende Datenzugriff charakteristisch. Die in diesem Anwendungsfeld zunehmend zum Einsatz kommenden interaktiven Datenanalysewerkzeuge sehen typischerweise das dynamische Ab- und Aufwärtsbewegen entlang von Klassifikationshierarchien in einer oder mehreren Dimensionen vor (sog. *drill-down/consolidate*-Operationen). Dabei sollte es grundsätzlich möglich sein, zu jedem Zeitpunkt merkmalsbezogene Gruppierungskriterien zu definieren bzw. aufzuheben. Mit dieser Flexibilität ist es allerdings aufgrund des zum Teil immensen Datenvolumens im allgemeinen nicht mehr möglich, zu jeder denkbaren Auswertung entsprechende Verdichtungsdaten im System vorzuhalten, um auf diesem Weg akzeptable Systemantwortzeiten zu erhalten.[†] Wenn die für eine Anfrage benötigten Zahlen aber nicht im System direkt abrufbar vorliegen, kommt der Anfrageoptimierung im zugrundeliegenden Datenbanksystem besondere Bedeutung zu. Auf keinen Fall sollten vom Anwender Kenntnisse über die interne Speicherungsebene gefordert sein, um eine Anfrage effizient ausführen zu können.

2.5.3 Gegenwärtige Lösungsansätze im Anwendungsgebiet

Die beschreibende Statistik ist ein klassisches Anwendungsfeld der Computertechnik, wie die in Kapitel 1 beschriebenen ersten Anfänge bei der Auswertung von Volkszählungsdaten um die Jahrhundertwende belegen. Modernere Statistikpakete wie SAS oder SPSS spiegeln die Entwicklung der Informatik von lochkartenbasierten Batchsystemen zu datenbankorientierten, graphisch-interaktiven Datenanalysesystemen in exemplarischer Weise wider. Der Schwerpunkt lag und liegt in diesen Statistikpaketen aber auf der Auswertungs- und nicht auf der Datenverwaltungsseite. So basiert das SAS-System noch heute auf keinem kommerziellen Datenbanksystem, sondern nimmt, wie schon seit seiner Entwicklung in den 60er Jahren, eine proprietäre Datenverwaltung vor, wenn auch die eingesetzten Mechanismen teilweise stark datenbankorientiert sind.

An einer Datenbankunterstützung für die beschreibende Statistik wird besonders in verschiedenen nationalen statistischen Behörden seit langem intensiv gearbeitet. Das in den USA von der DARPA entwickelte System CS ([KlYn 81]) baut beispielsweise auf dem tabellenorientierten Datenverwaltungs- und Analysesystem JANUS ([StWa 73]) auf, welches wiederum auf dem schon in den 60er Jahren entwickelten System DATA-TEXT ([CoAr 69]) beruht. Andere historische Vertreter stellen das am Statistikbüro in Schweden entwickelte System AXIS ([NoWi 82]) oder auch das am österreichischen statistischen Zentralbüro entwickelte System LASD ([Lutz 84]) dar. Wie schon diese frühen Vertreter, stufen viele der heutigen Ansätze kommerzielle Datenbanksysteme als ungeeignet für die Unterstützung von statistischen Auswertungen ein und setzen aus Effizienzgründen auf proprietäre Datenstrukturen und Verwaltungsmechanismen. Die heute eingesetzten Systeme weisen aber in der Regel zumindest Export- und Importschnittstellen zu Standard-Datenbanksystemen auf.

Die Datenbankprobleme im Bereich der beschreibenden Statistik wurden insbesondere von den Anwendern, welche eigenentwickelte Systeme betreiben, schon frühzeitig beschrieben ([Nord 83], [Lutz 84], [Eich 86]); von der Datenbankforschung wurden diese Anforderungen allerdings lange Zeit nicht aufgegriffen. Beispielsweise werden die in den Anfragen der beschreibenden Statistik typischen Gruppierungs- und Aggregationsfunktionen erst in jüngster Zeit gezielt in die Anfrageoptimierung mit einbezogen ([ChSh 94]). Eine Unterstützung der Anfrageoptimierung durch spezifische Maßnahmen beim physischem Datenbankentwurf, beispielsweise die gezielte Einführung von Datenredundanz, findet noch immer nur wenig Beachtung ([Grae 93b]). Ein grundlegendes Ziel beim Einsatz solcher Maßnahmen muß sein, die physische Datenunabhängigkeit im Datenbanksystem aufrechtzuerhalten, indem die Identifizierung geeigneter Verdichtungs(teil)werte vollständig systemseitig vorgenommen wird ([LeRT 96b]); in diesem Bereich ist allerdings noch grundlegende Forschungsarbeit zu leisten ([GuHQ 95]). Das in Hauptabschnitt C des vorliegenden Buches näher ausgeführte CROSS-DB-Modell für den SSDB-Bereich stellt einen Ansatz in dieser Richtung dar.

---

† In der Anwendung, die den in Abschnitt 2.5.1 beschriebenen Fallstudien zugrunde liegt, beträgt das Rohdatenvolumen zur Zeit ca. 120 GigaByte. Durch eine derzeit diskutierte Verkürzung der Berichtsperiodizität und eine Erweiterung des Speicherzeitraums der Daten kann das Datenvolumen jedoch auf bis zu 5 TeraByte anwachsen ([RuTe 95]).

Die mangelnde Unterstützung der Datenbankanforderungen der beschreibenden Statistik führt bei den heute in der Praxis eingesetzten Systemen oft dazu, daß das Datenvolumen in einer Anwendung durch Maßnahmen auf organisatorischer Ebene auf eine mit einem spezifischem Werkzeug auswertbare Größe reduziert wird, wodurch allerdings im allgemeinen die Auswerteflexibilität erheblich beeinträchtigt wird. Im geschilderten Fall der Handelsforschung muß beispielsweise der Datenbestand für eine Auswertesitzung zumindest in einer Dimension beschränkt werden[†], um handelsübliche OLAP-Tools mit ihren typischen Beschränkungen des Auswertedatenvolumens einsetzen zu können. Auch wird in den meisten dieser Tools keine dynamische Berechnung der Datenwerte vorgenommen, was eine Beschränkung der merkmalsbezogenen Gruppierungsmöglichkeiten der Daten auf wenige antizipierte Fälle nach sich zieht. Einer Umgehung dieser Restriktionen durch ad-hoc-Berechnung der Daten auf einem leistungsfähigen Server-System sind Grenzen gesetzt, weil bei den meisten OLAP-Tools der Auswertedatenbestand nicht dynamisch erweitert bzw. nachgeladen werden kann.

2.6 Gemeinsame Charakteristika der Anwendungsgebiete

In diesem Abschnitt werden die in den vorangegangenen Abschnitten dieses Kapitels beschriebenen Anwendungsgebiete der empirisch-wissenschaftlichen Massendatenverwaltung und -auswertung zusammenfassend gegenübergestellt. Die Darstellung folgt in Anlehnung an einem datenflußorientierten Verarbeitungsmodell mit den grundlegenden Stufen Datenerhebung, Datenvorbereitung, Datenverwaltung und Datenauswertung. Die Angaben zu den verschiedenen Teilaspekten auf diesen Stufen stellen typische Werte gemäß der Beispielszenarios dar, wie sie bei den Beschreibungen der einzelnen Anwendungsgebiete geschildert wurden (Tabelle 2.2). Soweit dies möglich und sinnvoll ist, wird für die grundlegenden Bereiche aus den Spezifika der jeweiligen Tabellenausprägungen eine anwendungsgebietsübergreifende Sicht etabliert. Diese gemeinsame Sicht stellt dann für den verbleibenden Teil des Buches den gemeinsamen Bezugspunkt dar.

2.6.1 Datenerhebung

Im Bereich der Datenerhebung ist bezüglich der Datenquellen naturgemäß eine große Heterogenität zwischen den verschiedenen Anwendungsbereichen zu verzeichnen. Ein verallgemeinertes SSDB-System wird in der Regel nicht das gesamte Spektrum der Möglichkeiten abdecken können, weswegen in vielen Fällen die physische Datenerhebung und -formatierung außerhalb der Kontrolle des Datenbanksystems vorgenommen wird und dieses lediglich eine generische Datenübergabeschnittstelle aufweist.

Die Elementardaten der ersten beiden geschilderten Anwendungsbereiche (Pixel von Satellitenbildern bzw. Elemente von Molekülstrukturen) stellen aus Auswertesicht keine Rohdatenwerte dar, während sich in den übrigen Bereichen eine Detailanalyse durchaus auch bis auf das Erhebungsdatenniveau beziehen kann. Gemeinsames Charakteristikum bezüglich der Quelldaten in allen Bereichen ist, daß sie empirisch erhoben werden und somit (abgesehen von Erhebungsfehlern) den Status des faktisch Gegebenen, d.h. des nicht Hinterfragbaren und nicht Änderbaren haben. Weiterhin sind bis auf den Bereich der Molekularbiologie alle Quelldaten mit einer auswertungsrelevanten Zeitinformation versehen,

---

[†] Z.B. alle Produkt- und Geschäftsdaten in nur einer Periode, alle Produkte über alle Perioden in nur einem Land oder nur eine Produktgruppe über alle Länder und Perioden hinweg.

	Klima- und Umweltforschung	Molekular-biologie	Fertigungsquali-tätskontrolle	Banken- und Finanzwesen	Beschreibende Statistik
Datenerhebung					
Grundlegende Datenquellen	satellitengestützte Meßsonden	biochemische Experimente	maschinenbezogene Sensoren und Tester	Börsendienste (Ticker-Daten)	Zählungen, Umfragen auf Stichprobenbasis
Art der Quelldaten	analoge und digitale Meßdatenwerte	Sequenzbeschreibungen in textueller Form	analoge und digitale Meßdatenwerte	Meldungen zu einzelnen Finanzprodukten	numerische und textuelle Daten
Frequenz der Datenerhebung	pro Meßsonde zweimal täglich	bis zu 10.000 Proben pro Tag und Instrument	Sek.- bis Std.-Bereich, je nach Sensor/Tester	Min.- bis Tagesbereich, je nach Produkt	anwendungsbezogen, z.B. zweimonatlich
Eingangsdaten-volumen	0,5 TeraByte/Tag (ohne Verdichtungen)	10 MegaByte/Tag und Instrument	einige KiloByte/Tag und Sensor/Tester	50 KiloBit/Sekunde (für alle Produkte)	10 GigaByte (ohne Verdichtungen)
Datenvorbereitung					
Abgeleitete Daten	Temperaturdichten, Niederschläge, etc.	Sequenzen, genetische und physische Karten	Verlaufskurven, Ausreißerwerte	Produkthistorie, Indexverläufe	Verkaufszahlen, Marktanteile, etc.
Dimensionen der Datenverdichtung	Regionen, Meßinstrument	Nucleotid-Triplets, Gene	verlaufs- und anlagen-strukturorientiert	zeitlich und produktbezogen	produkt-, geschäfts- und zeitorientiert
Stamm- und Metadaten	Landkarten, Jahreszeiten, etc.	Instrumentdaten, Hilfssubstanzen, etc.	Prozeßkennung, Anlagenstatus, etc.	Indexzusammensetzung, Börsentage, etc.	Produktmerkmale, Werbemaßnahmen, etc
Datenverwaltung					
Grundlegende Datenstrukturen	multidimensionale Felder, Zeit	Sequenzen, topologische Karten	Sequenzen, Nullwerte	Sequenzen, Kalender	multidimensionale Felder, Zeit
Verwaltungs-Basisoperatoren	Selektion, Verdichtung	Sequenzvergleich, topologische Selektion	verlaufsbezogene Verdichtung	Sequenzvergleich, Mustersuche	Selektion, Gruppierung, Verdichtung
Datenauswertung					
Typische Auswertungen	Ähnlichkeitssuche, Vergleiche	Überlappungssuche, Sequenzzuordnung	Limitüberwachung, Ausfallanalyse	Verlaufsextrapolation, Portfoliomanagement	Segmentationen, Hitlisten, etc.
Typische Auswerteformen	graphisch-interaktiv, Online-Netzzugriff	interaktiv (Textrech.), Online-Netzzugriff	batch (offline-Über-wachung), interaktiv	graphisch-interaktiv, Drittsysteme	batch, interaktiv und Drittsysteme
Typische Ausgabeformate	Tabellen, Karten, Berichte	Dateien, 3D-Strukturen, Karten	Warnmeldungen, Kontrollcharts	Tabellen, Charts, Dateien	Tabellen, Charts, Spreadsheets

Tab. 2.2: Gegenüberstellung der Charakteristika der Fallbeispiele

welche auf Datenverwaltungsseite durch eine Datenversionierung modelliert wird. Zwar tragen auch die DNA-Sequenzdaten üblicherweise experiment- oder publikationsbezogene Zeitstempel; diese Zeitangaben sind aber eher als Metadaten denn als Auswertedimension zu betrachten. Die Zeit- und Sequenzmodellierung stellt somit in SSDB-Systemen eine grundlegende Anforderung dar.

Die Frequenz der Datenerhebung schwankt zwischen den verschiedenen Anwendungsbereichen ebenso wie das typische Eingangsdatenvolumen; ein System zur Unterstützung aller Anwendungsbereiche muß sich aber natürlich an den Extremfällen orientieren. Auf jeden Fall sollte ein generisches System hinsichtlich des Speichervolumens und der Systemantwortzeiten skalierbar für verschiedene Anwendungsprofile sein. Dabei kommt der Unterstützung verschiedener Speichermedien ebenso hohe Bedeutung zu wie dedizierten Maßnahmen der Anfrageoptimierung.

2.6.2   Datenvorbereitung

Im Bereich der Datenvorbereitung müssen die Quelldaten zunächst in einen auswertebezogenen Kontext gestellt werden. In der Klima- und Umweltforschung sowie Molekularbiologie heißt dies, daß aus den experimentbezogenen Quelldaten durch anwendungsorientierte Analyseverfahren auswerterelevante Merkmale extrahiert werden müssen (z.B. Ermittlung schneebedeckter Flächen auf einem Satellitenbild mit Hilfe von Mustererkennungsverfahren). Diese Verfahren müssen nicht notwendigerweise vom SSDB-System selbst unterstützt werden, sondern können mittels Datenexport und -import auch als Dienstleistung externer Anwendungssysteme genutzt werden. Für die Anwendungsbereiche mit verlaufsorientierten Auswertungscharakteristika sind nach der Merkmalsdatengenerierung in jedem Falle die entsprechenden Zeitreihen fortzuschreiben.

Außer in der Molekularbiologie ist für alle Anwendungsgebiete eine zeitbezogene Datenverdichtung möglich. Weiterhin kann bei geräteorientierten Datenerhebungen eine anlagenspezifische Verdichtung sinnvoll sein. Darüber hinaus sind in jedem Bereich anwendungsorientierte Verdichtungen gemäß problemspezifischer Datenklassifikationen möglich. Ein SSDB-System sollte die Definition verschiedener zeitlicher und sonstiger Klassifikationen ermöglichen, anhand derer dann eine anwendungsspezifische Datenverdichtung erfolgen kann. Im allgemeinen sollten auf einer Dimension verschiedene alternative oder auch sich überlagernde Klassifikationshierarchien definierbar sein, um eine möglichst hohe Auswerteflexibilität zu bieten.

Als Stammdaten können im SSDB-Bereich alle nicht unmittelbar erhebungsbezogenen Daten angesehen werden, welche für die spätere Dateauswertung von Bedeutung sind. Die Metadaten einer empirisch-wissenschaftlichen Massendatenanwendung sind in den meisten Fällen erhebungsbezogen (z.B. Erhebungsinstrument oder -person). Darüber hinaus können auch allgemeine Tatbestände wie z.B. saisonale Faktoren auf Metadatenebene modelliert werden, um in den späteren Auswertungen Berücksichtigung zu finden. In vielen Fällen kann keine eindeutige Trennlinie zwischen Stamm- und Metadaten angegeben werden; ein generisches SSDB-System sollte auf jeden Fall die Modellierung beider Bereiche vorsehen und bei der Datenauswertung einen gemeinsamen Bezug auf Stamm-, Bewegungs- und Metadaten ermöglichen.

2.6.3 Datenverwaltung

Über alle Anwendungsgebiete hinweg erfordert die empirisch-wissenschaftliche Datenverwaltung neben den Basisdatenstrukturen eines Datenbanksystems im wesentlichen spezifische Unterstützung zur Zeit- und Sequenzmodellierung sowie zur Repräsentation und Verwaltung multidimensionaler Felder. Beide Bereiche lassen sich zwar grundsätzlich in den DB-Anwendungsprogrammen modellieren und auf die Modellierungskonstrukte kommerzieller Datenbanksysteme abbilden (z.B. durch Führen eines Zeitattributs in einer Relation); wegen der fundamentalen Bedeutung dieser Datenstrukturen für den SSDB-Bereich sollte aber eine spezifische Unterstützung auf Modellierungs- sowie auf Verwaltungsebene angeboten werden. Dies bedeutet konkret, daß die zugehörigen Basisoperatoren zu ihrer Verwaltung und Auswertung, wie Sequenzvergleich, verlaufsorientierte Datenverdichtung und auch Muster- und Trendanalyse, direkt im Datenbanksystem angeboten sein sollten. Hierdurch können auch spezielle effizienzsteigernde Maßnahmen wie Datenkomprimierung und Indexunterstützung anwendungsübergreifend bereitgestellt und genutzt werden.

2.6.4 Datenauswertung

Die Datenauswertungswertungsfunktionen der in diesem Kapitel geschilderten Anwendungsbereiche lassen sich in die zwei große Klassen der vorwiegend darstellungsorientierten und der vorwiegend kontrollorientierten Auswertungen untergliedern. Für darstellungsorientierte Analysen kommt es insbesondere darauf an, mächtige Strukturierungs- und Klassifikationsinstrumente zur Verfügung gestellt zu bekommen. Diese Anforderung gilt besonders dann, wenn die Auswertungen graphisch-interaktiv durchgeführt werden sollen. Bei kontrollorientierten Auswertungen spielt dagegen vor allem die Realzeitfähigkeit und die systemgesteuerte Veranlassung entsprechender Reaktionen eine entscheidende Rolle. Für ein generisches SSDB-System sind vor allem die darstellungsorientierten Auswertungen von Interesse, welche auch in den meisten Anwendungen mit kontrollorientiertem Charakter vorzufinden sind.

Hinsichtlich der Auswerteformen sind neben den klassischen Ausprägungen batchorientiert und interaktiv auch Spezialformen wie Online-Netzzugriff und Drittsysteme zu berücksichtigen. Die beiden letztgenannten Formen erfordern aus Sicht des Datenbanksystems als spezifische Maßnahmen die Bereitstellung entsprechender Zugangsschnittstellen, z.B. im HTML- oder Spreadsheet-Übergabeformat. Nach Möglichkeit sollte die Datenversorgung spezifischer Auswerteprogramme nicht auf individuellen Wegen, sondern durch Nutzung genormter Übergabeformate erfolgen. Daneben erlangt die dynamische Ankopplung externer Programmsysteme an ein Datenbanksystem im Sinne eines Client/Server-Computing heute immer stärkere Bedeutung; ein SSDB-System sollte deshalb auch einschlägige Standards wie CORBA oder DCE unterstützen ([OrHE 94]).

3 Datenbankunterstützung für die empirische Massendatenverarbeitung

Das letzte Kapitel diente der Identifikation eines anwendungsübergreifenden Anforderungsprofils für die in SSDB-Anwendungen geforderte Datenbankunterstützung. Dabei konnte auf die in heute eingesetzten kommerziellen Datenbanksystemen vorzufindende Unterstützung für das jeweilige Anwendungsgebiet nur pauschalierend eingegangen werden; einschlägige Forschungsansätze wurden nur am Rande angesprochen. In diesem Kapitel wird nun die Sichtweise des vorangegangenen Kapitels quasi umgekehrt und auf Basis der in Abschnitt 2.6 ermittelten gemeinsamen Charakteristika verschiedener typischer Anwendungsgebiete der empirisch-wissenschaftlichen Massendatenverwaltung und -auswertung eine detaillierte Analyse des status quo der in heutigen Datenbanksystemen und der Datenbankforschung zu findenden Unterstützung vorgenommen.

Als Referenzanwendung werden für den verbleibenden Teil des vorliegenden Buches die in Abschnitt 2.5.1 bereits angesprochenen Fallstudien aus dem Bereich der Marktforschung herangezogen. Diese Anwendung weist alle der in Abschnitt 2.6 als wesentlich für den SSDB-Bereich eingestuften Charakteristika auf (umfangreiche, zeitbehaftete Datenbestände; Datenverdichtungen nach anwendungsspezifischen Merkmalen und Klassifikationsbeziehungen; multidimensionale und verlaufsbezogene Datenanalyse; flexible, interaktive Datenauswertung in Tabellen- und Graphikform) und erlaubt somit eine zielgerichtete Detailanalyse auf Basis einer konkreten Anwendungssituation. In der ersten Fallstudie wird die relationale Anwendungsmodellierung einer multidimensionalen Modellierung gegenübergestellt, um auf dieser Basis Aspekte der logischen Datenmodellierung sowie Zugriffsmodells und der Anfrageverarbeitung in SSDB-Anwendungen diskutieren zu können. Die zweite Fallstudie untersucht dagegen vornehmlich Möglichkeiten der Anfragebeschleunigung durch den Einsatz materialisierter Summendatenwerte, welche dann im Hinblick auf physische Entwurfsaspekte eines Datenbanksystems für die empirisch-wissenschaftliche Massendatenverarbeitung generalisiert werden. Soweit nicht ausdrücklich anders vermerkt ist, bilden in diesem Kapitel relationale Mehrbenutzerdatenbanksysteme wie DB2, Sybase, Oracle oder Informix mit der Standardabfragesprache SQL den systemtechnischen Bezugspunkt für die durchgeführten Analysen. Im Vergleich zu anderen Datenmodellen (hierarchisch, netzwerkartig, objektorientiert) weist das Relationenmodell den Vorzug formal eindeutig beschriebener Modellierungskonstrukte bei hinreichender Modellierungsmächtigkeit und eines breiten Instrumentariums an Implementierungstechniken auf.

3.1 Fallstudie I: Relationale versus multidimensionale Daten- und Zugriffsmodellierung

Die erste der in einer Kooperation zwischen dem Lehrstuhl für Datenbanksysteme der Universität Erlangen-Nürnberg und der Gesellschaft für Konsum-, Markt- und Absatzforschung AG (GfK) in Nürnberg durchgeführten Fallstudien untersuchte die Fragestellung, ob eine relationale oder eine multidimensionale Daten- und Zugriffsmodellierung adäquater für das in Abschnitt 2.5.1 bereits kurz geschilderte Anwendungsszenario ist. Hierzu wurden in der sog. Datenproduktion erzeugte Panelrohdaten in ein relationales bzw. ein multidimensionales Datenbanksystem geladen und auf beiden Plattformen in der jeweiligen Zugriffssprache eine Menge vorgegebener Auswertungen formuliert. Die Panelrohdaten beschreiben bereinigte und hochgerechnete Verkaufs-, Mengen- und Bestandszahlen zu den Produktverkäufen in ausgewählten Geschäften über verschiedene Beobachtungsperioden. Untersucht wurde zum einen die Modellierungsmächtigkeit auf Daten- und Zugriffsebene, zum anderen aber auch das konkrete Laufzeitverhalten der Testanfragen auf vergleichbaren Systemumgebungen. Nachfolgend werden die eingeschlagene Vorgehensweise und die wichtigsten der in beiden Bereichen erzielten Ergebnisse zusammengefaßt; eine ausführliche Darstellung der Fallstudie einschließlich der Quellcodes der durchgeführten Testanfragen ist in [RuTe 95] zu finden.

3.1.1 Aufgabenstellung

Zur Durchführung der Modellierungs- und Laufzeitvergleiche in der Fallstudie wurde ein Teildatenbestand aus dem in der GfK Handelsforschung eingesetzten Datenproduktionssystem herangezogen. Die Struktur der Panelrohdatenbasis wurde bereits in Abschnitt 2.5.1 aufgezeigt. In einem ersten Schritt galt es, für die jeweilige Systemplattform eine geeignete Abbildung der Eingangsdatenstrukturen zu finden. Die Modellierung sollte jeweils "lehrbuchartig" erfolgen und von möglicherweise zur Verfügung stehenden systemspezifischen Modellierungsmechanismen keinen Gebrauch machen, um eine Verallgemeinerbarkeit der Erkenntnisse sicherzustellen. Der nächste Schritt bestand in der Formulierung der nachfolgend noch näher beschriebenen Testanfragen mit den seitens des jeweiligen Datenbanksystems zur Verfügung gestellten Sprachmitteln, wobei wiederum auf größtmögliche Verallgemeinerbarkeit durch Vermeidung der Verwendung von Systemspezifika besonderer Wert gelegt wurde. Schließlich sollten die Laufzeiten der Testanfragen unter vergleichbaren Systemumgebungen gemessen und gegenübergestellt werden.

Die aus dem Datenproduktionssystem der GfK übergebenen Daten stellen die gemeinsame Bezugsbasis für beide Fallstudien dar. Manche Strukturen, z.B. die Klassifikationshierarchie im Produktbereich, werden nur in der zweiten Fallstudie für die Durchführung der Testauswertungen benötigt. Wegen der grundsätzlichen Aussagekraft hinsichtlich der Modellierungsmächtigkeit der jeweiligen Systemplattform wurde entschieden, auch in der ersten Fallstudie die Modellierung sämtlicher Übergabedatenstrukturen als Aufgabe zu stellen. Die gemäß den Erfordernissen des Zieldatenmodells notwendigen Restrukturierungen sollten sich dabei auf das unbedingt nötige Mindestmaß beschränken.

Die im Zuge der Fallstudie zu implementierenden Testanfragen umfassen drei Standard- und drei Sonderanalysen. Im Bereich der Standardanalysen sind Segmentationen des Paneldatenbestandes nach folgenden Merkmalen durchzuführen:

- Segmentation nach Produktgruppen, Ländern, Geschäftstypen und Perioden;
- Segmentation nach Produktgruppen, Marken, Ländern, Geschäftstypen und Perioden;
- Segmentation nach Produktgruppen und Perioden.

Für jede dieser Segmentationen sind für die Menge der in einer Gruppe qualifizierten Panelrohdatensätze die Anzahl der verkauften Einheiten, der Gesamtverkaufswert, die Anzahl der bestellten Einheiten und der mittlere Bestand zu ermitteln. Darüber hinaus müssen die für die Distributionsberechnung (siehe Abschnitt 2.5.1) erforderlichen Werte (numerische und gewichtete Gesamt- und Verkaufsdistribution) sowie die Gesamtzahl der in der Gruppe qualifizierten Sätze berechnet werden.

Die erste der im Zuge der Fallstudie auszuwertenden Sonderanalysen stellt eine sog. Marktkonzentrationsanalyse dar. Mit ihr wird ermittelt, inwieweit in den beobachteten Paneldaten Konzentrationen von Verkäufen auf bestimmte Geschäfte vorzufinden sind. Das Ergebnis läßt sich in Form einer Lorenzkurve darstellen ([ASSS 83]), welche in der Betriebswirtschaft zur Darstellung von ABC-Analysen Verwendung findet (Abbildung 3.1).

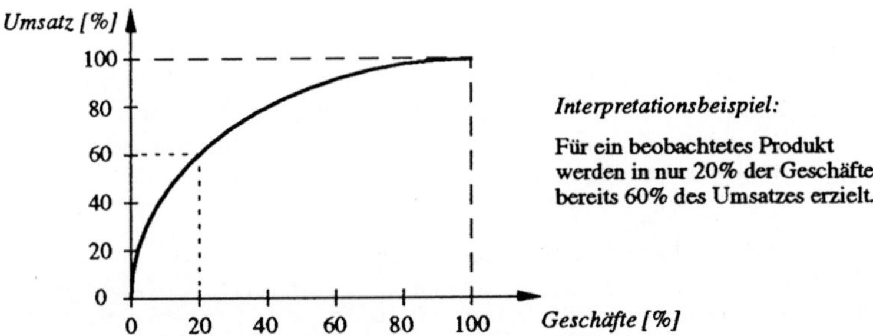

Abb. 3.1: Lorenzkurve zur Darstellung einer Marktkonzentrationsanalyse

Die zweite Sonderanalyse stellt eine exemplarische Preisklassenanalyse für die Produktgruppe "Videorecorder" in einem Land dar. In einer Preisklassenanalyse werden abgeleitete Kennzahlen, im Beispiel der Mengen-, Wert- und Lagerbestandsanteil sowie die numerische Verkaufsdistribution für die jeweilige Klasse, für anhand vorgegebener Preisklassen gruppierte Panelrohdaten ermittelt. Um aussagekräftige Ergebnisse zu erzielen, muß die Preisklassenanalyse produktgruppenweise erfolgen, weil sich die Preisklassenfestsetzung an den Preisparametern der jeweiligen Produktgruppe (mittlerer, minimaler und maximaler Preis) orientieren muß[†].

Im Zuge der letzten Sonderanalyse ist die Umsatzkonzentration auf Geschäfte mit bestimmten Markenkombinationen im Sortiment zu ermitteln. Für drei exemplarisch ausgewählte Marken ist also eine Gruppierung der Rohdatensätze in alle acht verschiedenen Kombinationsmöglichkeiten (Geschäfte, die keine/eine/zwei/alle der ausgewiesenen Marken führen) durchzuführen und der jeweilige Anteil am Gesamtumsatz zu bestimmen. Aussagekräftig sind diese Werte jeweils wieder nur produktgruppenspezifisch, so daß in der Fallstudie die Berechnung auf die Produktgruppe "Videorecorder" in einem Land und einer Periode beschränkt wurde.

[†] Die für Videorecorder sinnvolle Preisklassenfestlegung von 0-300, 301-400, ..., 1301-1400, >1400 wäre beispielsweise für die Produktgruppe "Audiocassetten" wenig selektiv.

3.1.2   Relationale Modellierung

Die relationale Modellierung der Fallstudie wurde auf dem Datenbanksystem SYBASE Server 10 der
Fa. Sybase, Inc. in der Datenbanksprache SQL vorgenommen. Nachfolgend werden der Aufbau der
Datenstrukturen und einige ausgewählte Aspekte bei der Spezifikation der Testanfragen angegeben.

3.1.2.1   Definition der Datenbankstruktur

Die Abbildung 2.6 auf Seite 43 als ER-Diagramm beschriebenen, aus dem Datenproduktionssystem der
GfK Handelsforschung übergebenen Datenstrukturen der Panelrohdaten wurden in SYBASE in folgenden Relationen repräsentiert (Primärschlüsselattribute sind unterstrichen):

```
(a) ProduktBereich (PrB_ID, PrB_Text);
(b) ProduktHauptGruppe (PrHG_ID, PrHG_Text, PrB_ID);
(c) ProduktGruppe (PrG_ID, PrG_Text, PrHG_ID);
(d) ProduktGruppenDefinition (PrG_ID, PrM_Frage_ID, PrM_Frage_Text);
(e) ProduktGruppenAntwort (PrG_ID, PrM_Frage_ID, PrM_Antwort_ID,
                           PrM_Antwort_Text);
(f) MarkenDefinition (M_ID, M_Text);
(g) Laender (L_ID, L_Code, Anz_Per);
(h) ArtikelDefinition (Art_Version, Art_ID, von_Per, bis_Per,
                       Hersteller, M_ID, M_Typ, Produkt, Menge,
                       Mengen_Typ, Packung, Packungs_Typ);
(i) ArtikelAntworten (Art_Version, von_Per, PrM_Frage_ID,
                      PrM_Antwort_ID);

(j) LänderDefinition (L_ID, L_Frage_ID, L_Frage_Text);
(k) GeschaeftsAntwort (L_ID, L_Frage_ID, L_Antwort_ID, L_Antwort_Text);
(l) GeschaeftsDefinition (L_ID, G_ID, G_Nr, von_Per, bis_Per);
(m) Geschaefte (L_ID, G_ID, L_Frage_ID, L_Antwort_ID);

(n) HochrechnungsFaktoren (L_ID, G_ID, Per, H_Faktor1, H_Faktor2);
(o) WaehrungsFaktoren (L_ID, Per, ECU_Faktor);
(p) BewegungsDaten (L_ID, G_ID, Per, Art_Version, PrG_ID, Preis, Menge,
                    Einkauf, Lagerbestand, Umsatz);
(q) PreisKlassenAntwort (L_ID, PK_ID, PK_Text);
(r) PreisKlassen (L_ID, PK_ID, Untergrenze, Obergrenze).
```

Die ersten drei Relationen modellieren die Produkthierarchie: Produkte werden in Produktgruppen
zusammengefaßt, diese in Produkthauptgruppen und diese wiederum in Produktbereiche. Eine typische
Klassifikation wäre z.B. "Sony TR-75" - "Camcorder" - "Video" - "Braune Ware". Die Produktgrup-
penklassifikation wird erst im Zuge der Testanfragen der zweiten Fallstudie (Abschnitt 3.4) verwendet
und dort noch näher erläutert.

Die Relationen (d) und (e) legen die Produktmerkmalsstruktur einer Produktgruppe fest. Nachdem in
jeder Produktgruppe andere Merkmale vorzufinden sind, muß die Modellierung variabel über generische Textfelder erfolgen. Typische Ausprägungen von PrM_Frage_Text und PrM_Antwort_Text sind
beispielsweise "Videosystem" und "VHS-C". Die Menge der auf eine Produktmerkmalsfrage möglichen Antworten muß explizit in den Stammdaten modelliert werden, um klassifizierende Anfragen über
Merkmalsantworten auch dann korrekt ausführen zu können, wenn nicht alle möglichen Antworten im
aktuellen Paneldatenausschnitt vorkommen.

Die Relationen (f) und (g) stellen reine Übersetzungstabellen von Identifikationen zu Volltexten dar, wobei in der letzteren Relation noch zusätzlich die Erhebungsperiodizität im jeweiligen Land festgelegt wird. In den Relationen (h) und (i) werden die produktspezifischen Stammdaten festgehalten, wobei die zeitlich versionierenden tatsächlichen Merkmalsausprägungen in der Relation (i) als Referenz auf die in Relation (e) definierten möglichen Merkmalsantworten hinterlegt sind. Der gleiche Modellierungsansatz wird auch für die länderspezifisch festgelegten Geschäftsmerkmale verwendet (Relationen (j) bis (m)), wobei Relation (l) zusätzlich eine mögliche Stammdatenversionierung für Geschäfte (z.B. Wechsel der Umsatzklasse) beschreibt. Die in Relation (n) beschriebenen Hochrechnungsfaktoren legen das statistische Gewicht eines Geschäfts in einer bestimmten Periode fest. Relation (o) enthält die länderspezifischen Umrechnungsfaktoren für die Preisangaben in der zentralen Bewegungsdatenrelation (p); aus Gründen der einfacheren Vergleichbarkeit werden in den Bewegungsdaten alle Preise in ECU ausgewiesen. Die letzten beiden Relationen erlauben die Modellierung verschiedener logischer Preisklassengefüge; die aktuellen Ausprägungen können dann, wie bereits erwähnt wurde, produktgruppenspezifisch zugeordnet werden.

3.1.2.2 Spezifikation der Testanfragen

Die ersten beiden Testanfragen der Fallstudie weisen eine große Ähnlichkeit auf. Gegenüber Testanfrage 1 umfaßt Testanfrage 2 als Gruppierungskriterium für die Panelrohdaten neben Produktgruppen, Ländern, Geschäftstypen und Perioden noch zusätzlich Marken. Bei den für jede Gruppe zu berechnenden Kennzahlen wird das Spektrum von Testanfrage 1 in Testanfrage 2 um die zusätzliche Ausweisung gewichteter Distributionswerte erweitert. Testanfrage 2 stellt somit eine echte Obermenge von Testanfrage 1 dar und wird deshalb nachfolgend stellvertretend für beide Anfragen detaillierter beschrieben.

Die im Zuge von Testanfrage 2 zu lösende Aufgabe kann am besten durch die Angabe einer zu füllenden Zieldatenstruktur beschrieben werden:

```
Erg2 (ProduktGruppe, Marke, Land, GeschaeftsTyp, Periode, Geschäftszahl,
      VerkStückzahl, VerkSumme, Bestellmenge, mittlLagerbestand,
      numerischeGesamtdistribution, numerischeVerkaufsdistribution,
      gewichteteGesamtdistribution, gewichteteVerkaufsdistribution)
```

Die ersten vier der zu berechnenden Merkmale können durch einfache Summenbildungen über den in einer Gruppe qualifizierten Panelrohdatensätzen ermittelt werden. Der mittlere Lagerbestand läßt sich bei Vorabberechnung der Geschäftszahl ebenfalls leicht bestimmen. Die numerischen bzw. gewichteten Distributionswerte geben die Anzahl bzw. den Umsatz der Geschäfte an, welche die das durch Produktgruppe und Marke gekennzeichnete Produkt im Sortiment führen (Totaldistribution) bzw. in der aktuellen Periode auch tatsächlich verkauft haben (Verkaufsdistribution). Die Ermittlung der Distributionswerte erfolgt durch Quotientenbildung: in den Zähler gehen diejenigen Geschäfte ein, welche in der jeweiligen Produktgruppe die entsprechende Marke führen bzw. verkauft haben, während im Nenner alle Geschäfte ohne Berücksichtigung von Marken Eingang finden. Alle Werte aus den Panelrohdatensätzen sind bei der Berechnung mit dem jeweiligen statistischen Gewicht eines Geschäftes (`H_Faktor1` aus der Relation `HochrechnungsFaktoren`) zu versehen.

Zur Durchführung der Testanfrage 2 müssen die Relationen (h), (m), (n) und (p) aus der Panelrohdatenbasis durch Join-Operationen verbunden werden. Da Zähler und Nenner sowie der Quotient für die Distributionsberechnung nicht in einem Schritt bestimmt werden können, müssen im Zuge der Anfrageauswertung zwei zusätzliche Hilfsrelationen (`Temp1` für den Zähler, `Temp2` für den Nenner) angelegt werden. Zur Ergebnisbestimmung ist dann insgesamt ein 6-Wege-Join mit elffacher Gruppierung erforderlich; bei Testanfrage 1 ist immerhin noch ein 5-Wege-Join mit siebenfacher Gruppierung erforderlich. Das Grundgerüst der Anfrageauswertung für Testanfrage 2 ist in Abbildung 3.2 verdeutlicht.

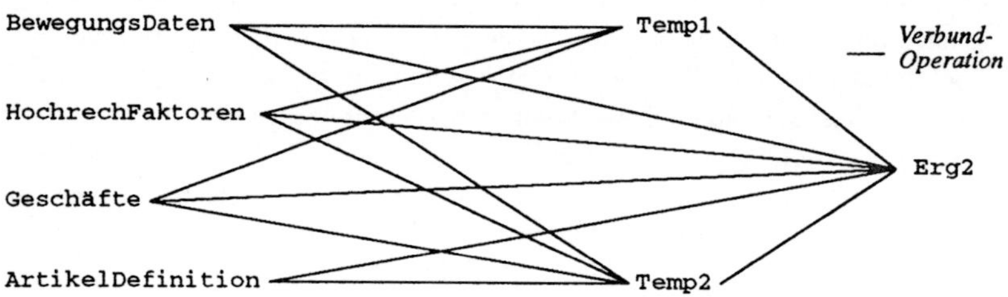

Abb. 3.2: Anfragestruktur zur Berechnung von Testanfrage 2

Für Testanfrage 3 sind die Panelrohdatensätze nach Produktgruppen, Geschäften und Perioden zu gruppieren. Nachdem hier alle benötigten Attribute in der Relation BewegungsDaten enthalten sind und auch keine Distributionswerte zu bestimmen sind, kann die Anfrage in einer einzigen SQL-Anweisung spezifiziert werden:

```
SELECT    PrG_ID, G_ID, Per,
          SUM(Menge), SUM(Einkauf), SUM(Lagerbestand), SUM(Umsatz)
FROM      BewegungsDaten
GROUP BY  PrG_ID, G_ID, Per
```

Für alle im Zuge der ersten Fallstudie durchzuführenden Sonderanalysen wurde eine logische Beschränkung des Panelrohdatenbestandes auf die Produktgruppe "Videorecorder" im Land "Deutschland" und die aktuelle Berichtsperiode vorgenommen, um den Auswerteaufwand zu begrenzen. Bei der Bestimmung der Stützpunkte der Lorenz-Kurve für die Darstellung der Marktkonzentrationsanalyse werden zunächst die Geschäfte, in denen in der aktuellen Berichtsperiode Videorecorder verkauft wurden, nach ihrem Rohverkauf absteigend sortiert. Der Bezug auf den Rohverkauf stellt sicher, daß in der Lorenzkurve tatsächlich die umsatzstärksten Geschäfte und nicht diejenigen mit dem höchsten statistischen Gewicht an vorderer Stelle auftauchen. Zur Bestimmung des Rohverkaufs eines Geschäfts müssen die bereits hochgerechneten Verkaufswerte in der Relation BewegungsDaten mit Hilfe von H_Faktor2 aus der Relation HochrechnungsFaktoren rückgerechnet werden. Anschließend wird für jedes Geschäft bestimmt, welchen prozentualen Anteil an der Gesamtmenge aller Geschäfte mit Videorecorder-Verkäufen es repräsentiert. Zu Bestimmung der Gesamtzahl sind die Einträge im Attribut H_Faktor1 für alle Geschäfte mit Videorecorder-Verkäufen aufzusummieren. Anschließend können die geschäftsspezifischen Anteilswerte durch Division errechnet werden. Analog wird der Verkaufsanteil der verschiedenen Geschäfte ermittelt. Schließlich werden die Ergebnisse kumulierend in die Ergebnisrelation eingetragen.

Ein Grundproblem der Preisklassenanalyse ist, daß bei der SQL-Modellierung die Relation BewegungsDaten im Zuge der Anfrageauswertung wiederholt für jede einzelne Preisklasse durchlaufen werden muß. Zudem sind insgesamt vier temporäre Relationen zur Repräsentation von Zwischenergebnissen aufzubauen. Insgesamt weist die Preisklassenanalyse strukturell eine ähnliche Komplexität wie Testanfrage 2 auf und wird deshalb hier nicht eingehender behandelt.

Bei der letzten Sonderanalyse, der sog. Distributionsüberschneidung, soll für jede der insgesamt acht Kombinationsmöglichkeiten dreier vorgegebener Marken A, B und C (also [¬A, ¬B, ¬C], [A, ¬B, ¬C], ..., [¬A, ¬B, C], [A, B, C]) der jeweilige Marktanteil in Prozent bestimmt werden. Das Gesamtmarktvolumen als Bezugspunkt kann durch Summation der Umsatz-Attributwerte in der Relation BewegungsDaten ermittelt werden. Zur Bestimmung der Zähler der abschließend durch Divisionsbildung zu errechnenden acht Marktanteilswerte muß festgestellt werden, welcher Kombinationsklasse der in einem Panelrohdatensatz ausgewiesene Umsatz zuzuschlagen ist. Hierzu ist es nicht ausreichend, nur die betreffende Marke für den betrachteten Panelrohdatensatz aus der Relation ArtikelDefinition zu bestimmen; vielmehr muß gleichzeitig überprüft werden, welche sonstigen Marken im betrachteten Geschäft verkauft wurden. Somit müßte bei einer streng mengenorientierten Betrachtungsweise eine einzelne Behandlung jeder der acht Klassen mit entsprechend vielen Durchläufen durch den Panelrohdatenbestand vorgenommen werden. Gemäß der "reinen Lehre" der SQL-Anfragespezifikation müßte ein Programm zur Bestimmung der Markenkombination "A und B, aber nicht C" in etwa folgendes Aussehen haben:

```
SELECT      SUM(Umsatz)
FROM        temp1    /* Hilfsrelation, welche neben den Bewegungsdatensätzen des Panels
                        ein Dummy-Geschäft mit G_ID = -1 und Umsatz = 0 enthält
WHERE       G_ID = -1 OR G_ID IN
               (SELECT G_ID
                FROM temp1
                WHERE M_ID = 'A' AND G_ID IN
                   (SELECT G_ID
                    FROM temp1
                    WHERE M_ID = 'B' AND G_ID NOT IN
                       (SELECT G_ID
                        FROM temp1
                        WHERE M_ID = 'C'
                       )
                   )
               );
```

Die Einführung des Dummy-Geschäftes in der Hilfsrelation temp1 ist erforderlich, um eine Fehlermeldung zu vermeiden, wenn keines der beobachteten Geschäfte die vorgegebene Markenkombination aufweist; in diesem Fall würde die Summation über eine leere Menge laufen, was in SYBASE zum Programmabbruch führt. Durch die Zuweisung des Dummy-Geschäftes enthält jede Klasse zumindest ein Element; da der Umsatz des Dummy-Geschäftes gleich Null gesetzt wurde, beeinflußt er die Korrektheit des Gesamtergebnisses nicht.

Die obige Formulierung der Distributionsanalyse führt dazu, daß für jede der acht Markenkombinationsklassen der Bewegungsdatenbestand zweifach geschachtelt durchlaufen werden muß. Eine einfache Überschlagsrechnung zeigt, daß dies bei einem Testdatenbestand von ca. 700.000 Tupeln in der Relation BewegungsDaten undurchführbar ist: insgesamt müßte auf diese Weise die Anweisung auf innerster Schachtelungsebene $700.000^3 = 3,4 * 10^{17}$ -mal ausgeführt werden, was auch auf Hochleistungsrechnern mit einer Verarbeitungsleistung im TeraFlop-Bereich zu inakzeptablen Laufzeiten führen würde. Deshalb wurde eine geschäftsbezogene Kodierung eingeführt, anhand derer die Bewegungsdatentupel in einem einzigen Durchlauf verarbeitet werden können. Die Grundidee ist, für jedes Geschäft sukzessive ein vierstelliges Binärcodemuster aufzubauen, welches nach dem gesamten Durchlaufen des Paneldatenbestandes dessen Klassenzugehörigkeit ausdrückt. Die ersten drei Stellen in der Kodierung repräsentieren dabei die der Analyse zugrundeliegenden Marken; die vierte Stelle steht stellvertretend für alle anderen Marken. Wird nun ein Panelrohdatensatz verarbeitet, so wird zunächst festgestellt, von

welcher Marke das zugehörige Produkt ist, und in der anfangs mit [0,0,0,0] initialisierten Geschäftsko-
dierung des im Paneldatensatz referenzierten Geschäftes die entsprechende Stelle auf 1 gesetzt, falls
dies nicht schon vorher durch einen anderen Verarbeitungssatz geschehen ist. In jedem Fall wird der im
aktuellen Paneldatensatz ausgewiesene Umsatz dem Geschäftsumsatz zugeschlagen. Nach vollständi-
gem Durchlaufen der Relation BewegungsDaten kann dann für jedes Geschäft die Klassenzugehörigkeit anhand des aufgebauten Bitmusters festgestellt werden und über eine kodierungsbezogene
Geschäftsgruppierung der klassenbezogene Umsatzwert ermittelt werden.

3.1.3   Multidimensionale Modellierung

Im Gegensatz zu relationalen Datenbanksystemen hat sich im Bereich der multidimensionalen Datenmodellierung noch kein anerkannter Modellierungs- und Abfragestandard etablieren können. Somit
muß bei den nachfolgenden Ausführungen in aller gebotenen Kürze auch auf die grundlegenden Modellierungskonstrukte des für die Durchführung der Fallstudie gewählten Systems eingegangen werden. Im
vorliegenden Fall wurde als Realisierungsplattform für die multidimensionale Modellierung der Fallstudie das multidimensionale Entscheidungsunterstützungssystem EXPRESS der mittlerweile von
Oracle aufgekauften Fa. Information Resources, Inc., gewählt. EXPRESS wird zwar nicht als Datenbanksystem im engeren Sinne positioniert, bietet aber mächtige multidimensionale Modellierungs- und
Abfragemethoden an. Zudem ist auch die interne Datenorganisation multidimensional, so daß sich
interessante Vergleichsmöglichkeiten mit der relationalen Modellierung auch bezüglich des Laufzeitverhaltens ergeben.

3.1.3.1   Definition der Datenbankstruktur

Zur Beschreibung der multidimensionalen Modellierung der in Abschnitt 2.5.1 eingeführten Datenstrukturen mit dem System EXPRESS sind zunächst die grundlegenden Modellierungskonstrukte kurz
zu erläutern, weil, anders als bei relationalen Datenbanksystemen, kein allgemeines Vorverständnis
vorausgesetzt werden kann. Die im Rahmen einer EXPRESS-Modellierung einsetzbaren Basiskon-
strukte sind Dimensionen, Relationen und Variablen. Dimensionen beschreiben den der Modellierung
zugrundeliegenden Diskursbereich und können mit den Primärschlüsselattributen in einer relationalen
Modellierung verglichen werden. Der Zusammenhang zwischen verschiedenen Dimensionen wird
durch sog. Relationen modelliert, welche nicht mit dem Relationenbegriff des relationalen Datenmodells verwechselt werden dürfen. Durch Dimensionen und Relationen werden in EXPRESS multidimensionale Datenräume aufgespannt, deren Zellinhalte als Variablen definiert werden. Grundsätzlich
kann jede Variable einem andersdimensionalen Datenraum zugewiesen werden. Es gilt noch zu beachten, daß die logische Dimensionalität in einer EXPRESS-Modellierung nicht mit der Gesamtzahl der
definierten Dimensionen gleichgesetzt werden darf, weil die auf einer Basisdimension (z.B. Produkt)
definierten Klassifikationshierarchien (z.B. Produktklassen - Produkthauptklassen - Produktbereiche)
ebenenweise als durch Relationen verbundene EXPRESS-Dimensionen definiert werden.

Eine Besonderheit besteht bei der EXPRESS-Modellierung darin, daß mehrere Dimensionen in sog.
Conjoint Dimensions zusammengefaßt werden können, was in den EXPRESS-Handbüchern bei dünn
besetzten Datenräumen aus Gründen der besseren Speichereffizienz empfohlen wird. EXPRESS bietet
eine Nullwertunterdrückung auf Speicherungsebene nur dann an, wenn eine Datenbankseite vollständig
durch Nullwerte belegt ist, was bei einer breiten Nullwertstreuung in der Regel selten der Fall ist. In
einer Conjoint Dimension werden dagegen die eingehenden Bestandteile wie bei der zusammengesetz-

ten Primärschlüsselbildung in relationalen Systemen behandelt und Datenzellen nur für tatsächlich besetzte Felder angelegt. Die somit erzielte Speichereffizienz wird allerdings durch Einschränkungen in der Auswertbarkeit der Daten auf logischer Ebene erkauft und stellt eine Verletzung der physischen Datenunabhängigkeit dar, wie im weiteren Verlauf dieses Kapitels noch verdeutlicht wird. Weitere Einzelheiten der EXPRESS-Modellierung können [IRI 93] entnommen werden.

Die grundlegende Struktur der Stammdatenmodellierung für die aus dem GfK-Datenproduktionssystem übergebenen Datenstrukturen wird in Abbildung 3.3 aufgezeigt. Dabei wird auf eine Angabe der Modellierung der Produktklassifikation aus Gründen der Übersichtlichkeit verzichtet. In der Abbildung repräsentieren Bezeichner mit dem Suffix "_D" Dimensionen, die kursiv gesetzten Bezeichner benennen die zwischen zwei Dimensionen definierte Relation.Mit den in Abbildung 3.3 gezeigten Dimensio-

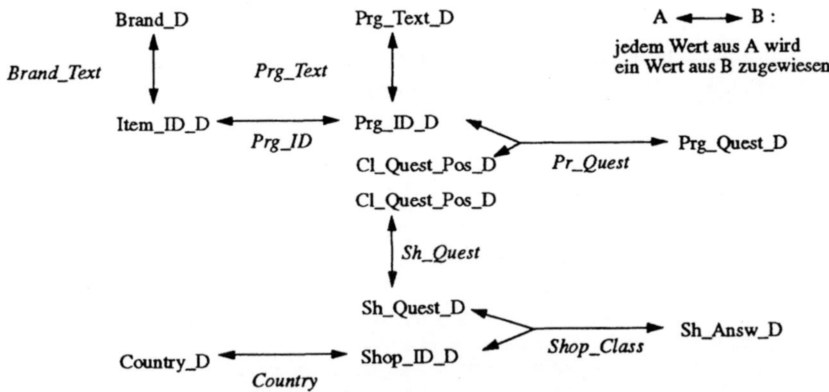

Abb. 3.3: Multidimensionale Stammdatenmodellierung in EXPRESS

nen und den weiteren Dimensionen `Country_D` für die Beschreibung der Länderdefinition, `Product_Answers_D` für die möglichen Produktmerkmalsantworten und `Per_D` für die Periodenfestlegung werden für die Fallstudie vier Conjoint Dimensions aufgebaut, welche dann zur Beschreibung der Variablen herangezogen werden. Im einzelnen werden folgende Conjoint Dimensions und Variablen definiert:

```
Dimension CJ_P_D:             <Item_ID_D Shop_ID_D Per_D>
Dimension CJ_S_D:             <Shop_ID_D Per_D>
Dimension CJ_Cntry_Sh_Answ_D: <Country_D Sh_Quest_D Sh_Answ_D>
Dimension CJ_Prg_Pr_Answ_D:   <Country_D Prg_ID_D Pr_Quest_D Pr_Answ_D>

Variable H_Fkt1:    <CJ_S_D>         Variable H_Fkt2:    <CJ_S_D>
Variable Prod_Text: <Item_ID_D>      Variable Price:     <CJ_P_D>
Variable Purchase:  <CJ_P_D>         Variable Sales:     <CJ_P_D>
Variable Stock:     <CJ_P_D>         Variable Turnover:  <CJ_P_D>
```

In spitzen Klammern ist jeweils angegeben, aus welchen Basisdimensionen eine Conjoint Dimension zusammengesetzt ist bzw. welche Dimension eine Variable beschreibt. Die Bewegungsdaten werden nicht als wirklich dreidimensionale Struktur definiert, weil der Datenraum im Anwendungsfall nur zu etwa 4% besetzt ist (nicht jedes Produkt wird in jedem Geschäft verkauft). Somit würden bei echter dreidimensionaler Modellierung der Bewegungsdaten 96% des Speicherplatzes durch Nullwerte belegt, was aus Effizienzgründen vermieden werden sollte. Man erkennt in der obigen Modellierung die grundlegende Dreidimensionalität an der Zusammensetzung der zur Beschreibung der Bewegungsdaten-Variablen eingesetzten Conjoint Dimension `CJ_P_D`.

3.1.3.2   Spezifikation der Testanfragen

In diesem Abschnitt wird ein repräsentatives Beispiel der im Zuge der Fallstudie auszuwertenden Testanfragen näher vorgestellt. Anhand der zweiten Standardanalyse (Segmentation nach Produktgruppen, Marken, Ländern, Geschäftstyp und Periode) werden die grundlegende Vorgehensweise bei der Anfrageformulierung und einige spezifische Probleme erläutert.

Die Spezifikation einer EXPRESS-Anfrage ist logisch in zwei Schritte unterteilt. In einem ersten Schritt wird der einer Anfrage zugrundeliegende Datenbereich spezifiziert. Für diesen Bereich werden dann im zweiten Schritt die gewünschten Gruppierungs- und Auswertungskriterien festgelegt. Nachfolgend wird die Spezifikation der Berechnung des Summenwertes der verkauften Stückzahlen und der numerischen Totaldistribution für die in Testanfrage 2 festgelegte Segmentation beschrieben:

```
(a)   LIMIT Sh_Quest_D TO Type
      LIMIT CJ_Country_Shop_Answers_D TO Sh_Quest_D
      LIMIT CJ_Country_Shop_Answers_D TO Type
      LIMIT Sh_Answ_D TO CJ_Country_Shop_Answers_D

REPORT
            HEADING 'Sum_Sales_Pieces'
(b)             TOTAL (Sales Prg_ID_D Brand_D Country_D Per_D Sh_Answ_D)
            HEADING 'Total_Num_Dis'
(c)             TOTAL ( ( COUNT (ANY(Sales GT 0 OR Stock GT 0
                                    Prg_ID_D Country_D Per_D Sh_ID_D)
                                 Prg_ID_D Country_D Per_D Sh_ID_D)
                          *
                      TOTAL (H_Fkt1 Country_D Sh_ID_D Per_D))
                          Prg_ID_D Country_D Per_D Sh_ID_D)
                /
(d)             TOTAL (H_Fkt2 Country_D Shop_Class Per_D) * 100
```

Im Anweisungsblock (a) wird zunächst der Auswertedatenbestand auf das Geschäftsmerkmal `Type` festgelegt. Durch die zweite Limitierung wird sichergestellt, daß die spätere Summation nur bezogen auf den Geschäftstyp und nicht auf alle möglichen sonstigen Merkmalsausprägungen durchgeführt wird. Mit der dritten und vierten Limitierungsanweisung wird eine implizite Begrenzung des Datenbereichs auf alle vorkommenden Merkmalsantworten zum Merkmale `Type` erzielt.

Mit dem Ausdruck `REPORT` wird der auswerteorientierte Teil der Anweisung eingeleitet. Die Ausgabe soll aus zwei Teilen bestehen: der Summe der verkauften Stückzahl in der jeweiligen Gruppe und dem Wert der numerischen Gesamtdistribution. Berechnungsfunktionen werden in EXPRESS grundsätzlich in folgender Form spezifiziert:

```
Funktionsname (Variablenspezifikation Gruppierungsspezifikation).
```

Im Ausdruck (b) wird festgelegt, daß die Summe (`TOTAL`) der verkauften Einheiten (`Sales`) für die nach Produktgruppen, Marken, Ländern, Perioden und Geschäftstypen gruppierten Panelrohdatenwerte gebildet werden soll. Die Berechnung der numerischen Gesamtdistribution weist als grundlegende Struktur einen Quotienten zweier Summenwerte auf. In den Zähler dieses Quotienten gehen gemäß

Ausdruck (c) der vorgegebenen Gruppierung nur diejenigen Geschäfte ein, welche in der betrachteten Periode das jeweilige Produkt geführt haben (`Sales GT 0 OR Stock GT 0`). Treffen beide Kriterien für ein Geschäft nicht zu, wird der Ausdruck zu 0 evaluiert und über die anschließende Produktbildung eine Berücksichtigung dieses Geschäfts in der Summenbildung für den Zähler unterdrückt. Im positiven Fall wird durch die Kombination der Funktionen `COUNT` und `ANY` sichergestellt, daß der Zählwert genau 1 ergibt und somit das Geschäft nur einmal in der Summe Berücksichtigung findet. Die eigentliche Summenbildung in Zähler und Nenner (d) erfolgt wieder gemäß der Hochrechnungsfaktoren der jeweiligen Geschäfte, wie schon in Abschnitt 3.1.2.2 erläutert wurde.

3.1.4 Durchführung und Ergebnisse der Laufzeituntersuchungen

Die Durchführung der Laufzeittests für die beschriebenen Modellierungen der Fallstudie mußte aus Kapazitäts- und Lizenzierungsgründen auf zwei unterschiedlichen Rechnerplattformen durchgeführt werden. Als Testplattform für die relationale Modellierung wurde ein Multiprozessorsystem DEC Alpha 2100 mit zwei Prozessoren, 192 MegaByte Arbeitsspeicher und fünf Gigabyte Festplattenkapazität eingesetzt. Die Durchführung der Laufzeittests zur multidimensionalen Modellierung erfolgte auf einem Sun SparcServer 20 mit ebenfalls zwei Prozessoren, 128 MegaByte Arbeitsspeicher und zwei Gigabyte Festplattenkapazität. Beide Maschinen wurden während der Testläufe exklusiv belegt. Nicht zuletzt wegen der geringeren Ausbaustufe der Sun-Plattform wurde den relationalen Tests auf SYBASE-Basis ein Rohdatenvolumen von 700.000 Datensätzen zugrunde gelegt, während die Messungen am multidimensionalen System EXPRESS auf der Basis von 425.000 Datensätzen erfolgten.

Die Ergebnisse der Laufzeitmessungen für beide Modellierungen sind in Tabelle 3.1 gegenübergestellt. Unter Berücksichtigung der unterschiedlichen Systemumgebungen und Datenvolumina ist außer bei den Standardanfragen 1 und 3 für alle Testanfragen ein tendenziell ähnliches Laufzeitverhalten zu beobachten. Die hohe Laufzeit der Standardanfrage 2 auf beiden Plattformen resultiert aus den vielen simultanen Gruppierungskriterien; für den relationalen Fall zeigt sich ein ähnliches Muster auch in Standardanfrage 1. Das exzellente Laufzeitverhalten von Standardanfrage 3 in der SYBASE-Realisierung ergibt sich aus der Tatsache, daß hierfür keinerlei Join-Operationen und nur wenige Gruppierungen durchzuführen sind. Zudem müssen hier keine Distributionswerte berechnet werden, was im umgekehrten Fall auch die hohen Laufzeiten der Standardanfragen 1 und 2 sowie der Preisklassenanalyse auf relationaler Seite weiter erklärt. Die Marktkonzentrationsanalyse und die Berechnung der Distributionsüberschneidung konnten bei beiden Modellierungsansätzen effizient durchgeführt werden, was auf relationaler Seite für die letztere Anfrage auf der eingesetzten Kodierung der Markenkombinationen beruht. Zusammenfassend kann festgehalten werden, daß die multidimensionale Modellierung gegenüber der relationalen in der durchgeführten Fallstudie leichte Vorteile aufweist, weil hier nur zwei der sechs Testanfragen Laufzeiten im kritischen Stundenbereich aufweisen. Allerdings lassen auch in der

Testanfragen	relationale Modellierung	multidim. Modellierung
Standardanfrage 1	3:16:00	0:07:19
Standardanfrage 2	6:26:00	2:32:15
Standardanfrage 3	0:00:50	0:06:51
Marktkonzentrationsanalyse	0:00:50	0:00:27
Preisklassenanalyse	3:38:00	1:38:29
Distributionsüberschneidung	0:03:30	0:02:15

Tab. 3.1: Gegenüberstellung der Laufzeiten der Testanfragen von Fallstudie I

multidimensionalen Modellierung die gemessenen Laufzeiten eine Skalierung des Datenvolumens um einige Zehnerpotenzen, wie dies in der GfK derzeit erwogen wird, aussichtslos erscheinen ([LeRT 95a]).

3.2 Logische Datenmodellierung

In diesem Abschnitt wird die eben beschriebene Fallstudie unter dem Licht der logischen Datenmodellierung näher betrachtet, um auf dieser Basis verallgemeinerte Aussagen über die Tauglichkeit der relationalen und multidimensionalen Datenmodellierung im SSDB-Kontext treffen zu können. Die Darstellung orientiert sich am Drei-Schema-Architekturmodell für Datenbanksysteme nach ANSI/SPARC ([ANSI 75]), welches den gemeinsamen Bezugspunkt für die Implementierung praktisch aller modernen Datenbanksysteme darstellt. Das Modell beschreibt den Zusammenhang der konzeptionellen, der externen und der internen Schemaebene und insbesondere die beiden fundamentalen Begriffe Datenneutralität und Datenunabhängigkeit (Abbildung 3.4). Nachfolgend werden die Grundzüge des ANSI/SPARC-Modells erläutert, bevor die in der Fallstudie vorgenommenen Modellierungen analysiert werden; für eine vertiefte Darstellung des ANSI/SPARC-Referenzmodells sei z.B. auf [Date 95] verwiesen.

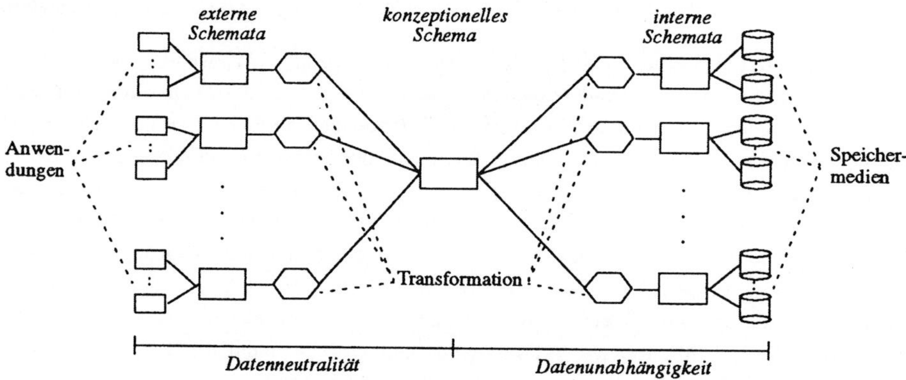

Abb. 3.4: Drei-Schema-Architekturmodell für Datenbanksysteme nach ANSI/SPARC

Den Kern der Drei-Schema-Architektur stellt das konzeptionelle Schema dar, in welchem der in der Datenbank abzubildende Weltausschnitt, die sog. Miniwelt, aus logischer, anwendungsübergreifender Sicht beschrieben wird. Der Kontextbezug für eine konkrete Anwendungssituation wird beim Übergang von der konzeptionellen zur externen Schemaebene vollzogen; zentrales Instrument zur Beschreibung dieses Übergangs ist die Sichtenbildung. In einer Sicht können Begriffe der konzeptionellen Schemaebene in einen anwendungsspezifischen Bezug gebracht werden; umgekehrt repräsentiert der Datenbestand auf konzeptioneller Ebene eine für alle Anwendungswelten gleichermaßen gültige integrierte Sicht. Der Übergang von der externen zur konzeptionellen Ebene kann somit durch den Begriff der *Datenneutralität* gekennzeichnet werden: die Daten im konzeptionellen Schema sind strukturell neutral gegenüber den verschiedenen Anwendungskontexten zu beschreiben, was insbesondere bedeutet, daß die auf konzeptioneller Ebene gewählte Repräsentation der Daten keine bestimmten Anwendungen bevorzugen oder benachteiligen darf. Darüber hinaus sollte ein konzeptionelles Schema aus verwaltungstechnischer Sicht weitere Anforderungen erfüllen, insbesondere die der Redundanzfreiheit zur Minimierung des Aufwands bei der Konsistenzerhaltung der Daten.

Den zweiten wichtigen Abbildungsprozeß in der Drei-Schema-Architektur nach ANSI/SPARC stellt der Übergang von der konzeptionellen zur internen Schemaebene dar. Die interne Schemaebene beschreibt die konkrete Speicherrepräsentationsform der auf konzeptioneller Ebene rein logisch beschriebenen Daten. Zur Speicherrepräsentation zählen neben den physischen Datenstrukturen auf den Speichermedien auch Hilfsstrukturen wie z.B. Zugriffspfade. Unter dem Schlagwort *Datenunabhängigkeit* wird gefordert, daß die Verwendung der Datenbank nach rein logischen Kriterien ohne Bezug auf die spezielle Speicherrepräsentationsform erfolgen kann. Insbesondere ermöglicht diese Abstraktion auch den transparenten Wechsel der Speicherrepräsentation und bildet den Rahmen für die Einführung spezieller effizienzsteigernder Maßnahmen, etwa das Anlegen von Indexstrukturen oder auch die Replikation von Datenbeständen in verteilten Systemen zur Erhöhung der Zugriffslokalität.

3.2.1 Vollständigkeit und Abgeschlossenheit

Ein wichtiges Kriterium bei der Beurteilung eines Datenmodells stellt die Vollständigkeit dar. In einem vollständigen Datenmodell lassen sich alle relevanten Sachverhalte aus der Miniwelt unter Verwendung der von Datenmodell dargebotenen Modellierungskonstrukte repräsentieren. Die Vollständigkeit eines Datenmodells kann nach rein formalen Kriterien relativ leicht erzielt werden; setzt man das weitverbreitete Entity-Relationship-Modell ([Chen 76]) als Maßgabe der Beurteilung an, so muß ein Datenmodell nur die Beschreibung von strukturierten Datenobjekten und von Beziehungen zwischen ihnen ermöglichen, um als vollständig angesehen zu werden. Ein aus Verwendungssicht ebenfalls zentraler Begriff ist der Abgeschlossenheit des Datenmodells. Ein Datenmodell bzw. das zugehörige Verarbeitungsmodell ist dann abgeschlossen, wenn die Ergebnisse einer Anfrage unmittelbar die Eingabe einer Folgeanfrage darstellen können und somit die Bildung von Verarbeitungsketten möglich ist. Für den praktischen Umgang mit einem Datenmodell sind neben Vollständigkeit und Abgeschlossenheit weitere Kriterien wie Problemadäquatheit und Ökonomie der Modellierungskonstrukte von fundamentaler Bedeutung. Ein Datenmodell, bei dem beispielsweise die Blockstrukturierung eines Speichermediums auf logischer Modellierungsebene nicht transparent wäre und das somit die Ausrichtung der Anwendungsstrukturen nach physischen Blockgrenzen erzwänge, könnte wohl kaum als problemorientiert bezeichnet werden. Auch sollte die Menge der bereitgestellten Modellierungskonstrukte so klein wie möglich gehalten werden, um Handhabbarkeit sowohl aus verwendungsorientierter wie auch aus verwaltungstechnischer Sicht zu gewährleisten.

Sowohl das relationale wie auch das multidimensionale Datenmodell können im Hinblick auf oben angegebenen Kriterien als grundsätzlich aussichtsreiche Kandidaten für den Einsatz in SSDB-Anwendungen angesehen werden. In der Fallstudie zeigte sich aber, daß der dem Relationenmodell zugrundeliegende Mengenbegriff und die auf konzeptioneller Schemaebene durchzuführende Normalisierung der Datenstrukturen einige Probleme mit sich bringen. Da die Tupel einer Relation in keiner expliziten Ordnung stehen, werden Attribute, auf deren Wertemenge eine anwendungsrelevante Ordnungsrelation definiert ist, im Relationenmodell nur implizit auf Ebene der Anfrageverarbeitung unterstützt, z.B. durch Sortierfunktionen. Nachdem im Zuge der Schemanormalisierung die Information zur einem Datenobjekt unter Umständen auf viele verschiedene Relationen verteilt wird, müssen bei relationaler

Modellierung alle quantifizierenden Attribute (empirisch erhobene Meßwerte wie Verkaufs- oder Bestandsmenge) explizit mit Fremdschlüsseln auf die Beschreibungsdatenrelationen der sie charakterisierenden qualifizierenden Attribute (im Beispiel der Marktforschung die Stammdaten der Produkt-, Geschäfts- und Zeitdimension) versehen werden. Diese Modellierung erweist sich sowohl unter logischen Zugriffsgesichtspunkten (hier sind insbesondere die in der Fallstudie beobachteten Mehrfach-Join-Operationen zu nennen) als auch bei der physischen Speicherabbildung wegen der damit verbundenen geringen Datenclusterung als problematisch. Bei einer multidimensionalen Modellierung können dagegen die quantifizierenden Attribute implizit über Feldindizes des multidimensionalen Datenfeldes adressiert und somit auch speichertechnisch effizient verwaltet werden (vgl. Abschnitt 3.5.2).

Die Modellierung von Klassifikationshierarchien auf den Anwendungsdimensionen ist in beiden Modellierungsansätzen grundsätzlich möglich, wobei die relationale Repräsentation zu komplexen Join-Operationen (sog. Star-Queries, [Pete 94]) führen kann. Das Relationenmodell erlaubt auch eine Repräsentation der Metadaten (z.B. Interviewer, Datenformat) im Anwendungsdatenmodell, während die Modellierung dieser Information im multidimensionalen Fall in der Regel getrennt von den Auswertedaten erfolgen muß. Eine Verwaltung von abgeleiteten Daten, insbesondere von klassifikationsorientierten Summendaten wie den in der Fallstudie vorzufindenden Segmentationswerten, kann in der multidimensionalen Modellierung grundsätzlich leichter als im relationalen Fall vorgenommen werden. Die relationale Modellierung von Summendaten über einzelne Relationen führt im allgemeinen zu wiederkehrenden, nur ineffizient durchführbaren dynamischen Schemaänderungsoperationen. Eine gemeinsame Verwaltung aller Summendaten in einer einzigen, generischen Summendatentabelle würde dagegen bei der Anlage und Pflege umfangreicher Summendatenwerte neben vielstelligen Primärschlüsseln unter Umständen Probleme bei der Anlage und Pflege von Zugriffsindizes sowie hinsichtlich der Zugriffsparallelität im Zuge der Anfrageverarbeitung nach sich ziehen.

Ein wichtiges Kennzeichen der in Kapitel 2 beschriebenen SSDB-Anwendungsgebiete stellt der in fast allen Bereichen vorzufindende anwendungsorientierte Zeitbezug dar. Ohne spezifische Erweiterungen ist eine Zeitmodellierung im Relationenmodell nur durch Verwendung von unter vollständig anwendungskontrolliert verwalteten Zeitattributen möglich. Im multidimensionalen Fall kann dagegen die Zeitdimension als Spezialfall einer geordneten, nach mehreren Kriterien klassifizierbaren Dimension modelliert werden; wie bei dem in der Fallstudie eingesetzten System ist in multidimensionalen Systemen häufig eine explizite Zeitdimension mit vordefinierten Standardklassifikationen vorgesehen, welche durch anwendungsspezifische Klassifikationen, sog. Kalender, ergänzt werden können (vgl. auch Kapitel 4).

Zusammenfassend kann festgestellt werden, daß sowohl das relationale als auch das multidimensionale Datenmodell Vollständigkeit und Abgeschlossenheit aufweisen, die multidimensionale Modellierung im SSDB-Fall aber eine problemadäquatere Anwendungsbeschreibung erlaubt. Negativ ist für den multidimensionalen Ansatz allerdings das Fehlen einer einheitlichen Modellbeschreibung auf formaler Basis und speziell einer standardisierten Zugriffssprache wie SQL zu vermerken.

3.2.2 Datenneutralität

Der Begriff der Datenneutralität[†] beruht auf einer Situationsunabhängigkeit der im konzeptionellen Schema beschriebenen Daten ([Wede 81]). Situationsunabhängige Daten sind kontext- und personenunabhängige Daten, denen eine universelle Geltung zukommt. Datenneutralität wird somit durch methodische Rekonstruktion der Miniwelt aufgebaut, indem auf konzeptioneller Ebene von der Relevanz der Sachverhalte abstrahiert wird. Die Abstraktionen stellen dabei nicht bloße Weglassungen von Details dar, sondern müssen durch inhaltlich-logische Begründungen im Rahmen eines transsubjektiv rechtfertigbaren Regelwerks Geltung erlangen. Eine konstruktive Methode zur Erstellung von Begriffsschemata für die konzeptionelle Schemaebene auf der Basis von Prädikation und Abstraktion ist in [Wede 81] beschrieben.[‡]

Der Übergang von der konzeptionellen zur externen Schemaebene soll es erlauben, für die Daten in einem spezifischen Verwendungszweck systematisch einen Situationsbezug, d.h. eine Kontextbindung, herzustellen. Konsequenterweise kann es auf externer Schemaebene verschiedene Schemata geben, die über das gemeinsame konzeptionelle Schema aber in einem wohldefinierten Zusammenhang stehen. Das relationale Datenmodell modelliert mit dem Mechanismus der Sichtenbildung den Übergang von der konzeptionellen zur externen Schemaebene und kann somit hinsichtlich der Wahrung von Datenneutralität als vorbildlich angesehen werden. Dagegen findet in gängigen multidimensionalen Datenmodellen oft eine Vermischung der Schemaebenen statt. Als Beispiel hierfür können die in der Fallstudie eingesetzten Conjoint Dimensions gelten, welche spezifische Zugriffsmöglichkeiten für eine bestimmte Sicht auf die Daten ermöglichen und andere erschweren bzw. verhindern; zudem stellen sie auch eine Verletzung der Datenunabhängigkeit dar (s.u.). Das Pendant hierzu auf relationaler Ebene würde die gezielte "Denormalisierung" von Relationenschemata zum Zwecke der Anfrage- und Speicheroptimierung darstellen.

Um in einem multidimensionalen Datenmodell Situationsunabhängigkeit zu gewährleisten, muß es möglich sein, Dimensionen auf konzeptioneller Schemaebene logisch unabhängig voneinander zu beschreiben, was insbesondere auch die Angabe der dimensionsbezogenen Klassifikationshierarchien betrifft. Auch diese sollten nicht für bestimmte Zwecke konzipiert sein, sondern universelle Geltung besitzen. Beim Übergang zur externen Schemaebene sollten Dimensionen frei kombinierbar und Klassifikationen frei wählbar sein. Eine allgemein anerkannte Entwurfsmethode für multidimensionale Datenschemata und ein zur Sichtenbildung auf relationalen Schemata analoger Mechanismus existieren derzeit noch nicht.

[†] Vereinzelt wird statt "Datenneutralität" auch der Terminus "logische Datenunabhängigkeit" verwendet; zur Abgrenzung wird dann beim Verhältnis von konzeptioneller und interner Schemaebene von "physischer Datenunabhängigkeit" gesprochen.

[‡] Neben dem skizzierten Weg des Entwurfs konzeptioneller Datenbankschemata werden häufig auch die Normalisierung vorgegebener Relationenschemata sowie die Schemasynthetisierung aus elementaren Funktionalrelationen als eigenständige Schemaentwurfsverfahren angesehen. Hierbei wird allerdings das Problem der Begründung der Ausgangsrelationen ignoriert; insofern stellen diese Ansätze keine eigenständigen Entwurfsmethoden, sondern eher "Reparaturmaßnahmen" für gegebene Schemata dar.

3.2.3   Datenunabhängigkeit

Das klassische Speichermedium für die umfangreichen Datenbestände in einer Datenbank stellen blockorientierte Plattenspeicher dar. Für diese Medien wurden im Laufe der Entwicklung moderner Datenbanksysteme ausgefeilte Speicherungs- und Indizierungsverfahren entwickelt, welche durch die mit ihnen erzielten Performancegewinne gerade bei relationalen Datenbanksystemen entscheidend zur Marktdurchsetzung beitrugen. Durch die Realisierung eines Datenbankverwaltungssystems als Schichten-Architektur-Modell ([Härd 78]) gelingt es, die systemnahen Implementierungsdetails auf Anwendungsebene vollständig transparent zu halten. In praktisch allen modernen relationalen Datenbanksystemen kann der Aspekt der Datenunabhängigkeit als vorbildlich gelöst betrachtet werden.

Mit der Einführung multidimensionaler Datenbanksysteme geht auf der Ebene der physischen Datenunabhängigkeit teilweise ein Rückfall in prä-relationale Datenbankzeiten einher. Wie am Beispiel der Fallstudie zu sehen ist, werden in solchen Systemen oft Empfehlungen gegeben, wie durch "geschickten" Entwurf auf logischer Ebene die Speichereffizienz einer Anwendung verbessert werden kann[†]. Ein weiteres Problem im Zusammenhang mit Datenneutralität und Datenunabhängigkeit ist auf Ebene der Anfrageverarbeitung angesiedelt. Werden eventuell im System angelegte Materialisierungen von Verdichtungswerten nicht systemseitig erkannt, so kann durch die Anfrageformulierung auf Anwendungsebene die Verarbeitungseffizienz beeinflußt werden (vgl. Abschnitt 3.5.3).

Ein charakteristisches Kennzeichen praktisch aller SSDB-Anwendungsbereiche stellen die riesigen, meist nur lesend zu verarbeitenden Datenbestände dar. Für Datenbestände im Tera- und PetaByte-Bereich müssen medienübergreifende Verwaltungs- und Indizierungsverfahren entwickelt werden, welche sich auf Administrationsebene anwendungsspezifisch konfigurieren lassen. Zu denken ist hier beispielsweise an zeitbezogene, anwendungstransparente Migrationsstrategien, mit denen Daten schrittweise auf billigere, in der Regel langsamere Speichermedien (vgl. Abschnitt 1.2.1) ausgelagert werden. Zur Gewährleistung der Datenunabhängigkeit ist in solchen Fällen eine kostenbasierte Anfrageverarbeitung vorzusehen, welche insbesondere eine transparente Nutzung von eventuell redundant auf verschiedenen Speichermedien vorhandenen Datenbeständen in verschiedenen Verdichtungsstufen vornimmt. Derzeit gehen Datenbanksysteme bei der Nutzung von Tertiärspeichermedien meist von einem 'data staging' aus, d.h. die Daten müssen zur Verarbeitung erst von den Tertiärspeichermedien auf Speichermedien mit wahlfreiem Direktzugriff (in den meisten Fällen Plattenspeicher) gebracht werden. Erst wenige Forschungsarbeiten (z.B. [DHL+ 93], [GhIe 94], [SCN+ 93], [Sara 95], [SNKT 95]) beschäftigen sich mit dem direkteren Einbezug von Tertiärspeichermedien in die Massendatenverwaltung.

3.3 Zugriffsmodell und Anfrageverarbeitung

Neben den in einem logischen Datenmodell bereitgestellten Modellierungskonstrukten ist für eine problemorientierte Beschreibbarkeit konkreter Anwendungen das mit dem Datenmodell einhergehende Zugriffsmodell von entscheidender Bedeutung. Das Zugriffsmodell wird festgelegt durch die vom Datenbanksystem bereitgestellten Zugriffsoperationen auf die Basiselemente des Datenmodells. Neben der Modellierungsmächtigkeit bei der Anfragespezifikation spielen auch Effizienzkriterien bei der Anfrageverarbeitung eine wichtige Rolle bei der Beurteilung der Problemadäquatheit eines Daten- und Zugriffsmodells.

3.3.1 Anwendungsorientiertes Zugriffsmodell

Die in der in Abschnitt 3.1 vorgestellten Fallstudie beschriebene Anwendung aus dem Bereich der Marktforschung weist die grundlegenden Dimensionen Produkte, Geschäfte und Zeit auf. Dies wird sowohl in der relationalen (dreistelliger Primärschlüssel) als auch in der multidimensionalen Repräsentation (drei Basisdimensionen) deutlich. Grundsätzlich kann die Dreidimensionalität der Anwendung also in beiden untersuchten Modellierungsansätzen wiedergegeben werden. Unterschiede zeigen sich in Bezug auf die logische und physische Datenmodellierung allerdings bei der konkreten Umsetzung der Anwendung in Daten- und Speicherungsstrukturen und insbesondere bei der Spezifikation und Ausführung problemorientierter Anfrageoperationen.

Die Multidimensionalität der Anwendung wird im relationalen Datenmodell durch zusammengesetzte Primärschlüssel ausgedrückt. Die Schlüsselteile sind in normalisierten Relationen wechselseitig funktional unabhängig. Dieses n:m-Verhältnis wird bei der multidimensionalen Modellierung zum Aufspannen eines logischen Feldes mit orthogonalen Dimensionen genutzt, wobei jedes Feldelement einen Kandidaten für eine tatsächliche Wertebelegung darstellt. Unterschiedlich ist nun die Interpretation der potentiellen Datenräume: Während im relationalen Fall nur die belegten Feldelemente durch explizite Schlüsselangabe logisch in der Relation repräsentiert werden, erfolgt bei einer multidimensionalen Modellierung die Kennzeichnung unbelegter Felder in den entsprechenden Feldelementen; grundsätzlich werden aber alle Feldelemente logisch (und vielfach auch physisch) angelegt. Bildlich gesprochen, nimmt die relationale Modellierung eine lineare Auflistung der tatsächlich belegten Feldelemente vor, während im multidimensionalen Fall ein strukturell reguläres Gitter mit unter Umständen zahlreichen Leerkennungen aufgespannt wird. Gemäß dieser unterschiedlichen Sichtweisen erfolgt auch die Zugriffsmodellierung: bei der relationalen Verarbeitung werden die Listenelemente typischerweise in einem Schritt aus der Gesamtliste selektiert und gruppenweise verarbeitet, während im multidimensionalen Fall zunächst eine Festlegung des für die Verarbeitung gewünschten Feldausschnitts erfolgt und erst in einem nachfolgenden Schritt die eigentliche Verarbeitung erfolgt. Die letztere Vorgehensweise ist in den meisten SSDB-Anwendungen intuitiver, vor allem bei einer interaktiven, entlang einer Klassifikationshierarchie vorgehenden Verarbeitungsweise, bei der die Limitierungen vorangegangener Schritte implizit beibehalten werden und somit eine logische Navigation im multidimensionalen Gitterraum erfolgt. Hinzu kommt, daß die Stammdatenbeschreibungen der verschiedenen Dimensionen im multidimensionalen Fall direkt angesprochen werden können, während dies im relationalen Fall erst durch Verbundoperationen mit den entsprechenden Stammdatenrelationen vorbereitet werden muß. Neben der Fehleranfälligkeit bei der Formulierung komplexer Mehrweg-Join-Operationen stellt auch die Spezifikation der Gruppenbildung eine große potentielle Fehlerquelle dar.

Im relationalen Datenmodell sind die Zugriffsoperatoren grundsätzlich mengenorientiert definiert. In vielen Fällen gelingt es trotz der z.B. in SQL vorgesehenen Schachtelungsmöglichkeiten nicht, eine Anfrage in einer einzigen Anweisung zu formulieren[†]. Die Einführung von temporären Hilfsrelationen zum Zwecke der Anfrageauswertung erschwert insbesondere die direkte graphische Unterstützung der Anfragespezifikation. Für eine multidimensionale Modellierung kann dagegen in der Regel eine direkte Beschreibung der Auswertungen einschließlich eventueller Zugriffe auf dimensionsorientierte Klassifikationshierarchien auf graphischem Wege erfolgen, beispielsweise unter Heranziehung des Spreadsheet-Paradigmas. Für beide Modellierungsansätze ist bei der graphisch-interaktiven Datenanalyse die Unterstützung 'unscharfer' Anfragen wünschenswert, in denen z.B. zeitliche oder räumliche Angaben nicht exakt erfolgen müssen, sondern gegebenenfalls auf Ebene des Datenbanksystems eine automatische Interpolation erfolgt. Ansätze hierzu sind heute nur in experimentellen Systemen (z.B. [Neug 89]) zu finden. Auch bei der eigentlichen graphischen Ausgabe der Daten bieten erst wenige Systeme eine spezifische Unterstützung des SSDB-Anwendungsbereichs. So wird beispielsweise in [Hint 87] die näherungsweise Ausgabe der Datendichte aus dem Regionenverzeichnis eines Gridfiles ([NiHS 84], [NiHi 87]) ohne Durchgriff auf die Rohdaten vorgeschlagen. In [KrWi 92] wird die für SSDB-Anwendungen wichtige Operation der Rekonstruktion einer Karte aus einer tabellarischen Darstellung der Daten diskutiert. Der Darstellungsaspekt für multidimensionale Daten wird in [TuTu 82] thematisiert; Datenmodelle und -strukturen zur Unterstützung der Visualisierung empirisch-wissenschaftlicher Daten werden in [TKF+ 93] diskutiert.

3.3.2 Problemorientierte Anfrageverarbeitung

Wie die eingangs dieses Kapitels vorgestellte Fallstudie gezeigt hat, sind für SSDB-Anwendungen klassifikationsorientierte, gruppenweise Verarbeitungen der Bewegungsdaten kennzeichnend. Nachdem im Relationenmodell im Zuge der Normalisierung eines Relationenschemas Klassifikationshierarchien ebenenweise in verschiedenen Relationen repräsentiert werden (vgl. Abschnitt 3.1.2.1), kommt der effizienten Ausführung von Verbundoperationen bei relationaler Modellierung von SSDB-Anwendungen besondere Bedeutung zu. Auch die in diesem Anwendungsbereich häufig auszuführenden Aggregationsoperationen wie SUM und COUNT gilt es bei der Anfrageoptimierung stärker als bisher zu berücksichtigen ([Pöni 95]); Ansätze hierzu sind beispielsweise in [LeMS 94] beschrieben.

Die Anfrageoptimierung in relationalen Datenbanksystemen weist eine lange Tradition auf. Die grundlegenden Arbeiten wurden im Zusammenhang mit der Entwicklung des mittlerweile fast legendären *System R* bzw. der verteilten Variante *R** veröffentlicht ([SAC+ 79], [MaLo 86]). Seither werden praktisch auf jeder großen Datenbankkonferenz einschlägige Arbeiten publiziert; einen exzellenten Überblick über den erreichten Stand der Technik bei der Anfrageverarbeitung in Datenbanksystemen gibt [Mits 95]. Gegenwärtig liegt ein Schwerpunkt der Arbeiten in diesem Bereich auf der Adaptierbarkeit der Optimierungskomponente auf Grundlage erweiterter Kostenmodelle ([Hell 92]), wobei zur Durchführung der eigentlichen Optimierung neuerdings auch Paradigmen der Evolutionstheorie ([LuTD 95]) und der Mikroökonomie ([SCN+ 93], [DaGr 95]) herangezogen werden. Einige Queryoptimierer arbeiten mit festem Kostenmodell, z.B. Postgres ([StAH 87], [StRH 90]), Starburst ([PiHH 92]) und Gral ([BeGu 92]), während andere, experimentelle Systeme wie Exodus ([GrDe 87]), DBS3 ([BeCV 91]), Genesis ([Bato 86]) und Volcano ([GrMc 93]) auf einem variablen Kostenmodell beruhen, bei denen

---

† Die in den ersten Aufsätzen zur Entwicklung des Relationenmodells noch vorgesehene Möglichkeit der Verwendung von Multimengen ([Chil 68]) wurde in den Arbeiten von E.F. Codd, welche aus heutiger Sicht die Grundlage des relationalen Datenbankmodells darstellen ([Codd 70], [Codd 72], [Codd 79], [Codd 90]), nicht aufgegriffen.

dann Kostenkalibrierungsmodelle zur Automatisierung ihrer Aktualisierung eingesetzt werden können ([Chri 84], [AgIS 93b]). Trotz all dieser ausgefeilten Optimierungsmodelle und -techniken kann aber die Anfrageunterstützung für SSDB-Anwendungen im Relationenmodell und speziell in der Anfragesprache SQL nach wie vor als unzureichend eingestuft werden ([KlRo 88]).

Die heute verfügbaren multidimensionalen Datenverwaltungssysteme sind meist nicht als eigenständige Datenbanksysteme, sondern als Bestandteil eines spezifischen Anwendungssystems entwickelt worden; auch das in der Fallstudie eingesetzte System EXPRESS versteht sich als Entscheidungsunterstützungssystem mit multidimensionaler Datenverwaltungskomponente. Für die multidimensionale Anfrageverarbeitung können somit keine verallgemeinerbaren Aussagen getroffen werden, da es keine standardisierte Beschreibung des multidimensionalen Datenmodells und damit auch keine einheitliche grundlegende Verarbeitungsweise multidimensionaler Anfragen gibt. Einige neuere Forschungsansätze widmen sich auf Basis einer multidimensionalen Interpretation n-stelliger Relationen der Frage nach der effizienten Unterstützung von Aggregationsoperationen ([GuHQ 95], [GBLP 96]); auf diesen Bereich wird in Abschnitt 3.5.3 noch näher eingegangen.

Die Möglichkeiten der problemorientierten Anfrageverarbeitung beziehen sich bei beiden in der Fallstudie eingesetzten Modellierungsansätzen im wesentlichen auf die Parallelisierung der Anfrageausführung sowie auf die Nutzung materialisierter Datenverdichtungen. Im Bereich der Anfragebeschleunigung durch Parallelisierung auf Rohdatenbasis sind die potentiellen Performancegewinne im wesentlichen nur bei räumlich weit verteilten Systemen zu realisieren, bei denen die Erhöhung der Zugriffslokalität ein zentrales Kriterium darstellt; eine Anfragebeschleunigung durch Erhöhung der Zugriffsparallelität kommt bei den überwiegend nur lesenden Operationen im SSDB-Bereich nicht zum Tragen ([Grae 93a]). Die Nutzung materialisierter Datenverdichtungen verspricht dagegen auch in zentralisierten Systemen erhebliche Performancegewinne ([Mumi 95]), da auch in modernen Rechensystemen die Datenein- und -auslagerung zwischen Haupt- und Externspeicher einen zentralen Engpaß darstellt (vgl. Abschnitt 1.2). Durch die Nutzung vorab gerechneter Aggregationswerte statt einer dynamischen Neuberechnung im Zuge der Anfrageauswertung lassen sich in der Regel viele Rohdatenzugriffe durch einen einzigen Datenzugriff ersetzen, was entscheidend zur Abmilderung der Engpaßsituation beitragen kann. Wichtig ist, daß im Zuge der Anfrageverarbeitung durch geeignete Indizierungsverfahren für eine konkrete Anfrage 'passende' Verdichtungswerte systematisch aufgefunden und für möglichst viele Anfragen genutzt werden können. Setzt die Nutzung materialisierter Aggregationswerte dagegen Kenntnisse bei der Anfragespezifikation voraus (z.B. durch den Zwang zur Angabe entsprechender Relationennamen), so stellt dies eine Verletzung der Datenneutralität dar, wie in Abschnitt 3.2.3 bereits dargelegt wurde. Auf den Einsatz materialisierter Sichten zur Anfragebeschleunigung wird in Abschnitt 3.5.3 noch näher eingegangen.

3.4 Fallstudie II: Anfragebeschleunigung durch Materialisierung verdichteter Daten

Ein Grundproblem bei der in Abschnitt 3.1 vorgestellten Fallstudie waren die gemessenen Laufzeiten von mehreren Stunden für einige repräsentative Testanfragen, wobei sich die Modellierungsart (relational oder multidimensional) als von nachgeordneter Bedeutung erwies. Die hohen Laufzeiten ergaben sich bereits bei einem gegenüber dem realen Betrieb deutlich reduzierten Datenvolumen. Auf Grundlage dieser Erfahrungen wurde beschlossen, in einer zweiten Fallstudie die Realisierungsmöglichkeiten und das Nutzenpotential einer dedizierten Datenbank-Server-Komponente für die Paneldatenverwaltung und -auswertung zu untersuchen. In dieser Server-Komponente sollte das bereits bei der Vorstellung der ersten Fallstudie angesprochene Konzept der Anfragebeschleunigung durch Bereitstellung vorberechneter Datenverdichtungswerte zum Einsatz kommen. Die Fallstudie wurde wiederum als Gemeinschaftsprojekt der beiden bereits an der ersten Fallstudie beteiligten Kooperationspartner durchgeführt. Auch in diesem Fall können nur die wichtigsten Punkte im Überblick angesprochen werden; eine ausführliche Darstellung findet sich in [BLRT 96].

3.4.1   Aufgabenstellung

Die globale Aufgabenstellung der zweiten Fallstudie war es, die Möglichkeiten der Beschleunigung von Anfragen an ein Paneldatenverwaltungssystem auf der Basis einer systematischen Anlage und Nutzung materialisierter Datenverdichtungswerte zu eruieren und quantitativ zu beziffern. Der grundlegende Ansatz wird nicht nur im SSDB-Bereich seit langer Zeit als erfolgversprechend eingestuft; bislang fehlten aber insbesondere quantitative Untersuchungen, welche eine konkrete Abschätzung des erzielbaren Nutzens ermöglichen ([FAD+ 92]).

Die zweite Fallstudie wurde auf der gleichen Ausgangsdatenbasisstruktur wie die erste durchgeführt (vgl. Abschnitte 2.5.1 und 3.1.1). Das Spektrum der auszuwertenden Testanfragen wurde gegenüber der ersten Fallstudie allerdings erweitert, um die Möglichkeiten und Besonderheiten der Aggregationsunterstützung im Zuge der Anfrageauswertung möglichst vollständig auszuloten. Insgesamt wurden 17 verschiedene Testanfragen definiert, welche sich in folgende Bereiche untergliedern:

- *Hitlisten*:   Segmentations-Hitliste nach Kanaltypen, Basis-Hitliste für einen
                          Kanaltyp, Running-Hitliste;

- *Standardanalysen*:   Segmentationen nach Kanaltypen, Regionen, Umsatz- und Preis-
                          klassen; Basistabelle für einen Kanaltyp; Running-Reports;

- *Sonderanalysen*:   Preishäufigkeiten; Modell-, Marken- und Geschäftskonzentrationen;
                          Quartils-Preisklassenanalyse; Distributionsüberschneidung;

- *sonstige Analysen*:   Internationale Analysen; Sortimentsübergriffe.

Die in den verschiedenen Analysen zu berechnenden Kennzahlen entsprechen wiederum denen der ersten Fallstudie (Preise, Ein- und Verkäufe, Lagerbestände, Umsätze, numerische und gewichtete Verkaufs- und Gesamtdistributionen). Eine detaillierte Beschreibung der einzelnen Analysen ist in [BLRT 96] zu finden.

Die Aufgabenstellung für die durchzuführende Fallstudie lautete, die Anfragen jeweils unter direktem Bezug auf die Panelrohdatenbasis und alternativ unter Verwendung des im folgenden Abschnitt vorgestellten Aggregationsmodells zu implementieren und die Laufzeiten gegenüberzustellen. Für die nachfolgende Beschreibung werden folgende vier Anfragen exemplarisch näher betrachtet:

- Segmentations-Hitlisten nach Kanaltypen

- Segmentationen nach Kanaltypen

- Internationale Analysen

- Sortimentsübergriffs-Analyse

Die Grundlagen für Segmentations-Hitlisten und Segmentationen nach Kanaltypen wurden bereits in Abschnitt 2.5.2 kurz erläutert. Bei der internationalen Analyse handelt es sich im Prinzip um eine Segmentation nach Regionen, wobei aber die Geschäfte nicht nach Regionen innerhalb eines Landes, sondern nach den Ländern selbst aggregiert werden. Sortimentsübergriffs-Analysen schließlich vergleichen markenweise die Kennzahlen verschiedener Produktgruppen einer Produkthauptgruppe.

3.4.2 Aggregationsmodell

Das Ziel bei der Erstellung des im Zuge der Fallstudie zu verwendenden Aggregationsmodells war es, Verdichtungsstufen für die Panelrohdaten zu identifizieren, welche möglichst nicht nur für eine bestimmte Anfrage nutzbar sind. Grundlage der Mehrfachnutzbarkeit von Verdichtungsdaten ist die sog. Additivität von Operatoren. Ein Operator ist dann additiv, wenn seine wiederholte gruppenweise Ausführung ergebnisgleich zur Ausführung desselben Operators über Gruppengrenzen hinweg ist ([ChMM 88]). Die Operatorenadditivität kommt in der Fallstudie insbesondere bei Segmentationen sowie im Zusammenhang mit der Produktklassifikation zum Tragen. Zum Beispiel kann die Summe der Verkäufe für eine Produkthauptgruppe aus den Teilsummen für die einzelnen Produktgruppen oder alternativ direkt aus den entsprechenden Rohdatenwerten errechnet werden. Darüber hinaus können für alle Anfragetypen unter Ausnutzung der Additivitätsregel Verdichtungen über Perioden gebildet werden.

In Abbildung 3.5 ist das in der Fallstudie verwendete Datenaggregationsmodell abgebildet. Die Wurzel des gerichteten Graphen bilden die Panelrohdaten. Die durch Pfeile verbundenen Zwischenknoten bezeichnen die verschiedenen Verdichtungsstufen, die durch gestrichelte Linien mit diesen Verdichtungsknoten verbundenen Blattknoten die durchzuführenden Anfragen. Die im weiteren Verlauf der

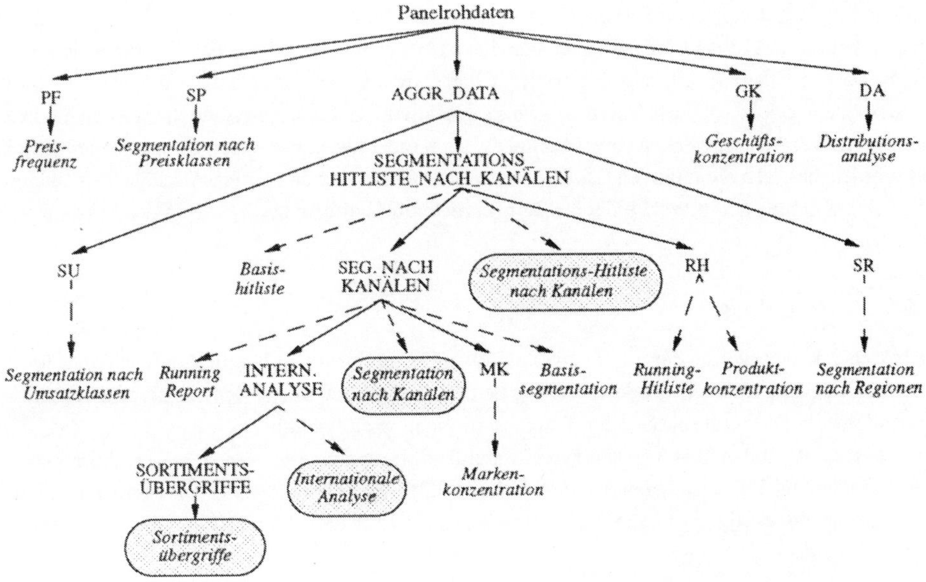

Abb. 3.5: Datenaggregationsmodell für Fallstudie II

Ausführungen näher betrachteten Auswertungen sind in der Abbildung grau hinterlegt. Ein Pfeil zwischen zwei Verdichtungsknoten besagt, daß die im Graphen weiter von der Wurzel entfernte Stufe direkt aus der vorhergehenden Stufe errechnet werden kann ohne Rückgriff auf eventuell noch vor diesem Knoten liegende weitere Verdichtungsstufen. Die Verdichtungsstufen im Aggregationsmodell weisen die Daten grundsätzlich nach einzelnen Perioden aus. Periodenübergreifende Analysen (z.B. Running-Reports) können aber aus den periodenbezogenen Verdichtungsdaten leicht abgeleitet werden.

Eine Besonderheit im Datenaggregationsmodell stellen die Stufen AGGR_DATA und HK dar. AGGR_DATA ist eine generische Verdichtungsstufe, auf die sich keine der Testauswertungen direkt bezieht, die aber andererseits von fast allen Auswertungen indirekt genutzt werden kann. In AGGR_DATA werden die Kennzahlen für die Artikel aller Geschäfte, die der gleichen Region und Umsatzklasse sowie demselben Kanaltyp angehören, bereitgestellt. Auf diese Daten können sich dann viele weitere Verdichtungsstufen direkt beziehen; insbesondere kann für alle nachfolgenden Stufen die Berechnung der Distributionswerte durch einfache Summation der entsprechenden Clusterwerte aus AGGR_DATA erfolgen. Die grundlegende Annahme für die Anlage von AGGR_DATA ist, daß in der Regel mehrere Geschäfte im gleichen Cluster liegen und somit das Rohdatenvolumen bereits im ersten Schritt wesentlich reduziert wird. Für die in der Fallstudie verwendete Testdatenbasis ergab sich in AGGR_DATA ein relativ geringer Clusterfaktor von ca. 2, d.h. das Datenvolumen wurde in AGGR_DATA gegenüber der Panelrohdatenbasis lediglich halbiert. In der Verdichtungsstufe HK werden die Clusterwerte von AGGR_DATA über Regionen und Umsatzklassen aggregiert, wodurch sich eine weitere Reduktion des Datenvolumens um ca. ein Drittel ergibt. In HK sind dann die Ergebnisdaten sowohl für die Basishitliste für einen Kanaltyp als auch die Segmentations-Hitlisten nach Kanaltypen enthalten; im letzteren Fall müssen die Teilwerte lediglich noch sortiert werden.

3.4.3   Durchführung und Ergebnisse der Laufzeituntersuchungen

Die Durchführung der zweiten Fallstudie erfolgte wie die der ersten auf der Grundlage des relationalen Datenbanksystems SYBASE. Auch wenn sich diese Plattform in der ersten Fallstudie als nicht speziell geeignet für den Untersuchungsbereich erwiesen hatte, sprach doch insbesondere die weite Verbreitung des Relationenmodells für diese Vorgehensweise. Nachdem die Testauswertungen im Zuge der zweiten Fallstudie zu Vergleichszwecken sowohl ohne als auch mit Einsatz des Aggregationsmodells durchgeführt wurden, besitzen die relativen Laufzeitwerte eine plattformunabhängige Aussagekraft, auch wenn die absoluten Zahlen durch Wahl einer besser geeigneteren Plattform unter Umständen besser ausgefallen wären.

3.4.3.1   Testumgebung

Wie bereits erwähnt wurde, beruht die zweite Fallstudie auf derselben Panelrohdatenbasisstruktur wie die erste. Das Datenvolumen wurde allerdings beträchtlich erhöht, da mit der Einführung des Aggregationsmodells die Durchführbarkeit der Testauswertungen auch für höhere Datenvolumina in Aussicht stand. Insgesamt wurden Testdaten für zwei Produkthauptgruppen mit zusammen fünf Produktgruppen in drei Ländern als Testbasis herangezogen (Tabelle 3.2). Die höhere Anzahl von Perioden in England ergibt sich aus der dortigen einmonatigen Berichtsperiodizität statt des sonst üblichen zweimonatigen Berichtsabstands..

| Erhebungsparameter | | | Anzahl beobachteter Produkte | | | | |
| | Frequenz | Abdeckung | TV | | Video | | |
Land	#Perioden	#Geschäfte	CTV	TVR	CAMC	VCR	VPL
England (GB)	25	8484	1.908.900	106.050	212.100	530.250	106.025
Deutschland (D)	13	1666	589.490	144	128.223	326.976	7.135
Holland (NL)	13	405	286.767	21.060	47.385	100.035	31.590

Tab. 3.2: Testdatenvolumen für Fallstudie II

Der Gesamtdatenbestand in der Panelrohdatenbasis summiert sich auf ca. 4,4 Millionen Rohdatensätze, welche ein Speichervolumen von ca. 500 MegaByte ergeben. Um die Tests auch rohdatenbasiert durchführen zu können, wurde für die Vergleichsmessungen das Rohdatenvolumen eingegrenzt. Für den aggregationsbasierten Fall wurden aber die Testauswertungen auch auf Grundlage des Gesamtdatenvolumens durchgeführt, wobei die materialisierten Zwischenaggregationen das Gesamtdatenvolumen auf ca. 1 GigaByte erhöhten. Die Testdurchführung erfolgte auf einem Monoprozessorsystem DEC Alpha 3000/800 mit einer Taktfrequenz von 200 MHz, 192 MegaByte Hauptspeicher und 13 GigaByte Plattenspeicher, von dem allerdings nur ca. 5 GigaByte tatsächlich für die Testdurchführung benötigt wurden. Als Datenbanksystem kam wiederum SYBASE Server 10 mit Embedded SQL/C zum Einsatz.

3.4.3.2 Testergebnisse

Nachdem bereits in der ersten Fallstudie die Erfahrung gewonnen wurde, daß die Testanfragen für ein solch umfangreiches Datenvolumen wie das in Tabelle 3.2 gezeigte nicht auf Rohdatenbasis durchführbar sind, wurde sich für die Vergleichsuntersuchungen zwischen rohdatenbasierter und aggregationsbasierter Anfrageauswertung auf die Daten zu den Produktgruppen Farbfernsehgeräte (CTV) und TV-Videorekorder-Kombinationen (TVR) in England und Deutschland beschränkt. Zudem wurden die Auswertungen nur für einen Datenbestand von einer und zu Vergleichszwecken auch für drei Perioden durchgeführt. Die gemessenen Laufzeiten sind in Tabelle 3.3 wiedergegeben.

| Modell | Zeitraum | Land | Segm.-Hitliste nach Kanaltypen | | Segmentation nach Kanaltypen | | Internationale Analyse | | Sortimentsübergriffs-Analyse | |
			CTV	TVR	CTV	TVR	CTV	TVR	CTV	TVR
roh- daten- basiert	eine Periode	GB	12:08	6:34	38:45	7:32	1:40:16	47:32	1:58:07	
		D	3:33	0:58	41:53	1:08				
	drei Perioden	GB	44:02	19:35	4:05:57	27:32	3:31:37	50:05	3:28:08	
		D	12:06	2:17	2:19:06	2:13				
aggre- gations- basiert	eine Periode	GB	6:04	0:01	0:09	0:01	0:03	0:02	0:02	
		D	0:11	0:01	0:03	0:01				
	drei Perioden	GB	11:43	0:19	0:32	0:03	0:08	0:02	0:02	
		D	1:25	0:14	0:12	0:02				

Tab. 3.3: Laufzeiten der Testauswertungen für Fallstudie II

Die gemessenen Laufzeiten der Testauswertungen zeigen sowohl im rohdatenbasierten als im aggregationsbasierten Fall ein weitgehend lineares Skalierungsverhalten beim Übergang von einer zu drei Auswerteperioden. Die Laufzeiten liegen im aggregationsbasierten Fall in allen Fällen signifikant niedriger als bei einer rein rohdatenbasierten Auswertung. Zu den Laufzeiten für den aggregationsbasierten Fall müssen allerdings unter Umständen noch die Zeiten für das Füllen der entsprechenden Datenverdichtungsstufen hinzugerechnet werden, falls diese nicht schon im Rahmen der Datenproduktion oder durch vorher ausgeführte andere Auswertungen angelegt wurden. In Tabelle 3.4 sind die Füllzeiten für die von den betrachteten Testauswertungen unmittelbar benötigten Verdichtungsstufen angegeben.

Land	AGGR_DATA		HK		SK		IA		SuK	
	CTV	TVR	CTV	TVR	CTV	TVR	CTV	TVR	CTV	TVR
GB	41:22	7:04	3:10	0:10	0:56	0:02	0:29	0:08	0:01	
D	15:36	10:33	0:12	0:01	0:10	0:01				

Tab. 3.4: Füllzeiten für die Datenverdichtungsstufen des Aggregationsmodells

In Abbildung 3.6 ist eine Gegenüberstellung der Laufzeiten für den rohdatenbasierten Fall mit den Laufzeiten im aggregationsbasierten Fall unter Einberechnung der Füllzeiten für die jeweils benötigten Datenaggregationsstufen wiedergegeben. Exemplarisch sind die Werte für die größte Produktgruppe im Land mit dem höchsten Datenvolumen (CTV, England) und für die kleinste Warengruppe im Land mit dem geringsten Datenvolumen (TVR, Deutschland) für die Berechnung einer bzw. dreier Berichtsperioden angegeben. Zu jeder Anfrage sind nacheinander die Laufzeiten für eine rohdatenbasierte Auswertung sowie für die Auswertung im aggregationsbasierten Fall mit und ohne vorheriges Füllen von AGGR_DATA angegeben. Bei letzterem Fall wird noch unterschieden, ob andere für die Anfrage benötigte Zwischenmaterialisierungen noch gefüllt werden müssen oder bereits erzeugt wurden.

Bei genauerer Betrachtung von Abbildung 3.6 fällt auf, daß bei manchen Anfragen die Laufzeiten für den rohdatenbasierten Fall selbst dann höher sind als in dem Fall, wenn bei der aggregationsbasierten Vorgehensweise noch keinerlei Verdichtungswerte angelegt wurden, also insbesondere AGGR_DATA erst erzeugt werden muß. Dieses zunächst erstaunliche Verhalten liegt darin begründet, daß durch die Verwendung des Aggregationsmodells die nötigen Verbund- und Gruppierungsoperationen in mehrere Teilblöcke aufgespalten werden. Dadurch wird das zu verarbeitende Datenvolumen sukzessive verrin-

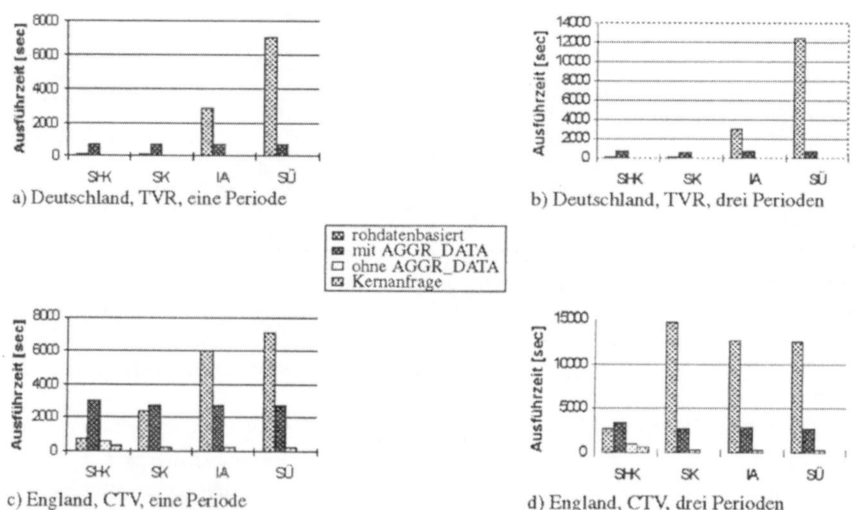

Abb. 3.6: Gegenüberstellung der Anfragelaufzeiten für ausgewählte Szenarien

gert, was wegen des offensichtlich nichtlinearen Skalierungsverhaltens dieser Operationen in gängigen Datenbanksystemen stärker ins Gewicht fällt als eine unter Umständen häufigere Ausführung der Operationen mit reduziertem Datenvolumen.

Ein zweites wichtiges, in Abbildung 3.6 zu erkennendes Phänomen ist die im allgemeinen mit dem Abstand zur Wurzel der Aggregationshierarchie zunehmende Verbesserung des Laufzeitverhaltens derselben Anfrage zugunsten der aggregationsbasierten Anfrageauswertung. Für die internationale Analyse und den sortimentsübergreifenden Vergleich ist die rohdatenbasierte Auswertung in jedem Fall deutlich weniger performant als selbst der schlechteste Fall der aggregationsbasierten Auswertung, bei dem noch keinerlei Verdichtungsstufen im System vorliegen. Die näher an der Wurzel der Aggregationshierarchie angesiedelten Anfragen können in der rohdatenbasierten Implementierung bei entsprechender Indizierungsunterstützung von dem vergleichsweise geringen zu verarbeitenden Datenvolumen profitieren, während zur Erzeugung von AGGR_DATA auf jeden Fall alle Rohdatensätze verarbeitet werden müssen. Für die weiter von der Wurzel entfernt liegenden Anfragen kommen dagegen bei annähernd gleichem zu verarbeitetendem Datenvolumen die bereits angesprochenen Strukturierungsvorteile durch Einführung des stufenweisen Aggregationsmodell entscheidend zum Tragen.

In Abbildung 3.7 ist eine weitere im Zusammenhang mit der Einführung des Aggregationsmodells interessante Beobachtung verdeutlicht: der weitaus größte Anteil der Gesamtausführungszeit einer Anfrage geht im aggregationsbasierten Fall mit vollständiger Neuberechnung der Verdichtungsstufen in die Berechnung von AGGR_DATA ein, und zwar für alle Anfragetypen. Diese Tatsache ist in zweierlei Hinsicht bedeutsam. Zum einen kann die Berechnung von AGGR_DATA als Erweiterung der Datenproduktionsphase bereits vor dem Absetzen der ersten Auswertung erfolgen und somit für alle Anfragen, welche sich indirekt darauf beziehen, ein erheblicher Performancegewinn erzielt werden. Zum anderen ist auch bei einer dynamischen Berechnung von AGGR_DATA im Zuge der Anfrageauswertung die Wahrscheinlichkeit sehr hoch, daß AGGR_DATA bereits durch die Ausführung einer anderen Analyse erzeugt wurde. Mit jeder Wiederverwendung vorberechneter Verdichtungsstufen sinkt aber die mittlere Anfrageausführungsdauer ab, wie Abbildung 3.8. verdeutlicht. Die Wiederverwendung einer Datenverdichtungsstufe muß dabei nicht durch Wiederholung genau derselben Anfrage ausgelöst sein; vielmehr können alle Anfragen die vorhandenen Aggregationsstufen von der Wurzel des Aggregationsgraphen bis zur aktuellen Anfrage nutzen.

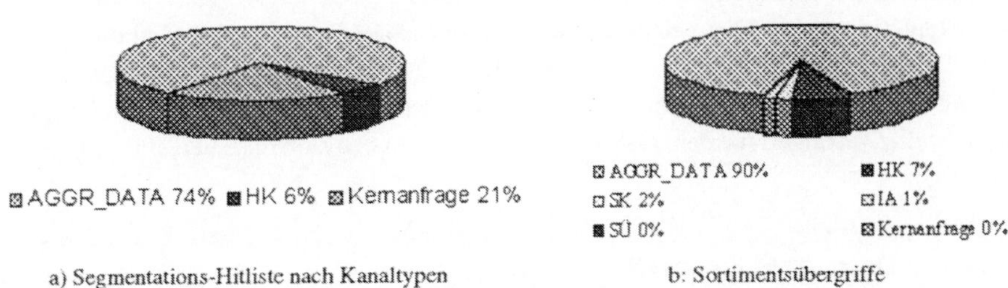

Abb. 3.7: Verteilung der Laufzeiten im aggregationsbasierten Fall

Die Betrachtung der Testergebnisse zur zweiten Fallstudie wäre nicht vollständig, wenn nicht auch der Aufwand für das Halten und Pflegen der materialisierten Datenverdichtungen beziffert würde. Ohne auf die genaue Verteilung der einzelnen Werte auf die verschiedenen Warengruppen einzugehen, kann fest-

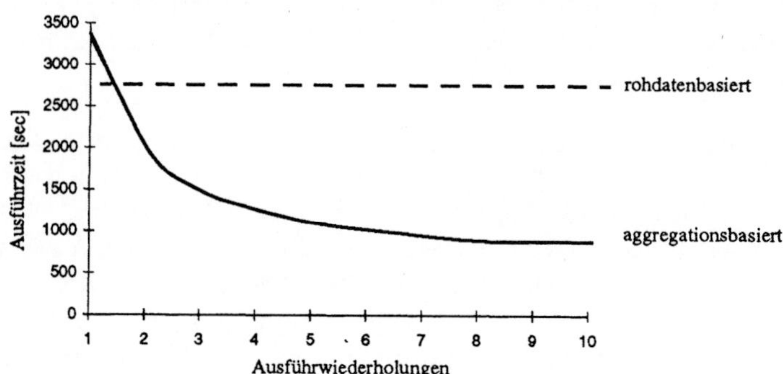

Abb. 3.8: Mittlere Antwortzeit bei Mehrfachnutzung vorverdichteter Daten

gestellt werden, daß sich das Gesamtdatenvolumen durch die Füllung aller vorgesehenen Datenverdichtungsstufen etwa um den Faktor 2,5 erhöht. Mehr als 40% des Mehraufwands gehen dabei zu Lasten von AGGR_DATA; als Ursache hierfür ist der bereits in Abschnitt 3.4.2 angesprochene vergleichsweise geringe Clusterfaktor von 2 für die Testdatenbasis anzusehen. In der Verdichtungsstufe SuK sind dagegen beispielsweise nur noch 4730 - entsprechend hochverdichtete - Datensätze vorhanden, welche nur 0,07% Anteil am Speichermehraufwand für das Halten der Aggregationsdaten haben. Nachdem der Performancegewinn durch Verwendung des Aggregationsmodells mit der Entfernung einer Anfrage zur Wurzel des Aggregationsgraphen deutlich zunimmt, ist bei einem geringen Clusterfaktor für die niedrigen Aggregationsstufen abzuwägen, ob der Speichermehraufwand die Performancegewinne rechtfertigt ([LeRT 96a]). Im vorliegenden Fall kann dies einen Verzicht auf die Erzeugung und Abspeicherung von AGGR_DATA bedeuten. Die Zeiten für die Generierung der nachfolgenden Aggregationsstufen würden sich dann allerdings entsprechend erhöhen.

Bezüglich des Pflegeaufwands der im strengen Datenbanksinne redundanten Verdichtungswerte bleibt für die Fallstudie abschließend anzumerken, daß in der Fallstudie von einem Einfrieren des Paneldatenbestandes nach Beendigung des Datenproduktionslaufes ausgegangen wurde und somit keine Konsistenzpflegemaßnahmen vorgesehen sind. Diese Annahme erweist sich in der Praxis als oft nicht haltbar, beispielsweise wegen erhebungsbezogener Nach- oder Korrekturmeldungen. Unter Nutzung der Additivität der Operatoren zur Bestimmung der Verdichtungswerte können allerdings zur Aktualisierung meist inkrementelle Update-Verfahren eingesetzt werden, so daß sich der Pflegeaufwand für die Materialisierungen in Grenzen halten läßt, wie in Abschnitt 3.5.3 noch verdeutlicht wird. Zudem kann beispielsweise durch eine anfrageunabhängige, gepufferte Verarbeitung der Änderungsmeldungen der Pflegeaufwand weiter verringert werden. Nähere Ausführungen hierzu sind in [BLRT 96] zu finden.

3.5 Physischer Datenbankentwurf

In diesem Abschnitt werden in einer Verallgemeinerung der beiden durchgeführten Fallstudien die in heutigen Datenbanksystemen und auf Forschungs- und Entwicklungsebene vorzufindenen grundlegenden Unterstützungsmaßnahmen hinsichtlich einer anwendungsorientierten Datei- und Datenorganisation, Möglichkeiten des Nutzung von Datenkomprimierungs- und Indizierungstechniken sowie der Einsatz materialisierter Datenverdichtungen näher analysiert. Indizierungsansätze aus dem Bereich der Zeit- und Verlaufsmodellierung werden in Kapitel 4 gesondert behandelt.

3.5.1 Daten- und Dateiorganisation

Der Bereich der Datenorganisation umfaßt alle Maßnahmen zur Repräsentation und Verarbeitung der Anwendungsdaten aus speicherorientierter Sicht. Dabei gilt es, neben der eigentlichen Speicherabbildung gegebenenfalls auch weitere Maßnahmen zur Effizienzsteigerung bei der Ausführung der elementaren Verarbeitungsfunktionen - im vorliegenden Fall vor allem Such- und Sortier- sowie einfache Aggregationsfunktionen - zu finden. Häufig werden neben der Datenorganisation innerhalb einer Datei auch Möglichkeiten der Strukturierung verschiedener Dateien im Dateisystem ausgenutzt, um Beziehungen zwischen den Anwendungsdaten zu repräsentieren. Für die nachfolgende Diskussion verschiedener Alternativen der Datei- und Datenorganisation werden die in der ersten Fallstudie untersuchten beiden Ansätze zur Modellierung von SSDB-Anwendungen nochmals aufgegriffen.

Bei einer relationalen Anwendungsmodellierung kann bezüglich der Frage der Speicherrepräsentation der Anwendungsdatenstrukturen auf seit Jahrzehnten bekannte und bewährte Verfahren zurückgegriffen werden. Die Tupelmengen einer Relation werden grundsätzlich seiten- und segmentorientiert auf den Speichermedien abgelegt und können systemintern über systemvergebene und -verwaltete Kennungen, z.B. Tuple Identifier (TID´s) oder über Einträge in einer Database Key Translation Table (DBTT), einzeltupelweise wiederaufgefunden werden. Zusätzliche Indizierungsmaßnahmen, z.B. Schlüsselvergleichs- oder -transformationsverfahren für Primär- und Sekundärschlüsselattribute, mit denen neben der durch die physische Speicherrepräsentation begünstigten Verarbeitungsformen eine weitergehende Zugriffsunterstützung bereitgestellt wird, bedienen sich ebenfalls dieses elementaren Satzadressierungsmechanismus. In jüngerer Zeit wurden verschiedene Erweiterungen von Dateisystemen um datenbankorientierte Zugriffsmethoden vorgeschlagen ([AbCM 93], [CoMi 94], [AbCM 95]), mit denen ein effizienter Satzzugriff direkt auf Dateiebene unter Vermeidung des für SSDB-Anwendungen oft unnötige Verwaltungsmehraufwand des Datenbanksystems unterstützt wird.

Zur Speicherung auf Externspeichermedien müssen die Anwendungsdaten eines Datenbanksystems blockweise zusammengefaßt werden. Ein Ansatz zur Reduzierung des Blocktransfers zwischen Haupt- und Externspeicher und damit zu globalen Optimierung des Systemantwortzeitverhaltens liegt in der Plazierung häufig zusammen benötigter Datensätze bzw. Attribute im selben Speicherblock (sog. Clusterung). Bei der Speicherabbildung auf lineare Speichermedien erweist sich im SSDB-Kontext eine direkte Hintereinanderspeicherung der Anwendungsdatensätze in der Regel als wenig effizient, weil in den meisten SSDB-Anfragen nicht auf alle Attribute eines Satzes, sondern auf wenige Attribute vieler Sätze zugegriffen wird. Es liegt nahe, die Satzmengen in solchen Fällen gemäß einer tabellenartigen Repräsentation nicht zeilen-, sondern spaltenweise auf lineare Speichermedien abzubilden. Die Grundidee dieser sog. *transposed files* ([Wied 77], [Bato 79], [Sven 79], [CoKh 85], [WLO+ 85]) wurde bereits frühzeitig auf den SSDB-Bereich angewendet ([TuHC 79], [BuTh 81], [KaSv 83], [KaSv 86], [KhBD 85]). Bei Aggregationenbildungen und komplexen statistischen Analysen erweist sich dieser Ansatz als sehr effizient; für andere Operationen, insbesondere die Stichprobenbildung, ist dagegen die mögliche Verstreuung der Attribute eines Datensatzes auf mehrere Blöcke eher kontraproduktiv.

Die Zusammenfassung einiger Spalten, welche häufig zusammen zugegriffen werden, vor der Transponierung einer Datei wurde schon früh als Mittelweg zwischen satzweiser und transponierter Dateiorganisation vorgeschlagen. In den ersten Ansätzen (z.B. [MaSe 77], [HaNi 79], [MaSc 84]) wurde überwiegend eine statische, asymmetrische Clusterbildung nach dem Primärschlüsselattribut vorgenommen. Neuere Arbeiten (z.B. [DHL+ 93], [NgRa 94], [SaSt 94]) sehen auch mehrstufige Datenpartitionierungsverfahren, das sog. "Chunking" ([SeWi 94]), auf der Basis einer Umsortierung der Attribute der Anwendungsstrukturen vor. Diese Änderung der Schachtelungsreihenfolge ist sowohl für eine relationale als auch eine multidimensionale Datenmodellierung möglich, da die qualifizierenden Attribute logisch wechselseitig unabhängig voneinander sind. Ziel der Umordnung ist das Erreichen möglichst "dichter" Felder ([Floy 72], [TaYa 79], [TsUS 83a], [TsUS 83b], [OzOM 85]), bei denen zusammenhängende Bereiche unbesetzter Feldelemente effizient mit Komprimierungsverfahren behandelt werden können ([WoLi 86], [FuAI 95]), wie im folgenden Abschnitt noch verdeutlicht wird. In modernen Compilern für massiv parallele Systeme kann die Linearisierungsreihenfolge für multidimensionale Datenfelder zur anwendungsgesteuerten Erhöhung der Datenlokalität auch explizit vorgegeben werden (z.B. ALIGN- und DISTRIBUTE-Kommandos in High Performance FORTRAN, [HiKT 92]).

Die durch Chunking anwendungsorientiert geclusterten Datenbereiche können in einer Speicherhierarchie mit Tertiärspeichermedien, z.B. im Speichersystem des prototypischen postrelationalen Datenbanksystems POSTGRES ([StRH 90], [StKe 91]), besonders effizient verwaltet werden. Durch Einsatz einer abstrakten BLOB(Binary Large Object)-Schnittstelle kann dabei von den Spezifika der Speichermedien abstrahiert werden ([Ston 87], [StOl 93]). Das IEEE-Massenspeicherreferenzmodell ([CoHu 93]) sieht eine sog. "Data Containment Hierarchy" vor, mittels derer eine gezielte Beeinflußung der Datenplazierung in der logischen Speicherhierarchie vorgenommen werden kann. Für SSDB-Anwendungen mit ihrem typischen extrem hohen Datenvolumen (vgl. Abschnitt 3.2.3) kann auf dieser Basis eine anwendungsorientierte Speichermigration vorgenommen werden, bei der die Plazierung der Daten beispielsweise nach Zugriffshäufigkeiten oder nach ihrem Alter gezielt beeinflußt wird.

Die weitgehende Stabilität der Datenbestände in SSDB-Anwendungen kann auch beim Anlegen der Dateien für Optimierungszwecke ausgenutzt werden. Sogenannte *log-structured file systems* ([FiCh 87], [OuDo 88], [Finl 89], [Rose 95]) optimieren Schreibvorgänge, indem sie die Datenblöcke aller Dateien eines Dateisystems im Sinne eines Protokolls sequentiell auf Platte schreiben, wodurch Positionierbewegungen der Schreib/Leseköpfe bei Schreibvorgängen entfallen.[†] Diese Schreiboptimierung kann allerdings zu Beeinträchtigungen der Lesegeschwindigkeit führen. Erweiterungen zur Verbesserung des Leistungsverhaltens wurden in Richtung Datenkomprimierung ([BJLM 92]) und des Einsatzes von Tertiärspeichermedien ([FoMy 95]) vorgeschlagen. Der Reorganisationsaufwand beim Kompaktifizieren des Speichermediums, um nicht mehr benötigte Blöcke wieder nutzbar zu machen, wurde in [RoFr 93] analysiert. Eine Anwendung von log-strukturierten Dateisystemen zur Aufbau einer generischen Protokollierkomponente ist in [Ruff 92] beschrieben. Kommerzielle Datenbanksysteme unterstützen diese Form der Dateiorganisation bisher nicht.

---

† Auch bei modernen Plattenspeichergeräten ist die Datentransferrate bei sequentiellem Zugriff um mehrere Größenordnungen höher als bei wahlfreiem Zugriff. Das Verhältnis wird in [GrRe 93] für den Zugriff auf in MegaByte Daten, welche in 1000 Blöcken gespeichert sind, mit 100:1 beziffert; das Mißverhältnis wird sich in Zukunft eher noch vergrößern, weil die Rohdatentransferrate relativ schneller wächst als die mechanisch festgelegte Positionierzeit.

3.5.2 Datenkomprimierungs- und Indizierungstechniken

Wie bereits mehrfach angesprochen wurde, weisen SSDB-Anwendungen in der Regel ein immens hohes Datenvolumen auf. Bei den typischen Zugriffsmustern auf diesen Datenbestand zeigt sich ein erheblicher Unterschied zu traditionellen Datenbankanwendungen: während im klassischen Anwendungsbereich Einzelsatzzugriffe mit voll spezifizierter Schlüsselinformation (sog. *exact match queries*) vorherrschen, findet man in SSDB-Anwendungen überwiegend multidimensionale Wertebereichs- und Nachbarschaftsanfragen (sog. *(partial) range queries* und *nearest neighbour queries*) vor. Nachfolgend werden einige Maßnahmen zur Datenkomprimierung und Indizierung im Überblick angesprochen, welche diese Spezifika berücksichtigen.

Bei relationaler Modellierung einer SSDB-Anwendung ergeben sich in den Kategorienattributen mit der qualifizierenden Information häufig Folgen von Datensätzen, die bis auf ein Attribut überall denselben Wert aufweisen ([Bass 85]). Bei einer transponierten Dateiorganisation (siehe vorhergehenden Abschnitt) treten somit lange Folgen mit identischen Werten auf, welche eine gute Basis für den Einsatz von Komprimierungsverfahren darstellen. Generische, informationstheoretisch orientierte Komprimierungsverfahren wie Huffman-Kodierung ([Huff 52]) oder arithmetische Kodierung ([WiNC 87]) erweisen sich für den Einsatz in SSDB-Anwendungen als nur bedingt geeignet, da insbesondere ihre adaptiven Varianten meist eine sequentielle Dekodierung der Daten erfordern. Diese Dekomprimierungsform ist für kommunikationsorientierte Anwendungen unproblematisch, für die speicherorientierte Komprimierung aber in der Regel zu inflexibel und zu restriktiv. Deshalb werden im SSDB-Bereich zur Datenkomprimierung überwiegend semantisch orientierte Verfahren wie *run-length encoding* ([Golo 66]) oder *index coding* ([Bato 83]) eingesetzt, bei denen die typischen SSDB-Anfragen oft direkt auf der komprimierten Speicherrepräsentation durchgeführt werden können. In [EgSh 80] und [EgOS 81] wird beispielsweise eine spezielle Variante des run length encoding in Verbindung mit einem B-Baum-Indizierungsverfahren beschrieben, welche den wahlfreien Zugriff auf Datenelemente in der komprimierten Speicherrepräsentation erlaubt.

Im Falle einer multidimensionalen Modellierung von SSDB-Anwendungen kann die Effizienz von generischen Datenkomprimierungsverfahren[†] durch Maßnahmen bei der Speicherabbildung der Anwendungsdaten zusätzlich erhöht werden ([OlRo 86a]). Bei der Linearisierung multidimensionaler Datenfelder vor der Abspeicherung auf blockorientierten Speichermedien haben sich für SSDB-Anwendungen neben den üblichen multidimensionalen Raster-Scan-Methoden ([HoSa 77]), welche z.B. in [OzOM 85] zur physischen Repräsentation von Summentabellen eingesetzt werden (vgl. Abschnitt 5.3.1), alternative Linearisierungsverfahren wie das sog. *z-ordering* zur Traversierung multidimensionaler Datenräume als vorteilhaft erwiesen, weil sie bei vertretbarem Berechnungsaufwand zu einer besseren Erhaltung der Datenlokalität führen ([OrMe 84]). Ordnungserhaltende Datenkompressionsverfahren wie der Hu-Tacker-Algorithmus ([Knut 73]) oder das bereits erwähnte Index Coding erhalten bei entsprechender Vergabe der numerischen Codes diese Lokalität und ermöglichen somit die Bearbeitung von Range-Queries auf der komprimierten Speicherrepräsentation. Auch wenn sich der Dekodierungsaufwand für andere Anfragemuster nicht gänzlich vermeiden lassen sollte, können effiziente Hardware- und Softwarelösungen zur Leistungssteigerung der Datendekodierung [Welc 84],

---

[†] Als vertiefende Literatur zu Datenkomprimierungsverfahren seien beispielweise [Capp 85] (Lehrbuch mit Schwerpunkt auf hardwareorientierten Ansätzen), [HeQu 89] (Lehrbuch zu den informationstheoretischen Grundlagen), [LeHi 87] (Taxonomie von Komprimierungsalgorithmen) oder mehr im Datenbankbereich angesiedelte Veröffentlichungen (z.B. [LiRW 87], [IyWi 94]) empfohlen. Ein Überblick über verschiedene Datenkomprimierungsverfahren für den SSDB-Bereich ist in [Bass 85] zu finden.

[GoSt 85], [Bass 86], [BaRM 88], [FuAI 95] beitragen. Im SSDB-Bereich fällt hauptsächlich der Dekodieraufwand ins Gewicht, da die Datenkodierung meist in einer vom Auswerteprozeß entkoppelten Datenproduktionsphase erfolgt und die Daten nach der Produktionsphase in der Regel weitgehend stabil sind (vgl. Abschnitt 2.6). Insgesamt gesehen, ist eine Datenkomprimierung in den allermeisten SSDB-Anwendungen lohnenswert, auch wenn erst wenige Datenbanksysteme diese Möglichkeit vorsehen.

Durch die physische Speicherabbildung der Anwendungsdatenstrukturen wird in der Regel nur ein bestimmtes Zugriffsmuster spezifisch unterstützt; eine für alle denkbaren Verarbeitungsformen gleichermaßen optimale Form kann im allgemeinen nicht gefunden werden. Um neben den durch die gewählte Speicherrepräsentation begünstigten Zugriffsformen auch andere Zugriffsmuster effizient ausführen zu können, muß im SSDB-Bereich neben den bekannten Indizierungstechniken für Einzelattribute auch eine multidimensionale Zugriffspfadunterstützung angeboten werden. Im SSDB-Bereich kann allgemein davon ausgegangen werden, daß die im Index zu verwaltenden Attribute einen zusammenhängenden, geordneten, numerischen Wertebereich aufweisen ([Olke 86]), was bei der Konzeption entsprechender Indizierungstechniken ausgenutzt werden kann.

Das ursprüngliche Interesse an multidimensionalen Indizierungstechniken stammt aus dem Bereich der Computergraphik ([PrSh 85]), weshalb die meisten Vertreter zunächst primär für die Organisation räumlicher Daten konzipiert wurden. Die weitaus größte Zahl von multidimensionalen Indizierungstechniken stellen Erweiterungen baumstrukturierter Indizierungsverfahren, insbesondere des B-Baums und seiner Varianten ([BaMc 72]), dar. Als multidimensionale, baumstrukturierte Indizierungsverfahren wurden in der Literatur z.B. Quadtrees ([FiBe 74]), k-d-Bäume ([Bent 75]), K-D-B-Bäume ([Robi 81]), BD-Bäume ([OhSa 83], R-Bäume ([Gutt 84]), R^+-Bäume ([SeRF 87]), R*-Bäume ([BKSS 90]) und hB-Bäume ([LoSa 90]) vorgeschlagen. Neben den meist unsymmetrischen baumstrukturierten Ansätzen für multidimensionale Zugriffspfade wurden in der Literatur auch symmetrische Verfahren vorgeschlagen, welche für alle Attribute eine gleichberechtigte Zugriffsunterstützung gewähren, da orthogonale Raumpartitionierungsverfahren mit festem Partitionierungsraster (z.B. die in [BeFr 79] beschriebenen Ansätze) sich in den meisten SSDB-Anwendungen, speziell für Wertebereichs- und Nachbarschaftsanfragen, als zu starr erweisen.[†] In erster Linie ist hier der GRID-File-Ansatz ([NiHS 84], [NiHi 87]) zu nennen. Allgemein sind multidimensionale Zugriffspfade mit variablen Partitionierungsgrenzen (z.B. k-d-Bäume) aus speicher- und abfragetechnischer Sicht günstiger zu bewerten als Ansätze mit festen Grenzen, auch wenn manche Ansätze mit starrer Dimensionenpartitionierung und zyklischer Dimensionenwahl für die Partitionierung, z.B. K-D-Tries ([Oren 82]), ebenfalls ein annähernd symmetrisches Zugriffsverhalten aufweisen. Letztere sind gerade wegen der Inflexibilität bezüglich der Partitionierungsgrenzen für Join-Operationen besonders effizient, weil Join-Partitionen gemäß einem starren Raster einfach aufeinander abzubilden sind. K-D-Bäume weisen für korrelierte Datenbestände eine bessere Performance als z.B. Quadtrees oder GRID-Files auf, wohingegen diese nichtgleichverteilte Daten effzienter verwalten ([Olke 86]). Neuere Ansätze wie hB-Bäume ([Free 95]), welche auf einer Erweiterung von GRID-Files, den BANG-Files, beruhen ([Free 87]), weisen zwar symmetrisches Zugriffsverhalten auf, zeigen aber andere unerwünschte Eigenschaften, z.B. eine Nichtbalanciertheit der Baumstruktur. Insofern kann kein Indizierungsverfahren als den anderen eindeutig überlegen klassifiziert werden; entsprechend sorgfältig ist im Einzelfall ein für eine spezifische Anwendung passendes Indizierungsverfahren auszuwählen.

---

† Eine überblicksartige Darstellung verschiedener räumlich orientierter Indizierungsverfahren ist beispielsweise in [OvLe 82], [Same 84], [Same 88] zu finden, während das Thema in [Same 89] ausführlich behandelt wird.

Grundsätzlich lassen sich alle räumlich orientierten Indizierungsverfahren für multidimensionale Datenstrukturen, also auch für SSDB-Daten, einsetzen. Manche Eigenschaften der räumlich orientierten Verfahren erweisen sich allerdings für die Zugriffs- und Auswertemuster des SSDB-Bereichs als wenig geeignet. So erschwert bzw. verhindert beispielsweise die Nicht-Überlappungsfreiheit der Knoten im R-Baum die Wiederverwendbarkeit von Summendaten für einen Knoten. Eine Reihe von Erweiterungen allgemeiner multidimensionaler Zugriffspfadstrukturen kommen auch dem SSDB-Bereich zugute, obwohl sie nicht spezifisch dafür konzipiert wurden. Für überlappende Knoten im R-Baum wird Überlappungsfreiheit beispielsweise durch spezielle "Pack"-Algorithmen ([RoLe 85], [KaFa 93]) hergestellt. Die in [FKN+ 85] beschriebene Verallgemeinerung von k-d-Bäumen mit daten- und anfragegesteuerter Festlegung der Partitionierungsgrenzen ist besonders in Anwendungsbereichen mit relativ stabilem Datenbestand sinnvoll. Ein branch-and-bound-Suchalgorithmus zur Bestimmung der k nächsten (oder entferntesten) Nachbarobjekte im multidimensionalen Datenraum ist in [RoKV 95] beschrieben. In [FaLi 95] wird auf der Grundlage von Arbeiten zur multidimensionalen Skalierung ([KrWi 92]) ein multidimensionaler Indizierungsmechanismus beschrieben, welcher die räumliche Distanz zwischen den Objekten erhält und somit neben dem ursprünglich avisierten Einsatzbereich in der Suche von Gestaltsähnlichkeiten ([Jaga 91]) auch den Bereich der Visualisierung und des Data Mining unterstützt, welche wiederum wichtige Bausteine für SSDB-Anwendungen darstellen. Auch die in [Hint 87] beschriebene Erweiterung von GRID-Files zielt auf Anwendungen im Visualisierungsbereich ab.

Einige Zugriffspfadstrukturen wurden speziell für den SSDB-Bereich entwickelt, beispielsweise zur Unterstützung der Anlage und Verwaltung von Datenaggregationen ([Klug 82b], [SrLu 86], [SrTL 89]). Der in [PfFr 90] beschriebene Ansatz zur Subscript-basierten Indizierung von Scientific Databases, welcher auf den in [OrPf 88] eingeführten O-Trees beruht, wurde für das SSDB-Projekt ADAMS ([PfSF 88]) an der University of Virginia vorgeschlagen. Auf Indizierungsverfahren für spezifische SSDB-Datenmodelle dar, z.B. SIAM (Statistical Information Access Method; [Ghos 86b]) oder LSD/SD-Trees ((Logical) Summary Data Tree; [ChMc 89]), wird bei der Vorstellung der zugehörigen SSDB-Datenmodelle in Kapitel 5 noch näher eingegangen.

3.5.3 Einsatz materialisierter Sichten

Die in der zweiten Fallstudie gemessene Beschleunigung der Anfragelaufzeiten wurde auf der Basis eines statisch definierten Testszenarios erzielt, bei dem die Datenverdichtungen in einem kommerziellen relationalen Datenbanksystem verwaltet wurden. Zur Repräsentation der Datenverdichtungen wurden Hilfsrelationen mit sprechenden Relationenbezeichnungen angelegt. Bei der Realisierung der aggregationsbasierten Anfragen wurde dann direkter Bezug auf die dediziert für die jeweiligen Anfragen angelegten Datenverdichtungsstufen genommen. Diese Vorgehensweise reichte für die Zwecke der Fallstudie aus; aus grundlegender Sicht ist sie allerdings nicht zufriedenstellend.

In einer verallgemeinerten Betrachtungsweise sollte ein Datenbanksystem eine Laufzeitoptimierung nicht nur für einige vordefinierte, sondern für möglichst alle Anfragen gewähren. Die zur Erzeugung, Verwaltung und Nutzung von materialisierten Datenverdichtungen erforderliche Systematik kann sich in SSDB-Anwendungen an den dimensionenbezogenen Klassifikationshierarchien orientieren. Viele Forschungsansätze im SSDB-Bereich gehen genau diesen Weg, wobei die meisten der in der Literatur beschriebenen Ansätze den Schwerpunkt auf die logische Modellierung von Verdichtungsdaten legen und die physische Speicherrepräsentation weitgehend ausklammern. Auch die wenigen Ansätze, die bis zur datenbankinternen Speicherrepräsentation einschließlich eventueller Zugriffspfade hin konkretisiert wurden, sind bisher bestenfalls auf Prototypniveau implementiert worden. Diese Ansätze im SSDB-Bereich werden in Abschnitt 5.3 noch eingehend behandelt.

Die logische Grundlage der Anlage von Datenverdichtungsstufen für die Zwecke der Anfrageoptimierung stellen Generalisierungsbeziehungen in den Anwendungsdatenstrukturen dar ([SmSm 77]). Im SSDB-Kontext werden für die gemäß einer Generalisierungsbeziehung partitionierten Tupelmengen im allgemeinen numerische Summendaten über Aggregationsfunktionen wie SUM, AVG oder COUNT gebildet. Ansätze zur effizienten Auswertung dieser Aggregationsfunktionen bei der Anlage von Verdichtungsdaten sind beispielsweise in [Epst 79], [Klug 82b] und [Bült 87] beschrieben. In [GuHQ 95] werden zur Erweiterung der Anfrageoptimierung für Queries mit Aggregationsoperationen die sog. *Generalized Projections* eingeführt, mit denen die herkömmlichen Optimierungsregeln zum Verschieben von Aggregationsoperationen im Anfrage-Ausführungsplan ([Daya 87], [ChSh 94], [YaLa 94], [ChSh 95], [YaLa 95]) um neue Regeln zur spezifischen Behandlung von Aggregationsoperationen ergänzt werden. Hierdurch kann der Einsatzbereich materialisierter Datenverdichtungen über die bis dahin üblichen SJP(Select/Join/Project)-Anfragen und Views ohne Aggregationen hinaus erweitert werden ([CKPS 95], [LMSS 95a]). Bemerkenswert aus Sicht der Anfragespezifikation ist bei diesem Ansatz, daß auf die Angabe der einzusetzenden materialisierten Sichten in der FROM-Klausel der Query verzichtet werden kann. Die logische Modellierung von Aggregationsdaten im Datenbanksystem, insbesondere die Frage der Repräsentation von Duplikaten, wird unter anderem in [Klug 82a], [OzOz 83b] und [OzOM 87] betrachtet. Eine objektorientierte Beschreibung sog. "Materializations" über *is-a-* und *is-of-* sowie Klassen/Metaklassen-Beziehungen ist in [PZMY 94] zu finden.

Beim Einsatz materialisierter Sichten muß grundsätzlich zwischen dem Speichermehraufwand für das Halten der redundanten Daten und dem Aktualisierungsaufwand im Falle von Änderungen im Ausgangsdatenbestand einerseits und dem potentiellen Nutzen durch Beschleunigung der Anfrageauswertung andererseits abgewogen werden. Einfache Sichtenmechanismen, bei denen vor jedem Zugriff die Daten in der Sicht neu berechnet werden, sind für häufig wiederkehrende Anfragen und in Anwendungen mit hohem Datenbestand in der Regel nicht praktikabel. Deshalb wurden schon früh Verfahren zur inkrementellen Aktualisierung materialisierter Sichtendaten vorgeschlagen. Bei dem in [KoPa 81] beschriebenen Ansatz werden beispielsweise die materialisierten Sichtendaten durch endliche Differenzierverfahren gepflegt; auf die mögliche Verwendung des Verfahrens zur Pflege von Summendaten wird ausdrücklich hingewiesen. Auch für die in [AdLi 80] eingeführten *Database Snapshots* wurde ein inkrementelles Aktualisierungsverfahren vorgeschlagen ([LHM+ 86]). Die in [BlCL 89] diskutierte Beschränkung der Pflege abgeleiteter Relationen auf relevante und autonom berechenbare Updates weist bei der Überprüfung der im Aufsatz angegebenen notwendigen und hinreichenden Bedingungen für die Feststellung der Relevanz von Änderungsoperationen und die Feststellung, ob relevante Änderungen autonom in die abgeleiteten Relationen eingebracht werden können, im allgemeinen exponentielle Komplexität auf, was aber als in der Praxis nicht schwerwiegendes Problem eingestuft wird. Ein guter Überblick über autonome Update-Protokolle bei der Pflege replizierter Datenbestände ist in [CHKS 95] zu finden.

In der Literatur wurde eine Vielzahl von Ansätzen zur Pflege materialisierter Sichten in (meist relationalen) Datenbanksystemen vorgeschlagen (z.B. [ShIt 84], [BlLT 86], [SePa 89], [BlTo 88], [CeWi 91], [GuMS 93]). Neuere Arbeiten widmen sich speziell dem Problem der Pflege von Sichten mit Aggregationenbildung; zu deren korrekter Aktualisierung dürfen eventuelle Duplikate bei der Sichtenbildung nicht eliminiert werden, weshalb beispielsweise in [GrLi 95] eine Erweiterung der Relationenalgebra um Bags, also Multimengen, vorgenommen wird. Andere aktuelle Ansätze befassen sich mit dem Einsatz materialisierter Sichten im Anwendungsfeld des Data Warehousing (z.B. [LMSS 95b], [Squi 95], [ZGHW 95]). In [SrRo 89] wird vorgeschlagen, die materialisierten Summendaten nach ihrer Anlage im System überhaupt nicht zu pflegen, sondern gegebenenfalls eine gewisse Unschärfe im Anfrageergebnis in Kauf zu nehmen, was bei statistischen Datenbanken aufgrund der dort bereits in der Datenproduktion eingesetzten statistischen Verfahren in manchen Anwendungen durchaus gerechtfertigt sein kann. Eine abgeschwächte Version dieser Vorgehensweise, bei der Updates in Abhängigkeit von der Verteilungsfunktion der Updateraten auf den Ausgangsdaten behandelt werden, ist in [KwRo 92] dargestellt.

Eine interessante Variante im Zusammenhang mit der Pflege materialisierter Sichten ist in [GuMR 95] beschrieben. Ähnlich wie schon in [LaYa 85] vorgeschlagen, wird in den View-Daten zusätzliche Information gespeichert, anhand derer nicht nur die Aktualisierung der Daten in der Sicht bei Änderungen im Ausgangsdatenbestand, sondern die Neuberechnung der Sichtendaten bei Änderung der View-Definition ohne Änderungen in den Ausgangsdaten vorgenommen werden kann. Hiermit können Anwendungen der sog. *Data Archaeology* ([BST+ 93]) effizient unterstützt werden, einer Art von "interaktivem Data Mining", bei der die View-Definition so lange modifiziert wird, bis sie das gewünschte Ergebnis enthält.

Zur Nutzung vorberechneter (Teil-)Ergebnisse für die Optimierung von Datenbankanfragen, speziell für Datenverdichtungen, müssen zu einer Anfrage 'passende' abgeleitete Daten identifiziert werden, was im allgemeinen ein NP-hartes Problem darstellt. In [StAH 87] wird eine Caching-Strategie zur Beschleunigung der Auswertung benutzerdefinierter Prozeduren im Datenbanksystem eingesetzt, mit welcher auch materialisierte Datenaggregationen in semantischen Datenmodellen unterstützt werden; der Cache-Einsatz bleibt dabei auf Benutzerebene transparent. In [LaYa 85] werden notwendige und hinreichende Bedingungen für die Ableitbarkeit einer Anfrage aus einer Menge von über Selektions-, Projektions- und Join-Operationen gebildeten materialisierter Sichten angegeben. Für Views mit Aggregationen kann dagegen eine praktikable Identifikation passender Verdichtungswerte nur über Modelleinschränkungen sichergestellt werden, wie in Hauptabschnitt C noch eingehend dargestellt wird.

Die Anlage und Pflege materialisierter Datenverdichtungen erfolgt in heutigen kommerziellen Datenbanksystemen in der Regel immer noch weitgehend unter Anwendungskontrolle. In relationalen Systemen sind dabei zwei Ansätze denkbar: entweder werden alle Materialisierungen in einer gemeinsamen Relation verwaltet, oder die einzelnen Verdichtungen werden auf verschiedene Relationen verteilt. Für die erste Vorgehensweise spricht die Generizität auf Schemaebene und damit eine größere Schemastabilität. Dagegen ist im zweiten Ansatz die Bezugnahme auf einzeln abgespeicherte Verdichtungsstufen über Relationennamen im allgemeinen effizienter, erfordert aber mit jeder Einführung einer neuen Materialisierung eine Schemamodifikation. Deshalb wird man den zweiten Ansatz nur bei weitgehend statisch definiertem Aggregationsmodell wählen, was auch in der Fallstudie zur Auswahl dieser Alternative führte. Beide Möglichkeiten weisen aber keine spezifische Unterstützung durch das Datenbanksystem selbst auf, insbesondere hinsichtlich der Identifikation potentiell geeigneter Verdichtungsstufen.

Die in jüngster Zeit allenthalben auf den Markt gebrachten OLAP-Tools beziehen einen Großteil ihrer Auswerteeffizienz aus dem Einsatz materialisierter Datenverdichtungen. Bei den meisten Systemen müssen die Verdichtungsstufen allerdings vor Beginn einer Datenanalysesitzung vollständig im Auswertedatenbestand vorhanden sein; die wenigsten Systeme können diese Verdichtungen selbst errechnen, sondern müssen mit vorgerechneten Werten versorgt werden. Einige wenige Ansätze (z.B. das System MetaCube der inzwischen zu Informix gehörenden Stanford Technology Group, [Info 94]) sehen die dynamische Berechnung und den systemunterstützten Einsatz von Verdichtungsstufen bei der Auswertung von ad-hoc-Anfragen vor, wobei die fortschrittlichsten Systeme sogar eine Hilfestellung bei der Eruierung "lohnenswerter", d.h. potentiell häufig wiederbenutzter Verdichtungen geben. Der in [GBLP 96] beschriebene Ansatz widmet sich der in diesem Zusammenhang wichtigen Frage der multi-dimensionalen Aggregationenbildung, wobei mit dem CUBE-Operator Aggregationen in allen Dimensionen, mit dem DRILL-Operator in nur einer Dimension erzeugt werden können. Die Einbringung und Nutzung der Ergebnisse solcher aktuellen Forschungsarbeiten in state-of-the-art-Datenbanksystemen wird allerdings noch einige Zeit auf sich warten lassen.

3.6 Weitere Aspekte

Die in den Abschnitten 3.2, 3.3 und 3.5 diskutierten Aspekte der heutigen Datenbankunterstützung für empirisch-wissenschaftliche Anwendungsgebiete decken das Spektrum aus Sicht des 3-Schema-Architekturmodells nach ANSI/SPARC hinreichend ab. In diesem Abschnitt werden einige weitere Aspekte des Betriebs von Datenbanksystemen im Hinblick auf die Unterstützung der in Kapitel 2 aufgestellten Anforderungen diskutiert.

3.6.1 Konsistenz- und Mehrbenutzerkontrolle

In den beiden in diesem Kapitel präsentierten Fallstudien wurde von einer strikten Trennung der Phasen Datenproduktion, Datenaufbereitung und Datenanalyse ausgegangen, was für die beiden letzten Phasen die Annahme einer vollkommenen Stabilität der Rohdatenwerte rechtfertigte. Aus Sicht des Datenbanksystems bedeutet dies, daß alle Rohdatenzugriffe nur lesend sind und sich die Maßnahmen hinsichtlich Mehrbenutzerkontrolle auf die Anlage neuer Datenverdichtungen beschränken lassen, welche aber nach ihrer Erzeugung ebenfalls für konkurrierende Lesezugriffe zur Verfügung stehen. Eventuell doch durchzuführende Änderungsoperationen auf dem Rohdatenbestand und die damit verbundenen Folge-änderungen an den materialisierten Aggregationsstufen können in der Regel außerhalb des Normalbe-triebes, z.B. während der Nachtstunden, durchgeführt werden. Die bis zum Nachführen der Korrektur-werte in der Datenbank bestehende Inkonsistenz zwischen modellierter Welt und Datenbankmodell kann in aller Regel aufgrund der Unschärfe der eingesetzten statistischen Verfahren toleriert werden. Auf Maßnahmen zur Gewährleistung der Datenkonsistenz in der Datenproduktionsphase (Erkennung und Behandlung von Ausreißerwerten und fehlenden Datenwerten) wurde in Abschnitt 2.3 bereits näher eingegangen.

Aus Sicht der Verwaltung und Auswertung empirisch erhobener Massendatenbestände muß für heutige Datenbanksysteme eher ein Zuviel an Maßnahmen in Richtung Konsistenzsicherung und Mehrbenut-zerkontrolle festgestellt werden. Auf umfangreiche Protokollier- und Sperrverfahren, welche zur Siche-rung der Datenkonsistenz im transaktionalen Betrieb erforderlich sind, kann in SSDB-Anwendungen mit dem typischerweise weitgehend statistischen Datenbestand weitgehend verzichtet werden ([Olke 86]). Zumindest sollten diese Maßnahmen quasi ´abschaltbar´ sein, um den mit ihnen verbunde-nen Mehraufwand unter Anwendungskontrolle vermeiden zu können. Die meisten Datenbanksysteme bieten diese Option allerdings nicht; deshalb muß ein unter Umständen erheblicher, weitgehend vermeidbarer Overhead in Kauf genommen werden, was sich auch in den Laufzeitergebnissen der zweiten Fallstudie zeigt.

3.6.2 Datenschutz

Ein 'Klassiker' im Umfeld der statistischen Datenbankforschung ist die Frage des Datenschutzes. Auf technische Aspekte der Datensicherheit und -sicherung, beispielsweise die Haltbarkeit von Speichermedien oder inkrementelle Backup-Strategien für Massendatensysteme, soll hier nicht eingegangen werden. Auch die verschiedenen Aspekte zum Thema Datenschutz können nur überblicksartig behandelt werden; der interessierte Leser sei auf die angegebene Literatur verwiesen.

In vielen statistischen Datenbanken werden personenbezogene oder sonstige schutzwürdige Daten verarbeitet. Die Definition der Schutzwürdigkeit ist dabei ein schwieriges Problem, welches schon auf der Ebene der Gesetzgebung unbefriedigend gelöst ist ([Wede 81]). Die heute üblichen Datenbanksysteme bieten meist nur elementare objekt- und subjektbezogene Zugriffskontrollmöglichkeiten an (z.B. die GRANT/REVOKE-Klausel in SQL). Wollte man mit diesen Maßnahmen allein einen wirksamen Schutz in statistischen Datenbanksystemen gewährleisten, könnte man einzelnen Personen nur sehr restriktiven Zugang zu den Daten in der Datenbank gewähren, insbesondere auf den Ebenen mit niedrigem Datenaggregationsniveau.

Aus technischer Sicht ist neben dem direkten Durchgriff auf schutzwürdige Datenelemente, z.B. Einzelerhebungsdaten einer Volkszählung, durch geeignete Maßnahmen auch sicherzustellen, daß nicht durch die geschickte Kombination von Antworten, welche die Schutzbelange berücksichtigen, doch auf schutzwürdige Information geschlossen werden kann. Einen völligen Schutz gegen solche sog. *Tracker*, also Kombinationen von Anfragen, die jede für sich 'harmlos' sind, aber in ihrer Kombination die gezielte Ableitung schutzwürdiger Information ermöglichen ([MiYe 87], [MiCh 88]), gibt es für Systeme, die nicht nur Anfragen jenseits der Trivialitätsgrenze beantworten, im allgemeinen nicht. In [AdWo 89] werden vier grundlegende Ansätze zur Wahrung von Datenschutz in statistischen Datenbanken angegeben:

- konzeptionelle Ansätze zur Erkennung und Vermeidung von Schutzproblemen ([ChOz 81], [Denn 80], [DeSc 83]);

- Anfragebeschränkung zur Kontrolle der Antwortmengengröße und Überwachung der Überlappungsbereiche aufeinanderfolgender Anfragen ([KaUl 77], [Schl 80], [McLe 83], [Jong 83], [DeSc 83], [Schl 83], [TrYW 84], [ChKL 84], [McLe 89]);

- systematische Verfälschung der Datengrundlage ([Warn 65], [Schl 81], [LeST 83], [Reis 84], [TrYW 84], [LiCL 85]);

- systematische Verfälschung des Anfrageergebnisses ([Denn 80], [Beck 80], [LuSt 92]).

Obwohl die obige Auflistung zeigt, daß die Methoden zur Gewährleistung von Datenschutz in statistischen Datenbanken eine lange Tradition vorzuweisen haben, stehen sie in heutigen Datenbanksystemen üblicherweise nicht als direkt einsetzbare Mechanismen bereit. Die Unterstützung der Wahrung von Schutzbedürfnissen muß somit als unzureichend eingestuft werden. Im weiteren Verlauf der Arbeit werden Aspekte des Datenschutzes als ein separat zu behandelndes Phänomen von den Betrachtungen ausgenommen.

B Ansätze zur Unterstützung der Datenverwaltung und -auswertung in empirisch-wissenschaftlichen Anwendungsgebieten

Eine der Grundvoraussetzungen für eine datenbanktechnische Unterstützung der Datenverwaltung und -auswertung in empirisch-wissenschaftlichen Anwendungsgebieten ist eine problemorientierte Zeitmodellierung, speziell in verlaufsorientierter Hinsicht. Zeit und Zeitsequenzen bilden in praktisch jeder SSDB-Anwendung eine fundamentale Modellierungs- und Auswertedimension (vgl. Abschnitt 2.6). Deshalb werden im ersten Teil des vorliegenden Hauptabschnitts (Kapitel 4) grundlegende Ansätze zur Zeit- und Verlaufsmodellierung in Datenbanksystemen vorgestellt. Nachdem in diesem Bereich viele Anfragemodelle und spezifische Indizierungsverfahren entwickelt wurden, welche auch allgemeinere Aspekte der SSDB-Modellierung betreffen, werden diese ebenfalls dargestellt.

Wenn die Zeit- und Verlaufsmodellierung auch eine fundamentale Bedeutung für die SSDB-Modellierung aufweist, stellt sie doch nur einen Baustein auf dem Weg zu einem umfassenden SSDB-Modell dar. Deshalb wurden schon frühzeitig spezifische Erweiterungen und Verallgemeinerungen der Datenmodellierung in Richtung der Verwaltung und Auswertung empirisch erhobener Massendatenbestände vorgeschlagen. Erste, noch rudimentäre Datenbanksysteme für statistische Anwendungen wurden zu Ende der siebziger Jahre vorgestellt.(z.B. [TuHC 79]). Im Jahre 1981 wurde eine Veranstaltungsreihe zum Themengebiet "Statistical and Scientific Database Management (SSDBM)" in Leben gerufen, die bis heute ein wichtiges Forum für wissenschaftliche Beiträge zu diesem Themengebiet darstellt. Die Namengebung und die Organisationsform der einzelnen Veranstaltungen spiegeln die Entwicklung des Themenfeldes, in welchem auch die vorliegende Arbeit angesiedelt ist, exemplarisch wider. Die ersten beiden Veranstaltungen wurden 1981 und 1983 vom Lawrence Berkeley Laboratory in Berkeley, Kalifornien, unter dem Titel "International Workshop on Statistical Database Management" veranstaltet ([Wong 81], [HaMc 83]). Bei der dritten Veranstaltung, welche durch das Statistikbüro der Europäischen Gemeinschaft in Luxemburg ausgerichtet wurde, fand eine Erweiterung des Titels zu "International Workshop on Statistical and Scientific Database Management" ([CuCO 86]) statt. Die im Jahre 1988 im Rom abgehaltene Veranstaltung wurde erstmals als Arbeitskonferenz mit entsprechend erweitertem Teilnehmerkreis organisiert ("International Working Conference on Statistical and Scientific Database Management", [RaKS 88]), die nächste Veranstaltung im Jahre 1990 in Charlotte, North Carolina, sogar als allgemeine Konferenz ("International Conference on Statistical and Scientific Database Management", [Mich 90]). Bei den im Jahre 1992 in Zürich und 1994 in Charlottesville, Virginia, durchgeführten Veranstaltungen kehrte man wieder zur Form der Arbeitskonferenz zurück, jetzt aber mit einer inhaltlichen Schwerpunktsetzung auf dem technisch-wissenschaftlichen Anwendungsbereich, was sich im Titel "International Working Conference on Scientific and Statistical Database Management" ausdrückt ([HiFr 92], [FrHi 94]). Die jüngste Veranstaltung der Reihe wurde in Stockholm wiederum als allgemeine Konferenz veranstaltet ("International Conference on Scientific and Statistical Database Management", [Sven 96]). Insgesamt läßt sich feststellen, daß sich der Schwerpunkt der Veröffentlichungen zum Themenkreis "Scientific and Statistical Database Management" von der Beschreibung allgemeiner SSDB-Modelle, die für die Ära bis etwa 1990 kennzeichnend war, in den letzten Jahren zunehmend auf Beiträge zu spezifischen Forschungsvorhaben wie die Großprojekte EOS (Earth Observing System) oder HGP (Human Genome Project) verlagert hat. Daneben wurden auch in vielen Teilgebieten der allgemeinen Datenbankforschung, etwa bei der Zeit- und Sequenzmodellierung oder dem Einsatz materialisierter Sichten, wesentliche Fortschritte erzielt, welche dem SSDB-Bereich unmittelbar zugute kommen.

Im zweiten Teil des vorliegenden Hauptabschnitts (Kapitel 5) werden Ansätze zur Modellierung statistischer und empirisch-wissenschaftlicher Daten vorgestellt. Die in der Literatur vorgeschlagenen Ansätze werden dazu in drei grundlegende Entwicklungslinien eingeteilt. Für jede Entwicklungslinie werden die wichtigsten Ansätze vorgestellt und diskutiert. Der Darstellungsschwerpunkt liegt dabei, wie generell in der vorliegenden Arbeit, auf logischer Modellierungsebene; Aspekte der Anfrageverarbeitung und des physischen Datenbankentwurfs werden nur exemplarisch bei ausgewählten Vertretern ausgeführt. Zum Abschluß des Kapitels werden die Stärken und Schwächen der verschiedenen SSDB-Modelle in einer vergleichenden Übersicht zusammengefaßt und gegenübergestellt.

4 Ansätze zur Zeit- und Verlaufsmodellierung

Eine Kernanforderung an die Datenbankunterstützung in SSDB-Anwendungen ist eine adäquate Repräsentation und Verarbeitung temporaler und sequenzorientierter Information (vgl. Abschnitte 2.6 und 3.2). In diesem Abschnitt werden die grundlegenden Ansätze zur Zeit- und Verlaufsmodellierung in Datenbanksystemen im Überblick dargestellt und die dadurch für den SSDB-Anwendungsbereich erzielte Modellierungsunterstützung diskutiert. Wegen der grundlegenden Bedeutung für den SSDB-Bereich werden darüber hinaus einige zentrale Aspekte der Anfrageverarbeitung in temporalen und sequenzorientierten Datenbanksystemen sowie spezifische zeit- und verlaufsbezogene Indizierungsverfahren auf logischer und physischer Speicherverwaltungsebene beschrieben.

4.1 Temporale Datenbanksysteme

Die Anfänge einer ernsthaften Auseinandersetzung mit dem Zeitbegriff im Kontext der rechnergestützten Verarbeitung reichen bis in die frühen 70er Jahre zurück ([FiCh 71]). Als ein bahnbrechendes Werk zur Zeitbehandlung in Rechensystemen kann [Lamp 78] angesehen werden. Seither sind eine Vielzahl von Veröffentlichungen zu diesem Themengebiet erschienen, die in diversen Übersichten und Bibliographien zusammengefaßt wurden ([BADW 82], [SnAh 85], [McKe 86], [StSn 88], [Snod 90], [Soo 91], [JCG+ 92], [Klin 93], [JCE+ 94]); eine ausführliche Übersicht über die verschiedenen Aspekte der Zeitbehandlung in Datenbanksystemen gibt [TCG+ 93]. Nachfolgend werden die Grundlagen und die wichtigsten Ansätze aus dem Bereich 'Temporale Datenbanksysteme' im Überblick dargestellt, soweit sie für den Einsatz im SSDB-Bereich von Bedeutung sind; eine Vertiefung einzelner Themengebiete wird durch die Angabe einschlägiger Literaturhinweise ermöglicht.

4.1.1 Zeitbegriff und Zeitmodelle

Der Begriff der Zeit stellt seit jeher einen Kernpunkt philosophischer Betrachtungen dar, auf welche in den nachfolgenden Ausführungen ebensowenig eingegangen werden soll wie auf rein logische Zeitmodelle, beispielsweise das in [Lamp 78] vorgeschlagene Zeitmodell zur Modellierung nebenläufiger Aktionen in verteilten Systemen. Vielmehr wird in den folgenden Ausführungen "Zeit" interpretiert als eine diskrete Dimension von Chronomen, d.h. atomarer Zeiteinheiten gleicher Länge, für die ein Bezug zum lebensweltlichen Zeitbegriff besteht (z.B. Zeit im Tagesraster). Aus mathematischer Sicht ist die Menge der Chronome der Zeitdimension isomorph zur Menge der natürlichen Zahlen und damit total geordnet sowie abzählbar unendlich. Ein kontinuierliches Zeitmodell, bei dem die Zeitdimension als isomorph zu den reellen Zahlen angesehen wird und welches somit wesentlich schwerer zu verarbeiten ist, ist für die in der vorliegenden Arbeit verfolgten Zwecke nicht erforderlich. Eine Übersicht über verschiedene Zeitmodelle in Datenbanksystemen findet sich in [LiBe 90]).

Mit dem chronomenbasierten diskreten Zeitmodell geht der Begriff des Zeitgranulats unmittelbar einher. Das Zeitgranulat als Maßeinheit eines Chronoms bestimmt die Auflösungsgrenze der Zeitmodellierung; beispielsweise sind in einer monatsweisen Zeitdimension tagesgenaue Aussagen ohne weitere Maßnahmen[†] nicht ableitbar. Andererseits können auf der Basisgranularität einer Zeitdimension im allgemeinen verschiedene gröbere Granularitäten definiert werden, welche eine Datenanalyse auf verschiedenen Abstraktionsniveaus ermöglichen. Auf die Frage der Repräsentation verschiedener kontinuierlicher Datensemantiken im diskreten Zeitmodell (ereignisorientiert/kontinuierlich) soll an dieser Stelle nicht näher eingegangen werden; der Leser sei beispielsweise auf [WiJL 91] verwiesen.

Zeitangaben können im diskreten Zeitmodell im allgemeinen auf drei Arten erfolgen. Ein *Zeitstempel* referenziert direkt ein Basischronom der Zeitdimension. Dem Ereignis wird dabei dasjenige Chronom zugeordnet, dessen zeitliche Ausdehnung den Zeitpunkt des Eintritts des Ereignisses überdeckt; das Ereignis selbst ist dabei als zeitlos zu betrachten ([KiRu 93])[‡]. Somit können bei hinreichend grober Granularität der Zeitdimension Ereignisse, welche sich lebensweltlich zu verschiedenen Zeitpunkten ereignet haben, denselben Zeitstempel tragen und somit aus Sicht des Datenbanksystems zeitlich ununterscheidbar werden. *Zeitintervalle* bestehen aus einer Menge aufeinanderfolgender Chronome, wobei unverankerte Zeitintervalle auch als *Zeitspannen* bezeichnet werden (z.B. "ein Jahr"). *Zeitelemente* schließlich bestehen aus einer endlichen Vereinigung von Zeitintervallen. Zeitelemente sind unter Vereinigungs-, Durchschnitts- und Komplementbildung abgeschlossen und stellen somit eine Boolesche Algebra dar. Es sei noch angemerkt, daß Zeitintervalle, welche genau ein Chronom umfassen, als Zeitstempel interpretiert werden können und andererseits ein einelementiges Zeitelement ein Zeitintervall darstellt.

Mit der Einführung von Zeitstempeln und Zeitintervallen lassen sich verschiedene Relationen zwischen zeitlichen Elementen angeben. In Abbildung 4.1 sind die möglichen Vergleichsrelationen zwischen Zeitintervallen angegeben; durch Interpretation von Zeitstempeln als einchronomige Zeitintervalle sind hierdurch auch die Relationen zwischen Zeitstempeln sowie zwischen Zeitstempeln und Zeitintervallen abgedeckt. In [Alle 83] wurde erstmals bewiesen, daß die in der Abbildung angegeben 13 Relationentypen vollständig sind. Das Verhältnis von Zeitstempeln und Zeitintervallen zu Zeitelementen kann im allgemeinen nur durch Reduktion des Zeitelements auf das zeitliche Hüllintervall festgestellt werden; in Einzelfällen können durch elementweisen Vergleich zusätzliche Aussagen hinsichtlich der zeitlichen Parallelität der Elemente getroffen werden (z.B. ein Zeitstempel koinzidiert mit keinem der ein Zeitelement konstituierenden Zeitintervalle).

Eine wichtige Frage in einem diskreten Zeitmodell ist die Behandlung von Granularitätskonvertierungen. Wie bereits erwähnt wurde, können auf der Basisgranularität der Zeitdimension verschiedene gröbere Granularitätsstufen definiert werden, welche eine Anfrageformulierung auf

---

[†] In [DySn 93] ist beispielsweise ein Modell angegeben, welches die Interpretation gröbergranularer Werte in einem feineren Granulat auf der Grundlage einer diskreten Wahrscheinlichkeitsverteilung ermöglicht.

[‡] Insofern ist auch das Zusprechen einer Gültigkeits- oder Lebensdauer zu einem Ereignis, wie dies beispielsweise bei der Spezifikation von Ereignisalgebren in Forschungsarbeiten zum Themengebiet 'Aktive Datenbanksysteme' häufig vorgenommen wird, strenggenommen nicht zulässig.

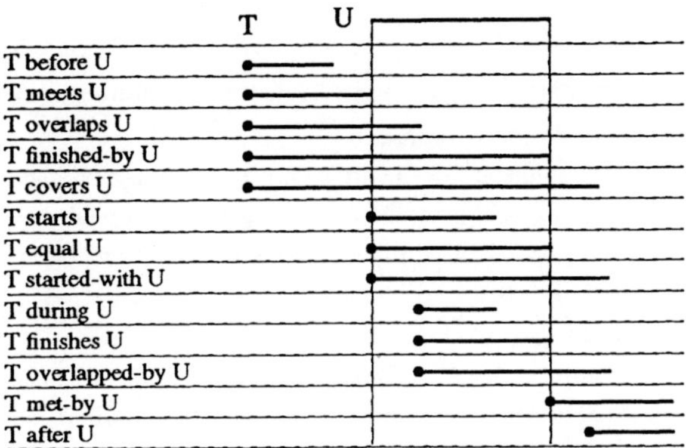

Abb. 4.1: Vergleichsrelationen zwischen zeitlichen Elementen

abstrakterer Ebene ermöglichen. Weisen die in der Datenbank gespeicherten Werte einen feinergranularen Zeitbezug als die Anfragespezifikation auf, so sind nach [Sard 93] zwei grundlegende Formen der Konvertierung denkbar:

- Konvertieren der feinergranularen Werte in das gröbere Granulat durch Abschneiden oder Runden mit anschließendem Zeitstempelvergleich;

- Interpretation des gröbergranularen Wertes als Intervall in der feinergranularen Abstraktionsstufe mit anschließendem intervallbasierten Vergleich.

Im ersten Fall würden sekundengenaue Werte bei minutenbasierten Anfragen auf ein Minutenraster konvertiert (z.B. 16:23:47 ergibt 16:23 oder 16:24), während im zweiten Fall ein in der Anfrage im Minutenraster spezifizierter Wert als sekundenorientiertes Intervall interpretiert würde (z.B. 17:34 ergibt [17:34:00, 17:34:59]). Zeitstempelorientierte Vergleichsoperationen sind in der Regel effizienter ausführbar als Intervallvergleiche, beinhalten aber durch die erforderlichen Abschneide- oder Rundungsoperationen eine gewisse Unschärfe in den Ergebnissen der Anfrageauswertung. Im SSDB-Kontext sind grundsätzlich beide Formen einsetzbar.

In vielen SSDB-Gebieten spielt der Einsatz von anwendungsspezifischen Kalendern eine wichtige Rolle (z.B. Kalender der Börsentage zur Bestimmung der Fälligkeit von Optionsscheinen). Kalender lassen sich im diskreten Zeitmodell über Zeitelemente definieren; zu ihrer Auswertung sind in der Regel elementweise intervallbasierte Vergleichsoperationen vonnöten. Die Modellierung von Kalendern wird in Abschnitt 4.2.1 noch näher ausgeführt.

4.1.2 Zeitmodellierung in Datenbanksystemen

Bei der Zeitmodellierung in Datenbanksystemen ist zunächst die Frage zu klären, welches Zeitkonzept unterstützt werden soll. Grundsätzlich kann der Zeitbezug auf Benutzer- (*user-defined time*) oder Systemebene definiert und verwaltet werden; in letzterem Fall kann noch nach einer Zeitattributierung zu Zwecken der Konsistenzsicherung (*transaction time*) oder zur Objektversionierung (*valid time*) unterschieden werden. Je nach unterstütztem Zeitkonzept lassen sich nach [SnAh 85] vier Klassen zeitorientierter Datenbanken unterscheiden; in Klammern angegeben ist jeweils das systemorientiert bereitgestellte Zeitkonzept:

- *Statische Datenbanken (-):*
  Die Datenbank stellt nur den aktuell gültigen Objektzustand dar (*update-in-place*). Ein Zeitbezug ist nur über die Verwendung anwendungskontrollierter Zeitattribute möglich.

- *Rollback-Datenbanken (transaction time):*
  Das Datenbanksystem überschreibt die alten Objektzustände nicht, sondern legt diese in einem transaktionsorientierten Protokoll ab. Der Zeitbezug erfolgt implizit im Rahmen von Konsistenzsicherungsmaßnahmen nach Fehlerfällen durch Rücksetzen auf einen früheren Objektzustand mittels Rollback-Operationen.

- *Historische Datenbanken (valid time):*
  Das Datenbanksystem versieht Objektzustände mit einer Zeitkennung, welche eine versionsbezogene Sicht auf die 'Geschichte' des Objekts ermöglicht. Der Zeitbezug erfolgt durch explizite oder implizite Referenz auf die systemvergebenen Zeitkennungen.

- *Temporale Datenbanken (transaction time und valid time):*
  Das Datenbanksystem protokolliert alle Objektveränderungen und führt gleichzeitig eine Objektversionierung durch. Anders als bei historischen Datenbanken bleiben auch die Korrekturmaßnahmen zur nachträglichen Beseitigung von Inkonsistenzen im Datenbestand nachvollziehbar.

Eine benutzerkontrollierte Zeitmodellierung ist durch entsprechende Zeitattribute grundsätzlich immer möglich, soll aber wegen der fehlenden Systemunterstützung bei der Verwaltung und Auswertung der Zeitattribute nachfolgend nicht als hinreichend für das Prädikat 'zeitorientiertes Datenbanksystem' angesehen werden; insofern stellen statische Datenbanken in der obigen Aufstellung nur den Abgrenzungsfall dar. Rollback-Datenbanken stellen wie statische Datenbanken auf Anfrageebene nur die Sicht auf den aktuell gültigen Objektzustand bereit, erlauben allerdings die systemgestützte Rekonstruktion eines früheren Objektzustands nach dem Erkennen von Inkonsistenzen. Historische Datenbanken erlauben auf Anfrageebene den simultanen Bezug auf frühere Objektversionen, unterstützen aber systemseitig keine das übliche Maß der Transaktionssicherung überschreitenden Rücksetzoperationen. Temporale Datenbanken schließlich stellen eine Kombination von Rollback- und historischen Datenbanken dar; hier werden nachträgliche Änderungen an einer Objektversion nicht wie bei historischen Datenbanken im Sinne eines update-in-place, sondern protokollorientiert und damit jederzeit nachvollziehbar durchgeführt. Für den SSDB-Einsatz kommen wegen des erforderlichen expliziten Zeitbezugs primär historische und temporale Datenbanken in Betracht.

Unabhängig von der Frage des unterstützten Zeitkonzeptes gilt es, bei der Verwendung eines diskreten Zeitmodells im Hinblick auf die Gültigkeitsdauer eines Objektzustandes eine geeignete Repräsentation der Zeitinformation in der Datenbank zu finden. Grundsätzlich kann Zeitinformation zeitstempel- oder -intervallorientiert modelliert werden. Bei einer *zeitstempelorientierten* Vorgehensweise wird implizit eine Gültigkeit des beschriebenen Zustandes bis zur nächsten Zustandsbeschreibung in der Datenbank, welche sich auf dasselbe Objekt bezieht, angenommen. Zur Modellierung von Ausfallzeiten oder der Anzeige der Terminierung eines Sachverhaltes (z.B. Beendigung eines Beschäftigungsverhältnisses) müssen dann spezielle Kennungen eingesetzt werden. Demgegenüber kann bei einer *zeitintervallbasierten* Vorgehensweise die Gültigkeitsdauer eines Sachverhalts direkt modelliert werden, wobei eine Repräsentation über Zeitelemente eine Mehrfachnennung desselben Sachverhalts im Falle von Unterbrechungen verhindert. Eine Repräsentation mittels *Zeitelementen* ist aus Modellierungssicht sicherlich am elegantesten, erfordert aber erweiterte Möglichkeiten der Attributdarstellung im zugrundeliegenden Datenmodell. Abbildung 4.2 verdeutlicht die verschiedenen Vorgehensweisen am Beispiel der Beschäftigung eines Angestellten in zwei verschiedenen Abteilungen, wobei für die Tätigkeit in der zweiten

<table>
<tr><td colspan="3">a) Modellierung über Zeitpunkte</td><td colspan="3">b) Modellierung über Intervalle</td><td colspan="3">c) Modellierung über Zeitelemente</td></tr>
<tr><td>PNR</td><td>ANR</td><td>Zeitpunkt</td><td>PNR</td><td>ANR</td><td>Zeitbereich</td><td>PNR</td><td>ANR</td><td>Zeitbereich</td></tr>
<tr><td>4711</td><td>Entw.</td><td>3</td><td>4711</td><td>Entw.</td><td>[3 - 12]</td><td>4711</td><td>Entw.</td><td>[3 - 12]</td></tr>
<tr><td>4711</td><td>Verw.</td><td>13</td><td>4711</td><td>Verw.</td><td>[13 - 24]</td><td>4711</td><td>Verw.</td><td>[13 - 24] ∪ [38 - NOW]</td></tr>
<tr><td>4711</td><td>FIN</td><td>25</td><td>4711</td><td>Verw.</td><td>[38 - NOW]</td><td></td><td></td><td></td></tr>
<tr><td>4711</td><td>Verw.</td><td>38</td><td></td><td></td><td></td><td></td><td></td><td></td></tr>
</table>

Abb. 4.2: Möglichkeiten der Modellierung von Gültigkeitsdauern im diskreten Zeitmodell

Abteilung eine Unterbrechung des Beschäftigungsverhältnisses angenommen wird, gekennzeichnet durch 'FIN'. Auf eine noch subtilere Unterscheidung zwischen dem Eintreten und dem Erreichen der Gültigkeit eines Objektzustandes, wie sie in [ChKi 93] vorgenommen wird, kann an dieser Stelle ebenso wie auf eine Aufgliederung des Gültigkeits- und des Aufzeichnungszeitpunkts ([JeSn 92]) verzichtet werden.

Die konkrete Einbringung temporaler Information in Datenbanksysteme kann nach [GuSe 90] auf drei Wegen erfolgen:

- Ansätze auf Basis des Relationenmodells (z.B. [ClTa 85], [Aria 86], [ClCr 87], [Snod 87], [NaAh 93], [Gadi 93]);

- Ansätze auf Basis des Entity-Relationship-Modells (z.B. [Klop 81], [KlLo 83], [AdQu 86], [ElWu 90]);

- von herkömmlichen Datenmodellen unabhängige Ansätze (z.B. das in [ShKa 86], [SeSh 87], [SeSh 88] und [SeSh 93] vorgestellte Modell der *Time Sequence Collections*).

Nachfolgend wird exemplarisch auf Ansätze zur Erweiterung des Relationenmodells näher eingegangen; das TSC-Modell wird in Abschnitt 4.2.2 noch näher ausgeführt.

Bei der Einbringung des Zeitbegriffs als Erweiterung des Relationenmodells können die zeitstempel- ([Aria 86]) und intervallbasierte ([KäRS 90], [Sard 90], [NaAh 93]) Tupelversionierung sowie die zeitstempel- ([ClTa 85], [ClCr 87]) und intervallbasierte ([Ahn 86], [Tans 86], [Gadi 88], [GaYe 88]) Attributversionierung unterschieden werden; manche Modelle unterstützen auch mehrere Versionierungsansätze gleichzeitig (z.B. [Snod 87] die zeitstempel- und intervallbasierte Tupelversionierung). Bei der Tupelversionierung wird das Schema einer Relation um ein Zeitattribut ergänzt. Durch Aufnahme dieses Attributs in den Primärschlüssel können herkömmliche Schemata leicht in temporale Schemata überführt und mit herkömmlichen relationalen Datenbanksystemen verwaltet werden. Mit der Haltung von Information zu demselben logischen Objekt in verschiedenen Tupelinstanzen gehen bei diesem Ansatz potentiell Änderungsanomalien einher, welche durch die Einführung einer temporalen Normalform ([NaAh 93]) vermieden werden sollen. Bei der Attributversionierung wird dagegen die Information zu einem Objekt in einem einzigen Tupel einer Relation gespeichert, wobei das zeitbehaftete Attribut durch eine Liste von Wert/Zeit-Paaren repräsentiert wird. Durch diese Art der Modellierung erfüllen die Relationen nicht mehr die erste Normalform, weshalb zur Verwaltung und Auswertung dieser Relationen Modifikationen der herkömmlichen und die Einführung neuer Operatoren wie z.B. TIMESLICE zur Projektion eines Zeitausschnitts aus einer Relation einzuführen sind. Eine Beschreibung der Operatoren für attributversionierte temporale Datenbanksysteme kann beispielsweise [ClCr 87], [ClCr 93], [GaNa 93] oder [NaAh 93] entnommen werden; auf Aspekte der Anfrageverarbeitung wird in Abschnitt 4.3 noch eingegangen.

In Tabelle 4.1 werden auf Basis von [McSn 91] einige typische Ansätze zur Erweiterung des Relationenmodells um temporale Information gegenübergestellt. Weitere Modellvorschläge wurden beispiels-

Modell / Sprachansatz		Legol2.0 Jones	TRM Ben-Zvi	HQuel Tansel/ Clifford	HSQL Sarda	TempSQL Gadia	TSQL Navathe	TQuel Snodgrass
Literatur		[McSn 91],	[Gadi 93]	[Tans 87] [ClCr 87]	[Sard 93]	[GaNa 93]	[NaAh 93]	[Snod 93]
Zeitkonzepte	"valid time"	×	×	×	×	×	×	×
	"transaction time"		×					
Zeitvariable	Zeitstempel	×	×		×		×	×
	Zeitintervall			×	×			×
	Zeitelemente					×		
Modell-erweiterung	Tupelversionierung	×	×		×		×	×
	Attributversionierung			×		×		
modellbezogene Eigenschaften	Eindeutige Darstellung für jeden historischen Zustand						×	×
	Homogenität	×	×		×	×	×	×
	Menge gültiger Tupel impliziert gültige Relation	×	×		×	×		
	Menge gültiger Attributwerte impliziert gültige Tupel			×	×			
Beziehungen zwischen Zeitvariablen	Zeitstempel	<, =, >	<, =, >	<, =, >	<, =, >	?	BEFORE AFTER	precede equal
	Zeitintervalle			=, ≠, ⊂, ⊆	PRECEDES = MEETS OVERLAPS CONTAINS ADJACENT	∩, ∪, ⊇	EQUIV PRECEDES FOLLOWS OVERLAP DURING ADJACENT	precede equal overlap
Relationale Operationen	Erweiterte Selektion	while (not) since until during union is (not)		where		WHILE	WHEN	when
	Zeitprojektion		TIME-VIEW		FROMTIME TOTIME		TIME-SLICE	
	Ausnützen temporaler Ordnung	first last current past	T-FIRST T-LAST		FIRST LAST		FIRST SECOND n-TH LAST	

Tab. 4.1: Ansätze zur temporalen Erweiterung des Relationenmodells (nach [Lehn 95])

weise auf objektorientierter Basis ([WuDa 92], [WuDa 93], [Snod 95]) oder für spezielle Einsatzgebiete, u.a. auch den SSDB-Bereich ([AJK+ 90]), unterbreitet. Die meisten Ansätze wurden lediglich als Forschungsprototypen implementiert. Unter allen Vorschlägen haben sich bisher kein Modell und keine Abfragsprache als Standard etablieren können; entsprechend gibt es noch keine kommerziellen temporalen Datenbanksysteme ([QHWG 92]). Allerdings bieten moderne erweiterbare Datenbanksysteme Funktionsbibliotheken zur Zeitmodellierung als Erweiterungsmöglichkeit des Kernsystems an, wie z.B. das sog. Time Series Data Blade des postrelationalen Datenbanksystems Illustra ([Illu 94]).

Für den SSDB-Bereich ist die Funktionalität temporaler Datenbanksysteme nach den oben beschriebenen Ansätzen im allgemeinen nicht ausreichend, da in ihnen alle Tupelversionen einzeln und unabhängig voneinander beschrieben werden. Die Regularität der Zeitinformation in typischen SSDB-Anwendungen (z.B. periodische Erhebung von Marktforschungsdaten) wird somit nicht systematisch genutzt, was insbesondere auch gravierende Defizite auf der physischen Speicherungsebene nach sich zieht. Wie bereits in Abschnitt 3.3 festgestellt wurde, ist eine explizite Speicherung der Schlüsselinformation bei jeder Tupelinstanz wesentlich ineffizienter als die implizite Werteadressierung über eine multidimensionale Feldindexberechnung bei kompakter Speicherung der quantifizierenden Datenwerte. Insofern sind für die Zeitmodellierung im SSDB-Bereich insbesondere verlaufsorientierte Ansätze von Interesse, welche im nachfolgenden Abschnitt behandelt werden.

4.2 Verlaufsorientierte Ansätze

Eine natürliche Erweiterung der allgemeinen satzorientierten Zeitmodellierung in Datenbanksystemen stellt die Modellierung von Kalendern und Zeitsequenzen dar. Durch die Einführung und Nutzung einer Ordnungsrelation auf der Zeitdimension erhofft man sich, die beschriebene Ineffizienz in temporalen Datenbanken zumindest teilweise beheben zu können. Nachfolgend werden die Grundlagen der Kalender- und Sequenzmodellierung allgemein sowie einige Modelle zur Sequenzmodellierung in Datenbanksystemen erörtert.

4.2.1 Kalender und Sequenzen

Die Auswertung der in temporalen Datenbanksystemen modellierten Zeitattribute erfolgt typischerweise nicht zeitpunkt-, sondern verlaufsorientiert. Um eine verlaufsorientierte Sicht auf die Zeitdimension zu ermöglichen, muß auf ihr zunächst eine Ordnung definiert werden[†]. Satzorientierte temporale Datenbanksysteme gehen meist von einem einfachen, linearen Zeitmodell aus, bei dem eine Ordnung auf den Zeitstempeln oder Zeitintervallen implizit durch die Ordnung des dem Zeitattribut zugrundeliegenden Datentyps definiert ist (z.B. Abbildung der Arbeitstage eines Jahres auf aufeinanderfolgende Integer-Werte). Die Semantik dieser Abbildung muß bei der Anfrageformulierung bekannt sein, um korrekte Ergebnisse zu erhalten. Zur Beschreibung der Abbildung der lebensweltlichen Zeit auf den Datentyp eines Zeitattributs dienen Kalender, die aus systemorientierter Sicht eine geordnete Menge (Folge) von Zeitstempeln oder Zeitintervallen darstellen.

---

† Mit den im vorangegangenen Abschnitt eingeführten Zeitelementen wird noch keine Ordnung zwischen den Zeitintervallen festgelegt, da sie mengenorientiert durch Vereinigungsbildung beschrieben werden.

Kalender modellieren einen spezifischen zeitlichen Anwendungskontext; entsprechend vielfältig sind oft die in temporalen Datenbanksystemen vorzufindenden Kalenderspezifikationen. In SSDB-Anwendungen wie den in Kapitel 2 aufgeführten können Kalenderspezifikationen eine hohe Komplexität annehmen, wie in [QHWG 92] am Beispiel eines helixartig aufgebauten Jahreszeitenkalenders zur Beschreibung von Niederschlagsmengen gezeigt wird (die Niederschlagswerte desselben Monats in verschiedenen Jahren weisen inhaltlich eine größere "Nähe" auf als zeitlich benachbarte Monatswerte). In [ChSS 94] wird am Beispiel der Fälligkeit von Börsenoptionen verdeutlicht, daß auch bei der Auswertung von Kalenderinformation komplexe zeitliche Bedingungen gelten können (z.B. "Fälligkeit am 3. Freitag im November, falls dies ein Börsentag ist; ansonsten der unmittelbar vor diesem Freitag liegende Börsentag").

Die Definition eines Kalenders kann durch explizite Aufzählung, durch intervallorientierte Musterdefinition oder durch Ableitung aus vorhandenen Kalendern erfolgen. Über Kalenderalgebren können auf der Zeitdimension eines temporalen Datenbanksystems Systeme von aufeinander aufbauenden Kalendern definiert sowie Beziehungen zwischen verschiedenen Kalendern hergestellt werden ([LeMF 86]). Die Einbettung von Kalenderdefinitionen in die Datenbanksprache SQL wird in [SoSn 92] beschrieben.

Kalender stellen einen grundlegenden Mechanismus zur Definition einer Ordnungsrelation auf der Zeitdimension dar. In einer verallgemeinerten Betrachtungsweise können ordnungsorientierte Auswertungen, wie sie charakteristisch für SSDB-Anwendungen sind, auf Dimensionen mit beliebigem Ordnungsdomain vorgenommen werden. Die sequenzorientierten Auswertungsoperatoren können sowohl innerhalb einer Sequenz als auch zwischen verschiedenen Sequenzen definiert sein. In Abbildung 4.3 sind einige typische Sequenzoperatoren graphisch dargestellt.

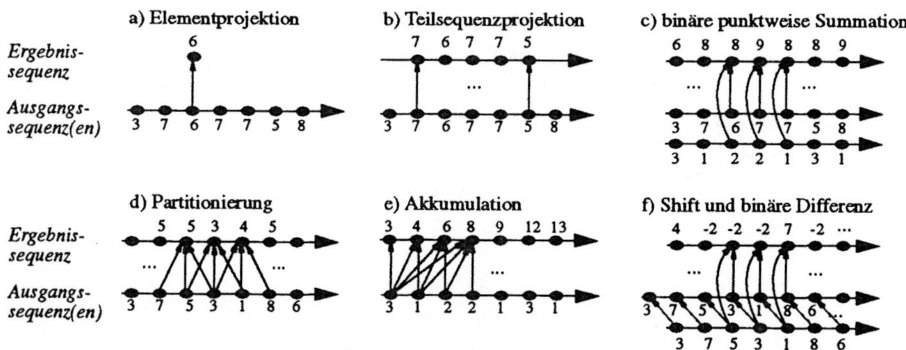

Abb. 4.3: Typische Sequenzoperatoren

Typische Auswerteoperationen auf einer Sequenz sind die positionsorienterte Projektion von einzelnen Sequenzelementen (a) oder von Teilsequenzen (b). Bei punktweisen Sequenzoperatoren ist die zugrundeliegende Ordnungsrelation für binäre Operationen zwischen zwei Sequenzen (c) für die Herstellung der Übereinstimmung der Positionsindizes in den zu verarbeitenden Sequenzen von Bedeutung. Die Partitionierungsoperation (d) legt ein "gleitendes Fenster" über einen Sequenzausschnitt und führt eine Operation auf die jeweils sichtbaren Elemente aus; im Beispiel ist die Durchschnittsbildung aus je drei benachbarten Werten gezeigt. Bei der Akkumulation (e) fließen sukzessive alle Werte der Eingangssequenz in die Wertermittlung für die Ergebnissequenz ein; im Beispiel wird die Summenbildung als Operator eingesetzt. Das letzte Beispiel (f) zeigt eine Duplikation der Ausgangssequenz mit einer einelementigen Positionsverschiebung vor Anwendung einer binären punktweisen Differenzoperation;

die Ergebnissequenz enthält somit den Differenzwert je zweier benachbarter Werte der Ausgangssequenz. Neben den aufgeführten Sequenzoperationen sind noch weitere Operation wie z.B. Matrixoperationen auf Mengen von Sequenzen oder granularitätswechselnde Transformationsoperatoren sinnvoll; der interessierte Leser sei auf [ChSe 93] verwiesen.

Die in Abbildung 4.3 gezeigten Sequenzen enthalten zu regulären Zeitpunkten abgetastete diskrete Werte. Daneben sind auch Sequenzen mit variabler Abtastfrequenz sowie solche mit kontinuierlichem Werteverlauf denkbar; letztere lassen sich bei einem diskreten Zeitmodell durch stufenweise konstante Wertefunktionen oder durch Interpolation der Zwischenwerte lediglich approximieren. Schließlich können Sequenzen abgeschlossen oder offen sein, je nachdem, ob der Erfassungsvorgang der Daten bereits abgeschlossen ist oder nicht ([SeSh 88]).

4.2.2 Sequenzmodellierung in Datenbanksystemen

In diesem Abschnitt werden exemplarisch drei Ansätze zur Sequenzmodellierung in Datenbanksystemen beschrieben. Die ersten beiden Ansätze stellen die Modellierung von Zeitreihen in den Vordergrund, wobei der erste Ansatz auf einer Erweiterung des Relationenmodells, der zweite auf dem objektorientierten Datenmodell beruht. Der dritte Ansatz schließlich repräsentiert ein zeitunabhängiges Sequenzmodell, welches eine duale Sicht auf die Zuordnung zwischen Datensätzen und Ordnungsdomain gestattet.

Ein temporales Sequenzmodell, das im Bereich der Datenbankforschung große Beachtung gefunden hat, stellt das sog. *Time Sequence Collection* (TSC)-Modell von Shoshani, Kawagoe und Segev dar ([ShKa 86], [SeSh 87], [SeSh 88], [SeSh 93]). Eine Time Sequence beschreibt die Historie des Werteverlaufs eines Attribut eines bestimmten Objekts, beispielsweise die Gehaltsentwicklung des Angestellten <4711>. Eine Time Sequence Collection stellt dann eine Zusammenfassung aller Time Sequences dar, welche sich auf dasselbe Objektschema beziehen (z.B. die Gehaltshistorien aller Angestellten). Eine TSC ist gekennzeichnet durch Zeitgranularität, Lebensdauer, Typ und Interpolationsregel. Diese Eigenschaften beschreiben die TSC als Ganzes und stellen somit Metadaten zu den einzelnen Time Sequences in der Collection dar. Nachdem in der Regel nicht alle Sequenzen in einer TSC zu allen möglichen Beobachtungszeitpunkten Datenwerte aufweisen, wird zwischen Datenpunkten (Wertevorrat an *möglichen* Erfassungszeitpunkten gemäß Granularität der Zeitdimension) und Ereignispunkten (Datenpunkte in einer Time Sequence mit *tatsächlichen* Werten) unterschieden.

Zur Repräsentation von TSCs in Datenbanksystemen wird das Relationenmodell um den Begriff der temporalen Relation erweitert[†]. Um den Implementierungsaufwand für das Modell so gering wie möglich zu halten, werden temporale Relationen über eine zeitstempelbasierte Tupelversionierung realisiert (vgl. Abschnitt 4.1.2). In einer temporalen Relation $R(\underline{S, T}, A)$ wird zu jedem Ereignispunkt der einzelnen Time Sequences in einer TSC der Wert des Attributs A für ein Surrogat S zu einem Zeitpunkt T eingetragen. Die Unterscheidung der temporalen Relation von herkömmlichen Relationen des relationalen Datenbankmodells basiert auf der Interpretation von R anhand der in den Metadaten definierten TSC-Eigenschaften, z.B. der Interpolation von Werten außerhalb der TSC-Lebensdauer durch Nullwerte. Aus systemtechnischer Sicht lassen sich dagegen temporale Relationen wie beliebige andere

---

[†] Insofern wurde das TSC-Modell in Abschnitt 4.1.2 auch als unabhängig vom Relationenmodell eingestuft, weil die Zeitmodellierung nicht auf Schemaebene innerhalb des Relationenmodells, sondern durch eine Erweiterung des Relationenmodells selbst vorgenommen wird.

Relationen behandeln. In [SeSh 88] wird das TSC-Konzept noch um *TSC-Families* erweitert, mit denen alle TSCs zu einem bestimmten Surrogat zusammen verwaltet werden können. Für das TSC-Modell wurde eine SQL-ähnliche Anfragesprache definiert, in der neben allgemeinen sequenzorientierten Operatoren wie Projektion, Partitionierung und Akkumulation auch benutzerdefinierte Operatoren vorgesehen sind (siehe Abschnitt 4.3).

Ein Ansatz zur Modellierung von Zeitreihen in Datenbanksystemen, bei welchem der Aspekt der Verwaltung einer Vielzahl unterschiedlicher Zeitreihen im Vordergrund steht, wurde in der Datenbank-forschungsgruppe des schweizerischen Bankvereins entwickelt ([DrKS 94a], [DrKS 94b], [DrKS 95]). Im Unterschied zum TSC-Modell tragen hier die individuellen Datenwerte keinen direkten Zeitbezug; die temporale Sicht wird erst durch die Zuordnung zu einem Kalender aufgebaut. Das zugrundeliegende Datenmodell stellt neben einfachen Datentypen, welche insbesondere Zeitspannen, Zeitintervalle und Referenzen umfassen, auch die Möglichkeit der Modellierung multidimensionaler Felder und (nicht schachtelbarer) zusammengesetzter Datentypen bereit. Zur Gruppenbildung werden die Modellierungs-konstrukte *Time Series Class* und *Group Class* bereitgestellt, wobei mit letzterem die Möglichkeit des Aufbaus hierarchischer Zeitreihenklassifikationen besteht. Diese Klassifikationen dienen der Identifika-tion geeigneter Zeitreihen in SSDB-Anwendungen mit umfangreichem Zeitreihenbestand, etwa im Börsenwesen. Besonderes Augenmerk wird bei der objektorientierten Implementierung des Ansatzes auf die Bereitstellung umfangreicher statistischer Auswertemethoden sowie eine umfassende Kalender-funktionalität gelegt.

Ein funktionales Sequenzmodell, welches auf einer n:m-Zuordnung einer Menge von Datensätzen zu einer total geordneten Menge von Ordnungspositionen beruht, ist in [SeLR 94] und [SeLR 95] beschrieben. Das SEQ-Modell erlaubt eine Sicht auf die modellierten Sequenzen aus zwei Richtungen: in einer *positionsorientierten Sicht* wird zu jeder Position im Ordnungsdomain die Menge der zugeord-neten Datensätze angegeben, während in einer *datensatzorientierten Sicht* alle Positionen angegeben werden, denen ein Datensatz zugeordnet ist. Für beide Sichten werden verschiedene Operatoren defi-niert (siehe Abschnitt 4.3), welche durch die Dualität beider Sichten im Zuge der Anfragespezifikation auch kombiniert werden können. Hierdurch lassen sich viele Anfragen sehr elegant formulieren, wobei das Modell wegen seiner mathematischen Grundlage zusätzlich eine eindeutige Anfragesemantik gewährleistet. Der Schwerpunkt des Ansatzes liegt auf der Untersuchung von Möglichkeiten zur Opti-mierung sequenzbasierter Anfragen auf der Basis von Anfragetransformation, Nutzung von Metadaten und Speicherung von Zwischenergebnissen. Hierauf wird in Abschnitt 4.3 noch näher eingegangen.

Wie schon bei temporalen Datenbanksystemen, fehlt auch bei Ansätzen zur verlaufsorientierten Daten-modellierung und -auswertung ein allgemein anerkanntes Referenzmodell. Verlaufsorientierte Daten-analysen werden heute überwiegend in spezialisierten Datenanalysepaketen durchgeführt, bei denen das Datenbanksystem keinerlei Hilfe zur effizienten Abwicklung der sequenzbasierten Operatoren bereitstellt, sondern lediglich zur persistenten Speicherung, Filterung und Bereitstellung der in einer Analyse benötigten Datenwerte dient. Zur Befriedigung der in SSDB-Anwendungen typischen Anfor-derungen (vgl. Kapitel 2) wird in Zukunft eine spezifische Unterstützung der verlaufsorientierten Datenauswertung auf Ebene des Datenbankverwaltungssystems unverzichtbar werden. In den gegen-wärtig eingesetzten Datenbanksystemen fehlen Instrumente zur verlaufsorientierten Datenanalyse völlig. Die Entwicklung entsprechender Dienste auf der Basis erweiterbarer Datenbanksysteme erscheint aus heutiger Sicht vielversprechender als Ansätze, welche auf eine Neuentwicklung aller Datenbankdienste setzen.

4.3 Anfrageverarbeitung in temporalen und verlaufsorientierten Datenbanken

Wie in den bisherigen Ausführungen dieses Kapitels bereits deutlich wurde, beruhen die meisten Ansätze zur Realisierung temporaler Datenbanken auf Erweiterungen des Relationenmodells. Viele Ansätze stellen eine konsistente Erweiterung des Relationenmodells dar, d.h. für alle Konstrukte aus dem nichttemporalen Relationenmodell existiert ein entsprechendes Konstrukt in der temporalen Erweiterung, und das erweiterte Modell fällt bei Verzicht auf den Einsatz zeitspezifischer Attribute mit dem herkömmlichen Relationenmodell zusammen ([ClCr 87]). Da Zeitattribute in Datenbanksystemen grundsätzlich wie nichttemporale Attribute mit geordnetem Wertebereich aufgefaßt und alle temporalen Operationen (bis auf die zeitliche Vereinigungsbildung) auf herkömmliche Relationenoperationen abgebildet werden können, ist zu überlegen, ob die Anfrageverarbeitung und -optimierung in temporalen Datenbanksystemen nicht unter Heranziehung von Techniken für traditionelle relationale Datenbanksysteme erfolgen kann. In [LeMu 93] werden jedoch verschiedene Gründe angeführt, welche für eine Sonderbehandlung temporaler Attribute bei der Anfrageverarbeitung sprechen:

- Zeit schreitet immer in eine Richtung fort; für intervallbasierte Zeitmodelle gilt immer $T_S < T_E$, d.h. der Startzeitpunkt eines Intervalls liegt immer vor dem Endzeitpunkt.

- In temporalen Datenbanken herrschen spezifische Auswertemuster vor, z.B. Nicht-Equi-Join-Operationen über Zeitstempel oder snapshotbasierte Selektionsoperationen.

- Zeitattribute weisen für die Anfrageverarbeitung relevante spezielle Metadatenattribute wie Lebensdauer, Granularität und Regularität auf.

- Zeitstempel können in der Regel nur abgefragt, aber nicht verändert werden; die Änderungssemantik ist "append-only".

- Durch Kennzeichnung aktueller Tupel mit dem reservierten Schlüsselwort *now* als Wert von T_E ist im allgemeinen keine Lesestabilität gewährleistet, d.h. dieselbe Anfrage kann zu verschiedenen Zeitpunkten verschiedene Werte liefern, ohne daß Veränderungsoperationen auf bereits in der Datenbank vorhandenen Daten stattfanden.

- Die Unterteilung des Datenbestandes in aktuelle und historische Daten ermöglicht den Einsatz spezieller Speichermigrationsstrategien und darauf aufbauend spezifischer Anfrageoptimierungstechniken.

- Die Repräsentation kontinuierlicher Zeitattribute über Extrapolationsfunktionen erfordert eine spezielle Behandlung im Zuge der Anfrageverarbeitung.

Von einer impliziten Berücksichtigung dieser speziellen Faktoren durch herkömmliche Anfrageoptimierer kann nicht ausgegangen werden, da in kostenbasierten Anfrageoptimierern im allgemeinen nicht alle denkbaren Anfrageausführungspläne untersucht werden ([SAC+ 79]). Die in konventionellen Anfrageoptimierern zur Aufwandsbegrenzung eingesetzten Heuristiken führen bei der Verarbeitung temporaler Anfragen oft zu einer hohen Ineffizienz ([LeMu 93]), weil die meisten Anfrageoptimierer zur Komplexitätsbegrenzung nur bestimmte Anfragetypen unterstützen und die temporalen Anfragen häufig andere Zugriffsmuster aufweisen. Deshalb wurden für temporale Datenbanksysteme spezifische Anfrageverarbeitungstechniken vorgeschlagen, welche als Einflußfaktoren bei der Anfrageoptimierung die spezifische Datenorganisationsform, spezielle Indizierungsmethoden, Metadaten für temporale Attribute, die Architektur der Anfrageverarbeitungskomponente und die geschätzte Selektivität der Anfrage berücksichtigen ([GuSe 90], [Sege 93])

4.3.1   Verarbeitung und Optimierung temporaler Datenbankanfragen

Mit der Einführung temporaler Attribute in Datenbanksystemen geht üblicherweise auch die Einführung spezifischer temporaler Operatoren einher. Als wesentliche temporale Vergleichsoperationen, welche auf den in Abschnitt 4.1.1 bereits vorgestellten Vergleichsrelationen zwischen zeitlichen Elementen beruhen, werden in [GuSe 90] *before, overlaps, starts, equal, during* und *finishes* genannt, welche sich mit Ausnahme von *before* alle auf Schnittmengenoperationen zurückführen lassen. Für den *before*-Operator wird eine Verallgemeinerung zu *t-before* vorgeschlagen, mit der dann auch die Operatoren *meets* und *precedes* ausgedrückt werden können. Die weiteren der in Abbildung 4.1 gezeigten und andere Relationen können als Konjunktionen und Disjunktionen aus diesen Grundbausteinen zusammengesetzt werden, z.B. *disjoint* aus der Disjunktion zweier *before*-Operationen (x_1 *before* $x_2 \vee x_2$ *before* x_1).

Bei einer Zeitmodellierung durch Tupelversionierung (sog. *ungrouped models, vgl. Abschnitt 4.1.1*) können die Operatoren der Relationenalgebra im temporalen Datenbanksystem weitgehend unverändert übernommen werden. Üblicherweise wird lediglich ein temporaler Selektionsoperator bereitgestellt, während bei Join-Operationen eine implizite Schnittmengenbildung über die Werte der Zeitattribute erfolgt. Im Falle einer Attributversionierung (sog. *grouped models*) müssen dagegen die Operatoren bei der Auswertung der nichtnormalisierten Relationen mit einer speziellen Semantik versehen werden. Beispielsweise werden in [ClCr 93] zwei verschiedene Selektionsoperationen eingeführt, eine entlang der Wertedimension und eine hybride entlang der Werte- und Zeitdimension. Im Kontext temporaler Datenbanksysteme sind auch verschiedene Formen von Joins (z.B. *temporal theta-join, time intersection join, time union join, event-join*) sinnvoll, die in [GuSe 90] detailliert beschrieben sind. Es würde zu weit führen, an dieser Stelle die spezifischen Operatorensätze in temporalen Anfragesprachen wie TSQL ([NaAh 87]), TQUEL ([Snod 87]), HQUEL ([TaAr 86b]) oder TSQL2 ([SAA+ 94]) im einzelnen anzugeben; ein Überblick über zwölf verschiedene Erweiterungen der relationalen Algebra zur Verarbeitung temporaler Information wird in [McSn 91] gegeben. Fragen der Vollständigkeit verschiedener tupel- und attributversionierender Ansätze sind in [ClCT 93] behandelt.

Ein allgemeines Modell der Anfragebearbeitung in temporalen Datenbanksystemen wird in [GuSe 90] vorgestellt. Der Einsatz herkömmlicher Anfrageoptimierer bei der Verarbeitung temporaler Abfragen wird in [SnAh 89] beschrieben. In [LeMu 90] werden Optimierungsstrategien für die Abarbeitung temporaler Intervalloperationen angegeben. Auf spezifische Algorithmen zur Join-Optimierung in temporalen Datenbanksystemen gehen beispielsweise [SeGu 89], [GuSe 91] und [Sege 93] ein, wobei in diesen Arbeiten besonders die Frage der Selektivitätsabschätzung für eine Anfrage thematisiert wird. Eine Formalisierung der einer Anfrage zugrundeliegenden Annahmen erfolgt in [BWBJ 95], um auf dieser Grundlage durch Interpolation (zeitstempelorientierte Modelle) bzw. durch Granularitätswechsel (intervallbasierte Modelle) auch Benutzeranfragen nach nicht explizit in der Datenbank gespeicherten Daten auswerten zu können. Einige wenige Arbeiten widmen sich spezifisch der Frage der Verarbeitung temporaler Information im SSDB-Umfeld, z.B. [Tans 87], [BaLl 88] oder [QHWG 92]. Im letzteren Ansatz wird eine explizite Unterscheidung von Retrieval- und Analyse-Anfragen vorgenommen, was sich auch in zwei getrennten Ebenen der Anfrageverarbeitung niederschlägt. Hierdurch kann auf Retrievalebene ein fester Satz hocheffizienter Operatoren bereitgestellt werden, während bei der Datenanalyse die flexible Einführung neuer Operationen nach Benutzeranforderungen ermöglicht wird. Dies erlaubt insbesondere das schnelle Filtern der für die Datenanalyse benötigten Eingangsdaten im Datenbanksystem, wobei die rechenintensiven Analyseprozesse selbst (in der in [QHWG 92] beschriebenen Anwendung stammen sie aus dem Bereich Klima- und Umweltforschung) dann auf andere Plattformen ausgelagert werden können.

4.3.2 Unterstützung verlaufsorientierter Auswertungen

Die Operatoren für verlaufsorientierte Datenmodelle sind gegenüber den Operatoren für temporale Datenmodelle üblicherweise deutlich erweitert. Für das in [ShKa 86] eingeführte und in [SeSh 93] weiter detaillierte *Time Sequence*-Modell werden beispielsweise die in Tabelle 4.2 angegebenen Operatoren bereitgestellt. Dabei wird eine Zeitreihenklasse als ein Tripel (S, T, A) beschrieben, deren einzelne Elemente als ein Tupel <s, (t, v)*> beschrieben werden, wobei s ein Surrogat benennt und t den Zeitpunkt der Gültigkeit eines Datenwertes v angibt; der *-Operator beschreibt die Modellierung einer Sequenz als eine geordnete Folge von Datenwerten. Für jeden Operator werden im Zielspezifikationsteil die gültigen Zeitpunkte der Ergebnissequenz und der Zieldomain, im Abbildungsteil der Urbildbereich für jeden Zielzeitpunkt und im Funktionsteil die Berechnungsvorschrift zur Bestimmung des Zielwertes festgelegt. Es ist unmittelbar einleuchtend, daß zumindest für die Operatoren vom Typ *general* keine spezifische Optimierung bei der Anfrageverarbeitung geboten werden kann.

Operator	*Zielspezifikationsteil*	*Abbildungsteil*	*Funktionsteil*
select	Prädikat über (S, T, A)	Identität	Arithmetische Operationen oder Identität
aggregate	-	Gruppenspezifikation über S oder T	Aggregationsoperatoren (sum, max, ...)
accumulate	Identität	Sequenzspezifikation über T	Aggregationsoperatoren (sum, max, ...)
restrict	Surrogatrestriktion durch Hilfssequenz	Identität	Identität
composition	Identität	Zusammengehörige Punkte	Arithmetische Operationen
general	benutzerdefiniert	benutzerdefiniert	benutzerdefiniert

Tab. 4.2: Klassifikation von TSC-Operatoren

Die meisten Ansätze zur verlaufsorientierten Anfrageauswertung beziehen sich auf Zeitreihen (z.B. [Chat 90], [SeCh 94a]). Ein Sequenzmodell, welches unabhängig vom Zeitdomain ist, ist das bereits in Abschnitt 4.2.2 angesprochene SEQ-Modell ([SeLR 94], [SeLR 95]). Verläufe werden in SEQ durch Abbildung der natürlichen Zahlen auf den durch ein Nullelement erweiterten Attributdomain modelliert. Als Operatoren auf SEQ-Objekten werden einfache unäre Operatoren wie Selektion, Projektion, positionsbasierter Offset (z.B. *shift*) und wertebasierter Offset (z.B. *previous/next*), aggregierende unäre Operatoren, welche aus einer Kombination von Fensteroperationen zur Auschnittsbestimmung und der auf den Fensterausschnitt anzuwendenden Aggregationsoperation bestehen (z.B. *moving-3-point-average*), und binäre Kompositionsoperatoren (z.B. *positional join*) bereitgestellt. In [SeLR 94] werden verschiedene Heuristiken zur Optimierung der Verarbeitung dieser Operationen angegeben (z.B. möglichst frühzeitige Ausführung von Selektions-, Projektions- und Positional-Join-Operationen). Die Optimierungsmaßnahmen im SEQ-Modell beruhen auf Metadaten zu den Sequenzen wie umfaßter Zeitspanne, Start- und Endzeitpunkt, Datendichte oder auch Nullstellenkorrelation zwischen verschiedenen Sequenzen. Zur Anfrageoptimierung werden das Vorausberechnen abgeleiteter Sequenzen und die Materialisierung abgeleiteter und temporärer Sequenzen vorgeschlagen, wobei letzteres allerdings als künftige Forschungsarbeit eingestuft wird. In [SeLR 95] werden für die in Abschnitt 4.2.2 bereits angesprochene duale positions- bzw. datensatzorientierte Sicht auf das Modell jeweils spezifische Operationen angegeben, welche sich in einer Anfrage auch mischen lassen und damit eine ausgefeilte Anfragespezifikation mit Möglichkeiten der Gruppenbildung, der Schachtelung von Anfragen und des Zoomings erlauben.

Eine interessante Anwendung verlaufsorientierter Datenauswertungen stellt der Einsatz im sog. *Data Mining* dar. Die in [APWZ 95] beschriebene *Shape Definition Language* (SDL) erlaubt die Spezifikation von Ähnlichkeitssuchmustern auf Sequenzen, d.h. die Gesamtstruktur der Sequenz muß aus Makrosicht ein vordefiniertes Muster aufweisen, wobei in Details auch in gewissem Rahmen von der Vorgabe abgewichen werden kann (sog. *blurry matching*). Sequenzen werden dabei ähnlich wie beim DCPM-Audio-Kodierungs-Verfahren ([JaNo 84]) als Folgen von Differenzwerten benachbarter Punkte beschrieben, wobei im Alphabet verschiedene Gradierungen für die Angabe des Verhältnisses der Nachbarpunkte vorgesehen sind (z.B. *up, Up, down, Down, appears, disappears, stable, zero*). Typische SDL-Operationen sind *any* (freie Auswahl), *concat* (Konkatenation), *exact, atleast, atmost* (Wiederholungsoperatoren) sowie *precisely in, noless in, nomore in, inorder in* (gebundene Existenzoperatoren). SDL-Spezifikationen können parametrisiert werden (z.B. *n ups* mit *n* als Eingabewert); die Ausdrucksmächtigkeit der Sprache umfaßt insgesamt reguläre Ausdrücke für reguläre Vergleichsoperationen. Im Vergleich zu SEQ liegt der Schwerpunkt des SDL-Ansatzes mehr auf der Sprache zur Formulierung der Benutzerspezifikationen denn auf der grundsätzlichen Beschreibung verlaufsorientierter Operationen. Zur Optimierung der SDL-Anfragen wird eine regelbasierte Umformulierung unter Ausnutzung von Idempotenz, Kommutativität, Assoziativität, Distributivität und Faltung von SDL-Operationen vorgenommen. Das Haupteinsatzgebiet des Ansatzes liegt in der Evaluierung von mit konventionellen Methoden des Data Mining (z.B. [AgIS 93b], [WCM+ 94]) gewonnenen Mining-Regeln. Eine Anwendung des Ansatzes zur Analyse von Zeitreihen ist in [ALSS 95] beschrieben.

4.4 Zeit- und verlaufsbezogene Speicherungs- und Indizierungsverfahren

Durch die Versionierung von Datenwerten statt dem Überschreiben des alten mit dem neuen Wert wie in herkömmlichen Datenbanksystemen weisen temporale Datenbanken üblicherweise ein immens hohes Datenvolumen auf. Deshalb kommt in temporalen Datenbanken einer effizienten Anfrageverarbeitung besondere Bedeutung zu, wie im vorangegangenen Abschnitt bereits verdeutlicht wurde. Eine Unterstützung der in temporalen und verlaufsorientierten Datenbanken typischen Anfragemuster kann zum einen durch die Speicherrepräsentation der Daten und darüber hinaus durch geeignete Indizierungsverfahren erfolgen.

4.4.1   Speicherrepräsentation temporaler und verlaufsorientierter Daten

Ziel bei der Festlegung der physischen Speicherrepräsentation temporaler Daten ist die anwendungsorientierte Clusterung von häufig zusammen benötigten Datensätzen, um diese zur Auswertung in möglichst wenigen Zugriffsoperationen von den Externspeichermedien in den Arbeitsspeicher des Rechners transferieren zu können. Der Clusterungsgrad der Datensätze wird dabei wesentlich vom Speicheraufwand für die Repräsentation der Zeitinformation beeinflußt. Hierbei gilt es, einen Kompromiß zwischen einer möglichst hohen Auflösung, einem möglichst umfassenden zeitlichen Abdeckungsbereich und einer möglichst speichereffizienten Darstellung zu finden. Die in den meisten Betriebssystemen vorzufindende Repräsentation von Zeitstempeln in vier Bytes erlaubt bei einer zeitlichen Auflösung von einer Sekunde beispielsweise nur die Adressierung eines Zeitraums von ca. 136 Jahren. Zur Speicherrepräsentation des Datentyps *datetime* in SQL2 sind dagegen für die Überdeckung einer Zeitspanne von 10.000 Jahren im Sekundenraster 20 Byte vorgesehen, obwohl sich die Menge der in diesem Zeitraum vorzufindenden Chronome durch weniger als 5 Bytes adressieren ließe. In [DySn 92] wird deshalb ein logarithmisches Zeitmodell mit verschiedenen zeitlichen Auflösungsstufen entwickelt, in welchem sich das gesamte Universum in Sekundengranularität, für den Zeitraum von 9000 v.Chr. an sogar in Mikrosekundengranularität, in nur acht Bytes darstellen läßt. Hiermit ist die Voraussetzung für eine gute Anfrageeffizienz durch hohen Clusterungsfaktor gegeben.

Neben einer möglichst kompakten Repräsentation der Zeitinformation ist für die Optimierung der Anfrageverarbeitung durch die physische Speicherrepräsentation die Festlegung der in einer Datenbankseite zusammen abzulegenden Datensätze von entscheidender Bedeutung. Das in [RoSe 87] vorgeschlagene Partitionierungsverfahren für Time Sequences (Abschnitt 4.2.2) beruht z.B. auf einer statischen, asymmetrischen Partitionierung der multidimensional repräsentierten Zeitwerte. Hierdurch werden insbesondere die im Bereich temporaler und sequenzorientierter Datenbanken typischen Bereichs- und Aggregationsanfragen besonders unterstützt. Die statische Partitionierung ist für temporale Datenbanken mit ihrer *append-only*-Semantik im allgemeinen angemessener als dynamische Partitionierungsverfahren wie z.B. GRID-Files ([NiHS 84], [NiHi 87]). Gegenüber einer symmetrischen Partitionierung ([RoSe 88]) erweist sich die in [RoSe 87] vorgenommene asymmetrische Partitionierung, bei der eine Primärclusterung nach einem Attribut vorgenommen wird, im Hinblick auf Seitenüberläufe als besser geeignet. Ein grundlegendes Manko des Ansatzes ist, daß mit ihm Intervalle nicht effizient behandelt werden können ([ShOL 94]).

4.4.2 Indizierungsverfahren für temporale Daten

In Datenbanksystemen werden zur effizienten Auswertung von Zugriffsmustern, welche durch die physische Speicherrepräsentation nicht oder nur unzureichend unterstützt werden, Indizierungsverfahren eingesetzt. Temporale Datenbanksysteme erfordern insbesondere eine Indexunterstützung für Zeitintervalle. Als Besonderheiten weisen Zeitintervallen häufig Überlappungen auf, neue Daten werden zeitsortiert und in append-only-Manier eingefügt, und die in der Datenbank repräsentierten sowie die in den Anfragen spezifizierten Intervalle sind in ihrer Länge meist nicht uniform verteilt. Zudem kann für Intervalle im allgemeinen keine totale Ordnung angegeben werden, weshalb der unmittelbare Einsatz der meisten für klassische Datenbanksysteme entwickelten Indizierungsverfahren ausscheidet. Auch wenn man Zeitintervalle als eindimensionale räumliche Daten interpretieren kann, erweist sich der direkte Einsatz räumlich orientierter Zugriffsverfahren wie k-d-Bäume ([Bent 75]) oder R-Bäume ([Gutt 84]) als wenig effizient, weil in temporalen Datenbanken der Datenraum dynamisch wächst und die zeitorientierte Einfügung von Intervallen die Balancierung der Indexstruktur erschwert ([ElWK 93]). Schließlich ist wegen des hohen Datenvolumens in temporalen Datenbanken oft eine Einbeziehung von Tertiärspeichermedien erforderlich, wodurch eine Indexunterstützung für Datenbestände auf verschiedenen Speichermedien erforderlich wird.

Als grundlegende Ansätze zur Indizierung zeitbehafteter Datenbanken werden in [Kolo 93] Segmentbäume, dynamische Indizes für verschiedene Speichermedien und nichtbalancierte Baumstrukturen diskutiert. Beim ersten Ansatz werden baumstrukturierte Indizierungsverfahren wie R-Baum oder B$^+$-

Baum um Aspekte der von Bentley ([Bent 77]) eingeführten Segmentbäume erweitert. Zum einen wird erlaubt, daß Datensätze auch in Nicht-Blattknoten eingetragen werden können, so daß sich die Suche für Datensätze in Nicht-Blattknoten beschleunigt. Zum anderen wird zur Kompensation des mit der Speicherung von Nutzdatensätzen in inneren Knoten des Baumes einhergehenden Verringerung des Speicherplatzes für Verzweigungsinformation eine variable Knotengröße vorgesehen, so daß der Verzweigungsgrad für alle Knoten gleich gehalten werden kann. Die Implementierung dieses Ansatzes im *Segment R-Tree* (SR-Tree, [KoSt 91]) erweist sich performanter als ein Einsatz von R-Bäumen; allerdings erfordert das Verfahren eine variable Datenbankseitengröße und zeigt seine Überlegenheit nur bei uniformer Datenverteilung und festem Wertebereich der zu verwaltenden Daten ([KKEW 94]). Sog. *Mixed-Media-Indices* zur Indizierung von Daten auf unterschiedlichen Speichermedien sind in [LoSa 89], [KoSt 89], [ElWK 93] beschrieben. Der Ansatz ist hierbei, auf Grundlage sog. *Vacuuming-*Dämonen ([StHa 87], [JeMa 90]) eine periodische Verlagerung älterer Daten von der Magnetplatte auf WORMs vorzunehmen und die zugehörigen Indexstrukturen ebenfalls auszulagern. Neben der Entlastung teurer und schneller Magnetspeichermedien weist diese Vorgehensweise auch Vorzüge in Richtung Datenarchivierung auf, da die WORM-Daten einen unauslöschlichen Audit Trail darstellen. In [KoSt 89] werden für diesen Ansatz ähnlich gute Zugriffszeiten wie für einen rein magnetplattenbasierten Index angegeben. Der dritte allgemeine Ansatz zur Indizierung zeitbehafteter Datenbanken ist die Verwendung nichtbalancierter Baumstrukturen (sog. *Lopsided Indices*). Ziel ist es, wie allgemein bei optimalen Baumsuchstrukturen ([Knut 73]), für häufig zugegriffene Datensätze kürzere Suchwege im Index als für weniger häufig benötigte bereitzustellen. Der potentiell hohe Reorganisationsaufwand kommt im Zeitbereich wegen der dort weitgehend stabilen Datenbestände nicht zum Tragen ([Kolo 90]).

In [GuSe 93] wird mit dem sog. AP-Baum ein spezieller Indizierungsmechanismus für append-only-Datenbanken vorgestellt, welcher eine Kombination einer ISAM-Dateiorganisation mit einem B$^+$-Baum darstellt. Bildlich gesprochen, wächst ein AP-Baum vom rechten Blattknoten aus, weil die Start-werte neuer Zeitintervalle gemäß der zeitlichen Ordnung immer in diesen Knoten eingelagert werden. Der AP-Baum ist bis auf den äußersten rechten Teilbaum immer balanciert, wobei Knoten nie gesplittet werden. Bevor eine neue Wurzel und damit ein neuer rechter Teilbaum erzeugt wird, wird auch der bisherige äußerst rechte Teilbaum sukzessive zu einem balancierten Baum mit vollbelegten Knoten ergänzt, wie Abbildung 4.4 an einem Beispiel verdeutlicht.

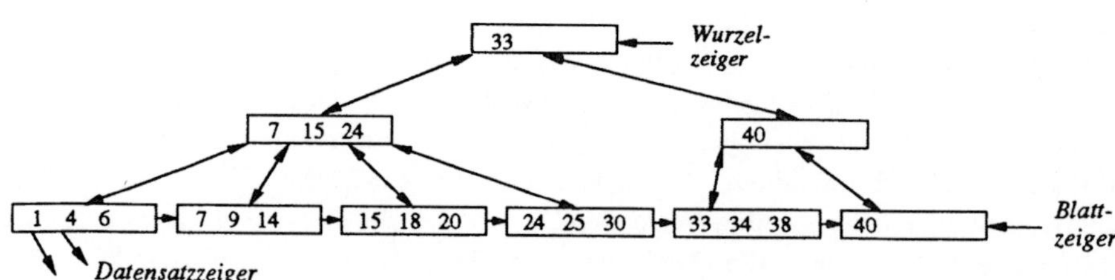

Abb. 4.4: Beispiel eines AP-Baums mit B$^+$-Baum-Schlüsselorganisation (nach [GuSe 93])

Ursprünglich wurde das AP-Baum-Verfahren zur Optimierung von Event-Join-Operationen eingeführt ([SeGu 89]). Darauf aufbauend, stellen die sog. ST-Trees (Surrogate/Time-Trees, [GuSe 93]) eine zwei-stufige Indexstruktur dar, bei der die erste Indexstufe durch einen B$^+$-Baum, die zweite durch einen AP-

Baum realisiert wird. Die erste Stufe indiziert dabei die zeitfreien Surrogat-Schlüsselwerte, die zweite Stufe dient der Unterstützung versionsbehafteter Zugriffe. In Abbildung 4.5 ist ein stark vereinfachtes Beispiel eines ST-Baumes angegeben.

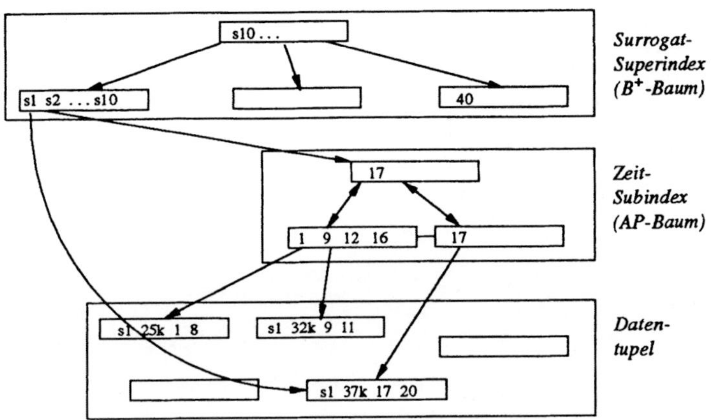

Abb. 4.5: Beispiel eines ST-Baumes (nach [GuSe 93])

In [GuSe 93] wird darüber hinaus noch ein spezieller Indizierungsmechanismus für zeitbasierte Aggregationsanfragen angegeben, auf den hier aber nicht näher eingegangen werden soll.

Ein Indizierungsverfahren, welches wie der AP-Baum speziell für append-only-Datenbanken konzipiert wurde, stellt der in [ElWK 90] eingeführte *Time Index* dar. Die Grundidee bei diesem Verfahren ist, Intervalle über linear geordnete Indexpunkte zu charakterisieren und diese in einer B^+-Baumstruktur zu verwalten; die lineare Ordnung garantiert deren Einsetzbarkeit. Ein Indexpunkt wird zu Beginn sowie einen Zeittick nach Ablauf eines Intervalls angelegt. In Abbildung 4.6 ist der Erstellungsprozeß eines Time Index verdeutlicht.

Als Ergänzung zum Time Index wird in [ElWK 93] eine Erweiterung von B^+-Bäumen, der sog. Monotonic B^+-Tree, vorgeschlagen. Er ist ähnlich wie AP-Bäume nur für append-only-Datenbanken einsetzbar und kann auch als Mixed-Media-Index zwischen verschiedenen Speichermedien verteilt werden. In [KKEW 94] wird eine Erweiterung des Time-Index-Verfahrens vorgeschlagen, welche auf die Elimination der redundanten Datensatzverweise in den Blattknoten abzielt. Ähnlich wie beim SR-Baum werden Datensatzverweise auch von inneren Knoten der Indexstruktur heraus erlaubt; zusätzlich werden benachbart liegende Verweise zusammengefaßt. Insgesamt ergibt diese *Time Index*[+] genannte Variante eine um etwa 10% bessere Suchperformanz als ein Time Index bei um 60% reduziertem Speicheraufwand; gegenüber verschiedenen R-Baum-Varianten fallen die Suchzeitvorteile noch gravierender aus, allerdings zu Lasten eines um ca. 50% höheren Speicherplatzbedarfs.

Ein Indizierungsverfahren für Zeitintervalle, welches auf die Verbesserung der schlechten Speicherplatznutzung des Time Index und seiner Varianten abzielt, wird in [ShOL 94] vorgestellt. Das Indizierungsproblem wird durch Abbildung der Intervalle in einen zweidimensionalen Raum angegangen,

Ausgangsrelation:

Versionentabelle:

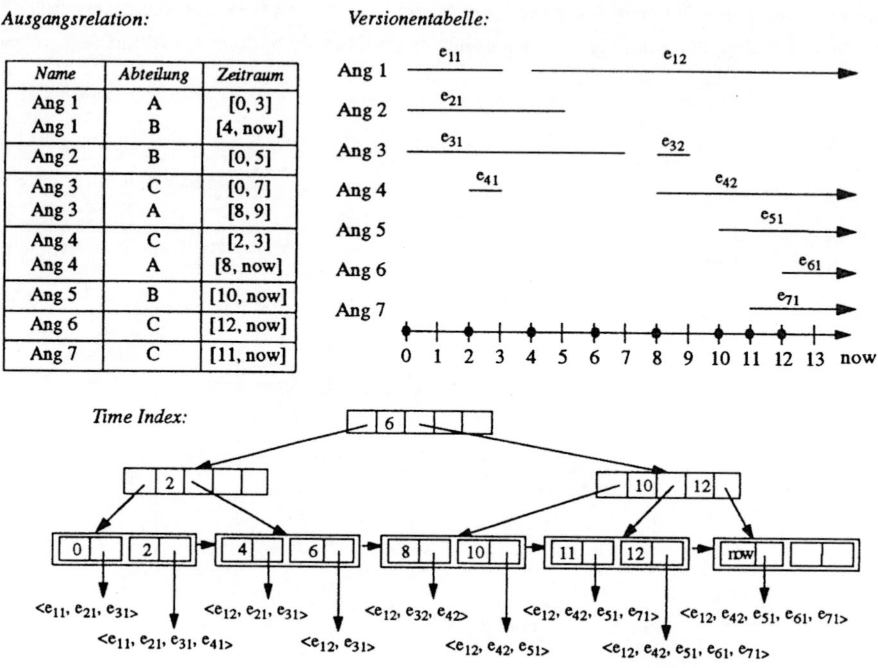

Name	Abteilung	Zeitraum
Ang 1	A	[0, 3]
Ang 1	B	[4, now]
Ang 2	B	[0, 5]
Ang 3	C	[0, 7]
Ang 3	A	[8, 9]
Ang 4	C	[2, 3]
Ang 4	A	[8, now]
Ang 5	B	[10, now]
Ang 6	C	[12, now]
Ang 7	C	[11, now]

Abb. 4.6: Konstruktion eines Time Index (nach [ElWK 93])

wobei die Achsen jeweils mit dem Zeitintervall [0, now] beschriftet sind. Jedes Intervall kann dann als ein Punkt in diesem Raum repräsentiert werden, wobei die x-Koordinate den Startwert des Intervalls, die y-Koordinate die Länge des Intervalls angibt (Abbildung 4.7).

Ausgangsrelation:

Repräsentation im zweidimensionalen Raum:

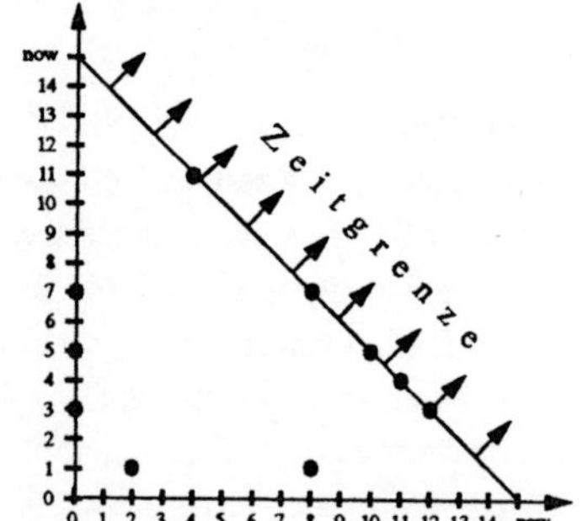

Tuple	Pers_ID	Ort	Zeitraum
t1	p1	A	[0, 3]
t2	p1	B	[4, now]
t4	p2	B	[0, 5]
t7	p3	C	[0, 7]
t8	p3	A	[8, 9]
t10	p4	C	[2, 3]
t11	p4	A	[8, now]
t12	p5	B	[10, now]
t13	p6	C	[12, now]
t14	p7	C	[11, now]

Abb. 4.7: Zweidimensionale Repräsentation von Zeitintervallen (nach [ShOL 94])

Die als Punkte im zweidimensionalen Raum repräsentierten Intervalle können nun nach anwendungs-orientierten Kriterien geclustert und so partitioniert werden, daß eine Partition genau in eine Datenbank-seite paßt. Die Besonderheit des TP-Index-Verfahrens liegt in den Bildungsregeln für die Polygone zur Beschreibung eines Datenclusters. Es werden nur Schnitte parallel zur x-Achse und zur Zeitgrenze erlaubt. Die durch einen Schnitt entstandenen Teilstücke werden in einer B^+-artigen Indexstruktur verwaltet. Hierdurch können bei Unterlauf einer Datenseite leicht Verschmelzungen mit Nachbarknoten erfolgen. In Abbildung 4.8 ist ein vereinfachtes Beispiel eines TP-Indexbaumes angegeben.

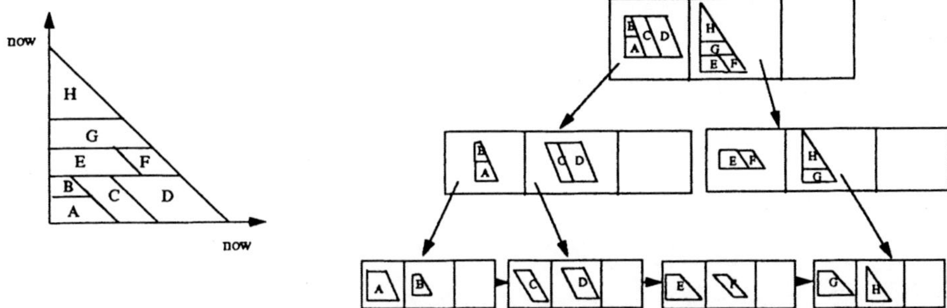

Abb. 4.8: Beispiel eines TP-Indexbaumes

Die Nutzung der TP-Indexstruktur zur Anfrageauswertung erfolgt ähnlich wie in räumlichen Datenstrukturen. In [ShOL 94] werden für den Ansatz eine ausgezeichnete Suchperformanz und eine im Vergleich zum Time Index sehr gute Speichernutzung angegeben.

5 Ansätze zur Modellierung statistischer und empirisch-wissenschaftlicher Daten

Die Anfänge der Behandlung des Themas 'Statistical&Scientific Databases' lassen sich aus mathematisch-statistischer Sicht bis zur Jahrhundertwende zurückverfolgen. Bereits im Jahre 1899 wurde im Bereich der Evolutionstheorie die neuentwickelte Theorie der Wahrscheinlichkeitsverteilung auf die Analyse sog. Frequenztafeln angewandt, um empirisch erhobene Daten modellbasiert zu erklären ([PeLM 1899], [Pear 01], [Pear 16]). Bis in die 70er Jahre hinein wurde das mathematische Instrumentarium ständig weiterentwickelt und in verschiedenen Anwendungsgebieten, vor allem den Sozialwissenschaften, erfolgreich eingesetzt ([CoAr 69], [StWa 73], [Meye 73], [UN 75], [SoDu 77]). Die Datenverwaltung der zu dieser Zeit eingesetzten statistischen Analysepakete erfolgte weitgehend proprietär auf Anwendungsprogrammebene. Eine der ersten Arbeiten, die sich dem Thema Datenverwaltung aus verallgemeinerter, datenbankorientierter Sicht annimmt und auch explizit den Terminus 'Statistische Datenbank' verwendet, ist die Veröffentlichung von Hoffman und Miller ([HoMi 70]). Ab ca. 1975 fand der Themenbereich dann in der Datenbankforschung größere Beachtung, allerdings hauptsächlich aus dem Blickwinkel des Datenschutzes (vgl. Abschnitt 3.6.2). Eines der ersten in der Literatur beschriebenen statistischen Datenbanksysteme, RAPID, wurde seit Mitte der siebziger Jahre von Statistics Canada entwickelt ([TuHC 79]).

Ernsthafte Bemühungen hinsichtlich einer fachbereichsübergreifenden Modellierung von SSDB-Anwendungen sind mit dem Beginn der 80er Jahre zu verzeichnen. Eine 'Initialzündung' erlangte die SSDB-Forschung mit der Etablierung der bereits erwähnten SSDB-Konferenzreihe, welche maßgeblich durch die Datenbankforschungsgruppe am Lawrence Berkeley Laboratory um Prof. Shoshani initiiert wurde. Die auch aus heutiger Sicht noch grundlegenden Veröffentlichungen zu den charakteristischen Anforderungen in statistischen und empirisch-wissenschaftlichen Datenbanken stammen ebenfalls aus dieser Arbeitsgruppe ([Shos 82], [Wong 82], [ShOW 84], [Wong 84], [ShWo 85]). Neben den ersten SSDB-Workshops erschienen zu Beginn der 80er Jahre auf allen großen Datenbankkonferenzen und in einschlägigen Zeitschriften Veröffentlichungen von Forschungsarbeiten, welche die spezifischen Anforderungen des SSDB-Bereichs aus Datenbanksicht darstellten und in der Folge eine intensive Beschäftigung mit diesem Themengebiet auslösten ([ChOz 81], [BaBD 82], [DNSS 83], [OzOz83a], [SuNB 83]). Die grundlegenden Arbeiten hinsichtlich der Anforderungen und Zielsetzungen im SSDB-Bereich erreichten gegen Ende der 80er Jahre ihren Höhepunkt ([Rafa 88], [FrJP 90a], [FrJP 90b], [Mich 91]).

Parallel zur Diskussion der spezifischen Datenbankanforderungen im SSDB-Bereich wurde seit Beginn der 80er Jahre eine Vielzahl von SSDB-Datenmodellen beschrieben, mit welchen die im dritten Kapitel herausgearbeiteten Probleme beim Einsatz herkömmlicher Datenbanksysteme in realistischen SSDB-

Anwendungsszenarien gelöst werden sollen. In diesem Kapitel werden die wesentlichen Entwicklungslinien der SSDB-Modellierung anhand repräsentativer Ansätze skizziert. Die Darstellung folgt dem
Drei-Schema-Architekturmodell nach ANSI/SPARC, so daß für jeden Ansatz, soweit aus den zugehörigen Veröffentlichungen ersichtlich, die konzeptionelle Modellierungsebene, die auf externer Ebene
angesiedelte Unterstützung der Anfrageverarbeitung und die bei der auf physischen Speicherrepräsentation auf interner Ebene vorzufindenden Maßnahmen beschrieben werden. Natürlich sind nicht in allen
Ansätzen diese drei Schemaebenen gleichermaßen thematisiert, so daß die Darstellungsbreite und -tiefe
bei den verschiedenen Modellen variiert; der Schwerpunkt der Darstellung liegt stets auf der logischen
Modellierungsebene. Wie schon im dritten Kapitel, konzentriert sich die Darstellung auf grundsätzliche
Aspekte; auf Implementierungsspezifika wird nur in Ausnahmefällen eingegangen.

In Abbildung 5.1 werden unter Angabe der wichtigsten Modellvertreter die grundlegenden Entwicklungslinien von SSDB-Modellen aufgezeigt. Eine durchgezogene Verbindungslinie zwischen zwei
Modellen deutet dabei an, daß das ältere Modell als ein unmittelbarer Vorläufer des jüngeren angesehen
werden kann, während eine gestrichelte Linie eine eher mittelbare Verwandtschaft andeutet. In der
Abbildung sind unter den Überschriften "graphisch orientierte Modelle", "konzeptionell orientierte
Modelle" und "Summendaten-Modelle" drei grundlegende Entwicklungslinien von SSDB-Modellen
aufgeführt. Die Zuordnung der verschiedenen Modelle zu diesen Entwicklungslinien ist dabei nicht
immer eindeutig, was durch die Positionierung von STORM zwischen den beiden ersten Entwicklungslinien angedeutet wird. Für die älteren Systeme wurde die Einordnung anhand des vorherrschenden
Charakteristikums getroffen; natürlich weisen diese Systeme teilweise aber auch Charakteristika anderer Linien auf. Nachfolgend werden die Vertreter der drei Entwicklungslinien in jeweils chronologi-
scher Reihenfolge beschrieben; die grundlegenden Arbeiten von Sato und Johnson im Summendaten-
Bereich werden dabei nicht gesondert aufgeführt, sondern bei der Beschreibung von SSDB und SDM
mit berücksichtigt. In Abschnitt 5.4 werden noch einige weitere Ansätze, welche sich in Abbildung 5.1
nur schwer einordnen lassen, im Überblick vorgestellt.

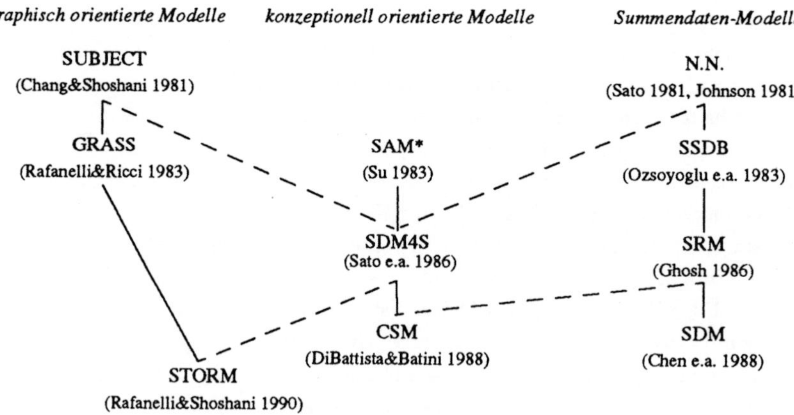

Abb. 5.1: Entwicklungslinien von SSDB-Modellen

5.1 Graphisch orientierte Modelle

Die erste Entwicklungslinie von SSDB-Datenmodellen stellen Ansätze dar, welche auf einer Rekonstruktion gegebener statistischer Tabellen mit graphischen Mitteln beruhen. Der erste Vertreter dieser Entwicklungslinie ist das System SUBJECT, welches im Kern auf einer graphische Rekonstruktion vorliegender Tabellenstrukturen beruht. Im GRASS-Ansatz werden die im SUBJECT-System bereitgestellten Knotentypen erweitert. Der STORM-Ansatz steht ebenfalls in der Tradition graphisch orientierter Modelle, stellt aber durch eine Betonung der intensionalen Beschreibungsebene auch eine Brücke zu den eher konzeptionell orientierten Ansätzen dar.

5.1.1 SUBJECT

Eines der ersten der in der Literatur vorgestellten, dedizierten SSDB-Modelle ist das am Lawrence Berkeley Laboratory in den frühen 80er Jahren entwickelte Modell SUBJECT ([ChSh 81a], [ChSh 81b]). Das Modell beruht auf der Rekonstruktion statistischer Tabellen mittels zweier grundlegender Abstraktionen: *Clusterung* und *Kreuzproduktbildung*. Mit diesen Abstraktionstypen werden die Zeilen- und Spaltenüberschriften einer Tabelle in Form eines gerichteten, azyklischen Graphen repräsentiert. Diese graphische Repräsentation des Tabelleninhalts dient dann einerseits zur effizienten Organisation des Datenbestandes und stellt andererseits die Grundlage für ein graphisch-interaktives Zugangssystem zu den statistischen Daten dar.

In Abbildung 5.2 ist ein Beispiel einer komplexen statistischen Tabelle angegeben. Die Tabelle enthält einen Ausschnitt von amerikanischen Volkszählungsdaten aus den 80er Jahren. Sowohl in den Zeilen- als auch den Spaltenüberschriften ist eine hierarchische Struktur von qualifizierenden Attributen (*Kategorienattribute*) zu erkennen. Die quantifizierenden Daten in den Zellen der Tabelle (*Summenattribute*) beziehen sich zudem auf unterschiedliche Skalen (Anzahl Beschäftigte bzw. Anzahl von Unternehmen). Ist es oftmals bereits für einzelne Tabellen, die in realen Anwendungen meist einen deutlich größeren Umfang als die im Beispiel gezeigte, stark vereinfachte Tabelle aufweisen, schwierig, den Tabellenauf-

Arbeitsstatistik

alle 5 Jahre	*Anzahl Beschäftigte nach Geschlecht und Alter*					*Anzahl von Unternehmen*		
		bis 39		*ab 40*			*Einzel-*	*Körper-*
Industrie	*Gesamt*	*männl.*	*weibl.*	*männl.*	*weibl.*	*Gesamt*	*gesellsch.*	*schaften*
1980								
Gesamt	68942	22337	15443	21544	9618	8932	4753	4179
Fertigung	18614	8376	3257	5584	1397	1430	409	1021
Nahrung	2329	466	583	682	598	291	116	175
Masch.bau	6523	2962	1231	1957	373	326	49	277
andere	9762	4948	1443	2945	426	813	244	569
Dienstlstg.	37918	10051	9562	12438	5867	6320	3812	2508
andere	12410	3910	2624	3522	2354	1182	532	650
1985								
Gesamt	69037	21859	15672	22738	8768	9468	4848	4620
...	...	...	...	...	...	...	...	...

Abb. 5.2: Beispiel einer komplexen statistischen Tabelle

bau und -inhalt zu erfassen, so stellt der Versuch, systematisch Querbezüge zwischen der Vielzahl komplex strukturierter Tabellen in realen Anwendungen aufzustellen, in der Regel ein hoffnungsloses Unterfangen dar.

In SUBJECT wird der Aufbau und Inhalt komplexer statistischer Tabellen wie der in Abbildung 5.2 gezeigten in graphischer Form rekonstruiert. Der mit der Beispieltabelle korrespondierende SUBJECT-Graph ist in Abbildung 5.3 wiedergegeben. Clusterknoten sind durch ein 'C', Kreuzproduktknoten durch ein 'X' gekennzeichnet. Der linke Teilgraph modelliert die Zeilenlegende der Tabelle. Im Graphen ist der zweidimensionale Zeilenaufbau, welcher in der Tabelle durch Schachtelung der Jahres- und Industriekategorie ausgedrückt wird, durch den Kreuzproduktknoten mit der Beschriftung "Jahr/ Industrie" repräsentiert. Die Kategorisierung der Industriezweige manifestiert sich in der hierarchischen Anordnung entsprechender Clusterknoten, wobei die Kategorie "Fertigung", anders als die beiden anderen Hauptgruppen, noch tiefer aufgespalten wird. Der rechte Teilgraph des Beispielgraphen modelliert die im Kopf der Ausgangstabelle enthaltene beschreibende Information. Unter dem Clusterknoten mit dem ausgezeichneten Label "Variablen" sind die verschiedenen Tabellenteile mit den Summenwerten modelliert. Die Aufschlüsselung der Beschäftigtenzahlen erfolgt in den logisch unabhängigen Dimensionen "Alter" und "Geschlecht", was sich wiederum in der Verwendung eines Kreuzproduktknotens widerspiegelt.

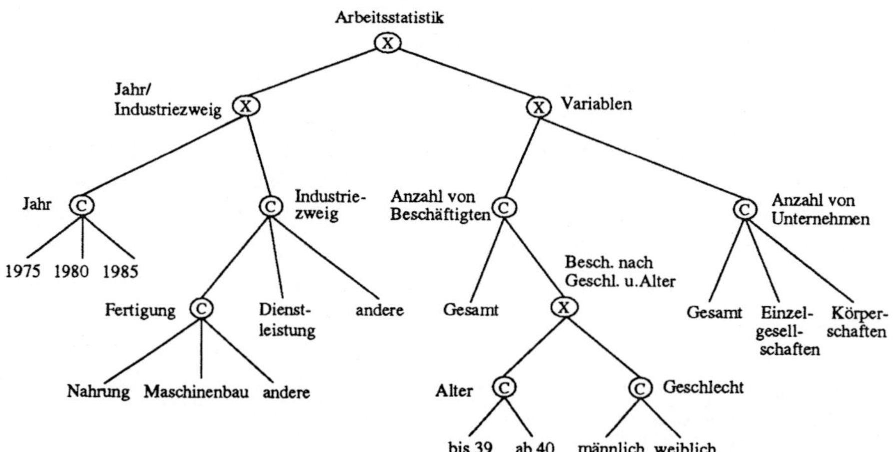

Abb. 5.3: SUBJECT-Graph zur Beispieltabelle aus Abbildung 5.2

Die graphische Repräsentierbarkeit auch von komplexen Tabellen im SUBJECT-Modell basiert auf der typischerweise sehr geringen Anzahl von Werteausprägungen in der einzelnen Kategorienattributen, die bei Attributen mit potentiell großem Wertevorrat in statistischen Anwendungen typischerweise durch Klassenbildung (z.B. durch Einführung der Alterklassen "bis 40" und "über 40" für das Kategorienattribut "Alter") mit der Möglichkeit der Restklassenbildung ("andere") erreicht wird. Weiterhin wird die Übersichtlichkeit von SUBJECT-Graphen durch die Möglichkeit der Mehrfachverwendung von Knoten erhöht. Bei dem in Abbildung 5.4 gezeigten Beispiel wird der Knoten "Bundesland/Landkreis" für die Beschreibung zweier verschiedener Dateien genutzt, von denen eine Zahlen zur Luftqualität, die andere zu Sterbezahlen enthält. Dadurch, daß bei der physischen Speicherung der Summenwerte die Kategori-

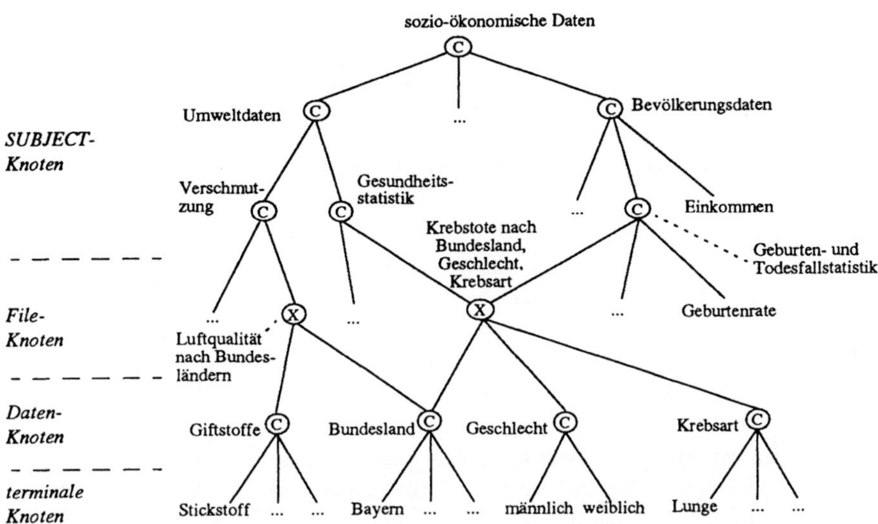

Abb. 5.4: Mehrfachverwendung von Knoten in SUBJECT-Graphen

enwerte nicht mit in den Dateien gespeichert sind, sondern nur im Sinne von Stammdaten zur Adreß-
rechnung eingesetzt werden, wird eine mehrfache Repräsentation im System vermieden. Zudem wird
systematisch ein möglicher Querbezug zwischen den beiden Tabellen beschrieben.

Das zweite in Abbildung 5.4 gezeigte Beispiel der Mehrfachverwendung von Knoten illustriert die
Möglichkeit der Nutzung derselben Information in verschiedenen Verwendungskontexten. Die Sterbe-
zahlen von Krebskranken können zum einen im Kontext einer Gesundheitsstatistik aus Umweltge-
sichtspunkten, zum anderen als Teil einer Geburten- und Todesfallstatistik im Zuge einer allgemeinen
Bevölkerungsdatenerhebung genutzt werden. Diese Art der Mehrfachverwendung bezieht sich auf die
Metadaten, welche in den sog. *SUBJECT-Knoten* oberhalb der *File-Knoten* modelliert sind; letztere
repräsentieren die Dateien mit den konkreten Zahlen. Der Aufbau der Dateien wird mit sog. *Daten-
Knoten* modelliert, durch welche auch der hierarchische Aufbau einer Dimension beschrieben werden
kann. Die Blattknoten des gerichteten Graphen werden als *terminale Knoten* bezeichnet. Die verschiedenen Knotentypen sind in Abbildung 5.4 exemplarisch angegeben.

Mit der logischen Modellierung von statistischen Tabellen gemäß dem SUBJECT-Ansatz geht die
Möglichkeit der automatischen Bildung von Datenverdichtungen einher. Hierzu wird den beiden Abstr-
aktionsknotentypen eine spezifische Auswertesemantik zugewiesen. Bei beiden Knotentypen führt die
explizite Selektion einer ausgehenden Kante zur Ausweisung entsprechender Werte in der Ergebnista-
belle zu einer Anfrage. Während bei Selektion des Knotens selbst in beiden Fällen implizit über alle
ausgehenden Kanten aggregiert wird, werden nichtselektierte Kanten bei Kreuzprodukt-Knoten automatisch hochaggregiert, während sie bei Cluster-Knoten ignoriert werden.

Das SUBJECT-Modell wurde in den 80er Jahren am Lawrence Berkeley Laboratory prototypisch
implementiert und als alternatives Zugangssystem zum System SEEDIS (*Socio-Economic Environmental Demographic Information System*) eingesetzt. Das System erlaubt ein menübasiertes Navigieren in
der Graphenstruktur und einen schlüsselwortbasierten Direktzugriff auf einzelne File-Knoten. Für
terminale Knoten, deren Aggregationssemantik modellseitig nicht festgelegt ist, wird eine explizit

aufrufbare Aggregationsfunktion bereitgestellt. Die Summendaten sind gemäß der logischen Beschreibung durch die Cluster- und Kreuzprodukt in Dateien organisiert, wobei zur Behandlung von Kreuzpro-
dukten ein einfaches Array-Linearisierungsverfahren eingesetzt wird.

Auch wenn SUBJECT kein kommerzieller Erfolg wurde, hat es doch die nachfolgenden Arbeiten im
SSDB-Bereich nachhaltig beeinflußt. Die Uniformität der Modellierung von Kategorien- und Summenattributen, die logische Sichtenbildung, Konsistenzerhaltung der Definitionsbereiche und Identifikation
von Verbund-Kandidaten durch Mehrfachverwendung von Knoten und die automatische Ableitung von
Verdichtungswerten über eine modelldefinierte Aggregationssemantik stellen auch aus heutiger Sicht
grundlegende Anforderungen an die Datenbankunterstützung im SSDB-Bereich dar. Der Hauptkritik-
punkt am SUBJECT-Ansatz ist die Nichteindeutigkeit der Modellierung, welche sich aus der Willkür-
lichkeit bei der Abbildung multidimensionaler Daten in zweidimensionale Tabellenstrukturen ergibt. In
Abbildung 5.5 ist die Modellierung einer Zeitreihe mit Monatsgranularität einmal eindimensional über
Clusterknoten, zum anderen zweidimensional über Kreuzproduktbildung wiedergegeben. Beide Repräsentationen sind aus logischer Sicht äquivalent; dadurch, daß sie in SUBJECT aber zu verschiedenen
Repräsentationen führen, welche wiederum die Grundlage für die physische Speicherabbildung darstellen, kann die Identifikation logisch gleicher Sachverhalte unnötig erschwert werden. Insofern stellt
SUBJECT keine grundlegende Verbesserung gegenüber den bis dahin häufig verwendeten Tabellenbe-
schreibungssprachen wie TPL ([WeSt 81]) dar.

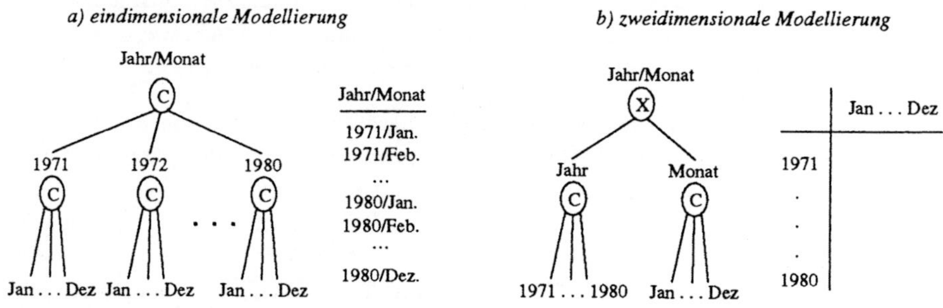

Abb. 5.5: Nichteindeutige Modellierung in SUBJECT

5.1.2   Graphical Approach for Statistical Summaries (GRASS)

Eine unmittelbare Erweiterung des SUBJECT-Ansatzes stellt das von Rafanelli und Ricci im Jahre 1983
vorgeschlagene SSDB-Modell GRASS (*GRaphical Approach for Statistical Summaries*, [RaRi 83])
dar. Das Modell zielt auf eine bessere Unterscheidbarkeit von Kategorien- und Summenattributen durch
die Einführung neuer Knotentypen ab. In GRASS werden fünf Knotentypen bereitgestellt:

- S-Knoten (*Selection*):
  Mit S-Knoten wird eine logische Sicht der Summendaten beschrieben. S-Knoten modellieren die
  konzeptionellen Beziehungen zwischen statistischen Tabellen (repräsentiert durch T-Knoten)
  oder zwischen anderen S-Knoten.

- T-Knoten (*Table*):
  T-Knoten repräsentieren die im System physisch vorhandenen Summendaten. Die Knotenbeschriftung gibt sowohl das beschriebene Phänomen als auch den zugrundeliegenden Datentyp an.

- C-Knoten (*Category*):
  Durch C-Knoten werden die Kategorienattribute in den statistischen Tabellen modelliert. Wie in SUBJECT, können in GRASS C-Knoten zur Repräsentation von Abstraktionsbeziehungen zwischen Kategorienattributen hierarchisch organisiert werden.

- A-Knoten (*Aggregate*):
  Bei A-Knoten werden die eingehenden Knoten durch Bildung des karthesischen Produkts aggregiert. Durch diesen Knotentyp, der dem X-Knoten in SUBJECT entspricht, werden insbesondere exzessive Instanzenlisten vermieden, wie sie bei der alternativen Modellierung durch C-Knoten entstehen würden (vgl. Abbildung 5.5 a).

- t_n-Knoten (*Terminal*):
  Terminale Knoten repräsentieren die Instanzen von C-Knoten auf elementarem Abstraktionsniveau; die Menge der einem C-Knoten zugeordneten t_n-Knoten beschreibt dessen Wertebereich.

In Abbildung 5.6 ist ein Beispiel eines GRASS-Graphen angegeben. Wie das Beispiel zeigt, ist ein GRASS-Graph gerichtet, zusammenhängend, azyklisch und orientiert. Die T-Knoten fungieren als "Brücke" zwischen dem konzeptionellen Summenteil (oberer Teilgraph, bestehend aus S-Knoten) und dem tabellenorientierten, baumstrukturierten Teil (unterer Teilgraph, A-, C- und t_n-Knoten).

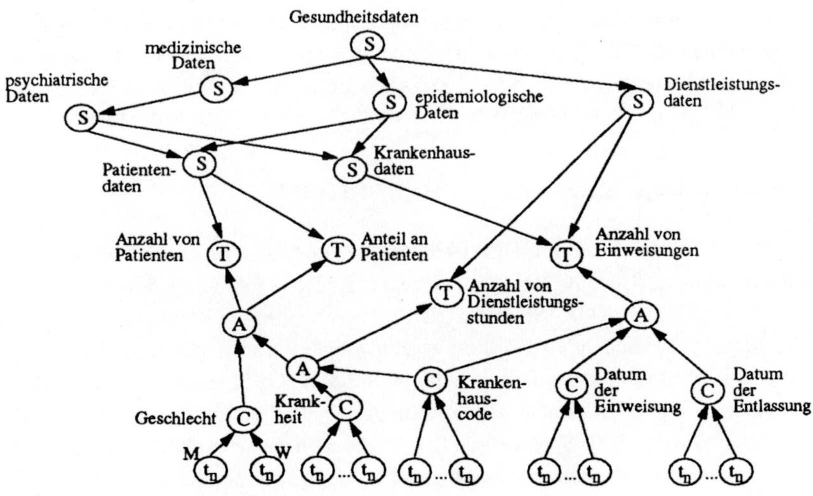

Abb. 5.6: Beispiel eines GRASS-Graphen

Der allgemeine Aufbau eines GRASS-Graphen erfolgt anhand von folgenden Regeln:

R1) Ein minimaler Graph besitzt folgenden Aufbau:

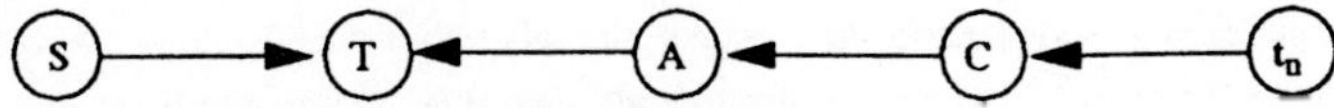

Alle Kanten sind auf einen T-Knoten gerichtet.

R2)   Ein S-Knoten kann mit einem oder mehreren S-Knoten und/oder einem oder mehreren T-Knoten verbunden sein.

R3)   Ein T-Knoten kann mit einem oder mehreren S-Knoten und/oder einem oder mehreren A-Knoten verbunden sein.

R4)   Ein A-Knoten kann mit einem oder mehreren T-Knoten, mit zwei oder mehreren C-Knoten oder mit einem oder mehreren A-Knoten verbunden sein.

R5)   Ein C-Knoten kann mit einem oder mehreren A-Knoten und mit zwei oder mehreren t_n-Knoten desselben Wertebereichs verbunden sein.

R6)   Ein t_n-Knoten kann nur mit einem C-Knoten verbunden sein.

Eine Anfrage an einen GRASS-Graphen generiert einen Teilgraphen nach ähnlichen Ableitungsregeln, wie sie bei der Aggregationenbildung in SUBJECT eingesetzt werden; die genaue Spezifikation dieser Regeln ist in [RaRi 83] zu finden. In dieser Quelle sind auch Vorschläge zur Modellierung von "not applicable"-Nullwerten ([Codd 86]) angegeben.

In [Rafa 87] wird, wohl auch als Reaktion auf die an SUBJECT geübte Kritik, eine Unterscheidung verschiedener Tabellentypen für das GRASS-Modell eingeführt. Eine *Simple Statistical Table (SST)* beschreibt ein einziges Summendatum unter Angabe der zugehörigen Kategorienattribute und eines Datentyps, der die zur Bildung des Summenwertes eingesetzte Aggregationsfunktion charakterisiert. Mehrere SSTs mit gleichem Kategorienbezug können zu einer *Complex Statistical Table (CST)* zusammengefaßt werden. Diese beiden rein logischen Modellierungskonstrukte werden erst durch Zuordnung einer *Printing Statistical Table (PST)* in eine ausgabespezifische Form gebracht. Der Hauptvorteil von GRASS gegenüber SUBJECT liegt in der modellseitigen Unterscheidung von Kategorien- und Summenattributen; allerdings ist auch in GRASS die Modellierung desselben Sachverhaltes auf verschiedenen Wegen möglich. Eine Implementierungsbeschreibung ist in der Literatur nicht zu finden.

5.1.3   Statistical Object Representation Model (STORM)

Das von Rafanelli und Shoshani im Jahre 1990 vorgestellte SSDB-Modell STORM (*STatistical Object Representation Model*, [RaSh 90]) steht mit seinem graphisch orientierten Modellierungsansatz grundsätzlich in der Tradition von GRASS und SUBJECT, greift aber die Kritik an diesen Modellen, insbesondere im Hinblick auf fehlende Modellierungseindeutigkeit, auf, indem es die konzeptionelle Modellierung in den Vordergrund stellt. Das Grundprinzip der STORM-Repräsentation statistischer Daten beruht auf einer Zerlegung des Datenbestandes in logisch atomare Einheiten, für welche in der graphischen Repräsentation durch die Vorgabe von Graphenkonstruktionsregeln eine eindeutige Modellierung erzwungen werden kann. Bei den vom Ansatz her ähnlichen Arbeiten von Lee und Hotaka ([LeHo 89]) liegt dagegen der Schwerpunkt auf einer pseudo-formalen Methode zur Dekomposition vorgegebener Tabellenstrukturen und zur Synthese von Tabellenstrukturen aus der so gebildeten kanonischen Form der Ausgangsdaten.

Grundlegend für die SSDB-Modellierung allgemein und insbesondere für das STORM-Modell ist die Unterscheidung von Summendaten, Kategorienattributen und Klassifikationshierarchien. Summendaten stellen in STORM grundsätzlich Makrodaten dar, also über den Ausgangswerten der Datenerhebung abgeleitete Verdichtungswerte. Kategorienattribute charakterisieren die Summendaten auf elementarer

Ebene genauer, während in Klassifikationshierarchien Beziehungen zwischen verschiedenen Kategorienattributen ausgedrückt werden. Die Summendaten werden in einem multidimensionalen Kontext von Kategorienattributen mit möglicherweise darauf definierten Klassifikationshierarchien beschrieben. In der STORM-Modellierung werden diese Grundbegriffe in den sog. statistischen Objekten modelliert, welche durch ein Quadrupel <N, C, S, f> beschrieben werden können. Dabei gibt N den Namen des Objekts an (z.B. "Energieverbrauch in Deutschland"), C umfaßt eine endliche Menge von Kategorienattributen mit jeweiligem Wertebereich und Maßeinheit, S steht für ein einzelnes Summenattribut mit Wertebereich und Maßeinheit sowie Summentyp (z.B. SUM oder AVERAGE), und f beschreibt eine Funktion, welche vom karthesischen Produkt der Kategorienattributwerte auf die Summenattributwerte des statistischen Objekt abbildet. Mit der Notation $N(C_1, C_2, ..., C_n: S)$ zur Beschreibung eines statistischen Objekts stellt somit beispielsweise PRODUKTVERKÄUFE(TYP, PRODUKT, JAHR, STADT, BUNDESLAND, REGION: BETRAG) ein statistisches Objekts dar, wobei der zugehörige Summentyp SUM (bzw. TOTAL) und die Maßeinheit DM sein möge. Problematisch an dieser Art der Modellierung ist vor allem der Einsatz semantischer Bezeichner sowie die fehlende Unabhängigkeit der Beschreibung von Klassifikationshierarchien von deren Verwendung zur Beschreibung konkreter Summendatenwerte.

Die strukturellen Beziehungen zwischen Kategorienattributen werden im STORM-Ansatz in einer Graphenstruktur repräsentiert. Als Knotentypen stehen S-Knoten für Summenattribute, C-Knoten für Kategorienattribute und A-Knoten für Aggregationen bereit. Mit der graphischen Beschreibung der statistischen Daten können die grundlegenden Probleme einer tabellenartigen Repräsentation der Summendaten (Zwang zur Dimensionenschachtelung bei mehr als zwei Dimensionen, keine Unterscheidung von Dimensions- und Klassifikationsinformation, keine Metadatenbeschreibung) zwar vermieden werden, es verbleibt aber das Problem der Vermischung von Kategorienschema und Kategorieninstanzen, wie das [RaSh 90] entnommene, in Abbildung 5.7 gezeigte Beispiel eines GRASS-Graphen zeigt. Der Knoten mit der Beschriftung 'Ingenieur" nimmt in der Abbildung eine duale Funktion ein: zum einen stellt er eine Ausprägung zum Begriff "Berufskategorie" dar, zum anderen agiert er aber auch als Schema für die verschiedenen Ingenieurssparten. Deshalb werden in der graphischen STORM-Repräsentation zwei getrennte Modellierungsebenen (intensional und extensional) eingeführt; die intensionale Beschreibung für das in Abbildung 5.7 gezeigte statistische Objekt ist in Abbildung 5.8 angegeben.

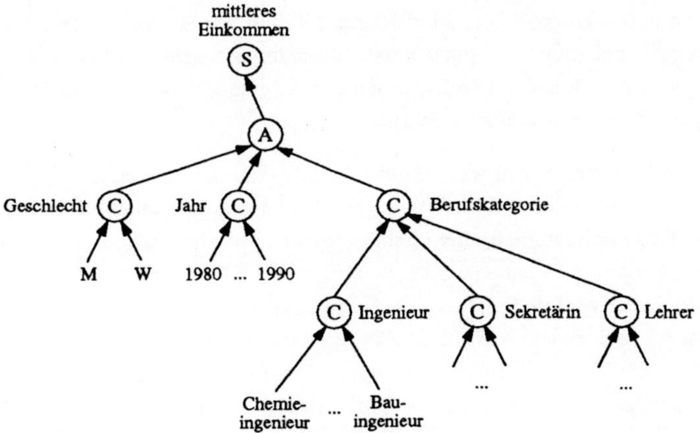

Abb. 5.7: Nichteindeutigkeit der Knotenrollen in einem GRASS-Graphen

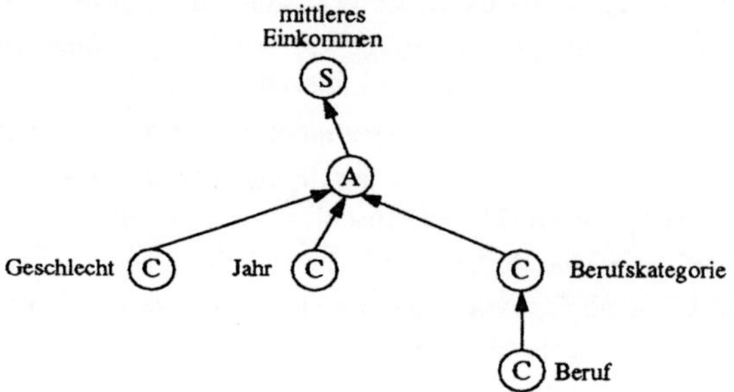

Abb. 5.8: Intensionale Beschreibung von Kategorienattributen in STORM

In dem von Rafanelli geschriebenen Kapitel zu SSDB-Datenmodellen in [Mich 90] werden auf intensionaler Beschreibungsebene des STORM-Modells drei Repräsentationsebenen unterschieden: T-, S- und B-Ebene. Die T-Ebene (*Topics*) mit ihren zugeordneten T-Knoten stellt die konzeptionelle Ebene zur Repräsentation der logischen Verbindung zwischen verschiedenen S-Knoten in Form von gerichteten, azyklischen Graphen dar. Auf der S-Ebene (*Statistical Objects*) werden die statistischen Objekte unter Verwendung von S-, C- und A-Knoten (s.o.) nach folgenden Bildungsregeln beschrieben:

- Ein Graph für ein einzelnes statistisches Objekt enthält immer nur einen einzigen S-Knoten, auf den nur ein einzelner A-Knoten zeigt.

- Auf einen C-Knoten zeigt entweder ein einzelner C- oder ein einzelner A-Knoten, d.h. mehrere C-Knoten müssen über einen oder mehrere A-Knoten zusammengefaßt werden.

- Auf einen A-Knoten können mehrere C- und/oder A-Knoten zeigen.

- A-Knoten müssen keine Namen tragen; diese können aber aus den eingehenden Komponenten synthetisiert werden.

- Zwei aufeinanderfolgende A-Knoten können verschmolzen werden; zur feineren semantischen Modellierbarkeit ist die Beibehaltung mehrstufiger A-Knoten-Pfade allerdings oft vorteilhaft.

Ebenso wie für die S-Ebene ergeben sich auf der B-Ebene (*Base*) als Graphenstruktur Bäume; auf der B-Ebene werden die Kategorisierungen der Basis-Kategorienattribute beschrieben, aus denen die Attribute der S-Ebene aufgebaut sind. Zur Modellierung dürfen nur A- und C-Knoten eingesetzt werden. Insgesamt ergeben sich für die intensionale Beschreibungsebene Strukturen wie in dem in Abbildung 5.9 gezeigten Beispiel. Die Instantiierung der intensionalen Beschreibungsebene wurde in den Abbildungen 5.7 und 5.8 bereits verdeutlicht.

Neben der Modellierungseindeutigkeit durch Dekomposition der statistischen Ausgangsdaten in einzelne Summendatenattribute und Einführung von Bildungsregeln auf der S-Ebene wird im STORM-Ansatz auch die Frage der automatischen Summierbarkeit von Datenwerten entlang einer Klassifikationshierarchie diskutiert. Um eine solche automatische Ableitung von Datenverdichtungswerten vornehmen zu können, werden die Beziehungsstrukturen zwischen C- und A-Knoten typisiert. Liegt zwischen einem C- und einem A-Knoten eine funktionale Beziehung vor, d.h. die Zuordnung der Instanzenwerte ist eindeutig, so ist eine wichtige Voraussetzung für die Summierbarkeit gegeben. Nimmt man in Abbildung 5.9 für die Klassifikationshierarchie Stadt - Bundesland -Region beispielsweise an, daß die Städtenamen in Bundesländern und diese in den Regionen eindeutig sind, so ist diese Voraussetzung erfüllt. Können dagegen dieselben Städtenamen in unterschiedlichen Bundesländern

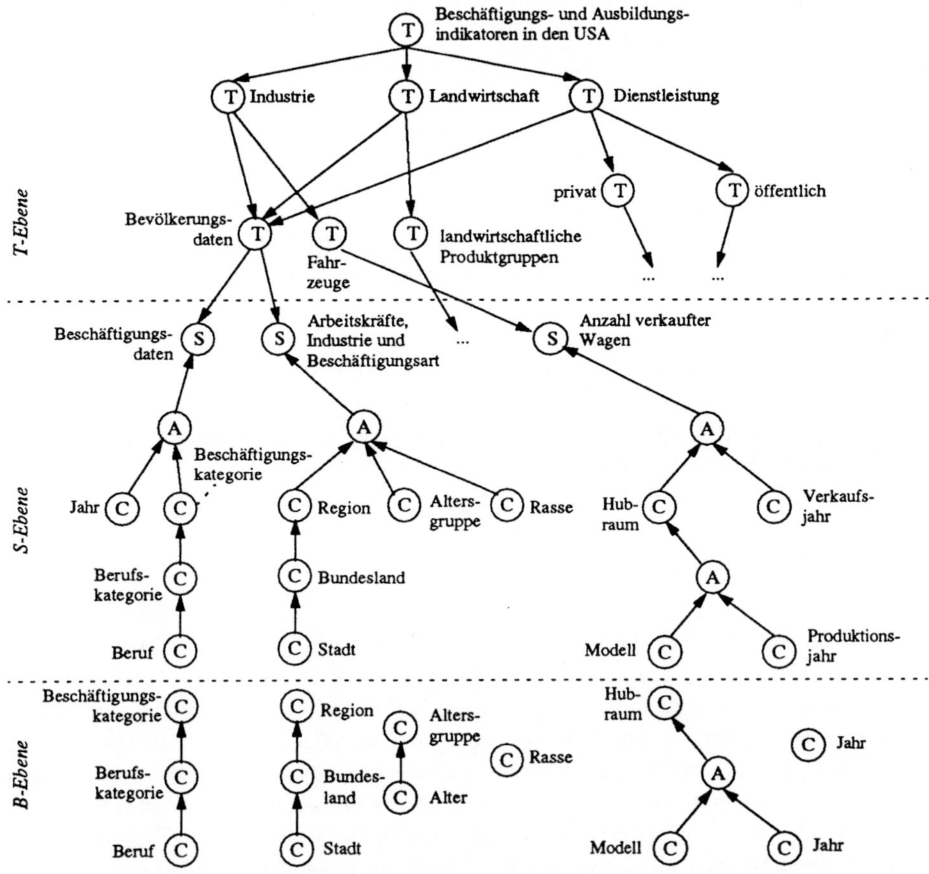

Abb. 5.9: STORM-Modellierung auf intensionaler Beschreibungsebene

auftreten, so kann die Eindeutigkeit der Zuordnung oft durch Vererbung des Vaterknotennamens an den Nachfolgerknoten hergestellt werden (z.B. "Fürth/Bayern"). Kann schließlich derselbe Städtename mehrfach in demselben Bundesland auftreten, so kann auf strukturellem Wege keine Zuordnungseindeutigkeit erzielt werden, womit die Voraussetzung für die automatische Summierbarkeit nicht gegeben ist. In [RaSh 90] wird die Wohlgeformtheit eines statistischen Objektes demnach danach definiert, daß es nur (evtl. durch vorherige Namensvererbung) funktionale Zuordnungen zwischen C- und A-Knoten enthält.

Die Wohlgeformtheit eines statistischen Objektes ist eine notwendige, aber keine hinreichende Bedingung für Summierbarkeit, wenn man die Betrachtung auf mögliche Nullwerte in den statistischen Daten erweitert. Summierbarkeit ist nur dann gegeben, wenn zum einen die Partitionierung von Summenwerten gemäß einer Klassifikationshierarchie vollständig ist und zum anderen die einem Oberbegriff zugeordneten Werte keine Nullwerte aufweisen. Die Vollständigkeit einer Klassifikation kann gegebenenfalls durch die Einführung von "Sonstige"-Knoten erzielt werden. Liegt dagegen für eine Kombination von Kategorienattributen kein Wert vor, obwohl er grundsätzlich möglich ist, so sind die Voraussetzun-

gen für automatische Summierbarkeit nicht gegeben. In [RaSh 90] wird hierzu zwischen zwei strukturell verschiedenen Formen von Nullwerten, "missing" und "non-existent" unterschieden (in der Termi-
nologie von [Codd 86] als "missing but applicable" und "missing and inapplicable" bezeichnet).

Der STORM-Ansatz weist gegenüber seinen Vorgängern, SUBJECT und GRASS, eine Reihe wesentlicher Erweiterungen auf. Am wichtigsten sind in diesem Zusammenhang die erzwungene Modellierungseindeutigkeit und die explizite Unterscheidung einer extensionalen und einer intensionalen
Modellierungsebene. Eine objektorientierte visuelle Definitionssprache für STORM namens VIDDEL
(*Visual Data DEfinition Language for Statistical Data*) ist in [RaFe 92] beschrieben. In [ShDr 94] wird
auf Grundlage des STORM-Modells eine Erweiterung in Richtung eines multidimensionalen Datenmo-
dells vorgenommen, in welchem einfache und komplexe multidimensionale Datenfelder durch Kreuz-
produktbildung aus zugrundeliegenden Basisdimensionen aufgebaut werden. Das Modell ist auf Entity-
Relationship-Basis beschrieben; zur Implementierung wurde eine automatische Abbildung dieser
Beschreibung auf ein relationales Datenbanksystem vorgenommen. In [ShRa 95] wird eine kanonische
Form statistischer Objekte eingeführt; über die zugehörigen Transformationsregeln kann auch eine
Normalisierung vorliegender Statistikdaten vorgenommen werden.

5.2 Konzeptionell orientierte Modelle

Die zweite Gruppe der in Abbildung 5.1 gezeigten SSDB-Datenmodelle stellen Ansätze dar, welche
den Aspekt der konzeptionellen Schemamodellierung in den Vordergrund stellen. Kennzeichnend für
diese Ansätze ist die verwendungsunabhängige, logische Beschreibung der Daten auf abstrakter, (quasi-
)formaler Ebene. Die intensionale Beschreibungsebene des STORM-Modells stellt einen Schritt in
diese Richtung dar; insofern könnte dieses Modell auch unter der vorliegenden Rubrik eingeordnet
werden, wurde aber wegen der Betonung der graphischen Repräsentation der statistischen Objekte der
ersten Entwicklungslinie zugeordnet. Nachfolgend werden als typische Vertreter vorwiegend konzeptionell orientierter Modelle die Modelle SAM*, SDM4S und CSM näher charakterisiert.

5.2.1 Semantic Association Model (SAM*)

Ein in etwa zeitgleich mit GRASS vorgestelltes Datenmodell ist SAM* (*Semantic Association Model*),
welches an der Universität von Florida unter Federführung von Stanley Su entwickelt wurde ([Su 83]).
Das zugrundeliegende Modell, SAM ([SuLo 79]), war zunächst nicht direkt für den SSDB-Bereich
konzipiert; erst die in SAM* eingeführten Erweiterungen nehmen eine spezifische Ausrichtung auf
dieses Anwendungsgebiet vor.

Den Ausgangspunkt für das SAM*-Modell bildet die Beobachtung, daß die in herkömmlichen Datenbanksystemen bereitgestellten Datentypen und Operatoren für die SSDB-Modellierung bei weitem
nicht ausreichen. Deshalb werden in SAM* die komplexen Datentypen Menge, Vektor, geordnete
Menge, Matrix, Zeit, Zeitreihe, Text variabler Länge und der spezielle Datentyp "G-Relation" (das G
steht für "Generalized") mit jeweils spezifischen Operatoren bereitgestellt. Eine G-Relation kann aus
beliebigen komplexen Datentypen, insbesondere anderen G-Relationen, zusammengesetzt werden.
Operationen auf G-Relationen wirken auf zwei verschiedenen Ebenen: auf einer unteren Ebene mani-
pulieren die Operatoren die Komponenten-Datentypen und stellen neben den üblichen Datenverwal-
tungsoperationen (Erzeugen, Ändern, Löschen) spezifische SSDB-Funktionen wie (Dis-)Aggregation

oder Zeitreihenbildung bereit, während auf höherer Ebene eine G-Relation als Menge von (komplex strukturierten) Tupeln interpretiert wird. Somit können auf G-Relationen grundsätzlich alle Mengenoperationen, aber auch relationalen Operatoren wie Selektion, Projektion und Join in modifizierter Form, Anwendung finden.

Die grundlegenden Modellierungskonstrukte zur Beschreibung der G-Relationen sind *Konzepte* und *Assoziationen*, welche in einer graphischen Repräsentation als Knoten bzw. Kanten eines gerichteten, azyklischen Graphen beschrieben werden. Konzepte stellen eine logische Beschreibung der eben erwähnten komplexen Datentypen dar, während die Assoziationen zwischen ihnen durch verschiedene Beziehungstypen (*Mitgliedschaft* (M), *Aggregation* (A), *Generalisierung* (G), *Interaktion* (I), *Komposition* (C), *Kreuzprodukt* (X) und *Summation* (S)) beschrieben werden. Die Kurzbezeichnungen der Beziehungstypen werden in einem SAM*-Graphen als Knotenbezeichnungen verwendet, um das logische Beziehungsgeflecht graphisch anzugeben. Für jeden Beziehungstyp werden im SAM*-Modell die strukturellen Eigenschaften, die operationellen Charakteristika und die semantischen Einschränkungen definiert. Beispielsweise wird für die Summations-Beziehung in struktureller Hinsicht festgelegt, daß die identifizierenden Konzepte (in SUBJECT-Terminologie: Kategorienattribute) vom Beziehungstyp X oder C, die Summenattribute vom Typ M, A oder C sein müssen. Somit ist eine Summation über M-, A-, G-, I- oder S-Beziehungstypen nur durch die Einfügung eines C-Beziehungstyps möglich, mittels dessen bezüglich des Ausgangs-Beziehungstyps eine Mengenbildung vorgenommen wird.

Die operationellen Charakteristika einer Summations-Beziehung erlauben das Hinzufügen, Löschen, Ändern und Ausgeben des Summenattributs, wobei als semantische Einschränkung die Konsistenz der Summenbildung zwischen Rohdateninformation und abgeleitetem Summenwert gegeben sein muß. Zusätzlich sind für identifizierende Attribut-Beziehungen vom Typ X Aggregations- und Disaggregationsoperationen sinnvoll. Auf die detaillierte Beschreibung der weiteren Beziehungstypen soll an dieser Stelle verzichtet werden; sie ist in [Su 83] zu finden. Statt dessen wird die Modellierungsweise an einem Beispiel erläutert.

In Abbildung 5.10 ist vereinfachter SAM*-Graph mit verschiedenen Beziehungstypen und die aus der Graphenrepräsentation ableitbare G-Relation angegeben. Das Beispiel zeigt in der Graphenrepräsentation die logische Beschreibung eines Modells zur Angabe der Personenzahl und des mittleren Einkommens in verschiedenen Bevölkerungsgruppen. Die Bevölkerungsgruppen werden durch ein vierdimensionales Matrix-Konzept (Region, Rasse, Geschlecht, Altersgruppe) beschrieben, wobei die Regioneninformation als eine Aggregation aus Bundesland und Bezirk aufgebaut ist. Die M-Knoten modellieren atomare Konzepte, welche als unzweideutige, nicht interpretierungsbedürftige Informationseinheiten angesehen werden. Die Bedeutung der nichtatomaren Begriffe (Region, Bevölkerungsgruppe, Bevölkerungsgruppe-Anzahl-Einkommen) wird durch die Bedeutung der eingehenden Bestandteile festgelegt. Es ist möglich, daß ein nichtatomarer Begriff mehr als eine Assotiationstyp-Kennung trägt, wenn derselbe Sachverhalt in verschiedenen Kontexten verschiedene semantische Eigenschaften trägt. Die Tabellenrepräsentation zeigt eine mögliche Implementierung der logischen Graphenrepräsentation, wobei die Kategorienattribute vor, die Summenattribute nach dem senkrechten Doppelstrich eingetragen werden. In der für SAM* definierten Datendefinitionssprache müssen zudem die in der graphischen Repräsentation nicht spezifizierten Datentypen und Konsistenzbedingungen der verschiedenen Attribute deklariert werden.

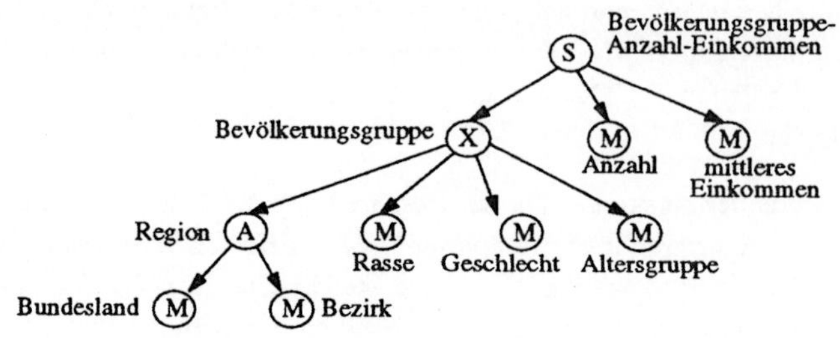

Bevölkerungsgruppe-Anzahl-Einkommen

Bevölkerungsgruppe (X)					Anzahl	mittleres Einkommen
Region (A)						
Bundesland	Bezirk	Rasse	Geschlecht	Altersgruppe		

Abb. 5.10: SAM*-Graph und zugehörige G-Relation

SAM* zeichnet sich vor allem durch die große Modellierungsmächtigkeit auf Grundlage der verschiedenen Assoziationstypen aus. Das Modell stellt den Kern eines in den 80er Jahren an der University of Florida in Gainesville durchgeführten, vom amerikanischen Energieministerium unterstützten Forschungsprojektes dar; die Einbettung in die Projektaktivitäten ist in [SuNB 83] beschrieben. In [BrNS 83] wird die prozedurale Datenmanipulationssprache SSDL (*Scientific and Statistical DBMS Language*) skizziert, welche spezifisch zur Verarbeitung von G-Relationen entwickelt wurde. Die G-Relationen stellen dabei die logische Grundlage einer möglichen datenbankorientierten Realisierung des SAM*-Modells dar; eine konkrete Implementierung des Modells wurde in der Literatur nicht beschrieben.

5.2.2   Statistical Data Model Based on 4 Schema Concept (SDM4S)

Ein weiteres SSDB-Modell in der Linie der konzeptionell orientierten Ansätze stellt das von Hideto Sato et al. für die National Land Agency in Japan entwickelte System SDM4S dar ([SNFH 86]). Anders als bei den graphisch orientierten Modellen wie SUBJECT und GRASS steht in SDM4S nicht die Rekonstruktion einzelner statistischer Tabellen, sondern die konzeptionelle Beschreibung des Diskursbereichs im Vordergrund. Hierdurch soll der Aspekt der Datenneutralität, wie er bereits in der Drei-Schema-Architektur nach ANSI/SPARC ([ANSI 75]) verankert ist, stärkeres Gewicht erhalten, um insbesondere in Anwendungen mit einer Vielzahl unterschiedlicher statistischer Dateien einen Zugang zu der Daten- und Begriffsvielfalt zu schaffen.

Der Schlüssel zum SDM4S-Modell ist eine Aufgliederung der konzeptionellen Schemaebene eines Datenbanksystems in eine Beschreibung der *konzeptionell* und der *tatsächlich* vorhandenen Daten, wie sie von Kent vorgeschlagen wurde ([Kent 80]). Diese Unterscheidung ist in klassischen Datenbanksystemen in der Regel nicht erforderlich, da dort die sog. *closed-world-assumption*[†] ([Reit 78]) in der Regel gerechtfertigt ist. In statistischen Datenbanken kann dagegen nicht davon ausgegangen werden,

---

[†]   Die closed-world-assumption besagt in bezug auf Datenbanksysteme, daß aus der Nichtexistenz eines Sachverhaltes in der Datenbank auf die Nichtexistenz in der Miniwelt geschlossen werden darf.

daß jedes lebensweltliche Phänomen auch tatsächlich als Wert in der Datenbank existiert; mit den im SSDB-Bereich häufig eingesetzten stichprobenbasierten Verfahren ist diese Annahme häufig nicht zutreffend. Deshalb wird in SDM4S in einem Data Dictionary auf konzeptioneller Ebene festgehalten, welche Daten grundsätzlich in der Datenbank gefunden werden können (z.B. Volkszählungsdaten mit Attributen wie Erhebungszeit, Industriezweig, Alter, Geschlecht und Personenzahl), während auf Datenbank-Schemaebene die konkret in der Datenbank eingetragenen Werte und die zugehörigen Kategorisierungen der qualifizierenden Attribute beschrieben sind (z.B. Zensusdaten im Fünfjahresturnus mit Altersgruppen 'bis 39', '40-60' und 'über 60' und Geschlechtsausprägungen 'männlich' und 'weiblich'). Die konzeptionelle Ebene ist somit zeitinvariant beschrieben, während die verschiedenen Instantiierungen dieses 'Universe of Discourse' im zeitlichen Ablauf verschieden sein können.[†]

Mit der Unterscheidung einer konzeptionellen und einer Datenbank-Schemaebene stellt sich insbesondere die Frage nach dem Verhältnis korrespondierender Attribute und ihrer zugehörigen Wertebereiche. Grundsätzlich wird wieder zwischen konzeptionellem und tatsächlichem Wertebereich unterschieden. Während der konzeptionelle Wertebereich eines Attributs alle möglichen Kategorisierungen des Attributs umfaßt (z.B. JAHR, MONAT, WOCHE, TAG, … für das Attribut ZEIT), wird der tatsächliche Wertebereich auf Datenbank-Schemaebene als eine eingeschränkte Menge von Kategorisierungen mit einer aufzählbaren Menge von Elementen (z.B. {1975, 1980, 1985, …}) beschrieben. Die Attributnamen der Datenbank-Schemaebene stellen also die Wertebereiche der Attribute auf konzeptioneller Schemaebene dar, welche nach Inhalt, Maßeinheit und Datenqualität verschieden instantiiert werden können. Zusätzlich ist auf Datenbank-Schemaebene die reservierte Wertebereichsbezeichnung {ANY} vorgesehen, die anzeigt, daß ein Attribut der konzeptionellen Schemaebene in der aktuellen Datenbank-Schemainstanz für den zugehörigen Summenwert nicht aufgespalten wird.

In Abbildung 5.11 sind das konzeptionelle Schema und zwei Datenbank-Schemata einer fiktiven Arbeitsstatistik angegeben. Das erste Datenbankschema beschreibt Zensusdaten einer Vollerhebungs-Volkszählung, während das zweite die Ergebnisse der Befragung einer repräsentativen Stichprobe enthält. Entsprechend dem Erhebungsaufwand wird die Vollerhebung im Fünf-Jahres-Turnus, die stichprobenbasierte Volksbefragung jährlich durchgeführt, wobei im letzteren Fall die Erhebungsdaten nicht alters- und geschlechtsspezifisch ausgewiesen werden. Über die gemeinsame konzeptionelle Schemaebene ist eine Zuordnung der Daten möglich, anhand derer eine Interpolation der Vollerhebungswerte für die in der Befragung nicht erfaßten Kategorien in Nicht-Volkszählungsjahren vorgenommen werden kann (z.B. Schätzung der Anzahl der männlichen Beschäftigten in der Altersgruppe 'bis 39' für das Jahr 1981 auf 22979 anhand der per Umfrage ermittelten Gesamtzunahme der Beschäftigten); alle fünf Jahre kann dann eine Wertekorrektur der interpolierten Werte anhand der Vollerhebungszahlen erfolgen.

Die erste Version des auf dem SDM4S-Modell basierenden Data Dictionaries für die National Land Agency in Japan wurde auf Basis eines relationalen Datenbanksystems mit einer menüorientierten Benutzeroberfläche realisiert. Aufgrund der bei der Verwendung des Systems durch statistikunkundige Benutzer beobachteten Schwierigkeiten entschloß man sich, eine natürlichsprachliche Benutzerschnittstelle auf Basis einer Frame-Repräsentation des SDM4S-Modells zu realisieren. Ein Frame-System kann aus struktureller Sicht als eine spezielle Form der objektorientierten Wissensrepräsentation angesehen werden; der interessierte Leser sei beispielsweise auf [Wins 77] verwiesen. Nachfolgend wird die Frame-Modellierung in SDM4S an einem Beispiel verdeutlicht.

---

† Kent bezeichnet die beiden Ebenen als "enterprise schema" bzw. "collective schema", während Sato die Termini "conceptual schema" und "DB schema" verwendet; im folgenden wird die Notation von Sato adoptiert.

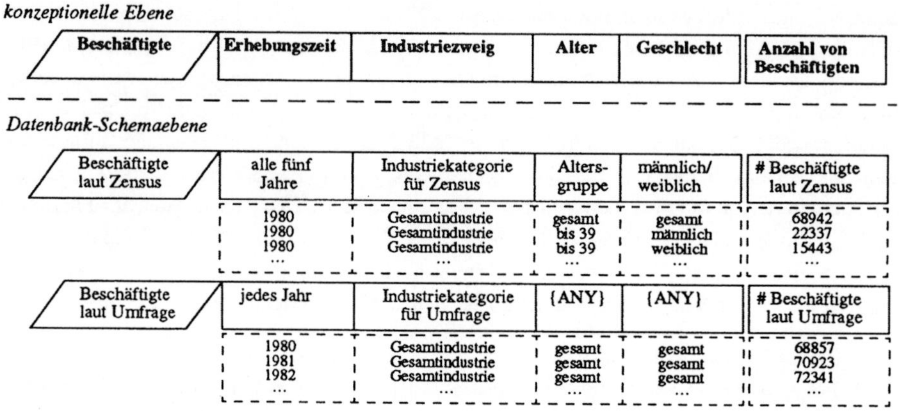

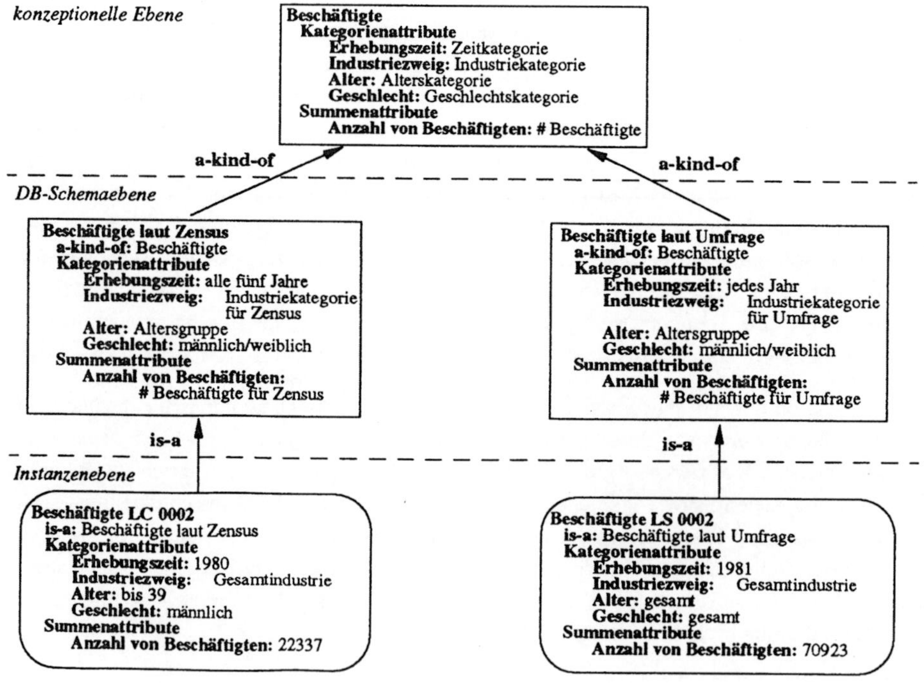

Abb. 5.11: Zusammenhang zwischen konzeptioneller und Datenbankschemaebene in SDM4S

Die in Abbildung 5.11 in den auf Datenbank-Schemaebene gestrichelt gezeichneten Tabellenrümpfen enthaltenen Einträge mit Beispielzahlen stellen aus Sicht des zugehörigen Datenbank-Schemas Instanzen dar. Entsprechend unterscheidet eine Frame-Repräsentation dieser Abbildung drei Modellierungsebene: konzeptionelle Ebene, Datenbank-Schemaebene und Instanzenebene. Wie in Abbildung 5.12 zu sehen ist, repräsentiert jeder Frame auf Instanzenebene einen 'Satz' in einem statistischen Objekt; die

Abb. 5.12: Frame-Repräsentation statistischer Objekte in SDM4S

Slots der Frames repräsentieren die Kategorien- und Summenattribute. Zur Beschreibung der Beziehungen zwischen der Instanzen- und der DB-Schemaebene (Klassen-Instanzen-Beziehung) und zwischen der DB-Schema- und der konzeptionellen Ebene (Ober-/Unterklassenbeziehung) werden die Frame-Beziehungstypen *is-a* und *a-kind-of* eingesetzt. Neben diesen Beziehungstypen wird bei der Frame-Repräsentation von Kategorisierungen auf den Wertebereichen noch die Teil-Ganzes-Beziehung (*a-part-of*) verwendet.

Nachdem in Frame-Systemen nur der Name eines Frames als Suchschlüssel in einer Anfrage eingesetzt werden kann, muß zur Abfragbarkeit der konzeptionellen Ebene (z.B. "Welche Daten sind nach Alter kategorisiert?") eine zusätzliche Metadatenebene zur Beschreibung der konzeptionellen Ebene eingeführt werden. Insgesamt ergibt sich damit die in Abbildung 5.13 gezeigte Struktur des SDM4S-Modells.

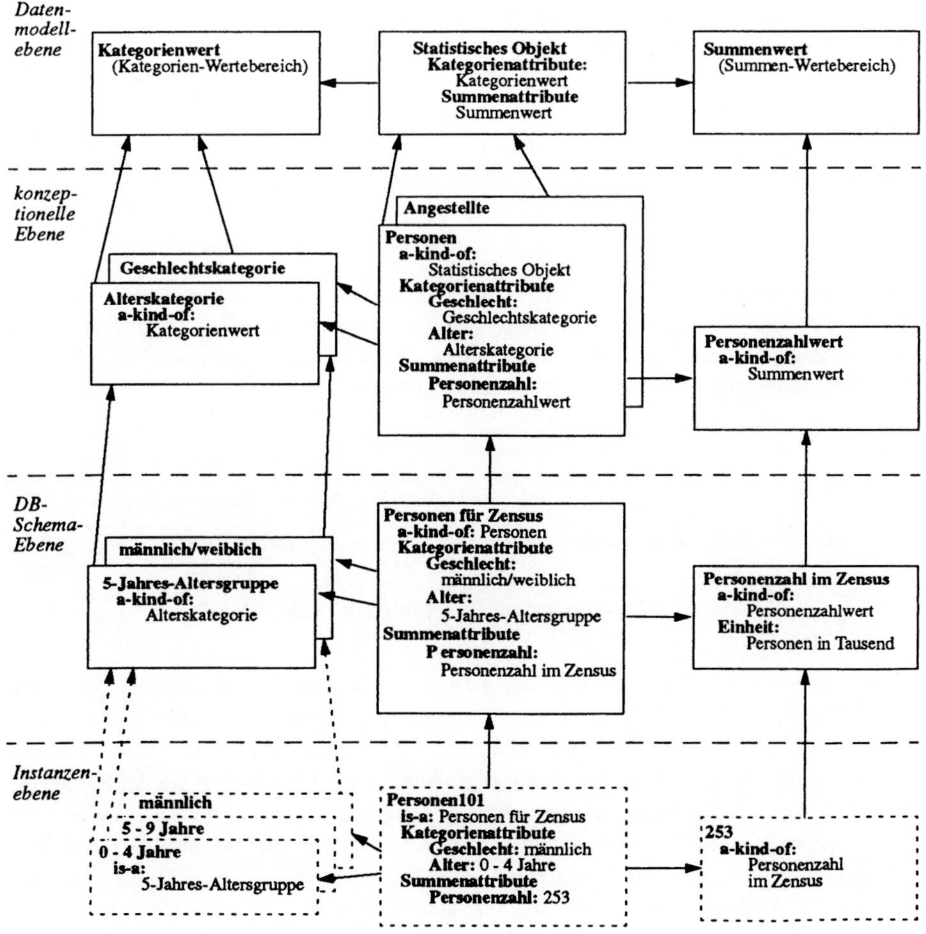

Abb. 5.13: Struktur des SDM4S-Modells

Das SDM4S-Modell wurde in den Jahren 1984 bis 1990 für die bereits erwähnte japanische National Land Agency entwickelt. Bereits das bis zum Jahre 1986 entwickelte Prototypsystem umfaßte 120 Primär-Entity-Typen auf konzeptioneller Ebene, welche anhand gemeinsamer Charakteristika in 16 Generalisierungshierarchien angeordnet wurden; die Datenbank selbst enthielt 750 Statistik-Dateien ([SNFH 86]). In [Sato 88] ist neben einem menübasiertes Browsing-System für das statistische Data Dictionary des Frame-Modells des SDM4S-Systems auch eine natürlichsprachliche Benutzerschnittstelle namens LIDS86 (*Land Information Discovery System developed in 1986*) beschrieben, mittels derer auch statistikunerfahrene Benutzer ohne Kenntnis des Datenbankschemas Zugang zum statistischen Datenbestand erlangen. Der Hauptbeitrag des SDM4S-Ansatzes liegt allerdings sicherlich auf konzeptioneller Ebene.

5.2.3   Conceptual Statistical Model (CSM)

Ein SSDB-Modell, das besonders den Prozeß der konzeptionellen Anwendungsmodellierung in den Vordergrund stellt, ist der von Di Battista und Battini entwickelte CSM-Ansatz ([BaBa 88]). Im Gegensatz zu den meisten anderen SSDB-Datenmodellen, welche entweder nur Summendaten modellieren (z.B. STORM) oder aber die Elementar- und Summendaten im selben Modell darstellen (z.B. SAM*), wird im CSM-Ansatz die Anwendungsmodellierung auf zwei getrennten Ebenen vorgenommen. Die elementaren Anwendungsdaten werden in einem Entity-Relationship-Modell ([Chen 76]) beschrieben, während die daraus abgeleiteten Verdichtungsdaten in einer an GRASS (siehe Abschnitt 5.1.2) angelehnten Notation modelliert werden. Diese Unterscheidung wird mit der klareren Beschreibung und besseren Vergleichbarkeit der beiden Typen von Daten im Entwurfsprozeß begründet.

Auf Summendatenebene werden für die CSM-Modellierung sieben verschiedene Repräsentationsstrukturen bereitgestellt, welche zudem jeweils mit Labels versehen werden können. In Abbildung 5.14 sind die verschiedenen Repräsentationsstrukturen mit den zugehörigen graphischen Symbolen für die graphische Beschreibung des Summendatenmodells wiedergegeben.

(S)   Objektklasse   (D)   Datenklasse

(C)   Kategorien-Attribut   (V)   Datensicht

(X)   Statistische Klassifikation   (A)   Aggregation

                               †   Gruppierung

Abb. 5.14: Repräsentationsstrukturen des CSM-Modells

Die Verbindung von Summendatenschema zum Elementardatenschema wird über *Objektklassen* hergestellt, wobei zur Definition einer Objektklasse Anfragen in einer beliebigen Entity-Relationship-Sprache eingesetzt werden. Ein Beispiel einer Objektklasse ist 'Personen mit Alter >16 Jahre', welche aus der Klasse 'Person' des Elementardatenschemas abgeleitet ist. *Kategorien-Attribute* des Summendatenschemas können identisch mit den Attributen des Elementardatenschemas (z.B. 'Alter') oder aus diesen abgeleitet sein (z.B. 'Altersklasse'). *Statistische Klassifikationen* beschreiben eine partitionierende Beziehungsstruktur zwischen einer Objektklasse, welche in einer Aggregation verwendet wird, und der Menge der in der Aggregation verwendeten Kategorienattribute. Beispielsweise kann die Objektklasse 'Person' nach den Attributen 'Alter' und 'Geschlecht' in Gruppen mit gleicher Altersklasse und gleichem Geschlecht aufgeteilt werden, für welche dann statistische Summendatenwerte ermittelt werden können. *Datenklassen* beschreiben Mengen von statistischen Daten, welche über den Partitionen einer statistischen Klassifikation oder einer oder mehrerer anderen Datenklassen gebildet werden können. Hierdurch wird die Beschreibung von Aggregationshierarchien auf Summendaten ermöglicht, beispielsweise die Inbezugsetzung von Geburten- und Sterbezahlen zu einer Bevölkerungswachstumsquote. Die angewandte statistische Funktion wird dabei als Label des Datenklassenknotens repräsentiert. *Datensichten* gruppieren analog zur Kompositionsbeziehung in SAM* Datenklassen mit homogenen Charakteristika, d.h. identischen Kategorien-Attributen. Liegt bereits im Elementardatenschema eine entsprechende Generalisierungsbeziehung zwischen zwei oder mehreren Klassen vor, z.B. Generalisierung von 'Männer' und 'Frauen' zu 'Personen', so können auf Summendatenebene entsprechend zusammenhängende Datensichten definiert werden. Die Datensicht 'Daten zu Personen' kann somit über den Datensichten 'Daten zu Männern' und 'Daten zu Frauen' definiert werden. Mit *Aggregationen* kann analog zur Tupelbildung im relationalen Datenmodell eine Verbindung von Kategorien-Attributen durch Kreuzproduktbildung der Wertebereiche vorgenommen werden, welche dann in verschiedenen Kontexten unter einem gemeinsamen Namen angesprochen werden können. *Gruppierungen* schließlich entsprechen den Clusterknoten in SUBJECT und beschreiben Zusammenfassungen von Objekten nach gemeinsamen Eigenschaften. Die Zuordnung wird über eine Zuordnungsfunktion beschrieben, welche die Vererbung von auf dem Vaterknoten definierten Klassifikationen auf die Sohnknoten erlaubt. In [BaBa 88] wird auch die Möglichkeit der Ableitung von Summendaten für eine Datenklasse aus den Summendaten der gemäß einer Gruppierung zugehörigen Datenklassen angesprochen, ohne allerdings auf die Voraussetzung der Operatorenadditivität näher einzugehen. Gruppierungen werden graphisch durch einen Stern an der Kante zwischen den beteiligten Kategorienattributen repräsentiert.

Zum Aufbau eines CSM-Graphen aus den eben erläuterten Knotentypen werden in [BaBa 88] folgende Regeln definiert:

- Jeder Knoten ist markiert (Wertevorrat: {C, A, X, S, D, V}).
- D- und S-Knoten sind attributiert mit den Klassenzugehörigkeits-Spezifikationen, X-Knoten sind typischerweise nicht attributiert.
- Außer S-Knoten und evtl. C-Knoten haben alle Knoten einen Vorgängerknoten.
- Der Vorgängerknoten eines C-Knotens ist ein C-Knoten oder kein Knoten.
- Vorgängerknoten eines A-Knotens sind C- und/oder A-Knoten.
- Vorgängerknoten eines X-Knotens sind C- und/oder A-Knoten und ein S-Knoten.
- Ein S-Knoten hat keine Vorgängerknoten.
- Vorgängerknoten eines D-Knotens ist entweder ein X-Knoten oder ein oder mehrere D-Knoten.
- Vorgängerknoten eines V-Knotens sind D- und/oder V-Knoten.
- Gruppierungen werden durch ausgezeichnete Pfeile dargestellt.

Unter Anwendung dieser Bildungsregeln ergeben sich für ein CSM-Schema endliche, attributierte, markierte, azyklische Graphen, in welchen die Knoten in mehreren Hierarchieebenen (Datensichten; Datenklassen; statistische Klassifikationen; Objektklassen, Aggregationen, Kategorien-Attribute und Gruppierungen) angeordnet sind. In [BaBa 88] wird eine Entwurfsmethodologie für den CSM-Ansatz beschrieben, in welcher zunächst in einer Top-Down-Manier das Elementardatenschema und darauf aufbauend ein initiales statistisches Schema sowie die zugehörigen Aggregations-Subschemata entworfen werden. Daran anschließend wird der Feinentwurf des statistischen Schemas durch eine inkrementelle Bottom-Up-Verschmelzung der Aggregations-Subschemata vorgenommen. Die Entwurfsmethodologie stellt dabei die Vollständigkeit, Korrektheit, Minimalität, Lesbarkeit und Veränderbarkeit auf den beiden Schemaebenen sicher. Ein Schwerpunkt bei der CSM-Modellierung liegt auf der Beschreibung von Aggregationen. Die Möglichkeiten der Beschreibung von Aggregationshierarchien über Datenklassen und Gruppierungen gehen über die bisher dargestellten Ansätze hinaus. Die nachfolgend beschriebenen Modelle vertiefen diesen Aspekt noch weiter.

5.3 Summendaten-Modelle

Der Schwerpunkt der bisher vorgestellten SSDB-Modelle lag auf der graphischen Rekonstruktion vorgegebener Tabellenwerte bzw. auf der logischen Rekonstruktion statistischer Daten auf konzeptioneller Schemaebene, auch wenn alle Modelle in der einen oder anderen Form auch Datenverdichtungswerte berücksichtigen. Bei den in diesem Abschnitt vorgestellten SSDB-Datenmodellen wird die Anlage, Verwaltung und Verwendung von sog. Summendaten in den Vordergrund gestellt, weshalb sie in der in Abbildung 5.1 gegebenen Übersicht auch eine eigene Gruppe darstellten. Als Summendaten-Modelle werden nachfolgend das System for Statistical Databases (SSDB), das Statistical Relational Model (SRM) und das Summary Data Model (SDM) näher ausgeführt.

5.3.1   System for Statistical Databases (SSDB)

Ein umfassendes Modell zur Verwaltung und Auswertung von statistischen Datenbeständen stellt das an der Case Western Reverse University in Cleveland, Ohio, entwickelte System SSDB (*System for Statistical Databases*) dar ([OzOz83a], [OzOz 84b]). SSDB ist gemäß der Drei-Schema-Architektur für Datenbanksysteme nach ANSI/SPARC entworfen. Auf konzeptioneller Ebene stellen die sog. Summentabellen den Schwerpunkt dar, welche neben anderen statistikorientierten Datenstrukturen wie Matrizen, Histogrammen und zweidimensionalen graphischen Darstellungen die Objekte des der logischen Modellierung zugrundeliegenden Datenmodells HODM (*Heterogeneous Operational Data Model*) darstellen. Auf externer Ebene werden diese statistischen Objekte mit der speziell entwickelten Sprache STBE (*Summary Table By Example*, [OzOz 84a]) manipuliert und ausgewertet. Die interne Repräsentation beruht auf einer Erweiterung der relationalen Algebra und des Relationenkalküls um mengenwertige Attribute und Aggregierungsfunktionen ([OzOz 83b], [OzOM 87]).

Die Grundlage des HODM-Ansatzes stellt das *Data Abstraction Model* nach Smith und Smith dar ([SmSm 77]). Über die dort eingeführte Generalisierung als Datenabstraktionsprinzip kann eine Klassifikations- und Kategorienbildung ([Boru 76]) auf statistischen Mikrodaten beschrieben werden, welche die Grundlage zur Beschreibung von Summendaten in statistischen Datenbanken darstellt ([Sato 81]). Summendaten werden als ein Quadrupel $ST(F_r, F_c, A_c, M)$ beschrieben, wobei F_r und F_c die Zeilen- und Spaltenattribut-Wälder mit den hierarchisch organisierten Klassifikationsbäumen der Kategorienattribute repräsentieren, A_c die Zellenattribute beschreibt und M eine Abbildungsfunktion von den Kategorienattribut-Mengen einer Zelle auf eines der Zellenattribute darstellt ([OzOz 85a]). F_r oder F_c dürfen leer sein, nur nicht gleichzeitig. In Abbildung 5.15 sind das Schema und eine mögliche Ausprägung einer Summentabelle angegeben, welche die Summe der Gehälter (A_c) nach Altersgruppe (F_r) und Ressort bzw. Ressort und Abteilung (F_c) ausweist. Die Abbildungsfunktion ist für das angegebene Beispiel trivial, da eine Zelle nur je einen Attributwert enthält.

Schema:

Angestellte		Ressort	Ressort	
			Abteilung	
	Altersgruppe	Summe_Gehalt	Summe_Gehalt	

Ausprägung:

	Forschung & Entwicklung	F & E	
		Forschung	Entwicklung
21 - 35	230.000	160.000	70.000
36 - 50	410.000	210.000	200.000
51 - 65	370.000	110.000	160.000

Abb. 5.15: Beispiel einer Summentabelle (nach [OzOz 84a])

Der wesentliche Vorzug des auf dem Generalisierungskonzept von Smith und Smith beruhenden HODM-Ansatzes ist, daß die operationellen Charakteristika der SSDB-Anwendung als spezielle Generalisierungshierarchien im Modell verankert werden können ([OzOz83a]). Die zur Spezifikation der speziellen SSDB-Datentypen verwendeten HODM-Hierarchien werden nur für systeminterne Konsistenz-, Sicherheits- und Dokumentationszwecke verwendet; die Benutzer-Anfragesprache STBE bezieht sich direkt auf die abstrakten Objekte wie Matrizen, Kreuztabulationen oder Summentabellen. Operationen zur Manipulation dieser abstrakten Objekte sind in [OzOz 84b] angegeben.

Die in HODM definierten Datentypen bilden in SSDB die benutzerorientierte Schnittstelle auf konzeptioneller Modellierungsebene. Zur systeminternen Repräsentation der HODM-Objekte wird das *Operationelle Datenmodell* (ODM) eingesetzt, mit dem auch die verschiedenen Produktionszustände der modellierten Daten (*representative, interpreted, cleaned, experimental*) beschrieben werden können. Die innerste Ebene der logischen Modellierung bildet das bereits angesprochene Data Abstraction Model, welches nur auf Aggregationen und Generalisierungshierarchien beruht.

Die für SSDB entwickelte Anfragesprache STBE beruht formal auf dem Relationenkalkül; aus Anwendungssicht weist sie starke Verwandtschaft mit der graphischen Anfragesprache QBE (*Query By Example*, [Zloo 77]) bzw. deren Erweiterung in Richtung Datenaggregation, ABE (*Aggregation By Example*, [Klug 81]), auf. STBE erweitert den Relationenkalkül um mengenwertige Attribute und Aggregationsfunktionen und führt die aggregationsbezogenen Operationen *pack, unpack* und *aggregation-by-template* ein. Mit den ersten beiden Operationen wird die Schachtelungstiefe in den nichtnormalisierten SSDB-Relationen verändert; mit der dritten Operation wird eine Aggregationenbildung anhand vordefinierter Klassifikationshierarchien ermöglicht. Nachdem diese Operatoren auf der Relationenalgebra definiert sind ([OzOz 83b]), STBE aber eine Erweiterung des Relationenkalküls darstellt, werden STBE-Queries zur Auswertung in die auf der Relationenalgebra beruhende Sprache STL (*Summary Table Language*, [OzOM 85]) transformiert. In [OzOM 87] wird die logische Äquivalenz von STBE- und STL-Ausdrücken gezeigt.

Wie auch in ABE, werden in STBE Anfragen durch hierarchisch geschachtelte Teilanfragen spezifiziert, welche direkt in eine graphische Repräsentation der Rümpfe der in der Query angesprochenen Relationen und Summentabellen eingetragen werden können. Die Wurzel des STBE-Anfragebaumes spezifiziert die Gesamtausgabe der Anfrage; die Ausgabe der Subqueries ist jeweils eine Relation oder eine Summentabelle, welche als Eingabe für die nächsthöhere Teilanfrage dient. Gemäß diesem Verarbeitungsmodell sind in SSDB insbesondere mengenwertige Variablen zur Aufnahme der Anfrage-Zwischenresultate vorgesehen. Im Gegensatz zu QBE und ABE, wo keine Summentabellen bereitgestellt werden und keine mengenwertigen Variablen zugelassen sind, ist STBE relational vollständig.

zumindest in bezug auf den Relationenteil des Modells. Da die das Modell erweiternden Summentabellen auf erweiterte, d.h. sich nicht in erster Normalform befindliche Relationen abgebildet und als geschachtelte Relationen verwaltet werden können, kann insgesamt eine relationale Vollständigkeit des Modells reklamiert werden ([OzOz 84a]).

Das SSDB-Modell wurde prototypisch auf einer VAX 11/780 in der Programmiersprache C unter UNIX 4.2 BSD implementiert ([DFHO 86]). Den Kern der Implementierung stellt das Modul ERAM (*Extended Relational Algebra Module*) dar, welches die fünf Basisoperatoren der Relationenalgebra, erweitert für mengenwertige Attribute, sowie die bereits erwähnten Operatoren *pack*, *unpack* und *aggregation-by-template* verarbeiten kann. Die Eingabe für ERAM wird durch den STBE-Parser gebildet, welcher eine Benutzeranfrage vom Modul STDM (*Summary Table Display Manager*) übergeben erhält. STDM stellt die graphisch-interaktive Benutzeroberfläche zur Anfragespezifikation bereit. Der *Query Output Manager* bereitet die Ausgabe gemäß der Spezifikation im Wurzelknoten des Anfragebaums auf. Der interne Verkehr zwischen den verschiedenen Modulen wird vom *Transaction Manager* über UNIX-Pipes geregelt. Bemerkenswert ist die Tatsache, daß zu einer Anfrage alternative Ausführpläne gebildet werden können, sowie der Einsatz von speziellen Array-Linearisierungs- und Datenkomprimierungstechniken ([OzOM 85]). Die in [DFHO 86] angegebenen Performance-Ergebnisse eines Vergleichs mit einer INGRES-Datenbank besitzen allerdings wegen des unrealistisch kleinen Testdatenvolumens keine große Aussagekraft.

5.3.2   Statistical Relational Model (SRM)

Ein Ansatz für ein SSDB-Modell, welcher sich eng an das relationale Datenbankmodell anlehnt, wird in [Ghos 86c] und [Ghos 88] beschrieben: SRM (*Statistical Relational Model*). Ansatzpunkt beim Entwurf des Modells ist die Beobachtung, daß die von Statistikern seit Beginn dieses Jahrhunderts entwickelten Datenmodelle, wie z.B. die wahrscheinlichkeitstheoretischen Modelle zur Beschreibung von Fehlerhäufigkeiten und insbesondere die stochastischen Prozesse mit ihrer Berücksichtigung der Zeitdimension, bei der "Erfindung" von Datenmodellen im Bereich der Informatik weitgehend außer acht blieben. Obwohl die grundlegenden Modelle in letzterem Bereich, insbesondere das relationale Datenbankmodell ([Codd 70]), starke Ähnlichkeiten mit den im Bereich der Statistik entwickelten Kontingenztafeln zur Beschreibung der Beziehungen zwischen nichtnumerischen Attributen aufweisen, sind bei ihnen die statistischen Funktionen kein integraler Bestandteil der zugehörigen Algebra.

Wie bereits mehrfach erwähnt wurde, besteht in SSDB-Anwendungen eine fundamentale Unterscheidung zwischen Kategorien- und Summenattributen. Zur Behebung der angeführten Defizite des Relationenmodells wird in [Ghos 86c] die Ergänzung der relationalen Algebra, welche primär zur logischen Verknüpfung und Auswertung der Kategorienattribute geeignet ist, um eine numerische Algebra für Summenattribute vorgeschlagen. Die in [Ghos 89] angegebenen Operationen zur Erweiterung der Relationenalgebra umfassen verschiedene numerische Operationen, z.B. Vektorproduktbildung, sowie Aggregations- und Ordnungsoperationen. In [Ghos 91b] werden weitere Aggregations-, Ranking- und Skalenanpassungsoperationen, Operationen zur Erzeugung von Häufigkeitstabellen sowie Zeitreihenoperatoren eingeführt.

Auf Basis der Erweiterungen der relationalen Algebra wird in [Ghos 86c] das Modell der Statistischen Relationalen Tabellen (SRT) vorgeschlagen. Im Unterschied zu herkömmlichen relationalen Tabellen, welche im SSDB-Kontext zur Aufnahme der "Mikrodaten" (Rohdatenwerte aus der Datenerhebung) dienen, enthalten statistische Tabellen ausschließlich "Makrodaten" (z.B. Auftrittshäufigkeiten von

Ereignissen, Summenwerte oder sonstige statistische Werte). Relationale Tabellen können zwar auch Makrodaten enthalten, diese stehen dann aber unter Anwendungskontrolle; die Schlüsselattribute in relationalen Tabellen können zudem, auch wenn sie einen numerischen Wertebereich aufweisen, nur logisch als Identifier interpretiert werden, während die Schlüsselwerte in statistischen Tabellen häufig numerisch (und damit entsprechend effizient) verarbeitbar sind.

Aus struktureller Sicht stellen statistische relationale Tabellen eine Kombination der aus der Schaltkreistheorie stammenden Karnaugh-Maps ([Flet 80]) und der relationalen Tabellenstruktur des Relationenmodells ([Codd 70]) dar. Wie bei HODM ([OzOz 85a], Abschnitt 5.3.1) können sowohl die Spalten- als auch die Zeilenüberschriften einer SRT komplexstrukturierte Wälder von Kategorienattributen darstellen. Ähnlich wie in einer Karnaugh-Map werden die Kategorienattribute in einer SRT alphanumerisch kodiert, was eine besonders effiziente Auswertung von statistischen Anfragen ermöglicht.

In Abbildung 5.16 ist ein Beispiel einer SRT angegeben, welche als Summendatenwert (von Ghosh in Anlehnung an die bei Statistikern verwendete Notation als Variate bezeichnet) die Anzahl der Beschäftigten nach vier orthogonalen Kategorienattributen ausweist. Die Anfrage "Wie hoch ist die Anzahl der Beschäftigten mit SALARY zwischen \$20K und \$30K im DEPT=computer science mit einem BUDGET von \$100K aus San Jose?" wird in die interne Repräsentation "DEPT=D1 ∧ SALARY=S2 ∧ BUDGET=B1 ∧ LOCATION=L3" transformiert, was zur Auswahl der dritten Zeile und zweiten Spalte in der Tabelle und dem Ergebniswert "12" führt. Eine Anfrage "Wie hoch ist die Anzahl der Beschäftigten im DEPT = computer science?" wird in "DEPT=D1" transformiert, wodurch die Antwort "1011" durch Summenbildung über die Werte in der ersten und zweiten Spalte errechnet wird.

DSBL		*D1*		*D2*	
		S1	*S2*	*S1*	*S2*
B1	*L1*	26	35	82	152
	L2	123	102	152	1002
	L3	2	12	10	2
B2	*L1*	48	111	213	142
	L2	37	423	125	32
	L3	49	43	92	89

mit: D = DEPT, D1 = computer science, D2 = electrical engineering; S = SALARY,
S1 = \$10K - \$20K, S2 = \$20001 - \$30Km (repräsentiert über die Mittelpunktwerte \$15K und \$25K); B = BUDGET, B1 = \$100K, B2 = \$500K; L = LOCATION, L1 = San Jose, L2 = New York, L3 = Boston; Variate (Summenattribut): Anzahl der Beschäftigten

Abb. 5.16: Beispiel einer Statistischen Relationalen Tabelle (nach [Ghos 91b])

In [Ghos 91a] werden eine erste und eine zweite Normalform für statistische relationale Tabellen definiert. Für die erste Normalform wird die Kompaktheit numerischer Attribute gefordert, d.h. die Tabelle weist für alle möglichen Ausprägungen tatsächliche Werte auf; für die zweite Normalform wird zusätzlich gefordert, daß die Werte in den numerischen Attributen gleichverteilt sind. Diese Form der Definition von Normalformen ist insofern unbefriedigend, als sie nicht schema-, sondern ausprägungsgebunden ist und somit durch Einfügungen oder Löschungen die Normalform einer Tabelle wechseln kann[†].

---

† Um anzudeuten, daß sich eine Tabelle bis auf ein paar Ausreißerwerte in statistischer relationaler Normalform befindet, werden Prädikate wie "almost first statistical normal form" oder "first statistical normal form within a range" definiert; gerade hierdurch wird die Unzulänglichkeit des Normalisierungsansatzes besonders evident.

Die Spezifikation der Benutzeranfragen kann im SRT-Modell in QBE-ähnlicher Art in der graphischen Anfragesprache QBSRT (*Query By Statistical Relational Table*) oder in SQL-ähnlicher Notation erfolgen[†]. Dabei werden relationale Operatoren als Postfix an den Identifier des entsprechenden Kategorienattributes angehängt, statistische Operationen unter Angabe des betreffenden Attributes in die Zellen eingetragen. In Abbildung 5.17 ist beispielhaft eine komplexe QBSRT-Anfrage angegeben, bei welcher für verschiedene Kombinationen von Kategorienattributen der Mittelwert (*.M*), die Standardabweichung (*.SD*) und die Kontrollimits (*.QCL*) für verschiedene Variaten *age*, *height* und *amps* ermittelt werden. Die Berechnung der Kontrollimits erstreckt sich dabei auf die dem Kategorienattribut B2 untergeordneten Kategorien L1, L2 und L3. Neben den aufgeführten Operatoren führt Ghosh eine Reihe komplexer statistischer Operationen wie Stichprobenbildung oder lineare Regressionsanalyse zur Auswertung der SRTs ein ([Ghos 87]); der an der statistischen Seite des SRT-Modells interessierte Leser sei insbesondere auf [Ghos 89] verwiesen.

QDSBLSMQ		*D1*		*D2*	
		S1	*S2*	*S1*	*S2*
B1	*L1*	.M age			
	L2				.M height
	L3		.SD height		
B2 *.QCL* *amps*	*L1*				
	L2				
	L3				

Abb. 5.17: Beispiel einer komplexen QBSRT-Anfrage (nach [Ghos 86c])

Der Schwerpunkt des SRM- bzw. SRT-Modells liegt eindeutig auf der statistischen Seite; die Datenmodellierungs- und -verwaltungsfunktion steht im Hintergrund, wie das Beispiel der Normalformendefinition zeigt. Eine Implementierung des Modells wurde niemals beschrieben.

5.3.3   Summary Data Model (SDM)

Die ersten Arbeiten zur Nutzung vorberechneter Summendatenwerte in statistischen Datenbanksystemen gingen bezüglich der Anlage von Summendaten von einem festen Bezugsschema aus. Im Summendatenmodell nach Johnson werden die sog. Summary Data Sets beispielsweise als Entities in einem modifizierten Entity-Relationship-Diagramm eingetragen, wobei die Relationships vordefinierte Joins repräsentieren ([John 80], [John 81]). Über Aggregationenbildung können aus den bereits vorhandenen Summendaten neue gebildet werden; der Ansatz zielt dabei primär auf eine Vereinfachung der Anfragespezifikation ab, indem die Summendatenbildungen in der zugehörigen Abfragesprache STRAND ohne explizite Angabe der Aggregations- oder Gruppierungsoperationen beschrieben werden können. Bei der Diskussion der Ableitbarkeit von Summendaten in [Sato 81] wird ein Klassifikationsgerüst als Bezugspunkt für die Summendatenbildung herangezogen, wobei in der Arbeit die Abbildbarkeit von Klassifikationsschemata aufeinander den Schwerpunkt der Betrachtungen darstellt. In beiden

---

† Damit wird der in [Malm 86] erhobenen Forderung nach einer gemischten abbildungsorientierten und deskriptiven Anfragemöglichkeit für SSDB-Anwendungen mit aggregierten Daten Rechnung getragen.

Ansätzen ist wie auch bei einem vergleichbaren Ansatz im Bereich temporaler Summendaten ([AJK+ 90]) keine Unterstützung der Auswertung freier Anfragen durch vorhandene Summendatenwerte vorzufinden, da deren Anlage und Auswertung auf Schemaebene vonstatten geht.

Einer der ersten Ansätze zur Unterstützung der Auswertung beliebiger Anfragen auf der Basis von Summendaten ist in [Rowe 81] beschrieben. Auf der Basis von sog. *Database Abstracts* wird für beliebige Anfragen durch Einsatz von Regeln eine Abschätzung des Summendatenwertes getroffen. Die Database Abstracts stellen dabei vorabberechnete Statistikwerte für Tupelmengen verschiedener Ordnung dar. Eine Tupelmenge erster Ordnung wird gebildet durch die Gruppierung der Tupel einer Relation nach einem einzigen Attribut; Tupelmengen höherer Ordnung werden durch Schnittmengen von Tupelmengen niedrigerer Ordnung erzeugt. Nachdem in realen statistischen Datenbanken nicht für alle denkbaren Tupelmengen beliebiger Ordnung Statistikwerte vorgehalten werden können, wird ein Database Abstract für die Tupelmengen mit möglichst hoher Wiederbenutzungswahrscheinlichkeit angelegt. Trifft nun eine Anfrage ein, die sich nicht direkt auf einen materialisierten Summendatenwert bezieht, wird über ein Regelwerk eine Abschätzung des gewünschten Wertes mit Angabe von Schätzwert, Standardabweichung sowie oberer und unterer Wertebereichsgrenze erzeugt. Die Regeln können dabei sowohl von heuristischer (z.B. Schätzung des Mittelwerts als arithmetisches Mittel der Minimal- und Maximalwertes) als auch mathematischer Natur sein (z.B. nichtlineare Optimierung, Entropietheorie). Gegenüber stichprobenbasierten Verfahren ([Coch 77], [OlRo 90]) zeichnet sich der Ansatz durch höhere Effizienz sowie größere Ergebnisstabilität aus ([Rowe 83]). Ein vergleichbarer Ansatz ist in [Abad 92] beschrieben.

Der Ansatz von Rowe weist, wie auch stichprobenbasierte Ansätze zur Verringerung des für eine Anfrage auszuwertenden Datenvolumens, den Nachteil auf, daß manche Anfragen nur durch Schätzwerte beantwortet werden, was aber für die explorative Datenanalyse ([Tuke 77], [HaDe 79]) durchaus ausreichend ist. Für die konfirmative Datenanalyse werden dagegen exakte Datenwerte benötigt. Im *Summary Data Model* von Chen, McNamee und Melkanoff ([ChMM 88]) wird deshalb versucht, die Möglichkeit der freien Anfragespezifikation mit der Effizienz der Wiederbenutzung auch nur teilweise passender Datenverdichtungswerte zu kombinieren. Hierzu werden auf der Grundlage einer relationalen Modellierung der Ausgangsdaten gemäß einer Kategorisierungshierarchie erzeugte Summendatenwerte materialisiert. Wegen des exponentiellen Wachstums der Anzahl der Summendatenwerte mit der Kardinalität aller Attributwertebereiche muß für die tatsächlich materialisierten Werte eine möglichst breite Wiederverwendbarkeit angestrebt werden. Hierzu werden sie in einem Normalisierungsschritt mit den anderen im System hinterlegten Summendatenwerten abgeglichen; für neu eintreffende Anfragen werden zumindest Teilergebnisse systematisch genutzt.

Dem im Grunde genommen einfachen Ansatz des Summary-Datenmodells steht die Schwierigkeit entgegen, daß die Feststellung der Ableitbarkeit einer Kategorisierung aus einer Menge vorhandener Kategorisierungen im allgemeinen ein NP-hartes Problem darstellt ([Chen 89]). Deshalb muß eine Modellbeschränkung gefunden werden, welche ein effektives und effizientes Auffinden von für eine Anfrage einsetzbaren materialisierten Summendatenwerten oder zumindest passenden Teilstücken ermöglicht. Der grundlegende Ansatz beruht auf dem Begriff der *orthogonalen Kategorie*. Unter einer Kategorie wird im Summary-Datenmodell eine Menge von Sätzen in der Datenbank verstanden, welche die durch ein Prädikat beschriebenen Eigenschaften aufweisen. Die Kategorienzugehörigkeit kann dabei explizit durch Aufzählung oder implizit durch einen relationalen Ausdruck bestimmt sein. Für eine orthogonale Kategorie wird nun die Repräsentierbarkeit der Tupelmenge als ein Kreuzprodukt von

Teilmengen der Attribut-Wertebereiche der Ausgangsrelationen gefordert; bildlich gesprochen, stellt eine orthogonale Kategorie ein n-dimensionales Rechteck im n-dimensionalen Hyperraum der Kategorienattribute dar.

Eine Kategorie stellt eine Menge *möglicher* Sätze dar; die Menge der *aktuell* zu einer Kategorie gehörigen Sätze, die sog. Kategoreininstanz, kann durch Schnittmengenbildung der Kategorie mit der Relationeninstanz, auf die sich die Kategorie bezieht, bestimmt werden. Zum Beispiel weist die Kategorieninstanz zu der in Abbildung 5.18 gezeigten Beispieltabelle mit Relationenschema ANGESTELLTER(<u>ANR</u>, ABTEILUNG, GESCHLECHT, ALTER, POSITION, EINKOMMEN) und Dom(ANR) = $\aleph$, Dom(ABTEILUNG) = {Verwaltung, Entwicklung, EDV}, Dom(GESCHLECHT) = {männlich, weiblich}, Dom(ALTER) = {1, ..., 100}, Dom(POSITION) = {Manager, Ingenieur, Sekretär}, Dom(EINKOMMEN) = {15 ... 100} für die Kategorie "männliche Angestellte in der EDV-Abteilung" die Angestelltensätze mit ANR $\in$ {121, 124, 177} auf. Die Kategorie wird dabei repräsentiert als $\aleph$ $\times$ {EDV} $\times$ {männlich} $\times$ {1, ..., 100} $\times$ {Manager, Ingenieur, Sekretär} $\times$ {15 ...100} oder kurz {EDV} $\times$ {männlich}.

ANR	ABTEILUNG	GESCHLECHT	ALTER	POSITION	EINKOMMEN
001	Verwaltung	männlich	42	Manager	75
006	Verwaltung	männlich	40	Manager	60
014	Verwaltung	weiblich	55	Sekretär	35
030	Entwicklung	weiblich	42	Manager	60
034	Entwicklung	weiblich	35	Ingenieur	52
057	Entwicklung	männlich	28	Ingenieur	45
089	Entwicklung	männlich	23	Sekretär	25
095	Entwicklung	weiblich	29	Ingenieur	40
121	EDV	männlich	49	Manager	62
124	EDV	männlich	40	Ingenieur	55
143	EDV	weiblich	27	Ingenieur	34
177	EDV	männlich	31	Sekretär	31

Abb. 5.18: Beispieltabelle zum Summary Data Model

Ein Summenwert einer Relationeninstanz wird gebildet durch die Anwendung einer statistischen Funktion S, die folgendermaßen definiert ist:

$$S: R^* \rightarrow \Re \cup \{\lambda\} \text{ mit R: Relationeninstanz, } \Re: \text{ Menge der reellen Zahlen,}$$
$$\lambda \text{ neutrales Element } (\forall e \in \Re \cup \{\lambda\}: \lambda + e = e, S(\emptyset) = \lambda)$$

Ein statistisches Datum ist dann definiert als ein Tripel <Kategorie, statistische Funktion, Summenwert>. Die statistische Funktion "mittleres Einkommen" würde, angewandt auf das obige Beispiel, einen Summenwert von 49,3 ergeben; das zugehörige statistische Datum ist <mittleres Einkommen, {EDV} $\times$ {männlich}, 49,3>.

Zur Wiederverwendung der Summendatenwerte für neue Anfragen ist der Begriff der *Additivität* einer statistischen Funktion von entscheidender Bedeutung ([LeST 83], [Hebr 86]). Eine statistische Funktion S heißt additiv, wenn es eine kommutative Gruppe $[\Re \cup \{\lambda\}, +_s]$ gibt, so daß $\forall R_i, R_j \in R^*$, $R_i \cap R_j = \emptyset$ gilt: $S(R_i \cup R_j) = S(R_i) +_s S(R_j)$. Für eine gegebene statistische Funktion S, eine Relationeninstanz R und Kategorien C_i, C_j und C_k mit $C_i \cap C_j = \emptyset$, $C_k = C_i \cup C_j$ gilt dann: $S(R \cap C_k) =$

$S(R \cap C_i) +_s S(R \cap C_j)$, d.h. der Summenwert der Vereinigung zweier disjunkter Kategorien kann direkt aus deren Summenwerten, ohne Rückgriff auf die Rohdaten, errechnet werden. Ebenso gilt: $S(R \cap C_i) = S(R \cap C_k) +_s S(R \cap C_j)^{-1}$. Die Gruppeneigenschaft der statistischen Funktion garantiert dabei die Existenz der Inversen. Additiv sind z.B. SUM, COUNT, aber auch komplexe Operatoren wie die lineare Regressionsanalyse; nicht-additiv sind dagegen z.B. MIN und MAX, da sie keine Inverse besitzen.

Die Additivität statistischer Funktionen ist ausschlaggebend für die Wiederverwendung von Summendaten. Für nichtadditive Funktionen kann häufig eine Repräsentation gefunden werden, welche die Additivitätseigenschaft aufweist. Beispielsweise kann die nichtadditive Funktion AVERAGE durch den Quotienten der additiven Funktionen SUM und COUNT über derselben Kategorie beschrieben werden. Allgemein ist eine statistische Funktion S ableitbar von anderen additiven oder ableitbaren Funktionen $S_1, ..., S_n$, wenn sie folgendermaßen repräsentiert werden kann:

$$\exists f, \forall R_i \in R^*: S(R_i) = f(S_1(R_i), ..., S_n(R_i)) \text{ mit } f: (\Re \cup \{\lambda\})^n \rightarrow (\Re \cup \{\lambda\})$$

Daß nicht nur einfache statistische Funktionen aus additiven Funktionen ableitbar sind, zeigt das Beispiel der Kovarianzbildung:

$$S_{xy} = \frac{1}{n-1} \cdot \sum_{j=1}^{n} \left(x_j - \bar{x}\right) \cdot \left(y_j - \bar{y}\right) = \frac{1}{n-1} \cdot \left(\sum_{j=1}^{n} x_j \cdot y_j - \frac{1}{n} \cdot \left(\sum_{i=1}^{n} x_i \right) \cdot \left(\sum_{i=1}^{n} y_i \right) \right)$$

Die obige Definition der Wiederverwendung von über additive oder ableitbare statistische Funktionen gebildeten Summenwerten ging davon aus, daß ein neuer Summenwert für die Vereinigung zweier vorgegebener Kategorien gebildet werden soll. In SSDB-Anwendungen mit Einsatz materialisierter Datenverdichtungen ist nun aber der umgekehrte Fall von besonderem Interesse, also das Auffinden einer Überdeckung der die Anfrage repräsentierenden Kategorie mit (Teil-)Kategorien, zu denen die benötigten Summenwerte gespeichert sind. Hierzu ist der Begriff der Ableitbarkeit einer Kategorie von einer vorgegebenen Kategorienmenge im Summary-Datenmodell wie folgt bestimmt:

Sei θ die Differenz zweier Kategorien A und B, definiert als $A\,\theta\,B = A - B$, falls $B \subseteq A$. Sei weiterhin $\oplus$ die Vereinigung zweier Kategorien, definiert als $A \oplus B = A \cup B$, falls $A \cap B = \emptyset$. Eine Kategorie C_k ist *ableitbar* von einer Kategorienmenge C, wenn sie als endlicher Ausdruck über den Elementen von C, verbunden durch θ und $\oplus$ und mit den nötigen Klammern versehen, ausgedrückt werden kann.

Mit dieser Definition kann leicht gezeigt werden, daß für eine Relationeninstanz R_i und eine additive statistische Funktion S gilt:

Falls eine Kategorie C_k von einer Kategorienmenge C ableitbar ist, ist der Summenwert der Kategorieninstanz $S(C_k \cap R_i)$ errechenbar aus den Summenwerten bzw. den inversen Summenwerten der Kategorien in C.

Der Summenwert einer Kategorie kann also aus den Summenwerten 'passender' anderer Kategorien abgeleitet werden; dabei kann der zu erzeugende Summenwert unter gewissen Voraussetzungen auch feingranularer als die Ausgangswerte sein ([Malv 88]). Zum Beispiel läßt sich für die Relationeninstanz aus Abbildung 5.18 und eine Kategorienmenge $G = \{g_1, g_2, ..., g_n\}$ mit $g_1 = \{Verwaltung\} \times \{männlich\}$, $g_2 = \{Verwaltung\} \times \{weiblich\}$, $g_3 = \{Entwicklung\} \times \{männlich\}$, $g_4 = \{Entwicklung\} \times \{weiblich\}$, $g_5 = \{EDV\} \times \{männlich, weiblich\}$ und $g_6, ..., g_n$ beliebig die Kategorie $g_Q = \{Verwal-$

Kategorie	Kardinalität	Alter	Einkommen	Alter x Einkommen
g1	2	82	135	5550
g2	1	55	35	1925
g3	2	51	70	1835
g4	3	106	152	5500
g5	4	147	182	7117
...	...	...	...	...
...	...	...	...	...
gQ	3	137	170	7475

Abb. 5.19: Ableitung von Summenwerten aus den Werten einer Kategorienmenge

tung} aus $g_1 \cup g_2$ bestimmen. Mit den in Abbildung 5.19 angegebene Summenwerten für G ergeben sich die am Fuß der Tabelle gezeigten Werte für g_Q. Aus diesen läßt sich dann beispielsweise die Kovarianz von Alter und Einkommen in der Kategorie g_Q ermitteln zu

$$
S_{\text{Alter, Einkommen}}(g_Q \cap R_1) \;=\; \frac{1}{n-1} \cdot \left(\sum_{j=1}^{n} x_j \cdot y_j - \frac{1}{n} \cdot \left(\sum_{i=1}^{n} x_i \right) \cdot \left(\sum_{i=1}^{n} y_i \right) \right)
$$

$$
=\; \frac{1}{2} \cdot \left(7475 - \frac{1}{3} \cdot 137 \cdot 170 \right) \;=\; -144.17
$$

Die Bestimmung des Summenwertes aus 'passenden' anderen Kategorien setzt wegen des Rückgriffs auf die Definition der Additivität statistischer Funktionen voraus, daß die eingehenden Kategorien disjunkt, d.h. überlappungsfrei sind. Wie in [Chen 89] gezeigt wird, ist die Entscheidung, ob zwei Kategorien überlappungsfrei sind, im allgemeinen NP-hart und damit in der Praxis unentscheidbar. Der im SDM-Ansatz gewählte Weg zur Vermeidung dieses Problems liegt in einer rekursiven Zerlegung überlappender Kategorien in eine äquivalente Menge überlappungsfreie Teilkategorien. Der Lösungsansatz beruht darauf, daß der Durchschnitt (A ∩ B) zweier orthogonaler Kategorien A und B wieder orthogonal ist, die Differenzen (A - B) und (B - A) unter Umständen nicht. Deshalb werden (A - B) und (B - A) solange weiter zerlegt, bis die entstehenden Teilkategorien paarweise disjunkt sind. Wie in [ChMc 89] gezeigt wird, gibt es für zwei orthogonale Kategorien mit n Attributen eine Menge von höchstens 2 * n - 1 disjunkten orthogonalen Kategorien, aus denen sich A, B und (A ∩ B) ableiten lassen. Im allgemeinen Fall entstehen bei dieser rekursiven Zerlegung höchstens $\prod_i s_i$ Kategorien, wobei s_i die Anzahl verschiedener Werte in Attribut i angibt.

Bei der Zerlegung einer Kategorienmenge lassen sich verschiedene strategische Ziele verfolgen, beispielsweise die Minimierung der Anzahl der entstehenden Teilkategorien oder aber die Minimierung der Kosten bei der Ableitung von Summenwerten für die neuen Teilkategorien. Für die erste Strategie läßt sich der aus dem Bereich der Bildverarbeitung stammende "split-and-merge"-Ansatz einsetzen; beim zweiten Ansatz spielen die im System vorhandenen Zugriffspfade eine entscheidende Rolle. In [ChMM 88] und [ChMc 89] sind noch Kriterien für das Auffinden 'günstiger' Kategorienmengen für ein Relationenschema angeführt, auf deren Darstellung an dieser Stelle aber verzichtet werden soll; die Methode erinnert mit der Zerlegung der Ausgangsmenge und der Bestimmung der minimalen generierenden Hülle an die formal-synthetische Entwurfsmethode für relationale Datenbankschemata ([Arms 74], [BeBe 79]). Hinsichtlich der Konsistenzhaltung der Summendaten bei Modifikationen des Ausgangsdatenbestandes ergibt sich durch die Additivität der erzeugenden statistischen Funktionen die

Möglichkeit der inkrementellen Pflege der Datenwerte, da für eine additive Funktion S und $S(R \cap C_i)$ als dem zu pflegenden Summenwert für eine Kategorie C_i der neue Summenwert $S(R' \cap C_i)$ bestimmt werden kann durch $S(R' \cap C_i) = S(R \cap C_i) + S((R' - R) \cap C_i) + S((R - R') \cap C_i)^{-1}$, wobei R und R' die Relationeninstanzen desselben Relationenschemas vor bzw. nach der Änderungsoperation bezeichnen. Da in der erzeugenden Kategorienmenge zu einem Relationenschema durch Orthogonalisierung und Überschneidungsfreiheit jedes Tupel in genau einer Kategorieninstanz liegt, sind von einer Modifikationsoperation maximal zwei Kategorieninstanzen betroffen.

Das Summary Data Model weist sowohl auf logischer als auch auf physischer Ebene einige interessante Aspekte auf. Die mathematischen Grundlagen, insbesondere die Additivität statistischer Funktionen, gelten zwar unabhängig vom Summary-Datenmodell, wurden in diesem aber erstmals konsequent zur Modellierung und Verwaltung materialisierter Summendatenwerte eingesetzt. In [ChMc 89] wird eine Zugriffspfadunterstützung für das Summary-Datenmodell auf logischer und physischer Ebene eingeführt. SDM stellt somit eines der wenigen SSDB-Modelle mit durchgehender Berücksichtigung der SSDB-Anforderungen von der konzeptionellen Modellierungsebene bis zur physischen Speicherungsebene dar.

5.4 Weitere Ansätze

Mit den bisher in diesem Kapitel beschriebenen Modellen sind die wichtigsten und am häufigsten in der einschlägigen Literatur zitierten generischen Ansätze zur Anwendungsmodellierung im SSDB-Bereich beschrieben. Daneben existieren eine Reihe weiterer Modelle mit im Vergleich zu den bisher vorgestellten Ansätzen oft anderer Zielsetzung und formaler Grundlage, von welchen einige Vertreter nachfolgend exemplarisch im Überblick vorgestellt werden. Neben Ansätzen zur Integration statistischer Daten auf Basis des Universalrelationenansatzes werden Repräsentanten funktionaler, analytischer, prozeßorientierter und objektorientierter Modelle skizziert. Schließlich werden Techniken der instanzenbasierten Schemagenerierung in Massendatenbeständen, welche derzeit unter dem Schlagwort "Data Mining" in der Datenbankforschung breite Beachtung finden, im Hinblick auf den SSDB-Bereich charakterisiert.

5.4.1 Ansätze zur Datenintegration auf Basis von Universalrelationen

Ein Ansatz, der weniger auf die logische Rekonstruktion einer einzelnen statistischen Tabelle als auf der Modellierung der Zusammenhänge zwischen verschiedenen statistischen Tabellen abzielt, ist in [Malv 89] beschrieben. Der Ansatz beruht auf dem sog. Universalrelationenmodell, dessen Zielsetzung es ist, den Benutzer einer Datenbank auf Ebene der Anfragespezifikation von der Angabe jeglicher logischer Zugriffspfadinformation zu befreien. In [MaUV 84] wird argumentiert, daß im relationalen Datenmodell die Attributnamen logische Zugriffspfadinformationen für die Ausführung von Verbundoperationen zwischen zwei oder mehr Tabellen enthalten, wobei in den meisten Fällen eine der verschiedenen möglichen Beziehungen zwischen zwei Attributmengen die "natürliche" darstellt. Im Universalrelationenmodell wird über diese Basisbeziehung automatisch eine Relationenverbindung hergestellt, sofern vom Benutzer nicht ausdrücklich eine andere Beziehung gefordert wird. Für die relationale Abfragesprache SQL hieße dies, daß bei Bezug auf Relationen, welche in einer solchen funktionalen Beziehung stehen, die "natürliche" Verbindung ohne explizite Angabe der Verbundbedingung in der WHERE-Klausel hergestellt werden kann.

Den Ausgangspunkt der Datenintegration nach dem Ansatz von [Malv 89] bilden die sog. Summentabellen. Eine Summentabelle wird modelliert als ein Tripel $T = $ <X, Ω, R>, wobei X eine Summenvariable (numerischer Wert), Ω eine Population (statistische Grundgesamtheit) und R eine Menge von Kategorien-Attributen beschreiben. Eine *univariate Summentabelle* wird beschrieben durch den Graphen einer Funktion f: $C_1 \times C_2 \times ... \times C_n \rightarrow X$, wobei die C_i Teilmengen der Attributwerte A_i darstellen. Der Ansatz setzt voraus, daß jedes Kategorien-Attribut in einer Summen-Tabelle auf alle Beobachtungseinheiten in Ω angewandt werden kann und eine Partitionierung von Ω induziert, d.h. die Kategorienattribute müssen wechselseitig disjunkt sein und Ω überdecken. *Homogene Summentabellen* stellen eine Menge univariater Summentabellen über derselben Summenvariablen und derselben Population, aber mit verschiedenen Mengen von Kategorien-Attributen und eventuell Daten aus verschiedenen Quellen dar. Ein Beispiel zweier homogener Summentabellen ist in Abbildung 5.20 angegeben. Die Kategorien-Attribute sind GESCHLECHT und ABTEILUNG bzw. GESCHLECHT und AUSBILDUNG, die Summenvariable ist jeweils ANZAHL. Die den Tabellen zugrundeliegende Grundgesamtheit möge sich auf die Beschäftigten einer fiktiven Forschungsgesellschaft beziehen, wodurch sich in beiden Tabellen eine identische Gesamtzahl von Angestellten ergibt.

<table>
<tr><td colspan="3">Summentabelle 1</td></tr>
</table>

GESCHLECHT	*ABTEILUNG*	*ANZAHL*
männlich	*EDV*	21
männlich	*Entwicklung*	14
männlich	*Verwaltung*	11
weiblich	*EDV*	9
weiblich	*Entwicklung*	36
weiblich	*Verwaltung*	9

<table>
<tr><td colspan="3">Summentabelle 2</td></tr>
</table>

GESCHLECHT	*AUSBILDUNG*	*ANZAHL*
männlich	*Promotion*	7
männlich	*Abitur*	13
männlich	*Diplom*	26
weiblich	*Promotion*	8
weiblich	*Abitur*	18
weiblich	*Diplom*	28

Abb. 5.20: Beispiele homogener Summentabellen

Nach dem Universalrelationenansatz läßt sich für homogene Summentabellen unter den angegebenen Voraussetzungen ein globales, universelles Schema generieren. Im vorliegenden Beispiel lautet das Schema der Universalrelation <GESCHLECHT, ABTEILUNG, AUSBILDUNG>. Unter der Voraussetzung der Additivität der einzelnen Summenvariablen (vgl. Abschnitt 5.3.3). besteht die Aufgabe darin, für eine Menge von homogenen Summentabellen die Konsistenz zu überprüfen und gegebenenfalls die Beantwortbarkeit einer Anfrage festzustellen bzw. den gewünschten Wert zu berechnen. Für manche Ausprägungen von Kategorienattributwert-Kombinationen in der Universalrelation lassen sich die zugehörigen Summendatenwerte direkt aus den Ausgangstabellen ableiten. Die allgemeine Auswertbarkeit von beliebigen Anfragen an diese Universalrelation würde für alle möglichen Wertekombinationen der auftretenden Kategorienattribute die Bestimmbarkeit der entsprechenden Werte der Summenvariablen erfordern, was wegen der Unterbestimmtheit der zugrundeliegenden univariaten Summentabellen in der Regel nicht möglich ist. Deshalb versucht man, die Lösungsmenge durch die Angabe weiterer Randbedingungen (z.B. "die Beschäftigung in der Entwicklungsabteilung erfordert mindestens einen Studienabschluß" und "in der Verwaltung werden keine promovierten Mitarbeiterinnen oder Mitarbeiter beschäftigt") weiter einzugrenzen.

Die Verarbeitung von Anfragen an eine Universalrelation erfolgt in zwei Phasen. In der ersten Phase wird die Anfrage gemäß der Kategorienattribute des Universalrelationenschemas interpretiert. In der zweiten Phase wird dann gemäß dieser Interpretation nach einer Bestimmung des zugehörigen

Summendatenwertes gesucht. Der gesuchte Summendatenwert kann je nach Anfrage und zugrundelie-
gender Universalrelation eindeutig bestimmbar, auf einen Wertebereich eingrenzbar oder unbestimm-
bar sein. Im obigen Beispiel ist unter den angegebenen Randbedingungen eine Anfrage φ:
(GESCHLECHT = männlich $\wedge$ (ABTEILUNG = EDV $\wedge$ AUSBILDUNG $\neq$ Promotion $\vee$ ABTEILUNG =
Entwicklung $\wedge$ AUSBILDUNG = Abitur)) mit dem Wert 28 eindeutig beantwortbar, da sich die Anfrage
durch den Ausdruck $F = H \cup H' - H''$ interpretieren läßt mit:

$$H: \quad \text{GESCHLECHT = männlich} \wedge \text{ABTEILUNG = EDV}$$
$$H': \quad \text{GESCHLECHT = männlich} \wedge \text{ABTEILUNG = Entwicklung}$$
$$H'': \quad \text{GESCHLECHT = männlich} \wedge \text{AUSBILDUNG = Promotion.}$$

Da H und H' paarweise disjunkt sind und H'' in $H \cup H'$ enthalten ist, kann gemäß der Additivitätsregel
das Ergebnis bestimmt werden zu $F = H + H' - H'' = 21 + 14 - 7 = 28$. Für die Anfrage $\varphi' = \varphi \vee$
(GESCHLECHT = männlich $\wedge$ ABTEILUNG = EDV $\wedge$ AUSBILDUNG = Promotion) kann dagegen der
Wertebereich nur auf [28, 35] eingegrenzt werden, da die Anzahl der Beschäftigten mit GESCHLECHT =
männlich $\wedge$ ABTEILUNG = EDV $\wedge$ AUSBILDUNG = Promotion jeden Wert zwischen 0 und 7 annehmen
kann.

Zur allgemeinen Bestimmung, welche Anfragen auf Grundlage einer Universalrelation beantwortbar
bzw. sogar eindeutig auswertbar sind, wird in [Malv 93] eine graphische Repräsentation einer Univer-
sal-Summentabelle vorgestellt, in welcher die Beziehungen zwischen den Kategorienattributen der
eingehenden Summentabellen dargestellt werden. Aus dieser Graphendarstellung kann dann eine
Matrixrepräsentation des Problems abgeleitet werden, welche die Basis für eine effiziente Beantwortung der Frage darstellt, welche Anfragen an das Universalrelationenschema beantwortbar sind. Aus der
Matrixrepräsentation läßt sich eine Darstellung des Problems der Bestimmung der Kategorienwerte in
der Universalrelation als lineares Gleichungssystem ableiten, welches die Beantwortung von Anfragen
für numerische Summenattribute mit Mitteln der linearen Algebra bzw. für nicht-negative numerische
Summenattribute mit Mitteln der linearen Programmierung gestattet. Der Auswerteaufwand ist dabei in
beiden Fällen linear, während der Test auf Beantwortbarkeit für allgemeine numerische Summenvariablen polynomialen Aufwand verursacht. Die Grundlagen der Bestimmbarkeit dieser Summendatenwerte sind in [Malv 88] und [MaMo 89] beschrieben.

Die Voraussetzungen zur Anwendbarkeit des Universalrelationenansatzes stellen in vielen SSDB-
Anwendungen ein gravierendes Hindernis dar. Gerade bei der Integration von Daten aus heterogenen
Quellen ist die sog. *Unique Role Assumption*, welche besagt, daß ein Kategorienattribut überall denselben Definitionsbereich aufweist und dieselbe Partitionierung von Ω induziert, gleich wo es auftaucht,
oft nicht erfüllt. Zudem erfordert der Ansatz im Falle mehrerer möglicher Verbindungen zwischen zwei
Summentabellen die Auszeichnung einer dieser Möglichkeiten als die "natürliche", was in verschiedenen Anwendungskontexten aber keineswegs unumstritten sein muß. Insgesamt besticht der Ansatz eher
durch seine mathematische Eleganz als durch seine praktische Anwendbarkeit.

5.4.2 Funktionale, analytische und prozeßorientierte Ansätze

Ein SSDB-Datenmodell, welches auf einer funktionalen Darstellung und Verarbeitung von statistischen
Daten beruht, ist das in [RaRi 90] und [RaRi 91] beschriebene Modell MEFISTO. Die Grundlage des
MEFISTO-Modells bilden die sog. *Simple Statistical Tables* (SST's), welche als ein Paar <R, g> reprä-
sentiert werden, wobei R eine Relation beschreibt, deren Attribute die SST-Kategorienattribute darstel-

len, und g eine Funktion zur Abbildung der Kategorienattribute, welche die Makrodaten beschreiben, auf die Makrodaten bezeichnet. Die Makrodaten werden dabei durch Anwendung einer Aggregationsfunktion (üblicherweise SUM oder COUNT) auf den Mikrodaten gebildet. Formal läßt sich eine SST darstellen als eine komplexe Datenstruktur, welche ein einzelnes Summenattribut, eine Menge von Kategorienattributen mit jeweils zugeordnetem Wertebereich und einen speziellen Summentyp umfaßt. Der Summentyp hängt von der zur Bildung der Makrodaten eingesetzten Aggregationsfunktion ab (z.B. posInt für COUNT). Die Instanzen eines Summenattributs werden durch das Kreuzprodukt der Instanzen der Kategorienattribute beschrieben. Die Beschreibung einer SST wird im MEFISTO-Modell durch die Angabe der auf die zugrundeliegenden Datenstruktur anwendbaren Operatoren vervollständigt, für welche eine statistikorientierte Algebra zur Manipulation der statistischen Objekte definiert wird. An Operatoren stehen die Elimierung eines Kategorienattributes durch *Summation*, die *Klassifikation* eines Kategorien-Attributes eines statistischen Entities gemäß einer vorgegebenen Zuordnungsrelation, die *Restriktion* eines statistischen Objektes auf die Elemente einer Menge, die in einer vorgegebenen Relation enthalten sind, die *Verschmelzung* zweier strukturgleicher statistischer Entities und die Generierung von Schätzwerten zur *Disaggregation* eines statistischen Wertes s anhand einer Vorgabe s_d bereit. Neben diesen Funktionen, die zu einer Neuberechnung des jeweiligen Summenwertes führen, stehen noch die zwei Operatoren *Erweiterung* und *Umbenennung* bereit, mittels derer eine vorhandene SST um eine Spalte ergänzt bzw. der Name eines Kategorienattributs geändert werden können, ohne daß sich der zugehörige Summendatenwert ändert. In [RaRi 91] ist für jeden dieser Operatoren eine formale Beschreibung des Ergebnisses der Anwendung auf den oder die Eingangsoperanden angegeben. Interessant ist insbesondere die automatische Aktualisierung von Prozentualwerten im Zuge der Neuberechnung von Summendatenwerten. Grundsätzlich beschreibt MEFISTO eher die formale Grundlage eines Systems zur Manipulation von Summentabellen, als daß es einen Ansatz zur logischen Rekonstruktion von SSDB-Daten darstellt.

In [LeST 83] wird ein analytischer Ansatz zur Modellierung statistischer Daten vorgeschlagen, welcher neben der Berücksichtigung von Aspekten des Datenschutzes insbesondere auch auf eine Beschleunigung der Anfrageverarbeitung abzielt. Den Ausgangspunkt bildet die Beobachtung, daß gerade in sehr großen statistischen Datenbanken der Zugriff auf Einzelwerte in der Regel nicht nötig und unter Umständen gar nicht erlaubt ist. Deshalb werden die Werte der Summenattribute durch die sog. *kanonischen Koeffizienten* des Attributs beschrieben, welche neben dem Minimal- und Maximalwert die Verteilungsfunktion der Attributwerte angeben. Zahlreiche statistische Auswertungen lassen sich auf dieser Basis ohne einen Zugriff auf die zugrundeliegenden Rohdaten durchführen; die Erzeugung der kanonischen Koeffizienten erfordert lediglich ein einmaliges Einlesen der Originaldaten. Wichtig ist, daß alle kanonischen Koeffizienten über additive Operationen bestimmt werden können, was bei einer Änderung der Originaldaten eine inkrementelle Aktualisierung der Koeffizienten ermöglicht. Die Approximation der Ausgangsdatenwerte über kanonische Werte erfolgt durch die Angabe orthogonaler Polynomiale, welche durch ein n-Tupel von reellen Werten im Intervall (-1, 1) repräsentiert werden können. In [LeST 83] sind Methoden zur Bestimmung und Aktualisierung der kanonischen Koeffizienten sowie für ihre Verwendung bei der Auswertung statistischer Anfragen beschrieben. Die kanonischen Koeffizienten sind anwendungsneutral und unabhängig von Skalen und Maßeinheiten, wodurch sie auch eine gute Ausgangsbasis zur Intergration statistischer Daten darstellen. Der Speicheraufwand für das Halten der kanonischen Koeffizienten kann in vielen Anwendungen durch den Verzicht auf eine Abspeicherung der Originaldaten um ein Vielfaches kompensiert werden. In verteilten Systemumgebungen kommen die Vorteile dieser kompakten Repräsentationsform durch eine drastische Reduktion der nötigen Datentransfers gegenüber dem Austausch von Rohdatenwerten besonders zum Tragen. Auf

Seite der Datenauswertung ist besonders die Invarianz der Antwortzeiten bezüglich des zugrundeliegenden Datenvolumens hervorzuheben. Der entscheidende Nachteil des Verfahrens ist, daß auch einfache Anfragen wie die Bestimmung eines mittleren Preises für ein bestimmtes Produkt in einer Marktforschungsanwendung auf Basis kanonischer Koeffizienten nicht durchführbar sind.

Das in [PrCo 92] vorgeschlagene prozeßorientierte Datenbankmodell für empirisch-wissenschaftliche Anwendungen beruht auf der fundamentalen Unterscheidung freier und abhängiger Variablen bei der Durchführung von Experimenten. Eine Versuchsreihe wird beschrieben durch eine Folge von Objektzuständen, welche sich in den diese Variablen beschreibenden Attributen ausdrücken. Eine Versuchsreihe kann somit als ein Zustands-Übergangs-Diagramm zwischen verschiedenen Objektzuständen modelliert werden, wobei der Einfluß unabhängiger auf abhängige Objekte durch den Beziehungstyp *affects-a* beschrieben wird; die Transition eines abhängigen Objektes in einen neuen Zustand wird durch die *becomes-a*-Beziehung dargestellt. Weiterhin werden die Instanzen der Objektversionen durch die *is-a-replicate-of*-Beziehung mit der Objektklasse in Verbindung gebracht. In [PrCo 92] wird am Beispiel der Züchtung von Tomatenpflanzen der Einfluß von Düngemitteln (freie Variable) auf das Größenwachstum der Pflanzen (abhängige Variable) dargestellt. Der Ansatz zielt in erster Linie auf die Unterstützung der Datenerhebungsphase ab. Aus wissenschaftlicher Sicht interessant ist die Übertragung objektorientierter und automatentheoretischer Ansätze auf den SSDB-Anwendungsbereich.

5.4.3 Objektorientierte Ansätze

Die objektorientierte Programmierung hat in den letzten Jahren über die ursprünglichen Anwendungsgebiete hinaus, etwa die Programmierung graphischer Benutzerschnittstellen, weite Verbreitung gefunden. Ein wesentlicher Grund hierfür liegt im Aufkommen objektorientierter Datenbanksysteme, welche aus programmiersprachlicher Sicht eine persistente Speicherung von Objekten ermöglichen und somit die objektorientierte Implementierung großer Anwendungssysteme erst ermöglichen. Weiterhin unterstützen die in objektorientierten Programmiersprachen vorzufindenden Konzepte wie Kapselung, Vererbung, Methoden und benutzerdefinierbare Datentypen ([StBo 86]) einen Programmierstil, welcher eine systematischen Wiederverwendung von Anwendungssoftware ermöglicht, wodurch die Anwendungsprogrammierung oftmals wesentlich effizienter ist als eine Programmierung mit herkömmlichen Programmiersprachen.

Objektorientierte Datenbanksysteme wurden und werden seit ihrem Aufkommen teilweise als Datenbanksysteme der fünften Generation bezeichnet. Die ersten vier Generationen stellen in dieser Sichtweise Dateisysteme sowie Datenbanksysteme auf Grundlage eines hierarchischen, netzwerkorientierten oder relationalen Datenmodells dar. Mit dieser Darstellungsweise entsteht leicht der Eindruck, daß objektorientierte Datenbanksysteme hinsichtlich Modellierungsflexibilität und Systemfunktionalität eine Obermenge der Vorgängergenerationen darstellen. Um die Vor- und Nachteile der relationalen bzw. objektorientierten Modellierungsweise im Datenbankbereich ist in den letzten Jahren ein regelrechter Glaubenskrieg entbrannt, der in der Literatur mit der Verfassung diverser Manifeste seinen Ausdruck fand ([ABD+ 89], [Ston 90], [DaDa 95]). In [Kim 93] wird dargestellt, daß objektorientierte Datenbanksysteme aus Modellierungssicht tatsächlich einige grundlegende Vorteile gegenüber relationalen Datenbanksystemen aufweisen. Bei den meisten der implementierten Ansätze sind aber hinsichtlich der datenbankorientierten Systemfunktionalität zum Teil erhebliche Defizite gegenüber herkömmlichen Datenbanksystemen auszumachen, beispielsweise im Hinblick auf nichtprozedurale Abfragesprachen einschließlich Anfrageverarbeitung und -optimierung, Sichtendefinition, Autorisierung, dynamische

Schemaänderung und parametrisierbares Datenbanktuning. Als Ausweg aus dieser Misere wird in [Kim 93] die Entwicklung sog. *objekt-relationaler Datenbanksysteme* vorgeschlagen, in welchen die Modellierungsflexibilität der objektorientierten Programmierung durch spezifische Erweiterungen am relationalen Datenmodell mit der datenbankorientierten Mächtigkeit relationaler Datenbanksysteme verbunden werden soll. Zahlreiche Datenbankhersteller verfolgen in den letzten Jahren genau diesen Weg; praktisch alle großen relationalen Datenbanksysteme weisen heute objektorientierte Konzepte auf. Viele Systeme offerieren eine anwendungsorientierte Modifizierbarkeit und Erweiterbarkeit der systemseitig dargebotenen Konzepte; allerdings erfordert die Nutzung dieser Möglichkeiten im Vergleich zu geschlossenen Systemen gleich welchen Ansatzes in der Regel ein deutlich höheres Maß an Kompetenz auf Ebene der Anwendungsprogrammierung.

Die Vorteile der objektorientierten Anwendungsmodellierung gegenüber relationalen Ansätzen kommen im SSDB-Bereich vor allem bei der Spezifikation und systematischen Mehrfachnutzung benutzerdefinierter Auswertefunktionen sowie bei der direkten Unterstützung der Modellierung von Klassifikationshierarchien auf Kategorienattributen mittels Aggregations- und Generalisierungsbeziehungen zum Tragen ([Kim 90]). In [WoVa 92] wird beispielsweise für das National Statistical Office in Thailand ein objektorientierter Ansatz vorgeschlagen, bei welchem die geographischen Klassifikationshierarchien als Generalisierungsbeziehungen in einer C++-Klassenhierarchie modelliert werden. Wie auch in diesem Projekt, fällt bei der Betrachtung von Ansätzen zur objektorientierten Modellierung von SSDB-Anwendungen allerdings auf, daß der Schwerpunkt des Einsatzes objektorientierter Konzepte meist auf der Ebene der programmiersprachlichen Realisierung liegt, speziell beim Entwurf der graphisch-interaktiven Benutzerschnittstellen ([Malm 88], [RaFe 92]). Auch bei dem in [CMR+ 92] vorgestellten Ansatz zur Modellierung einer Anwendung aus dem Bereich der computergestützten Chemie verlagerte sich der Schwerpunkt des Einsatzes objektorientierter Techniken von der Anwendungsmodellierung auf die Entwicklung eines Mechanismus zur Integration von bestehenden Anwendungsprogrammen mit Hilfe objektorientierter Techniken ([CMR+ 94]). Bei dem in [SmKr 92] beschriebenen Ansatz zur Unterstützung des SSDB-Bereichs mit objektorientierten Techniken wird die aus verschiedenen Tabellen ableitbare Information nicht materialisiert, sondern es werden die entsprechenden Ableitungsformeln in der Datenbank gespeichert. Die Hinterlegung der zugehörigen Methoden im Datenbanksystem ist allerdings unabhängig vom zugrundeliegenden Datenmodell und könnte beispielsweise auch in einem erweitert relationalen System realisiert werden.

Zusammenfassend kann festgehalten werden, daß der Einsatz objektorientierter Modellierungstechniken für den Entwurf von SSDB-Anwendungen wegen der gegenüber herkömmlichen Datenmodellen deutlich erweiterten Modellierungsflexibilität im allgemeinen erhebliche Vorteile mit sich bringt. In [MaHa 94] wird allerdings ausdrücklich darauf hingewiesen, daß eine objektorientierte Anwendungsmodellierung keinesfalls einen Einsatz objektorientierter Datenbanksysteme zwingend nach sich zieht. Die in [Kim 90] aufgeführten Argumente zur Untermauerung der These der fehlenden Reife datenbankspezifischer Methoden und Techniken in gegenwärtigen objektorientierten Datenbanksystemen lassen die Kombination objektorientierter Modellierungstechniken mit herkömmlichen oder erweiterten Datenbanktechniken, insbesondere relationaler Provenienz, als eine durchaus überlegenswerte Alternative erscheinen. Mit der Bereitstellung anwendungsbereichsspezifischer Klassenbibliotheken in erweitert relationalen Datenbanksystemen stellen diese Systeme auf jeden Fall eine bedenkenswerte Alternative zu streng objektorientierten Datenbanksystemen dar.

5.4.4 Instanzenbasierte Schemagenerierung in Massendatenbeständen

Bei den bisher in diesem Kapitel vorgestellten Ansätzen zur Datenmodellierung wurde implizit immer von einer *verifizierenden* Datenanalyse ausgegangen, bei welcher vom Benutzer in Form einer Anfrage an das Datenbanksystem formulierte Hypothesen auf ihren Erfüllungsgrad gemäß dem aktuellen Datenbestand ausgewertet werden. Die Bestätigung oder Ablehnung der in der Anfrage implizit formulierten Modellannahme kann anhand des vom Datenbanksystem generierten Ergebnisses in Form einer Antworttupel- bzw. -zellenmenge erschlossen werden, beispielsweise anhand der Kardinalität der Ergebnismenge oder der numerischen Werte bestimmter Attribute. Wird die aufgestellte Hypothese durch die Ergebnismenge gestützt, wird die Analyse im allgemeinen abgebrochen; im Falle der Nichtunterstützung der in der Anfrage getroffenen Annahme werden dagegen in der Regel eine oder mehrere Folgeanfragen abgesetzt, um den Grund für die Ablehnung der Hypothese zu eruieren. Beispielsweise wird bei Nichtunterstützung der These, daß die Marktanteile verschiedener Marken in einem Produktbereich im Zeitverlauf annähernd konstant bleiben, die Analyse in der Regel mittels gezielter Drill-Down-Anfragen für die vom angenommenen Muster abweichenden Werte fortgesetzt, bis man auf niedrigerem Verdichtungsniveau, beispielsweise auf Produktgruppenebene, die genauen Ursachen für die Abweichungen eruiert hat.

Unabhängig davon, ob die Datenauswertung mittels einfacher Datenbankanfragesprachen, spezieller multidimensionaler Datenanalysewerkzeuge oder auf graphischem Wege erfolgt, wird bei der verifizierenden Datenanalyse das eigentliche Problemlösungswissen vom Benutzer im Form der Anfragespezifikation und gegebenenfalls der gezielten Modifikation der Anfragen zur Detailanalyse vorgegeben. Im Gegensatz hierzu werden bei der *entdeckenden* Datenanalyse die Hypothesen über Regularitäten in den untersuchten Datenbeständen vom Auswertesystem selbst identifiziert und mit einem Konfidenzfaktor versehen. Die verschiedenen Techniken zur systemseitigen Eruierung solcher Beziehungsregeln zwischen Datensätzen werden unter dem Begriff *Data Mining* zusammengefaßt. In der Abschnittsüberschrift wurde dieser Begriff mit "instanzenbasierte Schemagenerierung" übersetzt, um anzudeuten, daß das Ziel des Data Mining letztlich die Erweiterung des Anwendungswissens auf Schemaebene ist. Ähnlich wie Integritätsbedingungen als Bestandteil des Datenbankschemas angesehen werden ([Wede 81]), liegt es nahe, die als systematische Zusammenhänge in den Datenbeständen erkannten Beziehungsregeln ebenfalls auf der Schemaebene der Datenbank zu verankern.

Die entdeckende Datenanalyse ist kein neuer Forschungsansatz, sondern im Bereich der künstlichen Intelligenz unter dem Stichwort der datengesteuerten Regelgenerierung seit langem eine fest etablierte Technik ([Piat 91]). Auch im Zuge betriebswirtschaftlicher Analysen werden Klassifikations- und Clusterungsverfahren seit langem eingesetzt. Neu ist allerdings die Anwendung von Data-Mining-Techniken auf Datenbestände im Giga- und Terabyte-Bereich, welche im Zuge der Verbreitung von Data Warehouses, gerade im Umfeld empirisch-wissenschaftlicher Anwendungsgebiete, derzeit häufig entstehen.

Nach [IBM 96] lassen sich die im Bereich des Data Mining eingesetzten Techniken vier grundlegenden Bereichen zuordnen:

- Assoziationsregeln,
- sequenzbasierte Mustererkennungsverfahren,
- klasssifikationsorientierte Analyseverfahren und
- Clusterungsverfahren.

Mit Hilfe von *Assoziationsregeln* wird der Grad der Erfülltheit einer Korrelation des Auftretens von Kombinationen von Instanzen eines Sachverhalts (z.B. Kauf bestimmter Produkte in einem Geschäft zu einem bestimmten Zeitpunkt) mit dem Auftreten einer anderen solchen Instanz überprüft ([AgIS 93a]). Eine typische Anwendung von Assoziationsregeln stellt die sog. Warenkorbanalyse dar, mittels derer das Zusammentreffen bestimmter Produktverkäufe untersucht wird, um darauf aufbauend beispielsweise gezielt Werbe- oder Produktplazierungsmaßnahmen in den Geschäften zu treffen. Bei den *sequenzbasierten Mustererkennungsverfahren* wird nach verlaufsbezogenen Regularitäten in zusammengehörigen Datensätzen gesucht. Beispielsweise können durch die Analyse der typischen Abfolge von Medikamentenverschreibungen an dieselbe Person über einen längeren Zeitraum hinweg besonders wirkungsvolle Therapieformen aufgedeckt werden. Anwendungen dieser Methoden im Bereich der Molekularbiologie dienen der Klassifikation von DNA-Sequenzen nach ähnlichen Sequenzmustern ([WaZS 95]). Mit *klasssifikationsorientierten Analyseverfahren* wird eine Fundierung oder Erklärung für eine Modellannahme gesucht. Die Modellannahme wird durch explizite Kennzeichnung der als zusammengehörig vermuteten Tupelinstanzen gekennzeichnet. Das Ergebnis der Auswertung kann entweder eine explizite Klassenbeschreibung in Form von Regeln sein, welche die Klassenzugehörigkeit beschreiben (z.B. in Form eines Klassifikationsbaums), oder aber aus einer impliziten Beschreibung der funktionalen Klassenzuordnung (z.B. in Form eines trainierten neuronalen Netzes) bestehen. Eine typische Anwendung ist die Kreditwürdigkeitsprüfung auf der Basis des Ergebnisses von expliziten oder impliziten Klassifikationsverfahren für die bisherigen Kreditdaten. *Clusterungsverfahren* schließlich beruhen auf demselben Prinzip wie Klassifikationsverfahren, werden allerdings auf eine unmarkierte Menge von Ausgangsdatensätzen angewandt. Die Zielsetzung ist hier die Identifikation von Segmentationen nach in der Clusterungsfunktion festgelegten Kriterien. Somit können unterschiedliche Clusterungsfunktionen zu unterschiedlichen Segmentationen führen ([AnBN 92]). Im Gegensatz zu den Segmentationsanfragen bei den im dritten Kapitel vorgestellten Fallstudien aus dem Bereich der Marktforschung sind die Abgrenzungen der Segmente beim Data Mining nicht schemabezogen vorgegeben, sondern werden instanzengesteuert aus den analysierten Datensätzen generiert.

Der Bereich des Data Mining ist ein zur Zeit intensiv bearbeitetes Forschungsgebiet, in welchem Vorarbeiten aus so verschiedenen Forschungsrichtungen wie Statistik, maschinelles Lernen und neuronale Netze vereint werden ([WeKu 91]). Die aktuellen Forschungsarbeiten beschäftigen sich vornehmlich mit Performanzfragen bei der Ausführung von Mining-Operationen auf sehr großen Datenbeständen (z.B. [AgSr 94], [PaCY 95a], [PaCY 95b], [SrAg 95], [AgSh 96]). Der in [ImVi 95] beschriebene Ansatz sieht einen Einbezug des Benutzers zur Steuerung des Suchprozesses vor. Das Problem der Auswertung von Mining-Operationen auf teilweise fehlerhaften oder unvollständigen Datenbeständen wird beispielsweise in [ALSS 95] und [FDBP 95] behandelt.

Das Data Mining kann eine verifizierende Datenanalyse in den meisten Anwendungsbereichen sicherlich nicht vollständig ersetzen, wohl aber sinnvoll ergänzen. Zum Beispiel wird man im Bereich der Marktforschung stets Interesse an der Entwicklung von Marktdaten nach einem festem Segmentationsmuster haben; mittels Techniken des Data Mining können aber unter Umständen neue, unvermutete Zusammenhänge zwischen den empirischen Daten eruiert werden, welche dann wiederum in die Standardanalysen Eingang finden können. Die meisten Hersteller kommerzieller Datenbanksysteme arbeiten derzeit an der Integration von Data-Mining-Techniken in ihre Produkte; erste Prototypanwendungen in realen Anwendungsszenarien zeigen vielversprechende Ergebnisse ([IBM 96]). Beim Aufbau umfangreicher Data Warehouses in der empirisch-wissenschaftlichen Massendatenverarbeitung ergeben sich für diese Technologien im SSDB-Anwendungsbereich vielversprechende Einsatzpotentiale.

C CROSS-DB: Ein Datenbankmodell zur Unterstützung der Verwaltung und Auswertung empirisch erhobener Massendatenbestände

Wie die bisherigen Ausführungen gezeigt haben, werden die in Hauptabschnitt A der vorliegenden Arbeit aufgestellten Anforderungen an die Datenbankunterstützung für die Verwaltung und Auswertung empirisch erhobener Massendatenbestände weder von heutigen kommerziell eingesetzten Datenbanksystemen noch von den in Hauptabschnitt B vorgestellten Ansätzen zur spezifischen Unterstützung dieses Anwendungsbereichs in befriedigender Weise unterstützt. Deshalb wird in diesem Hauptabschnitt ein neuer Ansatz für die Modellierung von SSDB-Systemen unterbreitet, welcher viele Aspekte der in der Literatur vorgeschlagenen Lösungsansätze für den SSDB-Bereich aufgreift und kombiniert, in zentralen Punkten aber deutlich über die in den heute eingesetzten und vorgeschlagenen Systemen und Modellen zu findende Anwendungsunterstützung hinausgeht.

Die für den hier vorgestellten Ansatz gewählte Bezeichnung "CROSS-DB" kann aus zwei verschiedenen Blickwinkeln interpretiert werden. Das Akronym CROSS-DB steht für "*C*lassification-oriented, *R*edundancy-based *O*ptimization of *S*tatistical and *S*cientific *D*ata *B*ases" und deutet somit den Schwerpunkt der beim Entwurf des Modells verfolgten Zielsetzung an. Aus bildlicher Sicht soll mit der Bezeichnung CROSS-DB die Vorstellung einer Art multidimensionalen Kreuzworträtsels angedeutet werden, bei welchem Nullwerte im Datenraum wie im Kreuzworträtsel-Analogon durch schwarze Felder markiert sind, während in die weißen Felder Nutzdatenwerte eingetragen werden können. Beide Sichten werden bei der nachfolgenden Vorstellung des Modells noch näher erläutert.

CROSS-DB kann als ein featureerweitertes multidimensionales Datenmodell für den SSDB-Einsatzbereich charakterisiert werden, bei dem eine Anfrageoptimierung durch die systematische Nutzung vorberechneter Datenverdichtungen erfolgt. Der Ansatz zeichnet sich gegenüber anderen Vorschlägen neben einer deutlich erweiterten Modellierungsmächtigkeit und -flexibilität durch eine Durchgängigkeit von der Ebene der Benutzeranfragen über die logische Repräsentation des Anwendungsbereichs bis hin zur physischen Speicherungsebene aus. Diese Durchgängigkeit ermöglicht den Einsatz neuartiger Ansätze zur Anfrageoptimierung unter Ausnutzung der im SSDB-Bereich vorzufindenden Modellierungsspezifika. Nach einer Vorstellung der generellen Architektur des CROSS-DB-Modells in Kapitel 6 auf Grundlage einer logischen Rekonstruktion der multidimensionalen Datenmodellierung erfolgt eine Diskussion der auf konzeptioneller, externer und interner Ebene vorzufindenden Charakteristika. In Kapitel 7 wird der Aspekt der Anfrageoptimierung eingehend erörtert. In Kapitel 8 wird dann der

Verwendungsaspekt des CROSS-DB-Modells thematisiert und die durch den CROSS-DB-Ansatz dargebotene Anwendungsunterstützung für den SSDB-Bereich verdeutlicht, indem der Einsatz der verschiedenen Modellierungsinstrumente diskutiert wird.

6 Daten- und Zugriffsmodellierung in CROSS-DB

In diesem Kapitel wird auf der Basis einer logischen Rekonstruktion der für den SSDB-Bereich typischen multidimensionalen Datenmodellierung die grundlegende Architektur eines SSDB-Daten- und -Zugriffsmodells vorgestellt, welches die in den bisherigen Ausführungen identifizierten Anforderungen übernimmt, Schwachstellen in herkömmlichen Ansätzen aufgreift und in einer Reihe von Aspekten neue Lösungen für die beschriebenen Problembereiche aufzeigt. Die Darstellung folgt der in [Wede 81] vorgetragenen dreistufigen Rekonstruktion einer Aufgabenstellung auf fachlicher, konstruktiver und Schemaebene. Die auf fachlicher Ebene angesiedelten Aufgabenstellungen wurden in Hauptabschnitt A bereits exemplarisch eingeführt. Nachfolgend werden die auf konstruktiver Ebene vorgenommenen Begriffsbildungen logisch rekonstruiert, bevor in den Abschnitten 6.2 bis 6.5 die Abbildung der auf konstruktiver Ebene gewonnenen Begriffswelt auf die Schemaebene des CROSS-DB-Daten- und -Zugriffsmodells beschrieben wird.

6.1 Logische Rekonstruktion der multidimensionalen Datenmodellierung

Die in Kapitel 5 vorgestellten SSDB-Datenmodelle, insbesondere die der graphisch orientierten Schiene, nahmen gemäß dem klassischen Modellbegriff eine "Nachbildung des gegebenen Originals mit Schwerpunkt auf der Strukturbeschreibung entsprechend einer gegebenen Formvorschrift" vor ([Wede 81], S. 49). Diese Vorgehensweise mag für die Zwecke einer rechnergestützten Tabellenverarbeitung ausreichend sein, aus grundlegender Sicht ist sie aber unbefriedigend, weil ein Modell im strengen mathematischen Sinne inhaltsleer ist und somit nichts über den Diskursbereich aussagt. Wedekind stellt deshalb der Modellbildung die Begriffs(re-)konstruktion voran, bei der sprachlich abstrakte Objekte (Begriffe) auf logischem Wege unter den Kriterien Zirkelfreiheit, Sprungfreiheit, Nichtverwendung impliziter Definitionen, Begründung und Rechtfertigung von Einzelschritten bzw. Regeln sprachlich-kritisch rekonstruiert werden. Die Konstruktion ist dabei der Modellbildung "methodisch vorgelagert und stellt den Begründungs- und Rechtfertigungszusammenhang zur Lebenswelt dar" ([Wede 81], S. 50). Nachfolgend werden der Aufbau von Prädikatorenschemata auf faktischer Ebene sowie von Prädikatorensystemen auf normativer Ebene mit dem Ziel einer logischen Fundierung der multidimensionalen Datenmodellierung dargestellt. Die logischen Grundlagen des Ansatzes, insbesondere die Nominatoren- und Prädikatorenbildung im Zuge des Schemaentwurfs für Datenbanksysteme, sind in [Wede 81] ausführlich dargestellt.

6.1.1 Prädikatorenschemata auf faktischer Ebene

Nominatoren haben die Aufgabe, ein Objekt zu identifizieren, und können als Eigennamen oder per Kennzeichnung eingeführt werden. Prädikatoren werden einem Nominator zu- oder abgesprochen. In einem Prädikatorenschema werden alle Prädikationen, die zu einem sog. Eigenprädikator gehören, dargestellt. Nachfolgend wird in aller gebotenen Kürze der Aufbau von Prädikatorenschemata für einfache und zusammengesetzte Nominatoren vorgetragen. Auf dieser Basis wird dann in Abschnitt 6.3 die grundlegende Unterscheidung qualifizierender und quantifizierender Daten getroffen.

6.1.1.1 Prädikatorenschemata für einfache Nominatoren

Die Begriffsrekonstruktion beginnt mit den sog. *faktischen Instanzen*. Faktische Instanzen sind Nominatoren für aus Sicht der Anwendungsmodellierung unteilbare Dinge (z.B. Produkte oder Zeitperioden). Konstruktiv werden faktische Instanzen eingeführt durch unterscheidende Rede, wobei zur Objektidentifikation neben Eigennamen häufig auch Kennzeichnungen eingesetzt werden (z.B. "TeVi-Markt Nürnberg Nord" statt einer nicht-sprechenden Geschäftsbezeichnung wie "4711"). In einem ersten Prädikationsschritt wird eine elementare Eigenprädikation, wie "TR-780 ε PRODUKT", vorgenommen, bei welcher der faktischen Instanz "TR-780" als Nominator ein Eigenprädikator, hier "PRODUKT", zugesprochen wird. "ε" stellt dabei ein Kopulazeichen dar, welches umgangssprachlich meist als "ist ein" interpretiert wird.

Neben einer Eigenprädikation können faktische Instanzen in der Regel durch eine Vielzahl weiterer Prädikationen näher bestimmt werden, wobei diese als sog. Apprädikationen nur in Verbindung mit dem Eigenprädikator eine Bedeutung haben. Die Apprädikatoren werden zusammen mit dem Eigenprädikator in einem Prädikatorenschema dargestellt, um somit alle zu einem Gegenstand gehörende Information zu bündeln. Der Aufbau eines Prädikatorenschemas erfolgt zweistufig. Prädikatoren einer ersten Stufe, z.B. "TR-780 ε Sony", "TR-780 ε Hi8", "TR-780 ε Stereo", "TR-780 ε s/w" für den Nominator "TR-780", werden auf einer zweiten Prädikationsstufe durch "Sony ε Marke", "Hi8 ε VideoSystem", "Stereo ε Audiosystem" und "s/w ε Sucher" näher bestimmt. In Abbildung 6.1 ist das Prädikatorenschema für den Nominator "TR-780" angegeben. Wie in Datenbanksystemen im allgemeinen üblich, wird gefordert, daß ein Nominator nur in einem Prädikatorenschema auftreten darf, um zu vermeiden, daß über denselben Gegenstand an verschiedenen Stellen widersprüchliche Aussagen getroffen werden.

6.1.1.2 Prädikatorenschemata für zusammengesetzte Nominatoren

Neben Prädikationen für einfache Nominatoren können auch zusammengesetzten Nominatoren Prädikatoren zu- oder abgesprochen werden. Ein zusammengesetzter Nominator entsteht aus einfachen Nominatoren durch Verkettung der Zeichenfolgen der Ausgangsnominatoren, wobei neben der Identifizierungseindeutigkeit des Kompositums auch das Entstehen einer neuen Konnotation (alltagssprachlich auch Intention oder Sinn genannt) gefordert wird, welche den Zweck der Zusammensetzung ausdrückt ([Wede 81]).

Faktische Instanzen können im SSDB-Bereich mit dem Zweck zu zusammengesetzten Nominatoren verbunden werden, empirisch beobachtbare Daten inhaltlich zu beschreiben. Der zusammengesetzte Nominator tritt dabei gegenüber den Apprädikatoren (Attributen) wie ein elementarer Nominator auf, d.h. als logisch unteilbare Einheit. Hiermit ist implizit auch eine Minimalitätsforderung für die Zusam-

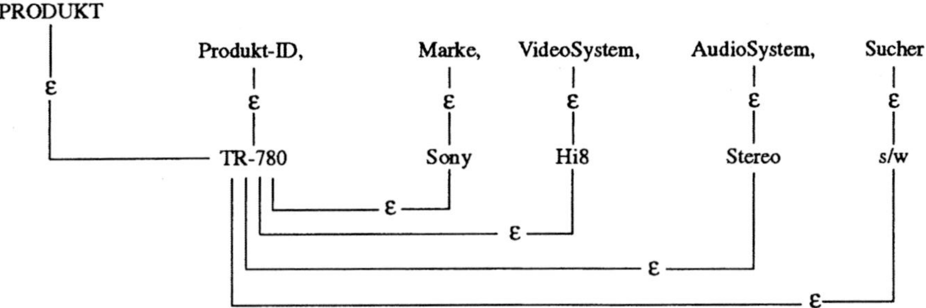

Abb. 6.1: Beispiel eines Prädikatorenschemas für einen einfachen Nominator

mensetzung verbunden, d.h alle Teile müssen wesentlich für die mit der Eigenprädikation verbundene Konnotation sein. Weiterhin müssen die Nominatorteile funktional unabhängig voneinander sein, d.h. kein Teil des zusammengesetzten Nominators darf durch ein oder mehrere andere Teile bestimmbar sein. In Abbildung 6.2 ist ein Beispiel eines Prädikatorenschemas für einen zusammengesetzten Nominator angegeben. Das Schema besagt, daß für jede Kombination von Werten der Prädikatoren "Art_ID", "Shop_ID" und "Periode" ein Preis- und Mengenwert möglich ist.

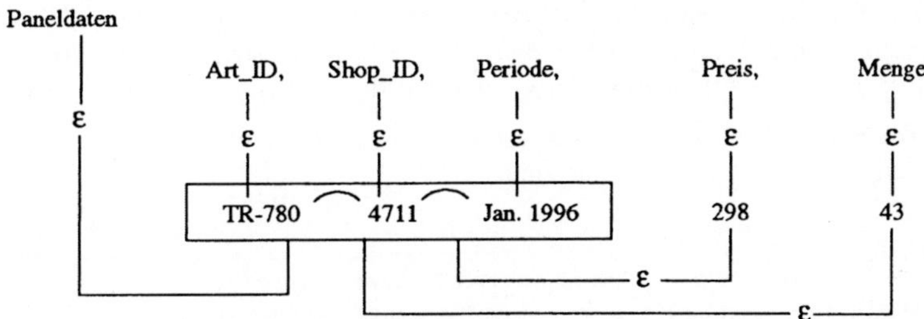

Abb. 6.2: Beispiel eines Prädikatorenschemas für einen zusammengesetzten Nominator

6.1.2   Prädikatorensysteme auf normativer Ebene

Ein Prädikationsschritt, der im klassischen Schemaentwurf für Datenbanksysteme meist als von untergeordneter Bedeutung erachtet wird, ist die Auffächerung bzw. Zusammenfassung von Eigenprädikationen zu Prädikatorensystemen. Für den SSDB-Anwendungsbereich stellt die Bildung von Prädikatorensystemen aber einen entscheidenden Rahmen für die interaktive Datenanalyse in Form von sog. "Drill-Down"-Operationen dar. Hierbei wird eine Datenauswertung mit hochverdichteten Datenwerten begonnen, welche bei auftretenden Auffälligkeiten (z.B. unübliche Umsatzentwicklung eines bestimmten Produktbereiches) anwendungsspezifisch aufgefächert werden. Diese Auffächerung kann sich sowohl auf normativ eingeführte Klassifikationen des Diskursbereichs (etwa die Untergliederung einer Produktdimension in Produktgruppen, Produkthauptgruppen und Produktbereiche) als auch auf diesen

Begriffen zugeordnete Merkmale beziehen (z.B. Ausweisung der Umsatzzahlen in der Produkthauptgruppe *Video* nach Marken), welche wiederum logisch gruppiert sein können (z.B. in inländische und ausländische Marken). Nachfolgend werden beide Möglichkeiten diskutiert.

6.1.2.1   Klassifikation von Eigenprädikatoren

Den ersten Schritt beim Aufbau eines Datenbanksystems stellt die Aufstellung von Begriffsschemata dar, welche im einfachsten Fall aus einem Prädikationsschema durch Subsumption bezüglich eines Eigenprädikators gewonnen werden können. Für das in Abbildung 6.1 gezeigte Prädikatorenschema kann beispielsweise der Begriff "Produkt" durch Feststellung der Äquivalenz aller Nominatoren, welche diesem Prädikator zugewiesen wurden, konstituiert werden. Beim Aufbau von Prädikatorensystemen sucht man nun nach Begriffen, welche sich aufgrund einer Äquivalenz in den Prädikatorenschemata zu "höheren" Begriffen synthetisieren lassen. Beispielsweise können alle Produkte, welche die Apprädikatoren "Marke", "VideoSystem", "AudioSystem" und "Sucher" aufweisen, durch eine Äquivalenzrelation zu dem abstrakten Begriff "Camcorder" zusammengefaßt werden. Statt der Angabe einer formalen Spezifikation dieser Äquivalenzrelation wird in Abbildung 6.3 der Zusammenhang graphisch verdeutlicht

Logisch entspricht die Bildung von Prädikatorensystemen einer Art-Gattungs-Beziehung, welche durch einen Abstraktionsvorgang beschrieben wird. Gattungsprädikatoren werden nachfolgend als *normative Instanzen* bezeichnet, um anzudeuten, daß ihre Bildung in der Regel über sog. Gebrauchsprädikatoren erfolgt, welche im Gegensatz zu den eindeutigen Prädikatoren (Termini) in den Naturwissenschaften als Akzidens durch explizite Angabe der verwendeten Äquivalenzrelation eingeführt werden müssen ([KaLo 73]). Die in der Äquivalenzrelation ausgewiesenen Apprädikatoren sind Teil eines *Merkmalsschemas*, welches einen Gattungsbegriff, dem die faktischen Instanzen zugeordnet sind (hier z.B. "Camcorder"), näher spezifiziert. Zu beachten ist, daß in den Artbegriffen eventuell vorhandene zusätzliche Attribute, welche in der den Gattungsbegriff etablierenden Äquivalenzrelation nicht ausgewiesen sind, im Gattungsbegriff nicht zugänglich sind.

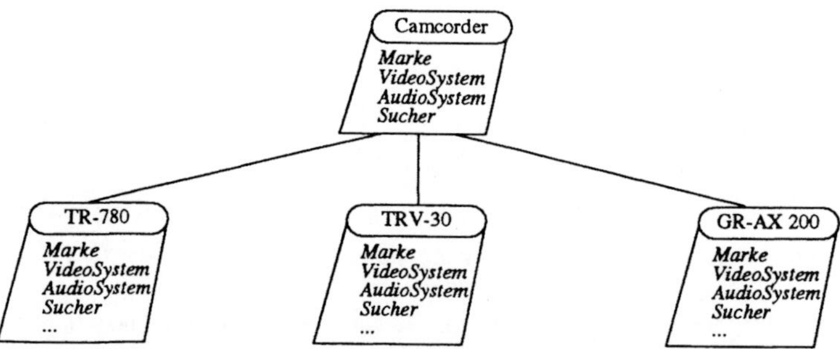

Abb. 6.3: Bildung eines Gattungsbegriffs

Die neu gebildeten Gattungsbegriffe können wiederum den Ausgangspunkt einer weiteren Art-Gattungs-Beziehung darstellen, so daß sich mehrstufige Systeme von Prädikatoren aufbauen lassen. Wenn die solchermaßen rekursiv gebildete Begriffshierarchie in einem einzigen Oberbegriff mündet, ergibt sich der Aufbau einer in der Logik und Wissenschaftstheorie als Begriffspyramide bezeichneten Struktur, also eines hierarchisch geordneten Systems von *Klassifikationen* ([Mitt 84]). Die einzelnen

Stufen einer Begriffspyramide werden durch *Kategorien* beschrieben, welche logisch als den einzelnen Prädikatoren übergeordnete Bedeutungsfelder interpretiert werden können. Kategorien für die Produktdimension könnten beispielsweise "Produktgruppe", "Produkthauptgruppe" und "Produktbereich" sein (Abbildung 6.4)

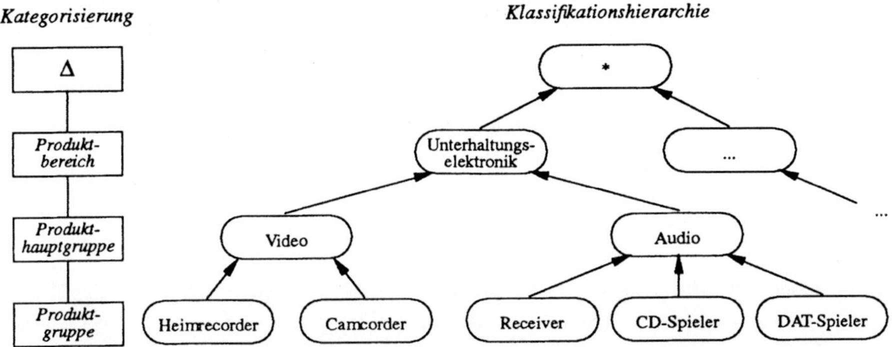

Abb. 6.4: Beispiel einer Kategorisierung des Eigenprädikators "Produkt"

6.1.2.2 Gruppierung von Apprädikatorwerten

Die im vorangegangenen Abschnitt beschriebene Bildung von Klassifikationshierarchien anhand einer Kategorisierung erfolgt schemagebunden, d.h. die Äquivalenzrelation bezieht sich auf Attributnamen, nicht Attributwerte. Um eine weitere systematische Untergliederungsmöglichkeit bei der Auswertung quantifizierender Daten bereitzustellen, können auch die Merkmalsausprägungen der Apprädikatoren hierarchisch gruppiert werden. Die Gruppierung stellt eine mereologische Struktur (Teil-Ganzes-Beziehung) dar, welche aus logischer Sicht nicht hinterfragt werden kann. Interpretiert werden kann die Struktur im Sinne einer zunehmenden "Unschärfe" bei der Angabe einer Merkmalsausprägung: während auf Blattknotenebene das entsprechende Attribut genau einen Wert aufweist, kann der Wertebereich des Attributs für höhere Knoten in der Gruppierungshierarchie nur eingeschränkt werden.

In Abbildung 6.5 ist exemplarisch eine Gruppierung des Produktmerkmals "VideoSystem" für Camcorder angegeben. Die links im Bild zu erkennende Schemabeschreibung der Gruppierungsstufen dient Referenzierungszwecken, wie in Abschnitt 6.4.3 noch verdeutlicht wird. Zu bemerken ist noch, daß im Gegensatz zu einer Kategorisierung für Merkmalsgruppierungen keine Balancierung gefordert wird, d.h. die Aufgliederungstiefe kann für verschiedene Merkmalsausprägungen unterschiedlich sein.

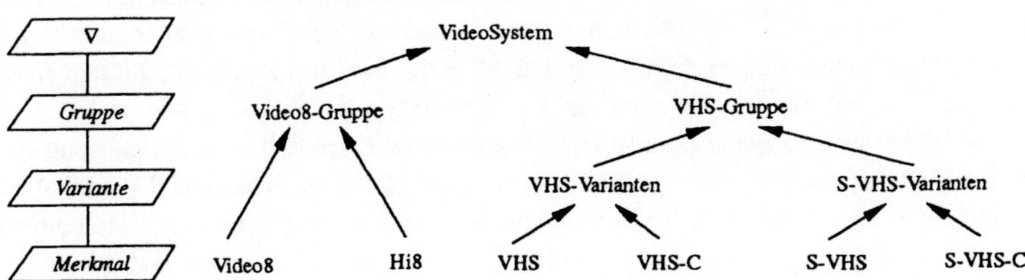

Abb. 6.5: Gruppierung des Merkmals "VideoSystem"

6.2 Die Drei-Schema-Architektur von CROSS-DB

In diesem Abschnitt wird auf Basis der im vorangegangenen Abschnitt beschriebenen logischen Rekonstruktion der multidimensionalen Datenmodellierung das Daten- und Zugriffsmodell des in [LeRT 96b] eingeführten CROSS-DB-Ansatzes vorgestellt. Die Darstellung folgt dem in Abschnitt 3.2 bereits vorgestellten Drei-Schema-Architekturmodell für Datenbanksysteme nach ANSI/SPARC. Nach einer Übersicht über die Gesamtarchitektur des Modells und die verfolgten Zielsetzungen werden die auf konzeptioneller, externer und interner Ebene vorzufinden Modellierungskonstrukte im Überblick erörtert; eine Detaillierung erfolgt in den Abschnitten 6.3 bis 6.5. Die Sichtweise ist im vorliegenden Kapitel modellorientiert, während in Kapitel 8 eine verwendungsorientierte Sicht beschrieben wird.

6.2.1 Datenneutralität und Datenunabhängigkeit im CROSS-DB-Modell

Auf der Schemaebene eines Datenbanksystems sind die Begriffe "Datenneutralität" und "Datenunabhängigkeit" von fundamentaler Bedeutung. Das in Abbildung 3.4 auf Seite 62 vorgestellte Drei-Schema-Architekturmodell für Datenbanksysteme nach ANSI/SPARC beschreibt diese Begriffe im Zusammenhang mit der Unterscheidung einer konzeptionellen, einer externen und einer internen Schemaebene. In Abbildung 6.6 ist die Drei-Schema-Architektur des CROSS-DB-Datenmodells verdeutlicht.

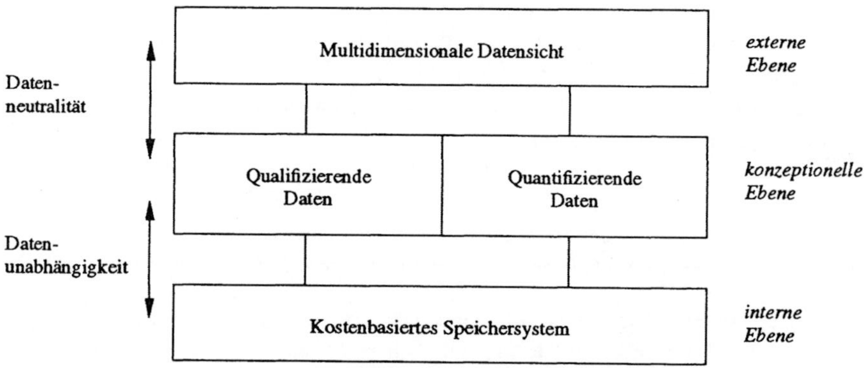

Abb. 6.6: Drei-Schema-Architektur des CROSS-DB-Datenmodells

Auf die grundlegenden Zusammenhänge zwischen den Schemaebenen des ANSI/SPARC-Referenzmodells im Zusammenhang mit den Begriffen Datenneutralität und Datenunabhängigkeit wurde in Abschnitt 3.2 bereits eingegangen. Im CROSS-DB-Modell drückt sich Datenneutralität in einer unabhängigen Modellierung der Dimensionen auf konzeptioneller Schemaebene aus, welche erst beim Übergang auf die externe Ebene in einen anwendungsspezifischen multidimensionalen Kontext gestellt werden. Auch die auf den Dimensionen definierten Klassifikationshierarchien und Merkmalsgruppierungen sind auf konzeptioneller Ebene anwendungsübergreifend modelliert und dienen auf externer Ebene in einer spezifischen Instantiierung als Gerüst der Datenauswertung. Die Datenunabhängigkeit beim Übergang zur internen Ebene drückt sich insbesondere in einer Transparenz der Anlage und Pflege von Datenmaterialisierungen zu Zwecken der Anfrageoptimierung aus.

6.2.2 Die Schemaebenen im Überblick

Auf konzeptioneller Ebene ist in Abbildung 6.6 die fundamentale Unterscheidung von qualifizierenden und quantifizierenden Daten zu erkennen, welche bereits in Abschnitt 3.2.1 eingeführt wurde. Quantifizierende Daten repräsentieren empirisch erhobene Datenwerte, welche durch die quantifizierenden Daten inhaltlich beschrieben werden. Im Fall der Marktforschung stellen quantifizierende Daten beispielsweise die in den zum Panel gehörigen Geschäften erhobenen Verkaufswerte und Preise von Produkten dar, während die qualifizierenden Daten die zur Interpretation dieser Datenwerte nötige Beschreibungsinformation wie Geschäfts-, Produkt- und Periodenkennung angeben. Die qualifizierenden Daten sind durch Stammdaten weiter beschrieben, z.B. die Produktgruppe, der ein Produkt zugeordnet ist, zeitinvariante Produktmerkmale, etwa die Produktmarke, oder auch globale Hilfsdaten wie z.B. Umrechnungsfaktoren für die Konvertierung von Preisinformationen in verschiedene Landeswährungen.

Eine grundlegende Möglichkeit der Unterscheidung qualifizierender und quantifizierender Daten kann anhand der zeitlichen Variabilität der Information vorgenommen werden. Faßt man die empirische Datenerhebung verallgemeinernd als die Durchführung eines Experimentes auf, so werden mit jeder Experimentdurchführung die quantifizierenden Daten neu bestimmt, während die qualifizierenden Daten über verschiedene Experimentdurchführungen hinweg als konstant angenommen werden. Dies schließt eine Versionierung der in den qualifizierenden Daten repräsentierte Stamminformation nicht aus; allerdings wird der Versionierungsprozeß als unabhängig von der Experimentdurchführung angenommen.

Die auf konzeptioneller Ebene beschriebenen qualifizierenden und quantifizierenden Daten sind noch völlig unabhängig von einer Verwendung in einer bestimmten Anwendung modelliert; die Dimensionalität der quantifizierenden Daten richtet sich nach rein erhebungsbezogenen Kriterien. Die auf den Dimensionen in den beschreibenden Daten definierten Klassifikationshierarchien müssen somit eine anwendungsübergreifende Geltung besitzen. Um die quantifizierenden Daten in einen spezifischen Auswertungskontext zu bringen, wird beim Übergang von der konzeptionellen zur externen Ebene mit den Dimensionsbeschreibungen der qualifizierenden Daten ein multidimensionaler Datenraum aufgespannt, der eine für die Zwecke einer spezifischen Anfrage hinreichende Adressierbarkeit der qualifizierenden Daten ermöglichen muß. Ein quantifizierendes Datum kann somit auf externer Ebene sowohl in höherer als auch in niedrigerer Dimensionalität als auf konzeptioneller Ebene beschrieben werden, um eine anwendungsorientierte Datenauswertung und eine Verbindung mit anderen Datenelementen zu ermöglichen. Nähere Einzelheiten hierzu werden in Abschnitt 6.4 erörtert.

Mit der Festlegung eines Auswertungskontextes für eine bestimmte Anfrage ist neben der Auswahl der entsprechenden Dimensionen auch die Selektion der benötigten Dimensionsklassifikationen verbunden. Klassifikationen auf Dimensionen stellen inhaltliche Gerüste für die Bildung von Datenverdichtungen dar; daneben kann eine anwendungsorientierte Datenauswertung anhand von dimensionsbezogenen Merkmalen erfolgen. Die auf einer Klassifikationsstufe vorzufindenden Merkmale müssen grundsätzlich für alle von dem Klassifikationsknoten umfaßten Knoten Gültigkeit besitzen. Somit sind auf höheren Klassifikationsstufen in der Regel weniger Merkmale vorzufinden als auf niedrigeren. Beispielsweise können für die Produkthauptgruppe "Video" nur vergleichsweise allgemeine Merkmale wie "Videosystem" angegeben werden, während auf niedrigerem Klassifikationsniveau die Produktgruppe "Camcorder" beispielsweise ein Merkmal "maximale Batterielaufzeit" tragen kann, welches für die Produktgruppe "Heimvideogeräte" nicht aussagekräftig ist; diese mag stattdessen ein Merkmal "Anzahl von Videoköpfen" aufweisen. Die dimensionsbezogenen Klassifikationen und Merkmale bilden somit den Rahmen der in einer Anfrage sinnvoll adressierbaren Information ([LeRT 96c]).

Auf interner Ebene der in Abbildung 6.6 gezeigten Drei-Schema-Architektur wird neben der Speicherrepräsentation der qualifizierenden und quantifizierenden Daten allgemein auch der Einsatz effizienzsteigernder Maßnahmen festgelegt; im Sinne der Datenunabhängigkeit bleiben diese Maßnahmen aber auf den anderen Ebenen verborgen. Das CROSS-DB-Modell sieht insbesondere die Materialisierung verdichteter Datenwerte zu Zwecken der Anfrageoptimierung vor. Um diese Möglichkeiten ohne Zutun des Anwenders nutzen zu können, müssen auf Ebene der Anfrageverarbeitung systematische Maßnahmen zur Identifikation von für die Auswertung einer bestimmten Anfrage eventuell einsetzbarer Verdichtungsinformation getroffen werden. Hierbei ist eine enge Abstimmung mit der Speicherverwaltungsebene vorzunehmen, um die besonderen Möglichkeiten bei der Speicherung von empirisch erhobenen Massendaten, beispielsweise die transparente Nutzung einer Speicherhierarchie durch eine kostenbasierte Instrumentierung der Queryoptimierung, zu erschließen. In Abschnitt 6.5 werden die im CROSS-DB-Modell auf interner Speicherverwaltungsebene eingesetzten Maßnahmen diskutiert; die darauf aufbauende Anfrageoptimierung wird in Kapitel 7 eingehend erörtert.

6.3 Konzeptionelle Schemaebene

Ziel der Datenbeschreibung auf konzeptioneller Schemaebene ist eine kontext- und personenunabhängige Beschreibung der modellierten "Miniwelt"; diese rein logische Beschreibungsebene wird in [Wede 81] auch als *situationsunabhängig* bezeichnet. Eine situationsunabhängige Beschreibung ermöglicht die gemeinsame Bezugnahme auf die modellierten Daten aus verschiedensten Anwendungskontexten und stellt somit die Grundlage des mit einem Datenbanksystem einhergehenden Integrationsaspekts dar. Die in der nachfolgenden Beschreibung der konzeptionellen Beschreibungsebene im CROSS-DB-Modell angegebenen Beispiele lehnen sich an die in Kapitel 3 vorgestellten Fallstudien aus dem Bereich der Marktforschung an; das Modell ist aber nicht speziell für dieses Anwendungsgebiet konzipiert, sondern unterstützt gleichermaßen alle der in Kapitel 2 genannten und weitere Anwendungsgebiete des "scientific computing".

Aus logischer Sicht sind für die Beschreibung der in Kapitel 2 aufgeführten SSDB-Anwendungsgebiete die in Abbildung 6.6 bereits angedeutete Unterscheidung von quantifizierenden und qualifizierenden Daten sowie der Begriff der Dimension von fundamentaler Bedeutung. Dimensionen stellen im Sinne einer Strukturbeschreibung Stammdaten dar, mit denen die empirisch erhobenen quantifizierenden Daten erst interpretierbar werden. In Abbildung 6.7 ist der Zusammenhang zwischen den qualifizierenden und quantifizierenden Daten bildlich dargestellt. Jedes quantifizierende Datum wird in einer n-dimensionalen Datenzelle beschrieben, wobei sich die Dimensionalität einer Datenzelle nach erhebungsbezogenen Kriterien richtet. Zur Beschreibung einer n-dimensionalen Datenzelle werden faktische und normative Instanzen als Basiselemente der verschiedenen Zellendimensionen referenziert. Die anhand von Kategorisierungen der qualifizierenden Daten möglichen Klassifikationen der faktischen Instanzen in höhere Beschreibungsebenen bilden einen Rahmen für die Auswertung der in den Datenzellen enthaltenen Werte. Zusätzlich wird bei der Datenauswertung eine Differenzierung anhand der den Instanzen zugeordneten stammdatenorientierten Merkmale ermöglicht. Nachfolgend wird die Modellierung qualifizierender und quantifizierender Daten in Anlehnung an [LeRT 96c] näher erläutert.

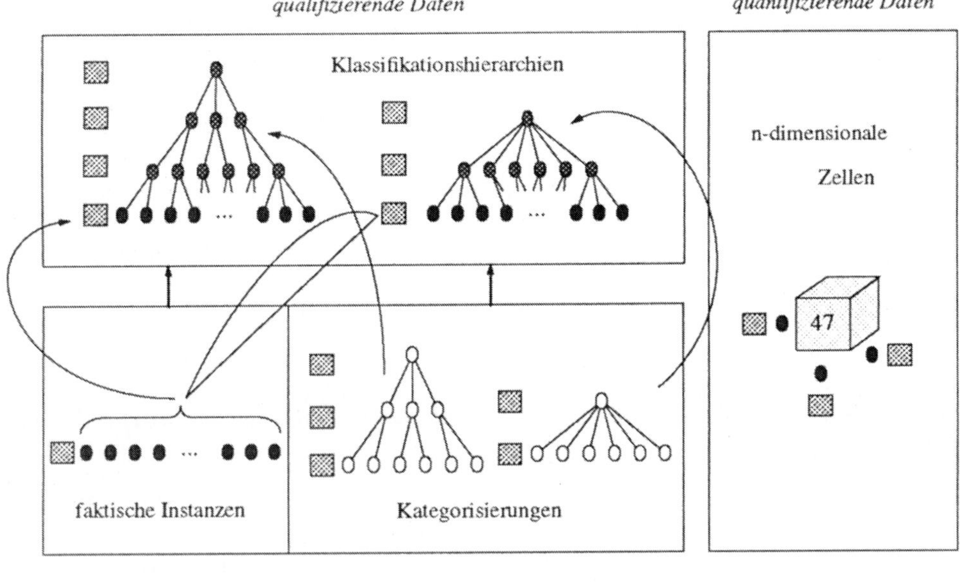

Abb. 6.7: Qualifizierende und quantifizierende Daten auf konzeptioneller Schemaebene

6.3.1 Qualifizierende Daten

Wie die Fallstudien im dritten Kapitel gezeigt haben, stellt eine multidimensionale Datenmodellierung in SSDB-Anwendungen eine "natürliche" Sichtweise dar. Der Dimensionsbegriff wurde dabei bisher in einer intuitiv-naiven Weise verwendet; anschaulich stellt eine Dimension eine Kantenbeschriftung eines multidimensionalen Datenwürfels dar, dessen Zellen die quantifizierenden Daten enthalten. Mit dem in Abschnitt 6.1 beschriebenen, logisch rekonstruierten Instrumentarium kann der Begriff der Dimension nun präzisiert werden. Eine *Dimension* wird beschrieben durch eine Menge von faktischen Instanzen, welche in einer oder mehreren Kategorisierungen unter einen gemeinsamen Oberbegriff gebracht werden können. Eine faktische Instanz darf dabei nur genau einer Dimension zugeordnet werden. Die Anzahl der Kategorisierungen und die Höhe der Begriffspyramiden in den verschiedenen Dimensionen ist grundsätzlich unbegrenzt. Das CROSS-DB-Datenmodell nimmt einige Einschränkungen in der Verwendung der in Abschnitt 6.1 auf logischer Ebene eingeführten Modellierungskonstrukte vor, um die Modellierungseindeutigkeit zu erhöhen und den praktischen Umgang mit den modellierten Daten bei der Anfrageauswertung zu erleichtern. Nachfolgend werden diese Beschränkungen modellbezogen beschrieben; eine eingehende Diskussion der Modellierungsinstrumente aus Anwendungssicht erfolgt in Kapitel 8.

6.3.1.1   Dimensionen, Klassifikationen und Kategorisierungen

Ein grundlegendes Ziel bei der Datenmodellierung im CROSS-DB-Modell ist die wechselseitige logische Unabhängigkeit der einzelnen Dimensionen. Dies bedeutet insbesondere, daß Begriffshierarchien nicht, wie in anderen multidimensionalen Modellierungsansätzen, ebenenweise als Dimensionen beschrieben werden können, welche dann durch sog. Relationen in Beziehung zueinander gesetzt werden (vgl. Abschnitt 3.1.3). Vielmehr werden die Dimensionen durch eine Menge von faktischen Instanzen gebildet, auf welchen im Prinzip beliebig viele Kategorisierungen beschrieben sein können. Kategorisierungen stellen eine Beschreibung von Klassifikationen auf Metadatenebene dar. Eine Forderung im CROSS-DB-Modell ist, daß die Kategorisierungen und damit auch die Klassifikationshierarchien vollständig, partitionierend und balanciert sein müssen, d.h. alle Eigenprädikatoren einer Klassifikationsstufe müssen einem Gattungsbegriff der nächsthöheren Stufe zugewiesen sein, ein Begriff darf nur genau einem Oberbegriff zugeordnet werden, und auf jeder faktischen Instanz ist dieselbe Anzahl von Art-Gattungs-Beziehungen definiert.[†] Mit dieser Forderung ergeben sich als Klassifikationsstrukturen balancierte, vollständig partitionierende Bäume; ein Beispiel wurde bereits in Abbildung 6.4 gezeigt.

Eine Kategorisierung stellt das Schema für eine Klassifikation der Instanzen in der Produktdimension dar. Die Merkmalszuordnung zu den Klassifikationsknoten auf Schemaebene ist in Abbildung 6.8 exemplarisch gezeigt. Die Wertebereiche der Merkmale geben dabei auf Schemaebene die *möglichen* Ausprägungen der Merkmalswerte an. Die Merkmale der Oberbegriffe in einem Klassifikationsschema werden anhand der Art-Gattungs-Beziehung in der Klassifikationshierarchie grundsätzlich auf die Unterbegriffe vererbt; im Unterbegriff können neben den vererbten Merkmalen auch neue, artspezifische Merkmale auftreten. Eventuell auf den Merkmalen definierte Gruppierungen (vgl. Abschnitt 6.1.2.2) gelten grundsätzlich auf allen Ebenen, wobei bei einer eventuellen Einschränkung des Wertebereichs eines Merkmals bei der Spezifikation[‡] eines Gattungsbegriffs dann nur noch die entsprechenden Teile des Gruppierungsschemas aktiv sind. In einer umgekehrten Sichtweise wird für Oberbegriffe der Wertebereich von Merkmalen, welche sich in allen untergeordneten Unterbegriffen wiederfinden, durch Vereinigung der Merkmalsausprägungsmengen der Unterbegriffe festgelegt; der

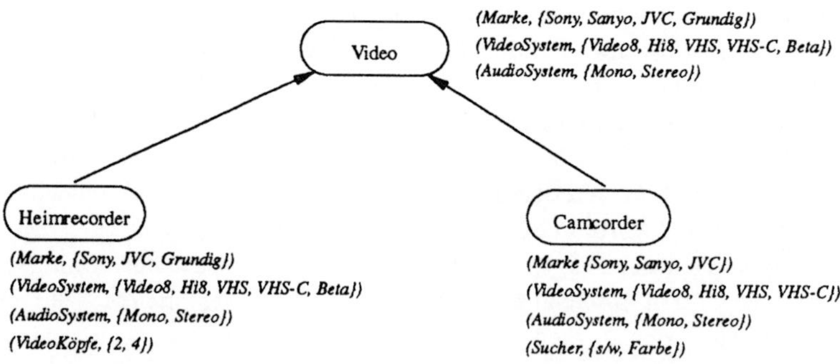

Abb. 6.8: Merkmalsvererbung auf Klassifikationsschemaebene

---

† Diese Forderung mag auf den ersten Blick sehr restriktiv erscheinen, erweist sich jedoch durch die zusätzliche Möglichkeit der merkmalsbezogenen Datengruppierung als sinnvoll und auch praktikabel, wie in Kapitel 8 noch näher erläutert wird.

‡ Spezifikation hier im etymologischen Sinne von *species facere* (lat.): eine Art machen.

Wertebereich für auf einer feineren Klassifikationsstufe neu auftretende Attribute muß dagegen anwendungsbezogen außerhalb des Datenbanksystems definiert werden. Nachdem die Wertebereiche der Merkmalsausprägungen auf Klassifikationsschemaebene den Stammdaten zugerechnet werden, sollte hierbei eine möglichst hohe Wertebereichsstabilität bei gleichzeitig möglichst enger Wertebereichsabgrenzung angestrebt werden (siehe auch Kapitel 8).

6.3.1.2 Instantiierung von Klassifikationshierarchien

Im Klassifikationsschemata einer Kategorisierung ist eine mögliche Strukturierung einer Dimension auf normativer Ebene festgelegt. Um diese Klassifikation wirksam werden zu lassen, ist eine Zuordnung der faktischen Instanzen zu den Blättern der Klassifikationshierarchie vonnöten. Die Zuordnung der faktischen Instanzen muß dabei kompatibel zum Merkmalsschema im zugeordneten Klassifikationsblattknoten sein, d.h. die faktische Instanz muß mindestens die Merkmale aufweisen, welche im zugeordneten Klassifikationsknoten beschrieben sind. Weiterhin müssen die Merkmalsausprägungen in der faktischen Instanz im Wertevorrat der Merkmale der Klassifikationsblattknoten auf Schemaebene vorhanden sein. Diese Anforderung erzwingt eine kontrollierte Rollenzuweisung für faktische Instanzen und sichert gleichzeitig eine Aktualisierung der Klassifikationsschemata bei der Neuaufnahme faktischer Instanzen mit Merkmalsausprägungen, welche bisher auf Schemaebene nicht bekannt waren. In Abbildung 6.9 ist die Zuordnung faktischer Instanzen an ein Klassifikationsschema anhand des schon bekannten Beispiels veranschaulicht.

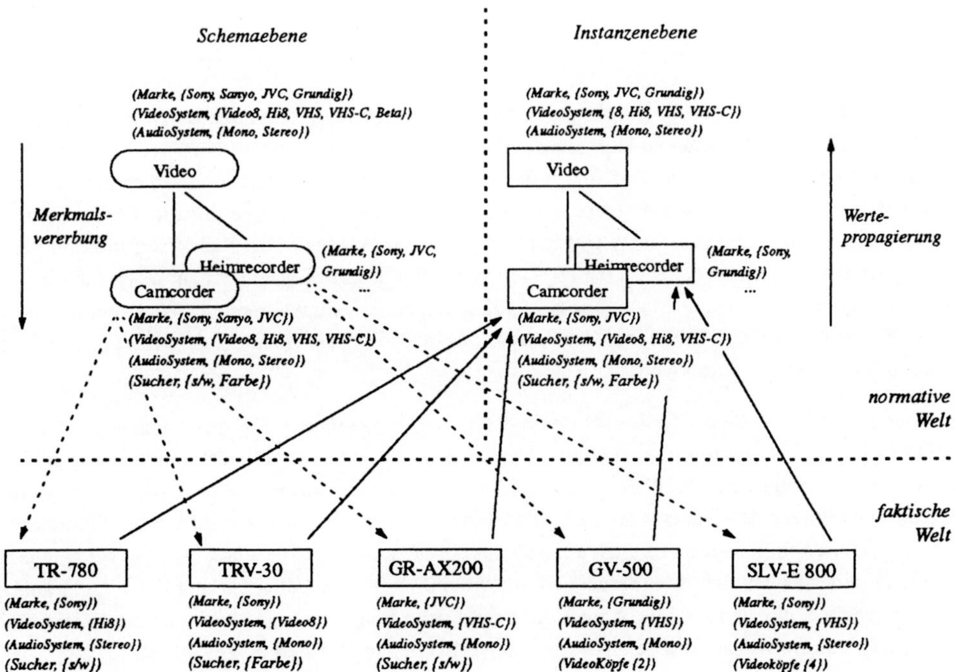

Abb. 6.9: Schemavererbung und Rollenzuweisung bei der Instantiierung eines Klassifikationsschemas

Mit der Zuordnung einer faktischen Instanz an einen Blattknoten des Klassifikationsbaumes wird zunächst das Merkmalsschema dieser normativen Instanz an die faktische Instanz vererbt. Dies bedeutet, daß in der aktuellen Verwendung der faktischen Instanz nur genau diejenigen Merkmale berücksichtigt werden, welche gemäß der gewählten Kategorisierung als semantisch bedeutungsvoll gekennzeichnet wurden, indem sie in das Merkmalsschema des entsprechenden Klassifikationsknotens aufgenommen wurden. Die Aufnahme von Merkmalen in die Stammdatenbeschreibung einer Klassifikation regelt somit die spätere Auswertbarkeit der quantifizierenden Daten nach diesem Merkmal. So könnte beispielsweise ein in den faktischen Instanzen vorhandenes Merkmal "Gewicht" in die produktgruppenbezogene Klassifizierung aufgenommen werden, um eine Datenauswertung nach verschiedenen Verpackungsklassen zu ermöglichen. In Kapitel 8 sind hierzu noch nähere Ausführungen zu finden.

Auf der rechten Seite von Abbildung 6.9 ist die mit der Rollenzuweisung für faktische Instanzen verbundene Instantiierung des Klassifikationsschemas wiedergegeben. Die aktuell in den faktischen Instanzen auftretenden Merkmalsausprägungen werden an die Klassifikationsknoten-Instanzen propagiert und dienen bei der späteren Datenauswertung als ein Abbruchkriterium für die Suche nach bestimmten Merkmalsausprägungen. Weist eine Knoteninstanz auf hohem Klassifikationsniveau einen gesuchten Featurewert nicht auf, so ist sichergestellt, daß dieser Wert im gesamten diesem Klassifikationsknoten untergeordneten Teilbaum nicht auftreten wird. Beim in Abbildung 6.9 gezeigten Beispiel kann somit die Suche nach Verkaufszahlen von VHS-Camcordern bereits auf Produktgruppenniveau abgebrochen werden; anhand des Klassifikationsschemas war nur sichergestellt, daß kein Camcorder im Merkmal "Videosystem" eine Merkmalsausprägung "Beta" aufweisen wird.

6.3.2   Quantifizierende Daten

Bei der in Abschnitt 6.2 gegebenen Übersicht über die in Abbildung 6.6 gezeigte Drei-Schema-Architektur des CROSS-DB-Datenmodells wurde die grundlegende Unterscheidung von qualifizierenden und quantifizierenden Daten bereits angesprochen. Quantifizierende Daten wurden charakterisiert als empirisch erhobene Datenwerte, wobei die qualifizierenden Daten ihre inhaltliche Interpretation ermöglichen. In einer anderen Sichtweise können qualifizierende Daten als Zugriffsinformation für den Zugang zu den quantifizierenden Daten angesehen werden. Kennzeichnend ist auf jeden Fall die experimentübergreifende zeitliche Stabilität der qualifizierenden Daten, während die Werte der quantifizierenden Daten in der Regel mit jeder Experimentdurchführung (z.B. Meßdatenauswertung oder empirische Umfrage) neu bestimmt werden.

In Abbildung 6.7 auf Seite 155 ist auf der rechten Seite angedeutet, daß quantifizierende Daten im CROSS-DB-Modell multidimensional unter Verwendung der in den qualifizierenden Daten beschriebenen Kategorisierungen auf den Dimensionen modelliert werden. Aus modellbezogener Sicht ist dabei für ein quantifizierendes Datum eine Referenzierung von Dimensionen sowohl auf der Granularitätsstufe der faktischen Instanzen als auch auf höherer Granularitätsstufe möglich. Aus Verwendungssicht wird man in der Regel allerdings versuchen, die quantifizierenden Daten auf möglichst feingranularer Stufe zu erheben, um ein möglichst breites Auswertespektrum der Daten zu gewährleisten; hierauf wird in Kapitel 8 ebenso wie auf die Behandlung von Nullwerten noch näher eingegangen.

Logisch werden quantifizierende Daten durch Prädikatorenschemata für zusammengesetzte Nominatoren beschrieben, wobei jeder Teil des Kompositums genau eine Dimension referenziert. In dem in Abbildung 6.2 auf Seite 149 gezeigten Beispiel eines Prädikatorenschemas werden die Bewegungsdaten (Preis, Menge) eines dreidimensionalen Marktforschungspanels für einen aus der Artikel-, Geschäfts- und Periodenbezeichnung gebildeten kompositen Eigennamen beschrieben. Die Prädikationen vom kompositen Nominator zu den Prädikatoren "298" und "43" stehen dabei auf erster Stufe, während die Prädikationen "298 ε Preis" und "43 ε Menge" die Attributnamen der quantifizierenden Daten in einer Prädikation zweiter Stufe einführen. Wie auch im Beispiel zu erkennen, sind quantifizierende Daten typischerweise numerischen Typs, wodurch sich mit den üblichen arithmetischen Operationen aus vorhandenen Werten neue ableiten lassen, und zwar sowohl innerhalb einer Zelle (beispielsweise "Umsatz = Preis * Menge") als auch zellübergreifend; hierauf wird in Abschnitt 6.4 noch ausführlich eingegangen

6.4 Externe Schemaebene

Ein grundlegendes Entwurfsziel auf konzeptioneller Schemaebene im CROSS-DB-Datenmodell ist die logische Unabhängigkeit der Dimensionen. Auch die Dimensionalität und Granularität der quantifizierenden Daten ist auf konzeptioneller Schemaebene zunächst nach rein logischen Kriterien festgelegt. Um anwendungsspezifische Datenzugriffs- und -auswertemöglichkeiten bereitzustellen, sieht das Modell einen mehrstufigen, zur Sichtenbildung in relationalen Datenbanksystemen verwandten Mechanismus vor, der nachfolgend erläutert wird. In Abbildung 6.10 sind die Schritte der multidimensionalen Sichtenbildung und Datenauswertung im Überblick wiedergegeben.

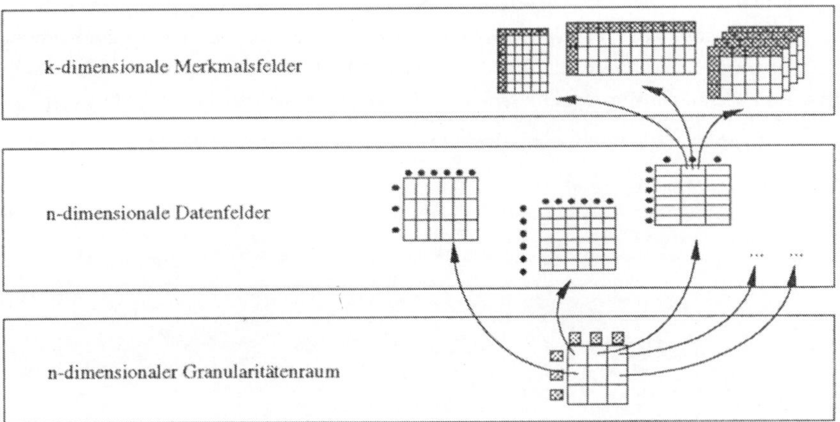

Abb. 6.10: Sichtenbildung und Datenauswertung auf externer Ebene

Die Anwendungseinbindung beim Übergang von der konzeptionellen zur externen Ebene erfolgt im ersten Schritt durch die Auswahl der für die Anfragen benötigten Dimensionen und Kategorisierungen. Für die gewählten Dimensionen und Kategorisierungen wird der n-dimensionale Granularitätenraum durch Kreuzproduktbildung über die eingehenden faktischen und normativen Instanzen gebildet. Hierdurch wird der Bezugsrahmen für die multidimensionale Datenauswertung festgelegt. Jedes Feld des Granularitätenraumes beschreibt ein n-dimensionales Datenfeld, in welchem quantifizierende Daten in der entsprechenden Granularität referenzierbar sind. Zugreifbar sind alle quantifizierenden Daten, welche auf konzeptioneller Schemaebene in mindestens denjenigen Dimensionen beschrieben sind, die den aktuellen Granularitätenraum aufspannen. Zusätzlich müssen die quantifizierenden Daten in den einzelnen Dimensionen kompatibel mit den durch die Kategorisierungen festgelegten Merkmalsschemata sein. Bevor im letzten Schritt bei der Datenauswertung einzelne Werte eines n-dimensionalen Datenfeldes merkmalsorientiert aufgespalten werden, können die Datenfelder durch zellenorientierte und verdichtende Operatoren anwendungsspezifisch transformiert werden, indem vorhandene Daten abgefragt und neue Daten aus vorhandenen abgeleitet werden. Schließlich kann das Ergebnis einer Anfrage in geeigneter Form ausgegeben werden. Die nachfolgenden Abschnitte beschreiben diese verschiedenen Schritte durch sukzessive Erweiterung der Sprachkonstrukte von SQL zur sog. *Cube Query Language CQL*, welche in [BaLe 96] näher beschrieben ist. Eine Spezifikation der CQL-Syntax ist im Anhang wiedergegeben.

6.4.1   Konstruktion des Anfragekontextes

Der erste Schritt bei der Anfragespezifikation im CROSS-DB-Modell ist die Festlegung der Dimensionalität des Auswertedatenraumes. Nachdem die Dimensionen streng unabhängig voneinander modelliert wurden, können sie als orthogonale Elemente frei miteinander kombiniert werden; die Reihenfolge ihrer Angabe ist ohne Bedeutung. Mit der Festlegung der Auswertedimensionen für eine Anfrage sind auch die adressierbaren Datenelemente bestimmbar. Grundsätzlich kann auf alle Datenwerte zugegriffen werden, deren auf konzeptioneller Schemaebene referenzierte Dimensionen im Anfragekontext ausgewiesen sind; dimensional unterbestimmte Datenelemente können dabei durch Wertereplikation in die erforderliche Dimensionalität überführt werden, wie in Abbildung 6.11 verdeutlicht ist. Das Beispiel zeigt, wie geschäftsspezifische Hochrechnungsfaktoren für die Paneldatenforschung, welche für alle Verkäufe in einem Geschäft in einer Periode gleich und somit nur zweidimensional in der Geschäfts- und Zeitdimension spezifiziert sind, in einem dreidimensionalen Auswerteraum durch Bereitstellung des Faktorwertes für jedes einzelne Produkt zugänglich werden.

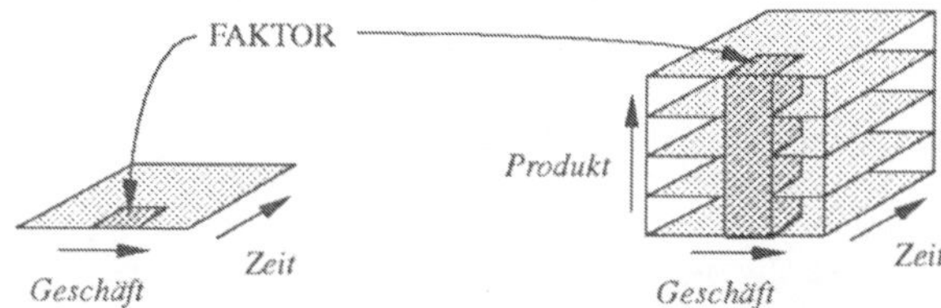

Abb. 6.11: Implizite Dimensionalitätsanpassung bei der Konstruktion des Anfragekontextes

Die quantifizierenden Daten sind in einem Anfragekontext zunächst nur auf der Granularitätsstufe ihrer Erhebung zugreifbar. Durch die Forderung der Überlappungsfreiheit der in einer Klassifikation auftretenden normativen Instanzen können auf niedriger Granularitätsstufe erhobene Daten in der Regel systemseitig auf höheren Granularitätsstufen bereitgestellt werden. Beispielsweise können für einzelne Produkte in einzelnen Geschäften erhobene Verkaufswerte durch Summenbildung sowohl in der Produkt- als auch in der Geschäftsdimension aggregiert werden. Die anzuwendende Verdichtungsoperation hängt vom Datentyp des quantifizierenden Datenelements ab und wird auf konzeptioneller Schemaebene in den Metadaten festgelegt.

Auf der Ebene der Anfragespezifikation sind gegebenenfalls erforderliche Dimensions- und Granularitätenanpassungen bei der Konstruktion des Anfragekontextes transparent. Die Angabe der auszuwertenden Dimensionen erfolgt in der FROM-Klausel einer CQL-Anfrage; ein Bezug auf die Granularitätsstufen in den verschiedenen Dimensionen wird durch Suffix-Notation in der WHERE-Klausel hergestellt, wie das folgende CQL-Fragment zeigt:

```
FROM PRODUKT P, ZEIT Z, GESCHÄFT G
WHERE P.HAUPTGRUPPE = "VIDEO", Z.JAHR = "1995", G.ORT = "NÜRNBERG;
```

Darüber hinaus ist die Spezifikation sog. komplexer dimensionaler Ausdrücke möglich, mit denen Teilbäume von Klassifikationshierarchien flexibel ein- und ausgeblendet werden können und welche eine wichtige Grundlage für die Anfrageoptimierung darstellen; hierauf wird in Kapitel 7 noch näher eingegangen.

6.4.2 Operationen auf multidimensionalen Datenfeldern

Nach der Festlegung des Anfragekontextes und der Auswahl eines multidimensionalen Datenfeldes mit einer für die Anfrage passenden Granularitätsstufe können die quantifizierenden Datenwerte in den Zellen abgefragt und manipuliert werden. Das CROSS-DB-Modell sieht drei Klassen von Operatoren auf multidimensionalen Datenfeldern vor: inhaltsbasierte Testoperatoren, arithmetische, relationale und logische Operatoren auf Zellenebene sowie Verdichtungsoperatoren.

Die einfachste Form eines multidimensionalen Datenzugriffs ist die Abfrage von Zellenwerten auf die Erfülltheit bestimmter Bedingungen. Diese Testoperatoren werden meist nur als Hilfsoperatoren für den Aufbau komplexerer Anfragespezifikationen benötigt. Beispielsweise dürfen bei der Berechnung der gewichteten numerischen Distributionswerte in einem Marktforschungspanel nur diejenigen Geschäfte mit ihrem Hochrechnungsfaktor berücksichtigt werden, in welchen das betreffende Produkt in der auszuwertenden Periode auch tatsächlich verkauft wurde (vgl. Abschnitt 3.1.1). In CQL wird dieser Sachverhalt mittels der RESTRICT-Klausel spezifiziert:

```
SELECT FAKTOR
FROM PRODUKT, GESCHÄFT, ZEIT
RESTRICT MENGE > 0;
```

Ebenso wie Testoperatoren, sind die arithmetischen, relationalen und logischen Operatoren auf Einzelzellenebene definiert. Sie dienen dazu, aus vorhandenen Datenwerte neue abzuleiten. Die nachfolgende CQL-Anweisung berechnet die gewichtete Verkaufssummen auf niedrigster Granularitätsstufe:

```
SELECT PREIS * FAKTOR
FROM PRODUKT, GESCHÄFT, ZEIT
```

Für die Auswertung einer solchen Anweisung kann eine implizite Granularitätsanpassung erforderlich sein, wie in Abbildung 6.12 verdeutlicht wird. Im Beispiel wird angenommen, daß das Attribut PREIS in der Geschäftsdimension auf Landesebene festgelegt ist (was beispielsweise in Deutschland für bestimmte Druckerzeugnisse zutrifft), während der Hochrechnungsfaktor in der Produktdimension unbestimmt ist und deshalb logisch auf der Granularitätsstufe des Δ-Knotens modelliert wird. Zur Verrechnung der beiden Attribute muß ein gemeinsamer Granularitätenkontext gefunden werden, welcher in jeder Dimension mindestens so fein auflöst wie die Granularitätsstufen der eingehenden

Attribute in der jeweiligen Dimension. Im Beispiel muß deshalb die Multiplikation auf niedrigster Granularitätsstufe durchgeführt werden (die Zeitdimension wurde in der Abbildung aus Gründen der Übersichtlichkeit ausgeblendet).

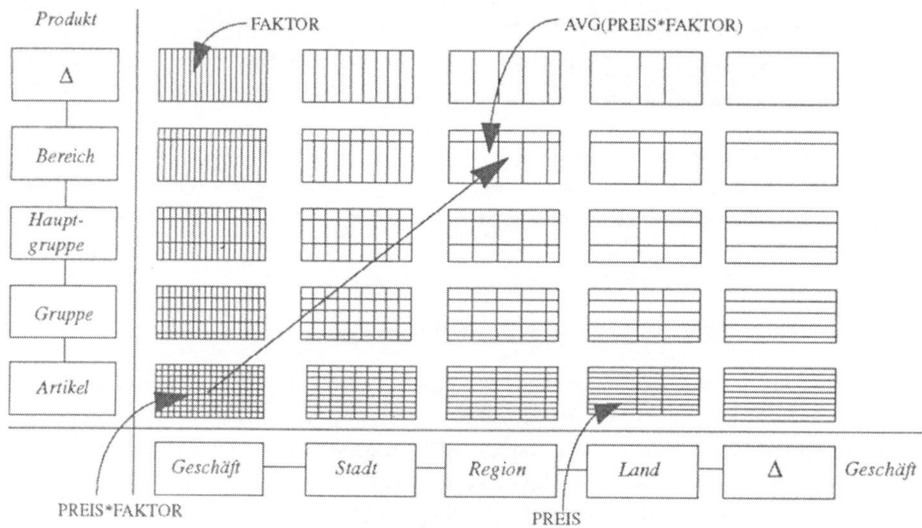

Abb. 6.12: Granularitätenanpassung bei Zellen- und Verdichtungsoperationen

Der in Abbildung 6.12 eingezeichnete Pfeil von der feinsten Granularitätsstufe zur Stufe "Bereich/ Region" verdeutlicht die Wirkung der dritten Operatorenklasse auf multidimensionalen Datenfeldern des CROSS-DB-Modell, den Verdichtungsoperatoren. Mittels einer UPTO-Klausel kann die Zielgranularität einer Anfrage explizit angegeben werden, wobei die Granularität durch die Klausel nur gröber werden darf. Im Beispiel wird der Mittelwert der gewichteten Verkaufssummen nach Produktbereichen und Regionen bestimmt:

```
SELECT AVG(PREIS * FAKTOR)
FROM PRODUKT P, GESCHÄFT G
UPTO P.BEREICH, G.REGION
```

Für die effiziente Auswertbarkeit von Verdichtungsoperatoren spielt die in Abschnitt 5.3.3 bereits definierte Additivität von Operatoren eine entscheidende Rolle. Im CROSS-DB-Modell werden nichtadditive Verdichtungsoperatoren systemseitig soweit wie möglich durch Kombinationen additiver Operatoren repräsentiert. Im obigen Beispiel wird die Durchschnittsbildung als ein Quotient von Summe und Anzahl ausgewertet, wodurch sich eventuell im System vorhandene Werte auf entsprechendem Aggregationsniveau systematisch wiederverwenden lassen. Der Durchschnittwert selbst wird im System bei einer eventuellen Materialisierung ebenfalls durch Summe und Anzahl repräsentiert. In Abschnitt 7.3 wird hierauf aus Sicht der Anfrageoptimierung nochmals eingegangen.

6.4.3   Präsentation der Anfrageergebnisse

Bisher wurden Merkmale auf der externen Schemaebene des CROSS-DB-Modells nur zur zellenbezogenen Bereichseinschränkung in der WITH-Klausel verwendet; die Zellenwerte wurden im wesentlichen unter Bezug auf die Kategorisierungen der Dimensionen und der zugehörigen Granularitätsstufen errechnet. Eine typische interaktive Datenanalysesitzung wird mit solchen rein klassifikationsbezogenen Werten beginnen, dann aber im Zuge von Detailsanalysen auch merkmalsorientierte Aufspaltungen dieser meist hochverdichteten Werte erfordern. Die Datenausgabe selbst kann dann in geschachtelten Tabellenform oder auch auf graphischem Wege erfolgen, worauf an dieser Stelle nicht näher eingegangen werden soll. Der CROSS-DB-Ansatz selbst sieht keine spezifische Datenaufbereitungsmechanismen vor, sondern stellt die Anfrageergebnisse lediglich in Form einer Rohdatentabelle für die Weiterverarbeitung bereit.

Die Spezifikation einer merkmalsbezogenen Aufspaltung wird in CQL in der BY-Klausel vorgenommen. Wegen der logischen Unabhängigkeit der Dimensionen und der Merkmalseindeutigkeit der Klassifikationen können Aufspaltungen nach beliebigen Merkmalen der die Zelle adressierenden Instanzen angegeben werden. Dabei ist auch ein Bezug auf die in Abschnitt 6.1.2.2 eingeführten Merkmalsgruppen möglich; erfolgt keine Spezifikation einer Gruppe, wird implizit die Ausweisung nach allen vorhanden Einzelmerkmalsausprägungen angenommen. Das nachfolgende CQL-Beispiel faßt die Möglichkeiten der Anfragespezifikation auf externer Schemaebene zusammen:

```
SELECT SUM(MENGE)
FROM PRODUKT P, GESCHÄFT G, ZEIT Z
WHERE P.HAUPTGRUPPE = "VIDEO", G.KONTINENT = "EUROPE"
      Z.JAHR = "1995"
WITH P->MARKE != "SONY", MENGE BETWEEN (5,100)
UPTO P.GRUPPE, S.LAND, Z.MONAT
BY P->VIDEOSYSTEM, P->AUDIOSYSTEM, S->GESCHÄFTSTYP
```

Mit dieser Anweisung werden die Werte zum Füllen der in Abbildung 6.13 exemplarisch gezeigten Tabelle generiert. Auf die Angabe der Anweisungen zur Festlegung des Tabellenlayouts wird an dieser Stelle verzichtet; der interessierte Leser sei auf [BaLe 96] verwiesen.

6.5   Interne Schemaebene

Auf der internen Schemaebene eines Datenbanksystems gilt es, eine Speicherrepräsentation für die auf konzeptioneller Schemaebene modellierten Sachverhalte zu finden, welche insbesondere zentrale Leistungsaspekte des Gesamtsystems berücksichtigt. Nachdem in der vorliegenden Arbeit grundlegende Aspekte des CROSS-DB-Ansatzes zur Datenbankunterstützung für den SSDB-Bereich und keine konkrete Implementierung zur Debatte stehen, werden nachfolgend nur die logischen Anforderungen an eine solche Speicherrepräsentation dargestellt. Neben der Speicherabbildung für qualifizierende und quantifizierende Daten sind hierbei insbesondere auch Maßnahmen zur Konsistenzerhaltung im Zuge der Materialisierung und Pflege materialisierter Datensichten von Bedeutung.

Januar 95				Camcorder								Heimrecorder		
				AudioSystem							Σ	Videoköpfe		
				Mono			Stereo					2	4	
				VideoSystem			VideoSystem					VideoSys.	VideoSys.	Σ
				8	VHS	S	8	Hi8	VHS	VHS-C	S	…|…|…| …	… | … | …	
Europa	Deutschland	Geschäftstyp	Einzelhandel	17	22	39	67	147	123	135	467	511	…	…	…
			Cash&Carry	22	19	41	78	142	131	146	497	538	…	…	…
			Großhandel	31	37	68	32	78	71	81	262	330	…	…	…
			Σ	70	78	148	177	367	325	362	1231	1379	…	…	…
	Frankreich	Geschäftstyp	Einzelhandel	…	…	…	…	…	…	…	…	…	…	…	…
			Cash&Carry	…	…	…	…	…	…	…	…	…	…	…	…
			Großhandel	…	…	…	…	…	…	…	…	…	…	…	…
			Σ	…	…	…	…	…	…	…	…	…	…	…	…

Abb. 6.13: Beispiel einer Datenaufspaltung nach dimensionsbezogenen Merkmalen

6.5.1 Speicherrepräsentation qualifizierender und quantifizierender Daten

Die Repräsentation der auf konzeptioneller Ebene beschriebenen qualifizierenden und quantifizierenden Daten hängt entscheidend von der Wahl der für eine Implementierung des Modell herangezogenen Dienste ab. Je systemorientierter diese für eine Realisierung herangezogenen Dienste sind, desto aufwendiger, aber auch flexibler und leistungsfähiger gestaltet sich im allgemeinen die Implementierung. Viele Datenbanksystemimplementierungen verzichten beispielsweise auf die Nutzung der Externspeicherverwaltungsdienste des Betriebssystems, um Speichermedien als sog. *raw devices* effizient und unter Vermeidung möglicher negativer Interferenzen zwischen Betriebssystem und Datenbanksystem einsetzen zu können. Der Preis für eine solche Vorgehensweise ist der immense Aufwand, der hiermit auf implementierungstechnischer Seite verbunden ist. Zudem sind Ressourcen, die spezifisch für eine bestimmte Applikation genutzt werden, für andere Applikationen nicht parallel nutzbar. Deshalb wird man bei der Realisierung eines Ansatzes zur Unterstützung spezifischer Anwendungsbereiche in der Regel versuchen, ein System als Ergänzung eines generischen, aber möglichst anwendungsnahen Anwendungssoftwarepaketes zu realisieren. In Abbildung 6.14 ist die Realisierung des CROSS-DB-Ansatzes als Zusatzebenenarchitektur zu einem bestehenden Datenbanksystem angedeutet.

Erfolgt die Realisierung eines Systems gemäß einem Zusatzebenen-Architektur-Ansatz, ist mit der Wahl des als Wirtssystem eingesetzten Datenbanksystems auch das für die Realisierung maßgebliche Datenmodell festgelegt. Bei einer Interpretation von Abbildung 6.14 als strenges Schichten-Architektur-Modell müssen alle Modellierungskonstrukte des zu realisierenden Systems auf die vom unmittelbar darunterliegenden Wirtssystem angebotenen Konstrukte und Dienste abgebildet werden. Der Vorteil der strengen Interpretation liegt gegenüber einer Nutzung von Diensten auf verschiedenen Ebenen in einer erhöhten Portabilität und einem reduzierten Realisierungs- und Pflegeaufwand für die Implementierung. Im folgenden werden verschiedene Alternativen für die Realisierung des CROSS-DB-Ansatzes unter Anlegung einer solchen strengen Sichtweise diskutiert.

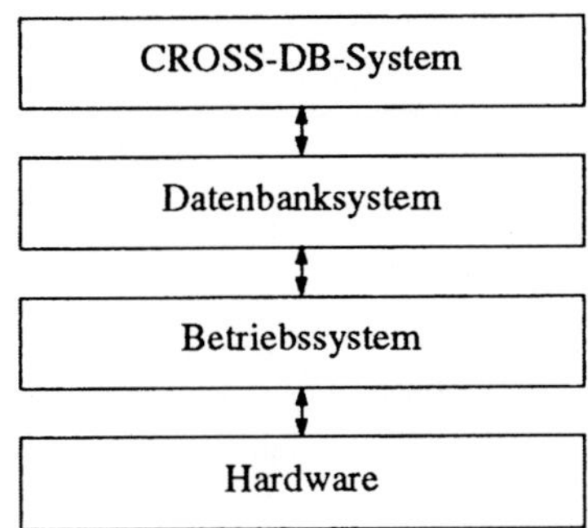

Abb. 6.14: Realisierung des CROSS-DB-Ansatzes als Zusatzebenen-Architektur

Die in Abschnitt 6.1 vorgenommene logische Rekonstruktion der multidimensionalen Datenmodellierung erfolgte noch völlig unabhängig von einem konkreten Datenmodell. Insofern ist der Einsatz eines multidimensionalen Datenbanksystems zur Realisierung des CROSS-DB-Ansatzes keineswegs zwingend, auch wenn die Abbildung der CROSS-DB-Modellierungskonstrukte auf die Modellierungsprimitive eines generischen multidimensionalen Datenbanksystems besonders naheliegend erscheint. Gegen den Einsatz eines multidimensionalen Systems als Wirtssystem der Realisierung sprechen die mangelnde Verbreitung und die fehlende Standardisierung bestehender multidimensionaler Datenbanksystemansätze. Deshalb ist auch die Verwendung gängiger Datenbanksysteme, namentlich relationaler Systeme, eine durchaus bedenkenswerte Alternative. Im folgenden werden die grundlegenden Anforderungen bei der Abbildung der CROSS-DB-Modellierungskonstrukte auf das Wirtssystem diskutiert. Eine detaillierte Abwägung der mit einzelnen Ansätzen einhergehenden Vor- und Nachteile würde das konkrete Eingehen auf spezifische Systeme erfordern.

Aus systemorientierter Sicht stellen bei der Modellierung der qualifizierenden Daten des CROSS-DB-Modells vor allem die 1:n-Beziehungen in den Klassifikationshierarchien und die merkmalsbezogene Schemavariabilität im Zuge der Instantiierung von Klassifikationshierarchien hohe Anforderungen an die Implementierung. Auf grundlegende Aspekte der Vor- und Nachteile der relationalen und multidimensionalen Modellierung von Klassifikationshierarchien wurde in Abschnitt 3.2.1 bereits eingegangen. Dort wurde festgestellt, daß eine Darstellung in beiden Ansätzen grundsätzlich möglich ist, bei relationaler Repräsentation aber in der Regel besondere Maßnahmen zur effizienten Ausführung der sog. Star-Queries zu treffen sind (z.B. Anlage von Indizes). Die Repräsentation durch unabhängige Dimensionen, welche dann wie im Fall des Systems EXPRESS durch sog. Relationen in Beziehung gesetzt werden, ist in der Regel effizienter, aber aus logischer Sicht unbefriedigend, wie in Abschnitt 8.1.2 noch näher erörtert wird. Allerdings kann auf diesem Wege das Problem der merkmalsbezogenen Schemavariabilität einfacher als bei einer relationalen Modellierung gelöst werden.

Die Speicherrepräsentation der quantifizierenden Daten erfolgt bei einer Implementierung als Zusatzebenen-Architektur mit relationalem Wirtssystem insofern effizient, als nur die tatsächlich belegten Werte einer Relation auch physisch abgespeichert werden, die Größe des potentiellen Datenraums aber keinen weiteren Einfluß auf das Speichervolumen hat. Dagegen wächst in manchen multidimensionalen Systemen das für die Abspeicherung benötigte Datenvolumen mit der Größe des potentiellen Datenauswerteraums, zumindest bei ungünstigen Werteverteilungen (vgl. Abschnitt 3.2.3). Die Verarbeitung relational repräsentierter Bewegungsdaten ist wiederum für manche Anfragetypen sehr ineffizient, wie

in der in Abschnitt 3.1 geschilderten Fallstudie gezeigt wurde. Deshalb ist eine spezifische Unterstützung der Speicherrepräsentation und Verarbeitung multidimensionaler Datenfelder seitens des Wirtssystems wünschenswert, welche allerdings bei gängigen Datenbanksystemen in der Regel nicht vorhanden ist. Die Speicherabbildung multidimensionaler Felder muß somit oft auf einer niedrigen
Diensteschnittstelle (z.B. BLOB-Schnittstelle in einem relationalen Datenbanksystem) auf Anwendungsprogrammebene realisiert werden, was wiederum einen hohen Realisierungs- und Pflegeaufwand
nach sich zieht.

Wünschenswert zur Abspeicherung multidimensionaler Datenfelder wäre ein vom Wirtssystem bereitgestellter abstrakter Speichermanager, welcher sich anwendungsspezifisch konfigurieren läßt, indem
beispielsweise die Werteverteilung oder das vorherrschende Zugriffsmuster bei der Speicherrepräsentation berücksichtigt werden. Auch der Einsatz zusätzlicher effizienzsteigernder Mittel wie Datenkomprimierungs- und Indizierungsverfahren sollte im Idealfall individuell und problemorientiert erfolgen. Für
die Speicherung weitgehend stabiler, dünn besetzter Felder mit unbekannter Werteverteilung bieten sich
beispielsweise die in Abschnitt 3.5.2 angesprochenen Header-Verfahren an, während bei hohem Änderungsvolumen beispielsweise die GRID-File-Technik Vorteile aufweist. Für die Abspeicherung von
zeitreihenbasierten Datenwerten bietet sich dagegen beispielsweise eine log-orientierte Speicherorganisation an. Diese Beispiele zeigen bereits, daß in der Regel kein für alle denkbaren Anwendungsbereiche
optimales Verfahren existiert. Insofern kommt der Konfigurierbarkeit simultan einsetzbarer Dienste
eine große Bedeutung zu.

In Abbildung 6.15 ist die grundlegende Architektur eines Datenbanksystems mit flexiblem Daten-,
Zugriffs- und Speichermodell abgebildet, welches eine mögliche Realisierungsgrundlage für den
CROSS-DB-Ansatz darstellt. Die Architektur sieht die simultane Bereitstellung verschiedener anwendungsorientierter Daten- und Zugriffsmodelle vor, welche auf ein gemeinsames abstraktes Speichersystem, die sog. *Cans*, abgebildet werden. Eine Can stellt einen typisierten Datenbehälter mit vordefinierten Zugriffsoperationen dar. Cans können intern eine beliebige Datenmenge aufnehmen; nach außen
sind im Sinne eines abstrakten Datentyps nur die sog. *Labels* sichtbar, welche den Inhalt einer Can aus
inhaltlicher Sicht beschreiben. Cans können hierarchisch ineinander geschachtelt werden, wobei im
Zuge der Aufnahme einer Can in eine andere auf eine entsprechende Aktualisierung der Labels der
äußersten Cans geachtet werden muß. In den Labels einer Can werden der von den Werten in der Can
umfaßte Datenbereich und die merkmalsbezogene Aufgliederung dieser Datenwerte vermerkt, so daß
die Identifizierung geeigneter Datenbehälter im Zuge der Anfrageverarbeitung und -optimierung
ausschließlich aufgrund der Labelinformation erfolgen kann. Dies ermöglicht insbesondere die
getrennte Speicherung und Verwaltung von Can-Inhalt und Labelbeschreibung, beispielsweise zu
Zwecken der transparenten Speichermigration, wobei der Einsatz effizienzsteigernder Maßnahmen,
etwa medienspezifischer Komprimierungsverfahren, ebenfalls benutzertransparent erfolgen kann.

Cans lassen sich aus logischer Sicht zu verschiedenen Typen mit spezifischen Zugriffsoperationen
spezialisieren, wie in Abbildung 6.15 angedeutet ist. Die Repräsentation im physischen Speichersystem
erfolgt dagegen einheitlich über eine BLOB-Schnittstelle, mittels derer von den verschiedenen Gerätecharakteristika der Externspeichermedien abstrahiert werden kann. Insbesondere wird hierdurch keine
Blockstrukturierung aller Externspeichermedien vorausgesetzt. Die BLOB-Schnittstelle kann bei
geeigneter Instrumentierung auch die für die kostenbasierte Anfrageoptimierung nötigen Zugriffskennzahlen auf Cans bereitstellen. Über die DB-Administrationsschnittstelle kann eine anwendungsorientierte Migration von Cans in der Externspeicherhierarchie veranlaßt werden. Auch können über diese

Schnittstelle verschiedene Aktualisierungsstrategien für redundant gehaltene Daten realisiert werden (siehe folgender Abschnitt). Eine detailliertere Beschreibung des Can-Ansatzes ist in [LeRT 94b] zu finden.

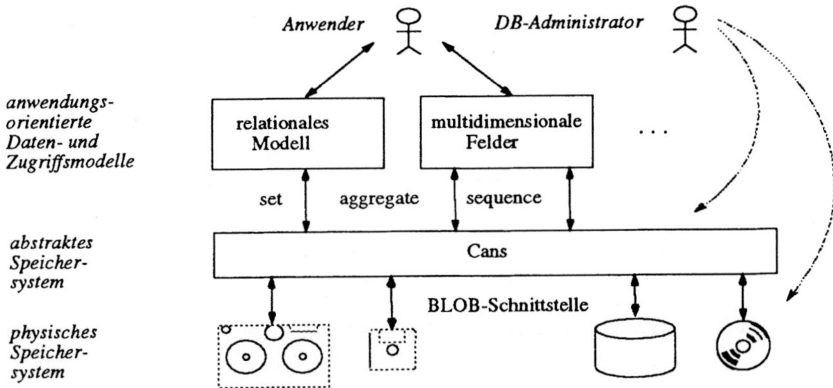

Abb. 6.15: Architektur eines Datenbanksystems mit flexiblem Daten-, Zugriffs- und Speichermodell (nach [LeRT 94b])

6.5.2 Anlage und Pflege materialisierter Datensichten

Wie eingangs des vorliegenden Hauptabschnittes bereits erwähnt wurde, beruht der CROSS-DB-Ansatz wesentlich auf der systematischen Anlage und Nutzung materialisierter Datenverdichtungs-werte zu Zwecken der Anfrageoptimierung. Auf der internen Schemaebene sind diese als materialisierte Sichten eingeführten Werte in geeigneter Weise zu verwalten und insbesondere ihre Konsistenz im Falle von Datenänderungen sicherzustellen. Wiederum können hier in einer implementierungsunabhängigen Sichtweise nur die grundlegenden Anforderungen bei der Verwaltung und Pflege materialisierter Sichten angegeben werden; konkrete Techniken, beispielsweise die Festlegung einer geeigneten Indizie-rungsstruktur zum effizienten Auffinden vorhandener Sichten, wären nur anhand eines detaillierten Eingehens auf spezielle Realisierungsansätze darstellbar, was aber nicht Gegenstand der vorliegenden grundlegenden Arbeit ist.

Ein kritischer Punkt bei der Haltung materialisierter Datensichten ist der im Falle von Änderungen des Ausgangsdatenbestandes erforderliche Pflegeaufwand. Auch wenn in den meisten SSDB-Anwen-dungsbereichen von einem weitgehend stabilem Datenbestand ausgegangen werden kann (vgl. Kapitel 2), muß im allgemeinen Fall doch mit der nachträglichen Änderung von Bewegungsdaten gerechnet werden. Nachfolgend werden einige grundlegende Anforderungen an die Aktualisierung abgeleiteter Daten diskutiert; die konkrete Umsetzung auf interner Schemaebene hängt wiederum von der konkreten Implementierungsumgebung ab.

Unabhängig vom zugrundeliegenden Konsistenzbegriff, kann eine Pflege materialisierter Datensichten nach verschiedenen Strategien erfolgen. Die einfachste Strategie ist sicherlich, alle von einer Änderung in den Ausgangsdaten betroffenen abgeleiteten Daten im Sinne einer Cache-Invalidierung als ungültig zu kennzeichnen und vor ihrer Wiederverwendung eine vollständige Neuberechnung anzustoßen. Diese einfache Strategie kommt in der Praxis nur bei Anwendungen mit extrem seltenen Datenänderungen in Betracht. Treten dagegen Datenänderungen häufiger auf, so wird man in der Regel versuchen, die vorhandenen Datensichten inkrementell zu pflegen, indem nur die neuen Datenwerte zur Sicht propagiert werden und dort entsprechend verarbeitet werden. Wichtige Grundlage der inkrementellen Pflege materialisierter Datenverdichtungswerte ist die bereits mehrfach angesprochene Additivität der zur Definition der Sicht eingesetzten Operatoren. Im Falle einer Summenbildung reicht es gemäß der Additivitätsregel beispielsweise aus, einen neuen Eingangsdatenwert zum bestehenden Summenwert hinzuzuaddieren, während eine Änderung eines bestehenden Wertes durch Abzug des alten und Hinzufügen des neuen Wertes zum Summenwert inkrementell verbucht werden kann. Für nichtnumerische Sichtenwerte erfordert die autarke Wartbarkeit einer Sicht in der Regel zusätzliche Maßnahmen, etwa die Einführung eines Referenzzählers, der anzeigt, auf wievielen Wegen ein Wert in die Sicht gelangt ist, um einen Wert nicht ungerechtfertigt aus der Sicht zu nehmen; eine Übersicht über diese Themenstellungen gibt ([GuMu 95]).

Entscheidend für den zur Pflege der abgeleiteten Daten erforderlichen Aufwand ist neben der einsetzbaren Update-Strategie der im Anwendungsgebiet zugrundeliegende Konsistenzbegriff ([JaRu 91]). Ein strenger Konsistenzbegriff im Sinne eines verteilten Datenbanksystems (sog. Ubiquitätsprinzip, [Wede 88b]) erfordert die atomare Durchführung von Pflegeoperationen für von einer Änderung im Ausgangsdatenbestand betroffene abgeleitete Daten, so daß zu jedem Zeitpunkt ein transaktionskonsistenter, global einheitlicher logischer Datenzustand sichtbar ist. Eine abgeschwächte Konsistenzanforderung nach dem Need-to-know-Prinzip toleriert dagegen zeitweilige Abweichungen zwischen verschiedenen Kopien desselben logischen Datenbestandes, wobei als Kopie hier in einer erweiterten Sichtweise auch von einem Ausgangsdatenbestand durch Datenverdichtung abgeleitete Werte gelten sollen. Der Wartungsaufwand der materialisierten Datensichten kann nach letzterem Prinzip in der Regel gegenüber einem ubiquitären Konsistenzbegriff deutlich reduziert werden, allerdings auf Kosten einer Sichtbarmachung verschiedener Datenzustände, welche auf Anwendungsebene semantisch korrekt interpretiert werden müssen.

In SSDB-Anwendungen ist eine Pflege materialisierter Datensichten nach dem Need-to-know-Konsistenzbegriff in vielen Fällen ausreichend, weil die einer Datenverdichtung zugrundeliegenden Werte häufig nach statistischen Methoden erhoben werden und somit eine geringe Abweichung des kumulierten Wertes oft unterhalb einer statistischen Signifikanzschwelle liegt. Techniken für die indirekte, triggergesteuerte Propagierung von Datenänderungen in verteilten Systemen sind beispielsweise in [JaRW 90b] beschrieben. Auf Grundlage eines Beispiels aus dem Bereich der Marktforschung werden in [BLRT 96] folgende Strategien zur Aktualisierung abgeleiteter Werte in materialisierten Datensichten vorgeschlagen:

- unmittelbar bei Änderungen im Ausgangsdatenbestand
- unmittelbar vor Bearbeitung der nächsten Anfrage
- unmittelbar vor Bearbeitung der nächsten Anfrage, Aktualisierung nur der von der Anfrage benötigten Sichten
- nach zeitlichen Kriterien, spätestens aber vor Bearbeitung der nächsten Anfrage
- nach zeitlichen Kriterien, unabhängig von eintreffenden Anfragen
- nach datenorientierten Kriterien (z.B. Überschreiten eines Schwellwertes)

Die ersten vier Alternative realisieren alle einen ubiquitären Konsistenzbegriff, ziehen aber einen unterschiedlichen anfragebezogenen und globalen Änderungsaufwand nach sich. Die letzten beiden Strategien beruhen dagegen auf einem Konsistenzbegriff nach dem Need-to-know-Prinzip, da bei ihnen nicht sichergestellt ist, daß der in der materialisierten Sicht gefundene Verdichtungswert dem Wert entspricht, der sich bei Neuberechnung im aktuellen Systemzustand ergeben würde. Hinsichtlich des systemtechnischen Aufwands zur Realisierung der verschiedenen Strategien weist die Liste steigende Komplexität auf, während sich das Antwortzeitverhalten für Benutzeranfragen zunehmend verbessert, allerdings in den letzten beiden Fällen auf Kosten der bereits erwähnten Sichtbarmachung verschiedener Konsistenzzustände.

Neben der Anlage und Nutzung von Datenverdichtungen können zu Zwecken der Anfrageoptimierung auf interner Schemaebene des Datenverwaltungssystems weitere Maßnahmen getroffen werden, insbesondere im Zusammenhang mit einer Realisierung in einer verteilten Systemumgebung. Da diese Maßnahmen aber nicht spezifisch für den CROSS-DB-Ansatz gelten, sollen sie an dieser Stelle nicht näher diskutiert werden.

7 Anfrageverarbeitung und -optimierung in CROSS-DB

Ein Kennzeichen des im vorangegangenen Kapitel eingeführten CROSS-DB-Datenmodells ist eine deutlich erhöhte Modellierungsflexibilität gegenüber den in Kapitel 5 beschriebenen Ansätzen. Mit der Durchgängigkeit des Ansatzes auf allen Schemaebenen eines Datenbanksystems sind die grundsätzlichen Voraussetzungen für eine effektive Umsetzung dieser Flexibilität in ein Datenverwaltungssystem für den SSDB-Bereich gegeben. Ein Datenverwaltungssystem wird aber in der Praxis nicht nur an der Mächtigkeit des auf der Ebene der Datenmodellierung und Anfragespezifikation bereitgestellten Instrumentariums, sondern auch an dessen effizienter Realisierung gemessen. Deshalb wird im CROSS-DB-Ansatz der Ebene der Anfrageverarbeitung und -optimierung besonderes Augenmerk gewidmet ([LeRT 95b]). In diesem Kapitel wird der Optimierungsansatz bei der Anfrageverarbeitung im CROSS-DB-Modell beschrieben. Die Darstellung der Algorithmen erfolgt in programmiersprachlicher Notation ohne die Ausformulierung aller Details; eine formale Darstellung der zentralen Optimierungsschritte ist in [LeRu 96] zu finden.

7.1 Grundlagen der Anfrageoptimierung in CROSS-DB

Das Grundprinzip der Anfrageoptimierung im CROSS-DB-Modell ist die systematische Anlage und Nutzung vorberechneter Datenverdichtungswerte bei der Anfrageausführung. Eine entscheidende Voraussetzung für diesen Optimierungsansatz ist die relative Stabilität des Datenbestandes in SSDB-Anwendungen, welche den Aufwand für die Pflege materialisierter Sichten begrenzt und ihn gegenüber dem im Zuge der Anfrageoptimierung potentiell zu erzielenden Effizienzgewinn tolerierbar macht. In diesem Abschnitt werden die im vorangegangenen Kapitel eingeführten Charakteristika des CROSS-DB-Modells aus operationaler und modellierungsorientierter Sicht zusammengefaßt, welche die Grundlage des nachfolgend beschriebenen Optimierungsansatzes darstellen.

7.1.1 Zugriffscharakteristik und Operatorentypen

Datenzugriffe im CROSS-DB-Ansatz erfolgen grundsätzlich gemäß der auf den Dimensionen definierten Klassifikationshierarchien und der ihnen zugeordneten Merkmalsstrukturen. Die Anfrageverarbeitung erfolgt in zwei Stufen: In der ersten Stufe werden der auszuwertende Datenraum festgelegt und die zugehörigen Datenwerte errechnet, welche in der zweiten Stufe dann nach anwendungsspezifischen Kriterien, insbesondere nach dimensionsbezogenen Merkmalen, ausgewiesen werden. Die Anfrageoptimierung unterstützt dabei in erster Linie die erste dieser Phasen; für die zweite Phase sind eher darstellungsbezogene als datenbankorientierte Maßnahmen von Bedeutung.

Bei der Festlegung des auszuwertenden Datenraums werden durch die Angabe von Begriffen eines höheren Abstraktionsniveaus in der Klassifikationshierarchie untergeordnete Begriffe implizit adressiert. Neben der Angabe bestimmender Anteile (z.B. "Produkthauptgruppe *Video*") sieht das Modell auch die selektive Ausblendung von einem Klassifikationsknoten untergeordneten Begriffen (z.B. "ohne *Videocassetten*") vor. Die Festlegung des auszuwertenden Datenraumes kann darüber hinaus unter Bezug auf die den Klassifikationsbegriffen zugeordneten Merkmale eingeschränkt werden (z.B. "nur VideoSystem *VHS-Gruppe*"), so daß im Prinzip beliebig komplexe Auswerteräume beschrieben werden können; in Abschnitt 7.2 wird hierauf noch näher eingegangen. Nach erfolgter Festlegung des Auswertedatenraumes kann die in der Anfrage spezifizierte Operation ausgewertet werden. Von den in Abschnitt 6.4.2 bereits vorgestellten Operatorenklassen (Test-, Zellen- und Verdichtungsoperatoren) kommen in erster Linie verdichtende Operatoren für eine Anfrageoptimierung in Frage, weil bei ihnen unter der Voraussetzung der Operatorenadditivität eine Wiederverwendung bereits gerechneter Anfrageergebnisse möglich ist.

Die Überlappungsfreiheit von Klassifikationen stellt eine entscheidende Grundlage bei der systematischen Wiederverwendbarkeit von vorberechneten Verdichtungswerten dar. Die Partitionierungsanforderung für Klassifikationen bedeutet mit der zusätzlichen Möglichkeit der merkmalsbasierten Bestimmung des Auswertedatenraums keine Beeinträchtigung der Modellierungsflexibilität. Grundsätzlich lassen sich beliebige Sachverhalte über Merkmalszuordnungen ausdrücken; eine spezifische Unterstützung bei der Anfrageauswertung wird allerdings nur für in Klassifikationshierarchien beschriebene Zusammenhänge geboten, wie in den folgenden Ausführungen noch verdeutlicht wird. In Kapitel 8 wird auf die Unterschiede der klassifikations- und merkmalsorientierten Modellierung aus anwendungsorientierter Sicht noch ausführlich eingegangen.

7.1.2   Referenzierungskontext und Merkmalskompatibilität

Jedes quantifizierende Datum wird im CROSS-DB-Ansatz grundsätzlich in einem festen Dimensions- und Granularitätenraster erhoben. In einer Anfrage sind mit der Angabe der Auswertedimensionen und der Bezugnahme auf bestimmte Granularitätsstufen einer Kategorisierung in den verschiedenen Dimensionen die grundsätzlich zugreifbaren quantifizierenden Daten bestimmt. In Abschnitt 6.4.1 wurde bereits ausgeführt, daß nicht nur Daten, welche genau die in der Anfrage spezifizierte Dimensionalität und Granularität aufweisen, zugegriffen werden können, sondern der Referenzierungskontext einer Anfrage durch die Möglichkeit der impliziten Dimensionsexpansion und der automatischen Granularitätsanpassung entlang einer Klassifikationshierarchie in der Regel eine Vielzahl quantifizierender Daten umfaßt, aus welchen durch Zellen- und Verdichtungsoperationen weitere Daten abgeleitet werden können.

Neben der Dimensions- und Granularitätsverträglichkeit zwischen Anfragekontext und quantifizierenden Daten ist beim Einsatz vorberechneter Verdichtungswerte in der Anfrageauswertung auch die Kompatibilität auf Merkmalsebene sicherzustellen. Beispielsweise können zur Bestimmung der Verkaufwerte in der Produkthauptgruppe *Video* grundsätzlich die Summendaten der untergeordneten Produktgruppen (z.B. *Heimrecorder* und *Camcorder*) herangezogen werden. Sollen aber die Verkaufswerte in der Produkthauptgruppe z.B. markenweise ausgewiesen werden, so müssen auch die in die Berechnung eingehenden Werte nach diesem Merkmal unterteilt sein. Andererseits lassen sich auf Merkmalsebene feiner unterteilte Werte für additive Operationen zu gröberen zusammenführen, so daß beispielsweise die Gesamtverkaufszahl der Produkthauptgruppe *Video* aus den nach Marken untergliederten Teilsummen für die entsprechenden Produktgruppenwerte (*Heimrecorder/Grundig, Heimrecorder/Sony, Camcorder/JVC*, etc.) errechnet werden können. Im Optimierungsansatz des CROSS-DB-Modells werden diese Aspekte bei der Suche nach "passenden" Datenverdichtungswerten in jedem Optimierungsschritt überprüft.

7.2 Spezifikation von CROSS-DB-Anfragen

Ein grundlegendes Charakteristikum der Datenmodellierung im CROSS-DB-Ansatz ist die logische Unabhängigkeit der Dimensionen. Diese Unabhängigkeit manifestiert sich auf der Ebene der Anfrageverarbeitung in der Möglichkeit einer einzeldimensionsorientierten Bestimmung des Auswertedatenraums, auch wenn die Anfrage selbst in einem multidimensionalen Kontext gestellt ist. In Abschnitt 6.4 wurden die Möglichkeiten der Anfragespezifikation auf externer Ebene des CROSS-DB-Ansatzes bereits modellorientiert dargestellt und exemplarisch einige CQL-Anweisungen angegeben. In diesem Abschnitt werden die grundlegenden Möglichkeiten der klassifikationsbezogenen Spezifikation des Auswertedatenraumes auf semi-formaler Ebene dargestellt, um eine hinreichende Eindeutigkeit bei der Darstellung des Anfrageoptimierungsansatzes zu erzielen. Eine Diskussion der Spezifikationsmöglichkeiten von CROSS-DB-Anfragen aus programmiersprachlicher Sicht, insbesondere im Hinblick auf die Sprache CQL, erfolgte bereits in Abschnitt 6.4.

Die dimensionslokale Spezifikation des Auswertedatenraums läßt sich logisch als ein mehrstufiger Prozeß darstellen ([LeRT 95b]). Den kleinsten Baustein stellen die Klassifikationsbegriffe einer Kategorisierung dar, aus denen ebenenweise sog. dimensionale Elemente zusammengesetzt werden können (Abschnitt 7.2.1). Diese dimensionalen Elemente können dann zu komplexen dimensionalen Ausdrükken mit einem bestimmenden und einem einschränkenden Anteil verbunden werden, welche schließlich in Form von sog. Cube-Elementen in einen multidimensionalen Kontext gestellt werden (Abschnitt 7.2.2). In Abschnitt 7.2.3 werden Operatoren auf dimensionalen Elementen und dimensionalen Ausdrücken eingeführt, welche neben einer Granularitätentransformation entlang einer Klassifikationshierarchie und der mengenorientierten Verbindung von dimensionalen Elementen auch die Auflösung dimensionaler Elemente mit unterschiedlicher Granularität in ein einfaches dimensionales Element gestatten. Der später beschriebene Optimierungsansatz beruht wesentlich auf diesen Operationen.

7.2.1 Dimensionale Elemente

Die klassifikationsorientierte Festlegung des Auswertedatenraums in einer Dimension setzt auf den Klassifikationsbegriffen der in der Anfrage referenzierten Dimensionskategorisierung auf. Die dimensionalen Elemente repräsentieren das Ergebnis der dimensionslokalen Auswertung der WHERE-, WITH- und UPTO-Klauseln einer CQL-Anfrage (vgl. Abschnitt 6.4.3). Ein *dimensionales Element* (DE) stellt eine endliche Vereinigung von Klassifikationsbegriffen auf einer Granularitätsstufe dar und kann formal als ein Tripel (k, g, E) beschrieben werden, wobei k die zugrundeliegende Kategorisierung, g die aktuelle Granularitätsstufe und E eine Menge von Klassifikationsbegriffen e_i auf dieser Granularitätsstufe bezeichnen. Die *Granularität* eines Klassifikationsbegriffs in der Kategorisierung K wird bestimmt durch die Entfernung des Klassifikationsknotens zur Baumwurzel. Blattknoten mit den faktischen Instanzen haben eine Granularität i = 0, der generische Wurzelknoten "Δ" die Granularität i = N. In Abbildung 7.1 sind zwei Beispiele dimensionaler Elemente auf unterschiedlichen Granularitätsstufen angegeben.

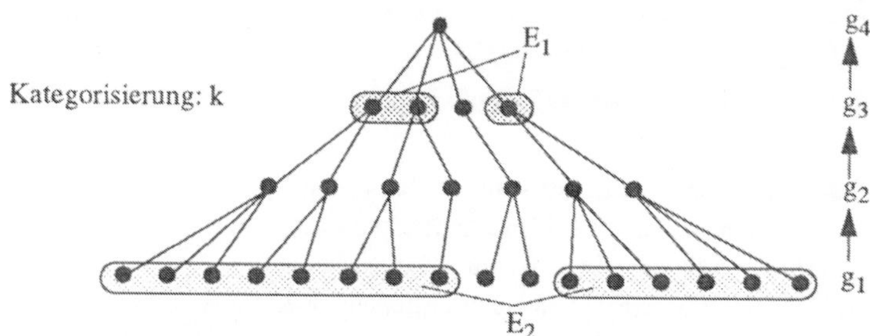

Abb. 7.1: Beispiele dimensionaler Elemente

Die Anzahl der Klassifikationsbegriffe, welche ein dimensionales Element E bilden, heißt die *Mächtigkeit* von E, geschrieben als |E|. Die in Abbildung 7.1 gezeigten dimensionalen Elemente E_1 und E_2 mit unterschiedlicher Granularität g_3=3 bzw. g_1=1 besitzen somit die Mächtigkeit $|E_1| = |E_2| = 2$. Zwei dimensionale Elemente E_1 und E_2 heißen *strukturgleich*, wenn sie sich auf die gleiche Kategorisierung beziehen und die gleiche Granularität besitzen. Bei der Anfrageoptimierung werden nur strukturgleiche dimensionale Elemente betrachtet. Sind zwei dimensionale Elemente E_1 und E_2 strukturgleich und alle in ihnen referenzierten Klassifikationsbegriffe identisch, so sind auch die dimensionalen Elemente selbst *gleich*, d.h.

$$(E_1 = E_2) \Leftrightarrow (|E_1| = |E_2| \text{ und } \forall i = 1, ..., m \; \exists !j : e_i \in E_1 \wedge e_j \in E_2 \Rightarrow e_i = e_j)$$

7.2.2 Dimensionale Ausdrücke und Cube-Elemente

Dimensionale Elemente umfassen grundsätzlich nur Klassifikationsbegriffe gleicher Granularitätsstufe. Durch die Einführung von dimensionalen Ausdrücken können auf hohem Spezifikationsniveau beliebige Ausschnitte aus einer Kategorisierung einer Dimension beschrieben werden. Cube-Elemente schließlich beschreiben einen Auswertedatenraum als eine Menge konvexer Teilräume des mit den in einer Anfrage referenzierten Dimensionen aufgespannten Datenraums.

Formal läßt sich ein *dimensionaler Ausdruck* (DA) über dimensionalen Elementen E, E_i (i=1,..., m) darstellen als $A = E \cap \neg \left(\bigcup_{i=1}^{m} E_i \right)$. Dabei wird E als der *bestimmende Anteil* der Spezifikation bezeichnet, während der geklammerte Ausdruck als *einschränkender Anteil* bezeichnet wird; die verwendeten Mengenoperatoren werden im nachfolgenden Abschnitt näher erläutert. Ein dimensionaler Ausdruck heißt *einfacher dimensionaler Ausdruck*, wenn er nur einen bestimmenden Anteil enthält. Das nachfolgende CQL-Fragment stellt ein Beispiel für einen komplexen dimensionalen Ausdruck dar:

```
... WHERE P.BEREICH = "UNTERHALTUNGSELEKTRONIK" AND
          P.HAUPTGRUPPE != "AUDIO" AND
          P.GRUPPE != "CAMCORDER"
```

Cube-Elemente stellen eine Verbindung zwischen den dimensionalen Ausdrücken her, welche die Einschränkungen auf den einzelnen Dimensionen in einer Anfragespezifikation ausdrücken. Ein Cube-Element beschreibt eine Menge von konvexen Teilräumen des Gesamtdatenraumes. Formal ist ein *Cube-Element* (CE) definiert als ein n-stelliger Vektor von dimensionalen Ausdrücken aus unterschiedlichen Dimensionen, geschrieben als

$$CE = \begin{pmatrix} DA_1 \\ \ldots \\ DA_n \end{pmatrix}$$

Besitzen alle dimensionalen Ausdrücke eines Cube-Elements nur einen bestimmenden Teil, d.h. alle dimensionalen Ausdrücke sind einfach, so heißt auch das Cube-Element *einfach*.

7.2.3 Operatoren auf dimensionalen Elementen und dimensionalen Ausdrücken

Die Anfrageoptimierung im CROSS-DB-Ansatz beruht in ihrer ersten Phase auf der Transformation von dimensionalen Elementen und Ausdrücken in semantisch äquivalente Formen, welche für eine Verarbeitung besser geeignet sind als die durch die Anfrage spezifizierten Ausdrücke. Die Transformation dimensionaler Elemente erfolgt durch Granularitätswechsel entlang der auf den Dimensionen definierten Klassifikationshierarchien (*expand*- und *parent*-Operator) sowie durch mengentheoretische Operationen auf den Elementen. Für dimensionale Ausdrücke ist eine simultane Berücksichtigung mehrerer dimensionaler Elemente vonnöten.

7.2.3.1 Granularitätentransformation für dimensionale Elemente

Mit der Forderung, daß Klassifikationshierarchien im CROSS-DB-Modell grundsätzlich überlappungsfrei sind, können Operatoren zur Granularitätentransformation dimensionaler Elemente entlang einer Klassifikationshierarchie ohne Probleme formuliert werden. Die Anwendung des *expand*-Operator auf ein dimensionales Elemente E liefert ein neues dimensionales Element mit n-fach feinerer Granularität, welches all diejenigen Elemente umfaßt, die bezüglich der Klassifikationshierarchie dem Ausgangselement untergeordnet sind:

E' = *n-expand*(E, n), wobei gilt: E'.k = E.k und E'.g = E.g - n

Für n $\leq$ 0 soll gelten, daß der *expand*-Operator das Element selbst als Ergebnis zurückliefert. Für die einstufige *expand*-Operation wird als Abkürzung auch *expand*(E) geschrieben. Die Expansion eines dimensionalen Elements bis zum feinsten Granulat, d.h. bis auf Ebene der faktischen Instanzen, wird durch den Operator *leaf-expand* durchgeführt:

leaf-expand(E) := *n-expand*(E, E.g)

In Abbildung 7.1 ist E_2 das Ergebnis des zweistufigen *expand*-Operators, angewandt auf das dimensionale Element E_1; dasselbe Ergebnis wird auch durch die Anwendung des Operators *leaf-expand*-Operation erzielt.

Neben einer Verfeinerung der Granularität eines dimensionalen Elements durch den *expand*-Operator wird im Zuge der Anfrageoptimierung auch der Übergang von einem dimensionalen Element auf die Menge der Vorgängerknoten gemäß der Klassifikationshierarchie benötigt. Der *parent*-Operator erzeugt für ein dimensionales Element ein neues dimensionales Element von gröberer Granularität, welches alle Oberbegriffe umfaßt, denen die Einzelbegriffe des Ausgangselements untergeordnet sind. Der *parent-*

Operator ist für ein dimensionales Element aufgrund der Partitionierung und Überlappungsfreiheit von Klassifikationshierarchien eindeutig. Da ein dimensionales Element niedrigerer Granularitätsstufe nicht alle Begriffe umfassen muß, welche einem Begriff auf höherer Granularitätsstufe untergeordnet sind, sind der *expand-* und der *parent-*Operator im allgemeinen nicht invers zueinander, d.h. es gilt *parent(expand*(E)) = E, aber für manche E: *expand(parent*(E)) ≠ E. Der Einsatz des *parent-*Operators im Zuge der Anfrageoptimierung kann somit eine Korrekturrechnung erforderlich machen, mittels derer die beim Übergang zusätzlich eingeschlossenen Klassifikationsbegriffe niedrigerer Granularitätsstufe aus dem Wert der höheren Granularitätsstufe herausgerechnet werden. In Abschnitt 7.4.2 wird hierauf mit einem Beispiel noch näher eingegangen.

Mit dem *expand-*Operator kann nun auch die Äquivalenz von dimensionalen Elementen definiert werden. Zwei dimensionale Elemente sind äquivalent genau dann, wenn sie nicht strukturgleich sind, aber ihre sich auf ein gemeinsames Granulat g beziehende Expansionen gleich sind, d.h.:

$$(E_1 \cong E_2) \Leftrightarrow (\textit{n-expand}(E_1, E_1.g - g) = \textit{n-expand}(E_2, E_2.g - g))$$

Gemäß dieser Definition sind die in Abbildung 7.1 gezeigten dimensionalen Elemente E_1 und E_2 äquivalent.

7.2.3.2   Mengentheoretische Operatoren auf dimensionalen Elementen

Zur Auflösung dimensionaler Ausdrücke sind neben der Transformation dimensionaler Elemente entlang einer Klassiffikationshierarchie mit Granularitätswechsel auch die Transformation und Inbezugsetzung eines oder mehrerer dimensionaler Elemente derselben Granularitätsstufe erforderlich. Statt einer formalen Definition der mengentheoretischen Operationen auf dimensionalen Elementen wird ihre Bedeutung anhand der in Abbildung 7.2 gezeigten Beispiele verdeutlicht.

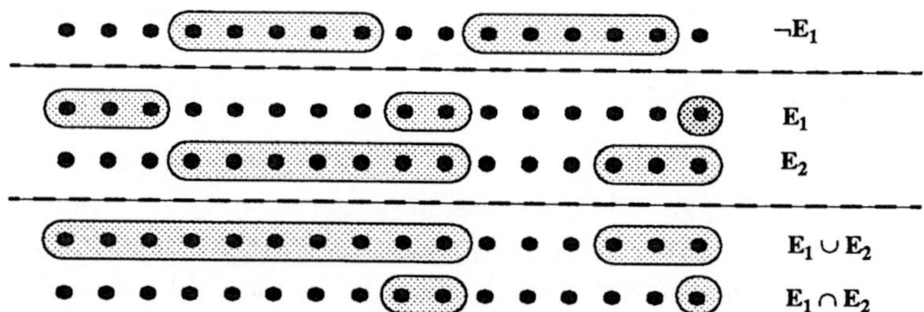

Abb. 7.2: Mengentheoretische Operatoren auf dimensionalen Elementen

Für mengentheoretische Operationen zwischen dimensionalen Elementen mit verschiedener Ausgangsgranularität ist zunächst eine Granularitätsanpassung vorzunehmen. Zur Vermeidung einer Korrekturrechnung muß die Konvertierung in die feinere der beiden eingehenden Granularitätsstufen mit dem *expand-*Operator erfolgen. Mit den Operationen ¬, ∩ und ∪ können weitere Operationen, wie z.B. ein Test auf Enthaltensein, definiert werden. Es sei noch angemerkt, daß die Menge der dimensionalen Elemente unter den Operationen ¬, ∩ und ∪ abgeschlossen ist und mit der leeren Menge als neutralem Element eine Boolesche Algebra bildet; somit lassen sich unter Verwendung einer Klammersymbolik auf diesen Operationen aussagenlogische Ausdrücke beschreiben.

7.2.3.3   Transformation dimensionaler Ausdrücke

Die Möglichkeit der flexiblen Spezifikation von dimensionalen Ausdrücken mit bestimmenden und einschränkenden Anteilen auf verschiedenen Granularitätsstufen ist aus Sicht der Anfrageformulierung sicherlich sehr wünschenswert. Für eine Anfrageverarbeitung ist allerdings eine Transformation der Anfrageausdrücke in einfachere, semantisch äquivalente Formen anzustreben, welche einer Optimierung besser zugänglich sind. Mit dem in diesem Abschnitt beschriebenen *resolve*-Operator für dimensionale Ausdrücke kann diese Transformation durchgeführt werden.

Sei DA ein dimensionaler Ausdruck bezüglich der Kategorisierung k und g das feinste Granulat der in DA eingehenden dimensionalen Elemente. Der Operator *resolve* löst die in DA enthaltenen dimensionalen Elemente unter Anwendung der auf ihnen definierten Operatoren in einen einfachen dimensionalen Ausdruck DA' mit Granularität g auf, so daß DA' nur noch aus einem einzigen dimensionalen Element der Granularität g besteht. Statt einer formalen Definition des *resolve*-Operators wird wieder eine Erläuterung am Beispiel gegeben. Abbildung 7.3 zeigt die Auflösung des dimensionalen Ausdrucks $E \cap \neg(E_1 \cup E_2)$.

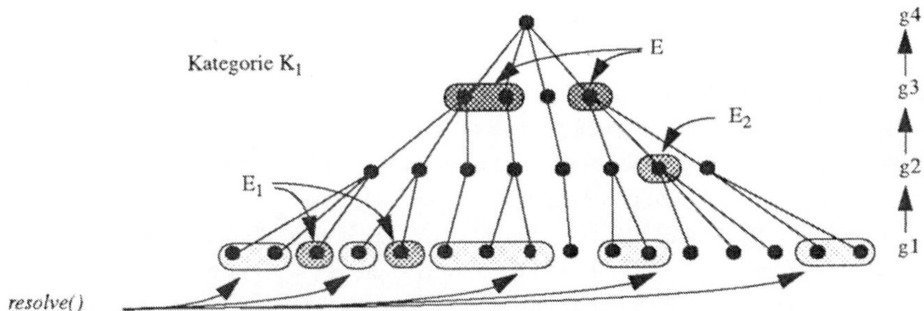

Abb. 7.3: Beispiel zum *resolve*-Operator

7.3 Grundlagen der Optimierung verdichtender Operationen

Wie bereits eingangs dieses Kapitels erwähnt wurde, bieten sich von den in Abschnitt 6.4.2 eingeführten Operatoren auf multidimensionalen Datenräumen vor allem Verdichtungsoperatoren entlang einer Klassifikationshierarchie für eine Anfrageoptimierung an. Verdichtungsoperatoren berechnen aus einer homogenen Menge von Zellenelementen, d.h. quantifizierenden Daten mit gleicher Dimensionalität und gleichem Kategorienbezug, neue Zellenelemente gleicher Dimensionalität, aber mit mindestens in einer Dimension gröberer Granularität. Bei Zellenoperationen sind dagegen die Granularität von Eingangs- und Ausgangszellen identisch. Durch die Homogenitätsforderung für die Operanden einer Zellen- oder Verdichtungsoperation kann vor der Anwendung des Operators eine Dimensionsexpansion oder Granularitätskonvertierung erforderlich sein; letztere kann als ein Spezialfall einer Verdichtungsoperation angesehen werden, bei welcher der Verdichtungsoperator implizit durch den Datentyp des eingehenden Zellenelements festgelegt ist (vgl. Abschnitt 6.4.1). Neben einer Klassifikation von Operatorentypen für verdichtende Anfragen wird nachfolgend insbesondere auf Teilraum- und Hierarchieeigenschaften von verdichtenden Anfragen eingegangen, welche einen entscheidenden Ansatzpunkt für die Anfrageoptimierung darstellen ([LeRT 95b]).

7.3.1   Operatorentypen für verdichtende Anfragen

Verdichtende Operatoren bewirken einen Übergang von einer feineren zu einer gröberen Datengranularität in mindestens einer Dimension, wie in dem in Abbildung 6.12 auf Seite 162 gezeigten Beispiel bereits verdeutlicht wurde. Zwischen den Ausgangs- und Zielelementen einer Verdichtungsoperation besteht somit ein funktionaler Zusammenhang, der die Grundlage für die Wiederverwendung von Verdichtungswerten darstellt. Die Wiederverwendbarkeit des Ergebnisses der Anwendung eines Verdichtungsoperators hängt dabei von Operatorentyp ab. Eine Wiederverwendung ist im allgemeinen nur für additive Operatoren gegeben, für die sich ein Verdichtungswert über einem Datenraum aus den Verdichtungswerten von Teildatenräume, welche den Zieldatenraum überlappen, berechnen läßt; die Bestimmung des Zielwertes kann unter der Voraussetzung der Additivität des anzuwendenden Operators auf arithmetischem Wege aus den Verdichtungswerten der Teildatenräume, also ohne Rückgriff auf die in ihnen enthaltenen Einzelelemente, errechnet werden (vgl. Abschnitt 5.3.3).

Additive Operatoren finden im CROSS-DB-Optimierungsansatz direkte Unterstützung, indem die Ergebnisse ihrer Anwendung auf einem Datenraum in der Datenbank materialisiert und für spätere Anfragen, welche diesem Datenraum überdecken, genutzt werden können. Nichtadditive Operatoren, wie z.B. die Durchschnittsbildung, können häufig unter Verwendung additiver Operatoren ausgedrückt werden, welche dann über Zellenoperatoren in Verbindung gebracht werden; im Beispiel der Durchschnittsbildung kann der Operator AVG durch den Quotienten der SUM- und COUNT-Werte des betreffenden Datenraums ausgedrückt werden. Somit bietet es sich an, nur für additive Grundoperatoren eine Materialisierung von Anfrageergebnissen vorzunehmen. Im CROSS-DB-Modell werden als additive Grundoperatoren die Summation und Multiplikation endlich vieler Zellenelemente (SUM und MUL), die Bestimmung des Minimums und Maximums (MIN, MAX) und die Berechnung der Anzahl nicht NULL-wertiger Elemente (COUNT) unterstützt. Höhere additive Operatoren wie die lineare Regressionsanalyse ([Ghos 87]) werden ebenfalls durch Kombinationen dieser Grundoperationen ausgedrückt und somit wie ableitbare nichtadditive Opertoren behandelt.

7.3.2   Teilraum- und Hierarchieeigenschaften von Operatoren

Neben der Voraussetzung der Additivität des anzuwendenden Operators bzw. der Ableitbarkeit eines nichtadditiven Operators aus additiven Grundoperatoren gilt es, bei der Wiederverwendung materialisierter Verdichtungswerte für Datenräume die Kongruenz zwischen dem in der Anfrage spezifizierten Datenraum und den Datenräumen für die einzusetzenden Verdichtungswerte sicherzustellen. Nur wenn die den eingehenden Datenwerten zugehörigen Datenräume den Zieldatenraum vollständig überdecken und sich gegenseitig nicht überlappen, kann die Berechnung des Zieldatenwertes unmittelbar aus den Ausgangswerten vorgenommen werden; ansonsten ist eine Korrekturrechnung durchzuführen. Bei dem in Abbildung 7.4 gezeigten Beispiel würde die Überlappung der Teilräume B und C zu einer doppelten Berücksichtigung der im Schnittbereich liegenden Elemente führen; deshalb werden diese Werte nachträglich wieder vom Summenwert abgezogen.

Die allgemeinen Beziehungen bei der Berechnung von Zieldatenwerten aus u.U. überlappenden Teildatenräumen sind in Tabelle 7.1 wiedergegeben; die Bestimmung der Operatoren MUL und MAX erfolgt analog zu SUM und MIN. Die zum Zusammensetzen der Ergebnisse verwendeten Funktionen +, - und min (bzw. *, / und max für MUL und MAX) sind dabei arithmetische Zellenoperatoren; ihre Anwen-

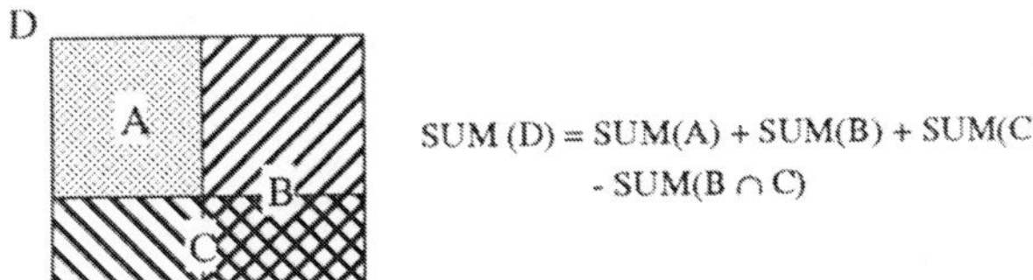

Abb. 7.4: Korrekturrechnung bei der Wiederverwendung von Datenverdichtungswerten

dung setzt für die in Beziehung zu setzenden Teilräume die gleiche Dimensionalität und Granularität voraus. Sind die in Beziehung zu bringenden Teilräume überlappungsfrei, so entfallen die Korrekturanteile.

Operatoren über Teilräume	*Zusammensetzen der Ergebnisse von Operatoren auf Teilräumen*
SUM(A ∪ B)	SUM(A) + SUM(B) - SUM(A ∩ B)
MIN(A ∪ B)	min(MIN(A), MIN(B))
COUNT(A ∪ B)	COUNT(A) + COUNT(B) - COUNT(A ∩ B)
SUM(A ∪ ¬B)	SUM(A ∩ B) + SUM(¬B)
MIN(A ∪ ¬B)	min(MIN(A ∩ B), MIN(¬B))
COUNT(A ∪ ¬B)	COUNT(A ∩ B) + COUNT(¬B)

Tab. 7.1: Teilraumeigenschaften von Basisoperatoren

Die in Tabelle 7.1 angegebenen Teilraumeigenschaften von Basisoperatoren setzten dimensions- und granularitätshomogene Operanden voraus. Für die Anfrageoptimierung sollen neben materialisierten Verdichtungswerten gleicher Granularitätsstufe aber insbesondere auch die Möglichkeiten der Nutzung von Teilwerten niedrigerer Granularität ausgeschöpft werden, wie in Abbildung 7.5 anschaulich verdeutlicht ist. Im gezeigten Beispiel repräsentieren die dunkel hinterlegten Bereiche Datenräume, für welche materialisierte Verdichtungswerte vorliegen. Das Beispiel zeigt, daß für die Berechnung von Werten auf hoher Verdichtungsstufen unter Umständen nur ein geringer Teil von Rohdatenwerten auf faktischer Instanzenebene ausgewertet werden muß.

Das in Abbildung 7.5 gezeigte Schema des Einsatzes von Datenverdichtungswerten niedrigerer Granularität für die Bestimmung von Werten auf höherer Granularitätsstufe läßt sich im Zuge der Auswertung einer komplexen Anfrage auch rekursiv für die Bestimmung von Zwischenergebnissen einsetzen. Bei einer solchen mehrstufigen Wiederverwendung von Datenverdichtungswerten auf verschiedenen Granularitätsebenen sind neben der Grundvoraussetzung der Operatorenadditivität die in Tabelle 7.2 aufgeführten Hierarchieeigenschaften bei der Hintereinanderausführung von Basisoperatoren zu beachten.

Operator	*äquivalente Folge von Operatoren*
SUM	SUM^n mit $n \geq 1$
MUL	MUL^n mit $n \geq 1$
MIN	MIN^n mit $n \geq 1$
MAX	MAX^n mit $n \geq 1$
COUNT	$SUM(COUNT)^n$ mit $n \geq 0$

Tab. 7.2: Hierarchieeigenschaften von Basisoperatoren

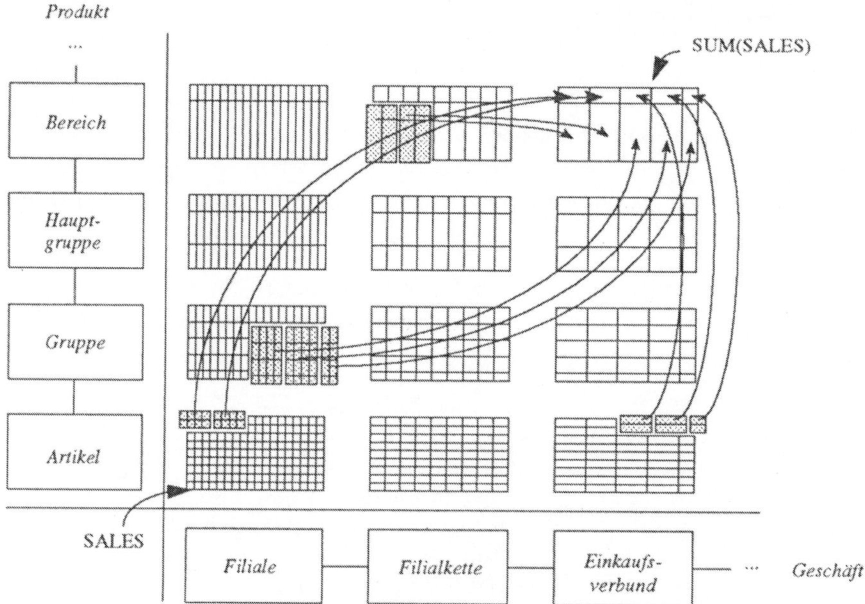

Abb. 7.5: Wiederverwendung von materialisierten Datenverdichtungswerten

Außer dem COUNT-Operator kann gemäß Tabelle 7.2 für alle Basisoperatoren die Mehrfachanwendung des Operators über n Hierarchieebenen hinweg durch eine n-fache Hintereinanderausführung des Basisoperators ersetzt werden. Der COUNT-Operator darf dagegen in einer Operatorenkette nur im ersten Verarbeitungsschritt eingesetzt werden; die Zwischenergebnisse seiner Anwendung müssen dann u.U. mehrstufig aufsummiert werden, wie in Abbildung 7.6 verdeutlicht ist.

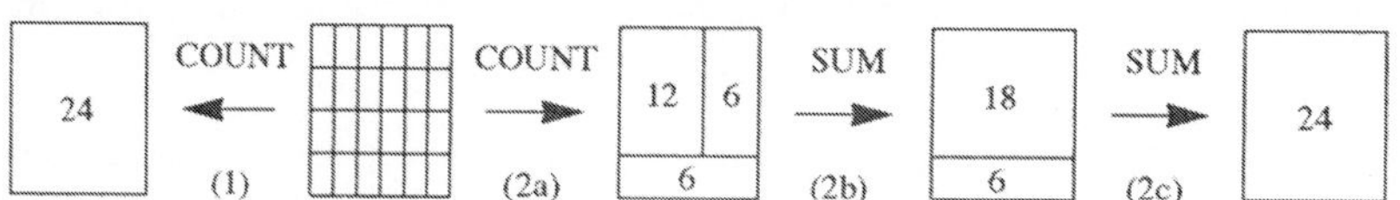

Abb. 7.6: Beispiel zur Hierarchiebildung des COUNT-Operators

7.4 Ausführungsplanung für verdichtende Anfragen

In diesem Abschnitt wird der grundlegende Ansatz zur Optimierung verdichtender Anfragen im CROSS-DB-Modell erläutert. Nachfolgend wird davon ausgegangen, daß die auf Anwendungsebene formulierte CQL-Anfrage bereits in eine Cube-Element-Repräsentation transformiert wurde. Hierbei ist neben der syntaktischen Analyse der Anfrage und der Transformation in einen Query-Graphen insbesondere auch die Referenzierbarkeit der in der Anfrage adressierten Zellenelemente hinsichtlich Dimensionalität und Granularität zu überprüfen. Weiterhin kann eine operationenbasierte Optimierung der Anfrage durch Transformation des Query-Graphen in eine semantisch äquivalente Form erfolgen, welche z.B. mehrfach auftretende Teilgraphen verschmilzt oder konstante Ausdrücke vorab berechnet. Auch inhaltsorientierte Maßnahmen wie die Verlagerung von Selektionsoperationen an den Anfang der Auswertung oder die Elimination von Operationen mit neutralem Element sind hier zu berücksichtigen. Da diese Schritte aber keine Besonderheiten gegenüber der traditionellen Anfrageoptimierung in Datenbanksystemen darstellen, werden sie hier nicht weiter thematisiert; der an den Grundlagen der Anfrageverarbeitung in Datenbanksystemen interessierte Leser sei auf [Mits 95] verwiesen.

Über die traditionellen Maßnahmen der Anfrageoptimierung hinaus, bestehen für die Optimierung einer verdichtenden Anfrage im CROSS-DB-Modell zwei Ansatzpunkte. Zum einen kann unter Verwendung der auf den einzelnen Dimensionen definierten Klassifikationshierarchien versucht werden, die komplexen dimensionalen Ausdrücke der Benutzeranfrage dimensionslokal in semantisch äquivalente dimensionale Ausdrücke zu transformieren, welche eine einfachere Verarbeitung ermöglichen. Auf Grundlage der im System vorhandenen multidimensionalen Datenwerte auf verschiedenen Verdichtungsniveaus kann zum anderen versucht werden, die in der Anfrage spezifizierten Werte unter Heranziehung möglichst hochverdichteter Werte zu errechnen und damit die Anzahl der durchzuführenden Operationen zu minimieren. Nach einem Überblick über die Phasen der Anfrageoptimierung werden nachfolgend die wesentlichen Schritte in den einzelnen Phasen in programmiersprachlicher Notation und am Beispiel erläutert; eine formale Darstellung der zentralen Aspekte ist in [LeRu 96] zu finden.

7.4.1 Phasen der Anfrageausführungsplanung

Den Aufsetzpunkt für die zweistufige Anfrageoptimierung im CROSS-DB-Ansatz stellen die Abschnitt 7.2 eingeführten Cube-Elemente dar, mit denen beliebig komplexe Teilräume eines multidimensionalen Datenraumes beschrieben werden können. Nachfolgend wird davon ausgegangen, daß für ein solches gemäß der CQL-Anfragespezifikation aufgebautes Cube-Element ein verdichtender Operator mit explizit vorgegebener Zielgranularität und singulärem quantifizierendem Datum als Operand auszuwerten ist; ein Beispiel für eine solche Anfrage wurde bereits in Abschnitt 6.4.3 angegeben. Die Transformation der CQL-Anfrage in eine äquivalente Cube-Element-Repräsentation ist hier nicht Gegenstand der Betrachtung.

Das fundamentale Anliegen bei der Anfrageoptimierung im CROSS-DB-Ansatz ist die systematische Identifikation und Nutzung von in der Datenbank materialisierten Datenverdichtungswerten zur Berechnung neuer Werte. Wegen der kombinatorischen Komplexität in einem multidimensionalen Datenraum mit unabhängigen, unter Umständen vielstufigen Klassifikationshierarchien kann nicht davon ausgegangen werden, daß für alle denkbaren Datenverdichtungsstufen auch tatsächlich entsprechende Werte vorliegen, so daß die Optimierung im wesentlichen aus der Suche nach für die Berechnung der in der aktuellen Anfrage geforderten Werte eventuell einsetzbaren Teillösungen besteht ([LeRT 95b]).

Der Suchprozeß nach für eine Anfrage "passenden" Verdichtungswerten kann in zwei Phasen unterteilt werden (Abbildung 7.7). In einer ersten Phase wird ein gemäß der Anfragespezifikation aufgebautes Cube-Element CE in eine Menge semantisch äquivalenter, über Zellenoperationen verbundener Cube-Elemente CE_i' transformiert, in welchen die in CE enthaltenen komplexen dimensionalen Ausdrücke in einfache dimensionale Ausdrücke umgewandelt sind; die Auswertung der Zellenoperationen resultiert dann in den gewünschten Anfrageergebnissen mit einer in der Anfrage spezifizierten Zielgranularität. Wegen der logischen Unabhängigkeit der Dimensionen und der auf ihnen definierten Klassifikations-

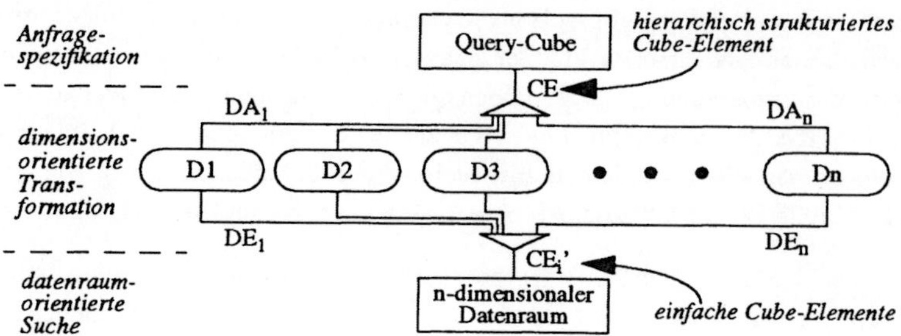

Abb. 7.7: Phasen der Ausführungsplanung für verdichtende Anfragen

hierachien kann diese Transformation dimensionslokal erfolgen. Ziel der ersten Optimierungsphase ist die Identifikation alternativer Ausführwege für die ursprüngliche Anfrage. Die Zusammenfassung der Ergebnisse dieser ersten Phase in Cube-Elemente CE_i' mit einfacher Struktur und vorgegebener Ziel-granularität bildet dann den Ausgangspunkt für die multidimensionale Suche nach Datenverdichtungs-werten, im Zuge derer dann auch die verschiedenen anhand der ersten Phase generierten Ausführpläne bewertet und schließlich der kostengünstigste ausgewählt werden.

7.4.2 Dimensionslokale Transformation dimensionaler Ausdrücke

Die mit der unabhängigen Modellierung der verschiedenen Dimensionen auf konzeptioneller Schema-ebene verbundene Datenneutralität erlaubt es, ein multidimensionales Cube-Element getrennt in den Einzeldimensionen in eine für die Anfrageauswertung besser geeignete Form umzuwandeln. Durch die Vereinfachung der dimensionalen Ausdrücke DA_i in den verschiedenen Dimensionen erhofft man sich eine Erhöhung der Wahrscheinlichkeit, daß auf Basis der abgeleiteten, einfachen dimensionalen Elemente bereits Anfragen bearbeitet wurden, deren Ergebnisse in der Datenbank zur Wiederverwen-dung materialisiert wurden. Die aus der dimensionslokalen Transformation der DA_i's resultierenden, unter Umständen durch Zellenoperationen verbundenen dimensionalen Elemente $DE_{m_i}^{\,i}$ müssen dann vor der Weiterverarbeitung durch Kreuzproduktbildung in Cube-Elemente CE_i' zusammengeführt werden, wie in Abbildung 7.8 verdeutlicht ist.

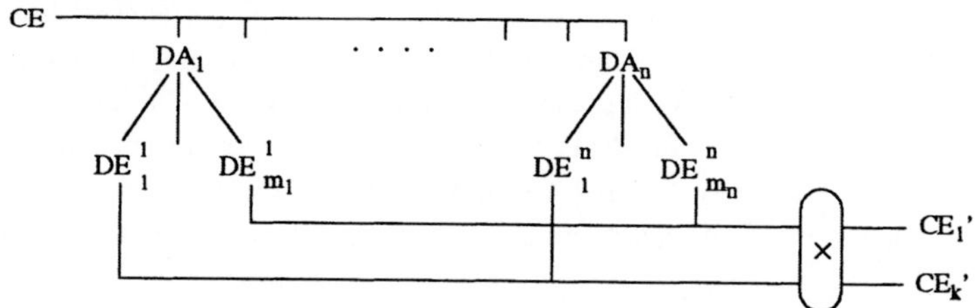

Abb. 7.8: Aufspalten eines Cube-Elements in äquivalente einfache Cube-Elemente

In Abbildung 7.9 sind die grundsätzlichen Möglichkeiten der Transformation eines dimensionalen Ausdrucks in einer Dimension wiedergegeben. Nachfolgend wird unter Bezug auf die in Abbildung 6.4 auf Seite 151 gezeigte Klassifikationshierarchie für die Produktdimension als Beispiel die Transforma-tion des dimensionalen Ausdrucks "Produkthauptgruppe *Video* ohne Produktgruppe *Heimrecorder*" herangezogen. In CQL würde dieser Ausdruck spezifiziert durch

```
... WHERE P.HAUPTGRUPPE = "VIDEO", P.GRUPPE != "HEIMRECORDER" ...,
```

wobei P einen Aliasnamen für die in der FROM-Klausel anzugebende Produktdimension darstellen möge. Zu ermitteln sei die Summe der Verkaufswerte.

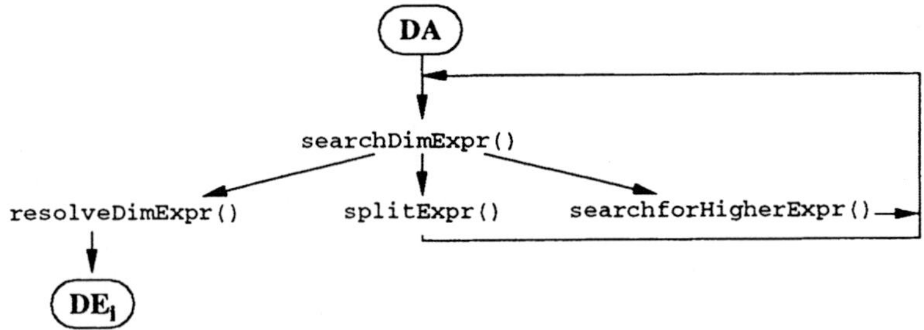

Abb. 7.9: Transformationsmöglichkeiten für dimensionale Ausdrücke

7.4.2.1 Expansion auf Erhebungsgranularität

Die einfachste Möglichkeit, einen dimensionalen Ausdruck in einen einfachen dimensionalen Ausdruck zu transformieren, welcher nur einen bestimmenden Anteil enthält, ist die unmittelbare Expansion bis auf das dem auszuwertenden quantifizierenden Datum zugrundeliegende Granulat. Im vorliegenden Beispiel würde dies eine Expansion bis auf Einzelproduktebene bedeuten, da die Verkaufswerte einzelproduktweise erhoben werden. Dieser Weg kann immer gewählt werden, ist in der Regel aber der ineffizienteste, weil bei ihm gar nicht der Versuch unternommen wird, zum dimensionalen Ausdruck konforme Verdichtungswerte zu identifizieren und wiederzunutzen. Da in der ersten Phase der Anfrageoptimierung mit der einzeldimensionsorientierten Sicht noch keine Kenntnis über eventuell vorhandene multidimensionale Verdichtungswerte vorliegt, muß dieser Ausführungsplan auf jeden Fall als Alternative berücksichtigt werden, um auch den Fall abzudecken, daß für potentiell effizientere Alternativen keine passenden Werte gefunden werden; darüber wird für einfache dimensionale Elemente auch die direkte Suche eines entsprechenden Verdichtungswertes initiiert.

In pseudo-programmiersprachlicher Notation kann die direkte Expansion eines dimensionalen Ausdrucks DimExpr DA auf die Erhebungsgranularität des auszuwertenden quantifizierenden Datums Cell C wie folgt spezifiziert werden:

```
(1)   DimElem DE = resolveDimExpr(DimExpr DA, Cell C)
(2)   {
(3)        DimElem DE' = resolve(DA)
(4)        // sei i die der DA entsprechende Dimension in C
(5)        if ({DE'} < {C}ᵢ)
(6)             ERROR("Anfragegranulat feiner als Zellengranulat!")
(7)        else
(8)             // expandiere bis zum Zellengranulat
(9)             return(n-expand(DE', {DE'}-{C}ᵢ))
(10)  }
```

In Zeile 3 wird das dimensionale Element unter Verwendung des in Abschnitt 7.2.3 eingeführten *resolve*-Operators in einen einfachen dimensionalen Ausdruck umgewandelt. Nachdem dieser noch eine höhere Granularität als das auszuwertende Zellenelement aufweisen kann, wird in Zeile 9 mittels des Operators *n-expand* bis auf das Erhebungsgranulat der Zelle expandiert und das sich ergebende dimensionale Element als Ergebnis zurückgeliefert. Zuvor wird in Zeile 5 die Granularitätsverträglichkeit zwischen dimensionalem Ausdruck und Zellenelement überprüft.

7.4.2.2 Ausnutzen von Teilraumbeziehungen

Die direkte Expansion des in einer Anfrage spezifizierten dimensionalen Ausdrucks in einer Dimension kann nur als Behelf bei der Nichtdurchführbarkeit anderer Alternativen betrachtet werden. Im allgemeinen wird man deshalb in der ersten Phase der Anfrageoptimierung versuchen, eine Anfrage mit bestimmendem und einschränkendem Anteil gemäß der in Abschnitt 7.3.2 eingeführten Teilraumeigenschaften in unabhängige Blöcke zu zerlegen und die separat optimierten Teile anschließend in einer Zellenoperation wieder zusammenzuführen. Für den eingangs dieses Abschnitts angegebenen Beispielausdruck würde die in Abbildung 7.9 angegebene Prozedur `splitDimExpr()` zwei durch Differenzbildung verbundene, ansonsten aber unabhängige Teilanfragen erzeugen:

```
SELECT T1 - T2
FROM PRODUCT P, ...
WITH  T1 IS (SELECT SUM(SALES)
                 WITH P.HAUPTRGRUPPE = "VIDEO"),
      T2 IS (SELECT SUM(SALES)
                 WITH P.GRUPPE = "HEIMRECORDER")
```

Für jeden der durch die Teilanfragen generierten dimensionalen Ausdrücke wird die dimensionslokale Transformation von neuem gestartet. Das Verfahren wird so lange iteriert, bis alle Teilausdrücke im einschränkenden Anteil des ursprünglichen dimensionalen Ausdrucks isoliert wurden. Es sei noch angemerkt, daß bei einschränkenden Anteilen, welche mehrere Teile umfassen, versucht werden kann, diese zu höheren Begriffen zu synthetisieren und als Einheit zu behandeln. In der Regel wird man aber davon ausgehen, daß bei der Anfragespezifikation bereits die gröbestgranularen Begriffe verwendet werden.

7.4.2.3 Heuristische Begriffstransformation

Eine weitere Möglichkeit zur Transformation eines dimensionalen Ausdrucks in eine einfachere Form liegt darin, den bestimmenden Anteil als Teil eines einschränkenden Anteils für einen übergeordneten Begriff zu interpretieren und das Anfrageergebnis durch eine übergeordnete Korrekturrechnung herzuleiten. Im vorliegenden Beispiel könnte man versuchen, den gesuchten Gesamtverkaufswert in der Produkthauptgruppe *Video* als Differenz des Wertes für den Produktbereich *Unterhaltungselektronik* und der Produkthauptgruppe *Audio* darzustellen; das entsprechende CQL-Fragment hat folgendes Aussehen:

```
SELECT T1 - T2
FROM PRODUCT P, ...
WITH  T1 IS (SELECT SUM(SALES)
                 WITH P.BEREICH = "UNTERHALTUNGSELEKTRONIK",
                      P.GRUPPE != "HEIMRECORDER"),
      T2 IS (SELECT SUM(SALES)
                 WITH P.HAUPTGRUPPE = "AUDIO")
```

Der erste Teilausdruck kann wiederum durch Ausnutzen von Teilraumbeziehungen (vgl. Abschnitt 7.4.2.2) ausgewertet werden. Wegen der in umfangreichen Klassifikationshierarchien vielfältigen Möglichkeiten, denselben Sachverhalt auf unterschiedlichen Wegen auszudrücken, können auf diese Art gerade für Anfragen auf niedrigem Granularitätsniveau eine Fülle alternativer Ausführungspläne erzeugt werden, welche es in der zweiten Phase der Anfrageoptimierung alle zu bewerten gilt. Durch den hiermit verbundenen Aufwand kann der Gesamtgewinn an Anfrageeffizienz erheblich beeinträchtigt werden. Deshalb wird man im allgemeinen diese Art des semantischen Ersatzes von Begriffen durch Heuristiken begrenzen müssen.

7.4.3 Multidimensionale Suche nach materialisierten Verdichtungswerten

Das Resultat der ersten Phase der Anfrageoptimierung ist eine Menge von einfachen Cube-Elementen, also von Cube-Elementen mit einfachen dimensionalen Ausdrücken in allen Dimensionen. Diese Cube-Elemente entstehen durch Kreuzproduktbildung über die dimensionalen Elemente der Einzeldimensionen, welche wiederum durch Vereinfachung der in der Anfrage spezifizierten dimensionalen Ausdrücke entstanden. Für jedes dieser Cube-Elemente wird in der zweiten Phase der Anfrageoptimierung versucht, in der Datenbank materialisierte Verdichtungswerte zu identifizieren, mit welchen der im Cube-Element spezifizierte Datenraum gefüllt werden kann. Sollte ein passender Wert nicht gefunden werden können, wird auf niedrigerer Granularitätsstufe nach passenden Ersatzwerten gesucht. In Abbildung 7.5 wurde das Ergebnis einer solchen Vorgehensweise bereits graphisch veranschaulicht.

Im Gegensatz zur ersten Phase der Anfrageoptimierung müssen die Suche nach Datenverdichtungswerten und ein eventueller Abstieg im Granularitätenraum in einem multidimensionalen Kontext erfolgen, da die quantifizierenden Daten und die eventuell aus ihnen abgeleiteten Verdichtungswerte multidimensional beschrieben sind. Das nachfolgend skizzierte Suchverfahren spaltet den multidimensionalen Granularitätsabstieg in eine Folge von dimensionslokalen Abstiegen auf, um die Gesamtkomplexität des Verfahrens kontrollierbar zu halten. Der Suchalgorithmus stellt dabei sicher, daß bei der rekursiven Suche nach feinergranularen Werten sukzessive alle Möglichkeiten des multidimensionalen Kontextes berücksichtigt werden.

7.4.3.1 Grundlegende Vorgehensweise

Globales Ziel der multidimensionalen Suche nach Datenverdichtungswerten im multidimensionalen Kontext einer Anfrage ist die Identifikation von bereits berechneten Verdichtungsdatenwerten, welche zur Füllung des in der Anfrage spezifizierten Zieldatenraums eingesetzt werden können. Die Suche wird für ein konkretes Cube-Element zum einen durch die Granularität des Zielelements, zum anderen durch die Erhebungsgranularität des auszuwertenden quantifizierenden Datums begrenzt. In dem in Abbildung 7.10 gezeigten Beispiel wird nach den Gesamtverkaufszahlen der verschiedenen Produktbereiche für die in einem Einkaufsverbund zusammengeschlossenen Geschäfte gesucht; die Erhebung der Verkaufszahlen erfolgt für einzelne Produkte und Geschäfte.

In einem ersten Schritt muß für ein zu bestimmendes Cube-Element eine Aufspaltung in die einzelnen multidimensionalen Zellen in Zielgranularität vorgenommen werden, für welche dann getrennt voneinander eine Suche durchgeführt werden kann. Für ein bestimmtes Zelle wird als nächstes überprüft, ob die zur Füllung der einzelnen Zellenelemente dieser Zelle erforderlichen Werte schon direkt abrufbar in der Datenbank vorliegen. Ist dies der Fall, terminiert der Suchprozeß; anderenfalls wird für die noch

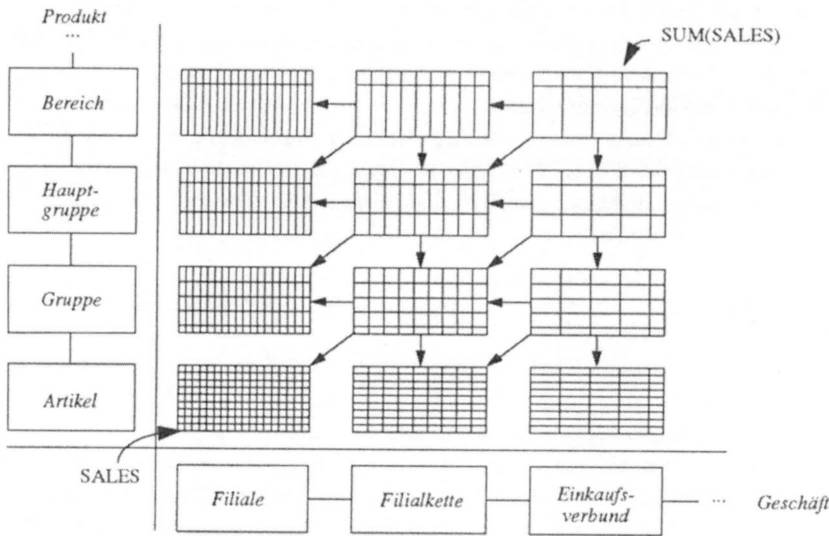

Abb. 7.10: Topologische Struktur eines zweidimensionalen Granularitätenraumes

nicht vorberechneten Zellenelemente eine Suche nach entsprechenden Verdichtungswerten auf nächst-
niedrigerer Granularitätsstufe initiiert. Die Suche erfolgt in allen Nachbarknoten des Granularitätenraumes; für den zweidimensionalen Fall sind die topologischen Beziehungen zwischen den Zellen in
Abbildung 7.10 durch Pfeile zwischen benachbarten Zellen angegeben. Dieser Abstiegsprozeß im
Granularitätenraum wird für die jeweils nichtbesetzten Zellenelemente solange fortgesetzt, bis die
Ausgangszelle durch Zusammensetzen der gefundenen Teillösungen vollständig überdeckt werden
kann. Die Suche terminiert auf jeden Fall, wenn die Erhebungsgranularität des auszuwertenden quantifizierenden Datums erreicht ist, weil in dieser Zelle auf jeden Fall alle Elemente mit abrufbaren Werten
versorgt sind.

Für die im Granularitätenraum gefundenen Teilwerte zur Überdeckung der Ausgangszelle muß
abschließend eine Zusammensetzung über die verschiedenen Granularitätsstufen hinweg vorgenommen werden. Hierbei gilt es die in Tabelle 7.2 spezifizierten Hierarchieeigenschaften des anzuwendenden Operators zu berücksichtigen. Das Ergebnis der Anwendung dieser Stufen ist ein Auswertungspfad,
dessen Operatorenfolge gemäß der in Abschnitt 7.3.2 angegebenen Hierarchieeigenschaften äquivalent
zum ursprünglichen Operator ist und dessen Auswertekosten unter Berücksichtigung der aktuellen
Umgebungsparameter, insbesondere der Zugriffskosten auf die Datenwerte gemäß der Lokation in der
Speicherhierarchie, minimal sind. Diese kostenbasierte Betrachtungsweise gewährleistet eine globale
Optimierung der Anfrageauswertung, in welcher nicht nur modellbezogene Kriterien berücksichtigt
sind.

Eine detaillierte formale Beschreibung der verschiedenen Stufen der multidimensionalen Ausführungsplanung für verdichtende Anfragen erfordert zur Darstellung der mengenorientierten Auflösung von
Cube-Elementen in dimensionale Ausdrücke, deren einzelne dimensionale Elemente dann in der oben
beschriebenen Weise bearbeitet werden, umfangreiche Indizierungsstufen. Zur Vermeidung dieses

umfangreichen formalen Apparates werden nachfolgend die zentralen Schritte der multidimensionalen Suche nach Datenverdichtungswerten in programmiersprachlicher Notation wiedergegeben; die zugehörige formale Darstellung ist in [LeRu 96] zu finden.

7.4.3.2   Einstufige Expansion eines Cube-Elements

Wie in Abschnitt 7.2.2 ausgeführt wurde, beschreibt ein Cube-Element eine Menge von als Zellen bezeichneten konvexen Teilräumen des Gesamtdatenraumes, der durch die in der Anfrage spezifizierten Dimensionen aufgespannt wird. Die Bearbeitung eines in der ersten Phase des Optimierungsansatzes erzeugten einfachen Cube-Elements erfolgt separat für alle Zellen und kann somit hochgradig parallel ablaufen. Der Optimierungsalgorithmus wird durch Aufruf der Prozedur

```
findResult(CubeElement CE, CellData C)
```

angestoßen, welche mit der Identifikation des zu bearbeitenden Cube-Elements und dem Ergebnistyp der Datenwerte initialisiert ist. Nachfolgend wird unter Bezug auf Abbildung 7.10 als Beispiel die Bearbeitung eines Cube-Elements mit Granularitätenkontext *<Gruppe, Filialkette>* verdeutlicht. Zu ermitteln sei für die Filialen 4711 bis 4723 der Gesamtverkauf an Produkten in der Produktbereichen *Unterhaltungselektronik* und *Gebrauchselektronik*.

Der erste Schritt zur möglichst kostengünstigsten Füllung des Cube-Elements mit Datenwerten ist die Überprüfung, für welche Zellenelemente schon direkt verwertbare Verdichtungen vorliegen. Hierzu liefert die Prozedur `getValues(CE, C)` im Ergebnisparameter `P` die Identifikationen aller Zellen, für welche die benötigten Verdichtungswerte vorliegen. Im Beispiel sei für die Filialen 4711 bis 4716 im Bereich Unterhaltungselektronik eine entsprechende Materialisierung vorhanden (vgl. Abbildung 7.11).

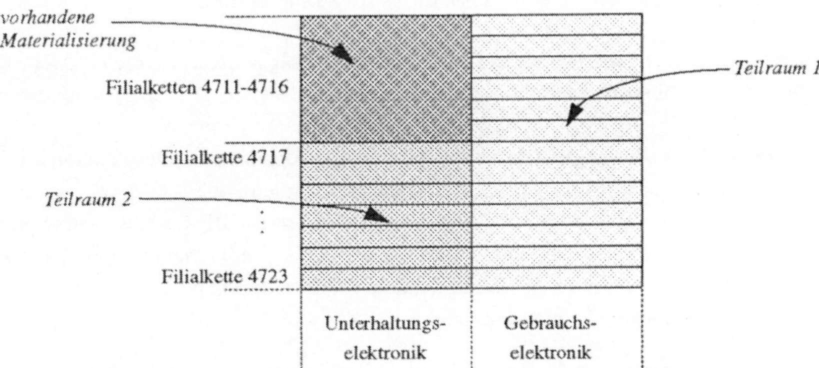

Abb. 7.11: Teilraumbildung bei der Expansion von Cube-Elementen

Wurden im ersten Schritt des Optimierungsalgorithmus verwertbare Datenmaterialisierungen gefunden, so muß zunächst der verbleibende Rest des Cube-Elements in konvexe Teilräume aufgeteilt werden, welche dann getrennt weiterverarbeitet werden können. Für jede dieser Zellen wird dann in jeder Dimension überprüft, ob das für die Auswertung des Operators vorgegebene Zellengranulat bereits erreicht ist. Im vorliegenden Beispiel ist dies für beide Dimensionen nicht der Fall, so daß die

Zelle gemäß Abbildung 7.10 in insgesamt drei Richtungen expandiert werden kann in die Granularitätenkontexte *<Gruppe, Filiale>*, *<Artikel, Filialkette>* und *<Artikel, Filiale>*. Der zugehörige Algorithmus könnte programmiersprachlich etwa folgendes Aussehen haben:

```
(1)   {CE_1,...,CE_n} = CE\[P]

(2)   // für jeden Teilraum

(3)   for (i=1,...,n)

(4)     // für jede Dimension des Teilraumes

(5)     foreach (DimElem E = nextElem(CE_i.elems)

(6)         // Zellengranulat erreicht?

(7)         if (E.gran == C.gcontext)

(8)             next

(9)         // expandiere in aktuelle Dimension

(10)        CE_i.elems = expand(E)

(11)        P_i = findResult(CE_i, C)
```

Die innere Schleife dieses Algorithmus (Zeilen 5-11) wird zusätzlich zu den Aufrufen für die beiden in Abbildung 7.11 angegebenen Teilräume auch für den gesamten Teilraum der entsprechenden Granularitätsstufe durchgeführt, da es durch das kostenbasierte Speichersystem (Abschnitt 6.5) günstiger sein kann, statt der Berechnung einer Zelle aus mehreren Teilen mit unterschiedlicher Granularität eine Gesamtberechnung auf Basis einer einzigen Granularitätsstufe durchzuführen. Nach Abgleich der Kosten für diese verschiedenen Berechnungsalternativen wird dann im Rückgabeparameter der Prozedur `findResult` eine auf Basis der additiven Teilraumbeziehungen zwischen den Einzelzellen gebildete neue Zelle als Ergebnis zurückgeliefert.

7.4.3.3　Kontrolle der Zellenexpansion und kostenbasierte Pfadauswahl

Ein Problem beim vielstufigem rekursiven Aufruf des obigen Algorithmus ist, die Kontrolle darüber zu behalten, in welcher Dimension eine Zelle schon expandiert wurde, speziell in höherdimensionalen Anwendungen. In [LeRu 96] wird deshalb ein Kodierungsmechanismus eingesetzt, der die aktuelle Situation in einer Binärkodierung beschreibt, welche in einer Dezimalzahlinterpretation als fortlaufender Index für Angabe der Expansionsstufe herangezogen werden kann. Für n Dimensionen werden systematisch 2^n-1 Kodierwerte aufgebaut, deren i-te Position in der Binärrepräsentation angibt, ob in der i-ten Dimension eine Expansion durchgeführt wurde $((\kappa)_j = 1)$ oder nicht $((\kappa)_j = 0)$; die Ausgangszelle trägt den Kodierwert $\kappa = 0$. In Abbildung 7.12 ist das Grundprinzip dieses Kodierungsmechanismus für den dreidimensionalen Fall verdeutlicht.

Der Kodierungsmechanismus für die Kontrolle der Zellenexpansion ist speziell dann vonnöten, wenn die Ergebnisse mehrerer Aufrufe des Algorithmus für dieselbe Zelle miteinander in bezug gesetzt werden sollen. Über die Anzahl der Einsen in der Binärkodierung läßt sich leicht feststellen, mit wie vielen Dimensionensplits ein Ergebnis erzielt wurde. Als eine allgemeine Heuristik kann gelten, daß nach möglichst grobgranularen Materialisierungswerten gesucht werden sollte, weil diese im allgemeinen wegen ihrer Kompaktheit eher auf schnellen Speichermedien zu finden sind als Daten desselben Datenraums in feinerer Granularitätsstufe und mit dementsprechend höherem Speicherplatzbedarf.

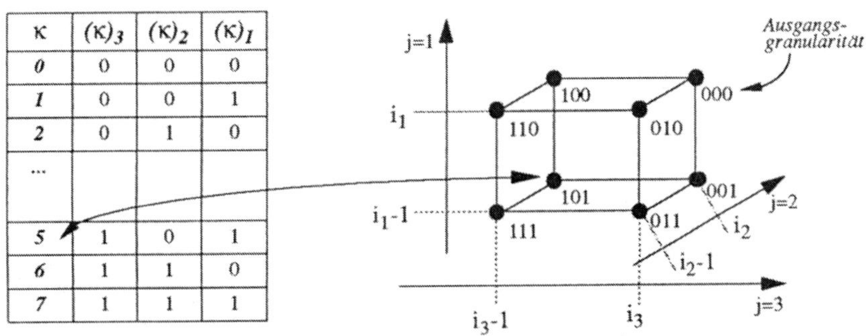

Abb. 7.12: Kodierungsschema zur Kontrolle der Zellenexpansion

Durch die enorme kombinatorische Komplexität beim rekursiven Abstieg durch den Granularitätenraum ist es in realen Anwendungen oft aus praktischen Erwägungen nicht möglich, alle prinzipiell möglichen Pfade zur Berechnung der Werte einer Zelle zu verfolgen. Deshalb wird ein Kostenmaß für die Identifikation der vielversprechendsten Pfade bei der Traversierung des Granularitätenraumes benötigt. Ein sehr einfaches Maß ist hier das Verhältnis der Anzahl von Zellelementen, für welche bereits materialisierte Verdichtungswerte in der Datenbank vorliegen, zur Gesamtzahl der Zellenelemente einer Zelle; je größer der Quotient aus beiden Zählwerten ist, desto weniger Restzellen verbleiben zur Bearbeitung. Die heuristische Annahme hierbei ist, daß der Aufwand zur Berechnung aller Zellenwerte einer Zelle in etwa proportional zur Aufrufhäufigkeit des Suchalgorithmus ist. Diese Annahme kann sich in einem Datenbanksystem mit Einsatz verschiedener Speichermedien und entsprechend unterschiedlichen Zugriffskosten als beliebig falsch erweisen. Auch der Clusterungsfaktor der Materialisierungen kann von großer Bedeutung sein. Bei dem in Abbildung 7.13 gezeigten Beispiel liegt zwar die Hälfte aller benötigten Zellenelemente als vorberechneter Wert vor; wegen des geringen Clusterungsfaktors der Werte könnte allerdings die Verfolgung eines Pfades, bei dem relativ gesehen weniger Vorverdichtungen abrufbar sind, diese aber einen hohen Clusterungsfaktor aufweisen, die global günstigere Alternative darstellen. Da diese und ähnliche Faktoren hochgradig anwendungsspezifisch sind, werden im CROSS-DB-Ansatz keine festen Heuristiken eingesetzt, sondern Möglichkeiten der Instrumentierung solcher strategischen Entscheidungen durch Vorgaben auf Datenbankadministrationsebene vorgesehen.

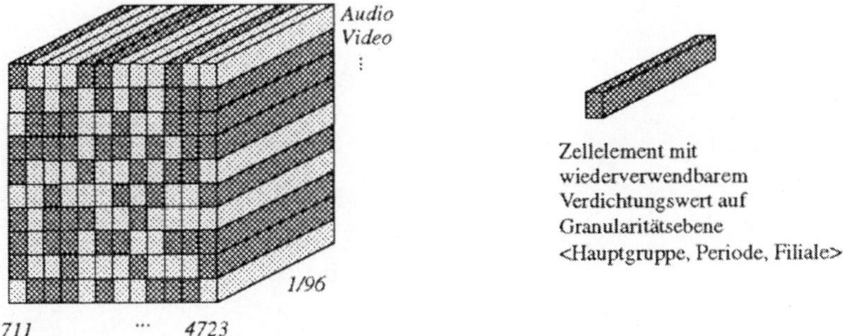

Abb. 7.13: Beispiel eines geringen Clusterfaktors für Verdichtungswerte

8 Anwendungsmodellierung in CROSS-DB

Das CROSS-DB-Modell zur Unterstützung der Verwaltung und Auswertung empirisch erhobener Massendatenbestände wurde bisher nur aus modellorientierter Sicht beschrieben, auch wenn zur Verdeutlichung in den vorangegangenen Kapiteln bereits einige Anwendungsbeispiele angeführt wurden. In diesem abschließenden Kapitel wird das Modell aus verwendungsorientierter Sicht dargestellt. Im ersten Abschnitt wird die Festlegung der Anwendungsdimensionen erörtert. Die Unterscheidung von Klassifikationshierarchien und Merkmalsbeschreibungen wird im zweiten Teilabschnitt diskutiert. Der letzte Abschnitt widmet sich schließlich einigen zentralen betriebsorientierten Aspekten der modellseitigen Unterstützung in der Datenerhebungsphase.

8.1 Festlegung der Anwendungsdimensionen

Im sechsten Kapitel der vorliegenden Arbeit wurden die Modellierungskonstrukte des CROSS-DB-Ansatzes logisch rekonstruiert und aus modellorientierter Sicht dargestellt. Es zeigte sich, daß die zur Verfügung gestellten Mittel nicht streng orthogonal zueinander stehen, sondern derselbe Sachverhalt teilweise auf verschiedenen Wegen modelliert werden kann. Um Modellierungseindeutigkeit zu erzielen, ist deshalb die Angabe weiterer Kriterien erforderlich, welche die verschiedenen Modellierungsalternativen bewerten und eine Entscheidung aus anwendungsorientierter Sicht ermöglichen.

Der Begriff der Dimension stellt einen fundamentalen Eckpfeiler im CROSS-DB-Datenmodell dar. In Abschnitt 6.3.1 wurde eine Dimension definiert als "... eine Menge von faktischen Instanzen, welche in einer oder mehreren Kategorisierungen unter einen gemeinsamen Oberbegriff gebracht werden können". Die in der Definition verwendeten Begriffe "faktische Instanz" und "Kategorisierung" wurden in Abschnitt 6.1 logisch rekonstruiert, so daß der Dimensionsbegriff in CROSS-DB eine eindeutige Semantik aufweist. Insofern erübrigt sich strenggenommen eine Diskussion darüber, welche Dimensionalität die in einer CROSS-DB-Anwendung erhobenen Daten aufweisen, da sich diese bei der begrifflichen Rekonstruktion der Anwendung quasi von selbst ergibt. Andererseits wird der Begriff der Dimension im Kontext der aktuellen Schlagworte "Online Analytical Processing" und "Decision Support Systems" in verschiedenster Weise verwendet, so daß eine Abgrenzung zu diesen Verwendungsweisen angemessen erscheint.

In dem bereits im ersten Kapitel bei der begrifflichen Ein- und Abgrenzung des Themengebiets und der damit verbundenen Schlagworte zitierten Artikel von E.F. Codd et al., welcher als eine der Grundlagen des OLAP-Ansatzes angesehen wird, wird eine Dimension charakterisiert als "... the highest level in a data consolidation path ...". Die Datenkonsolidierung wird dabei folgendermaßen beschrieben: "Data consolidation is the process of synthesizing pieces of information into single blocks of essential knowledge." ([CoCS 93], S. 11). Ohne hier die Problematik der unreflektierten Verwendung von Begriffen wie "Informationseinheit" oder "wesentliches Wissen" zu thematisieren, kann festgestellt werden, daß nach dem in [CoCS 93] verwendeten Dimensionsbegriff jede der in Abschnitt 6.1.2.1 logisch über Art-Gattungs-Beziehungen eingeführten Kategorisierungen eine Dimension darstellen würde. Andere OLAP-Ansätze, etwa das in Abschnitt 3.1.3 zur multidimensionalen Modellierung der Fallstudie aus dem Bereich der Marktforschung eingesetzte System EXPRESS ([IRI 93], bezeichnen sogar jede Kategorie als eine logisch eigenständige Dimension, womit sich die Gesamtanzahl von Dimensionen in CROSS-DB-Terminologie aus der Summe der Granularitätsstufen aller auf den faktischen Instanzen definierten Kategorisierungen ergibt.

Aus modellierungstechnischer Sicht mag die Frage der Anzahl der verschiedenen Dimensionen in einer SSDB-Anwendung von nachgeordneter Bedeutung erscheinen, solange die Beziehungen zwischen abhängigen Dimensionen korrekt modelliert werden. Bei näherer Betrachtung ergeben sich allerdings aus systemtechnischer und logischer Sicht gewichtige Gründe für eine sorgfältigere Festlegung des Dimensionsbegriffs, welche nachfolgend erörtert werden.

8.1.1 Systemtechnische Bedeutung der Dimensionenzahl bei der multidimensionalen Datenmodellierung

Bevor auf die logischen Aspekte der Festlegung des Dimensionsbegriffs bei der multidimensionalen Datenmodellierung eingegangen wird, soll die Bedeutung der Frage, in welcher Dimensionalität eine Anwendung beschrieben wird, aus systemtechnischer Sicht verdeutlicht werden. Hierbei spielt der Begriff der Besetztheit eines Datenraums eine zentrale Rolle. Unter der *Besetztheit eines Datenraums* wird nachfolgend das Verhältnis zwischen den grundsätzlich möglichen und den tatsächlich vorhandenen Eintragungen in einem mehrdimensionalen Datenraum verstanden. Beispielsweise weist ein Marktforschungspanel, in welchem die Verkäufe von 1000 Produkten in 100 Geschäften beobachtet werden, bei einer Meldung von insgesamt 4000 Verkaufswerten aus den Geschäften eine Besetztheit von 4% auf. Die Leerstellen in Datenraum resultieren dabei aus der Tatsache, daß nicht jedes Geschäft jedes Produkt verkauft; sie sind somit strukturell verschieden von existierenden, aber nicht gemeldeten Daten.

Ein multidimensionaler Datenraum wird durch Kreuzproduktbildung über die Wertebereiche der eingehenden Dimensionen beschrieben. Die Anzahl der Datenzellen in einem multidimensionalen Datenraum steigt somit exponentiell mit der Anzahl der zugrundeliegenden Dimensionen an; gleichzeitig sinkt bei gleicher Anzahl tatsächlich vorhandener Datenwerte die Besetztheit. Durch Einsatz von Datenkomprimierungstechniken (vgl. Abschnitt 3.5.2) können auch dünn besetzte Datenräume effizient materialisiert werden, so daß aus dem Blickwinkel der physischen Abspeicherung nichts gegen eine hohe Dimensionenzahl spricht. Allerdings verschlechtert die mit steigender Dimensionenzahl einhergehende geringe Besetztheit der Datenfelder oft die Lesbarkeit und Übersichtlichkeit von Auswertungen, wenn die zahlreichen Nullwerte nicht systematisch unterdrückt werden können; eine Nichtausweisung von Nullwertbereichen ist allerdings nur bei hinreichendem Clusterungsfaktor möglich.

Eine noch wesentlich gravierendere Auswirkung als auf die Lesbarkeit von tabellenorientierten oder graphischen Darstellungen hat die Dünnbesetztheit hochdimensionaler Datenräume auf das mit der Materialisierung von Verdichtungswerten einhergehende zusätzliche Datenvolumen. Die Möglichkeit der Anlage von Verdichtungswerten steigt überexponentiell mit der Anzahl der Dimensionen und der

Anzahl und Höhe der auf ihnen definierten Klassifikationshierarchien an, so daß das Volumen der aus den Rohdatenwerten erzeugbaren Verdichtungswerte ein Vielfaches des Ausgangsdatenbestandes betragen kann, wie in Abbildung 8.1 gezeigt ist. Den verschiedenen Kurven liegen unterschiedliche Faktoren für das Größenwachstum in einer Dimension zugrunde; ein Faktor von 2,0 besagt beispielsweise, daß die Anzahl der Datenelemente pro Dimension durch die Einführung von Klassifikationsknoten auf das Doppelte des Ausgangswertes, der Anzahl der faktischen Instanzen, ansteigt. Zu beachten ist die logarithmische Skalierung des Größenwachstums.

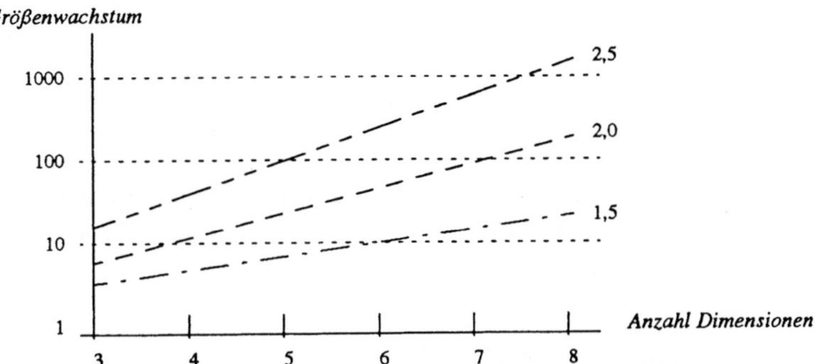

Abb. 8.1: Zusammenhang zwischen Datenbankgröße und Dimensionenzahl (nach [PeCr 95])

Die in Abbildung 8.1 angegebenen Wachstumsfaktoren sind wesentlich von der Besetztheit des zugrundeliegenden Datenraumes bestimmt. Je dünner ein Datenraum besetzt ist, desto höher ist der dimensionenbezogene Wachstumsfaktor, weil die Anzahl der tatsächlich besetzten Verdichtungswerte bei einer dünn besetzten Dimension nicht in gleichem Maße abnimmt wie die Anzahl der Rohdatenwerte. Bei gleichem zur Verfügung stehendem Speicherplatz können somit bei hoher Dimensionalität weniger der potentiell möglichen Datenverdichtungswerte im System vorgehalten werden, was gravierende Auswirkungen auf die Ebene der Anfrageoptimierung hat. Deshalb werden im CROSS-DB-Modell an die auf den Dimensionen definierten Kategorisierungen besondere Anforderungen gestellt, welche neben einer klaren Festlegung der Modellierungssemantik auch eine Begrenzung des Größenwachstums bewirken.

8.1.2 Dimensionen und Kategorisierungen

Bei der in Abschnitt 6.1 vorgetragenen logischen Rekonstruktion der multidimensionalen Datenmodellierung wurde der Begriff der Dimension in einer Art "bottom up"-Manier auf Basis von durch unterscheidende Rede in der Anwendungswelt gewonnenen Nominatoren eingeführt. Für einen Nominator wurde dabei eine Unteilbarkeit aus Sicht der Anwendung gefordert, d.h. ein Nominator darf sich in der modellierten Miniwelt nicht in feinergranulare Bestandteile aufgliedern lassen. Die Festlegung der faktischen Instanzen ist somit nicht kontextfrei, sondern erfolgt zweckorientiert als Teil des Schemaentwurfs einer Anwendung.

Mit der Modellierung aller im Zuge des Aufbaus von Begriffspyramiden auf einer faktischen Instanz definierten höheren Granularitätsstufen als eigenständige Instanzen, wie dies beispielsweise in der EXPRESS-Modellierung der Fall ist, kann das Problem der Festlegung einer Basisgranularität für eine Dimension grundsätzlich umgangen werden. Kategorisierungen werden bei diesem Ansatz implizit durch Relationen zwischen logisch zusammengehörigen Dimensionen ausgedrückt. Der Erhebungsda-

tenraum eines quantifizierenden Datums wird dann bei der Anfrageverarbeitung implizit zu einem
höherdimensionalen Auswertedatenraum erweitert. Aus verwendungsorientierter Sicht lassen sich die
charakteristischen kategorisierungsbezogenen Auswertungen (Drill-Down-Analyse, Konsolidierung)
in einer SSDB-Anwendung auch auf diesem Wege bereitstellen, indem im Zuge der Anfrageauswertung
die zwischen den Dimensionen definierten Relationen ausgewertet werden. Sogar eine systematische
Wiederverwendung materialisierter Datenverdichtungswerte ist auf diesem Wege grundsätzlich
möglich.

Aus logischer Sicht ist die Dimensionenmodellierung gemäß dem EXPRESS-Ansatz insofern problematisch, als die Orthogonalität von Dimensionen auf konzeptioneller Schemaebene aufgegeben wird.
Nachdem im CROSS-DB-Modell eine Kategorisierung außer zur Steuerung der Datenauswertung auch
als Referenzpunkt für die merkmalsorientierte Schemabeschreibung der Anwendungswelt herangezogen wird (vgl. Abschnitte 6.3.1 und 8.2), muß eine logische Unabhängigkeit der Dimensionen sichergestellt werden. Die auf einer Dimension definierten Kategorisierungen können als eine Art logische Sichten auf die Menge der faktischen Instanzen betrachtet werden, über welche spezifische Auswerteaspekte
in einer Dimension gesteuert werden können. Somit ist mit der Unterscheidung von Dimensionen und
Kategorisierungen auch ein Ordnungs- und Schutzaspekt verbunden.

Mit den an Klassifikationshierarchien gestellten Anforderungen der Überlappungsfreiheit und Balan-
ciertheit bei dimensionsweiter Gültigkeit ist sichergestellt, daß das Instrument der Kategorisierung
nicht inflationär eingesetzt wird, sondern in erster Linie für grundlegende, anwendungsübergreifende
Sachverhalte Verwendung findet. Hierdurch wird die Anzahl der möglichen Verdichtungswerte bei der
Kreuzproduktbildung mit anderen Dimensionen wirksam begrenzt, was die im vorangegangenen
Abschnitt diskutierten Probleme des hyperexponentiellen Wachstums des Speicherplatzbedarfs für
materialisierte Verdichtungen bzw. die geringere Rate von für die Anfrageoptimierung einsetzbaren,
vorgerechneten Werten entschärft. Für Sachverhalte, welche nur eine lokale Gültigkeit aufweisen, bietet
das Instrument der Merkmalsmodellierung eine geeignete Repräsentationsmöglichkeit (vgl. auch
Abschnitt 8.2).

8.1.3   Unterscheidung qualifizierender und quantifizierender Daten

Auch bei einer strikten Interpretation des Dimensionsbegriffs im Sinne des CROSS-DB-Modells ist aus
Verwendungssicht die Frage, was in einer konkreten Anwendung eine Dimension darstellt, noch nicht
vollständig beantwortet, zumindest wenn man sich die Verwendung des Dimensionsbegriffs in gängigen OLAP-Systemen ansieht. In dem in [PeCr 95] wiedergegebenen Überblick über verschiedene
OLAP-Systeme werden als Basisdimensionen einer OLAP-Anwendung Variablen, Zeit und Szenarien
angegeben; darüber hinaus werden als Beispiele hierarchischer Dimensionen Länder, Orte, Produkt-
strukturen, Projekte, Kunden, Märkte, Lieferanten, demographische Informationen, Städte und
Prozesse angegeben. An diesem Beispiel der unreflektierten Verwendung des Dimensionsbegriffs wird
nachfolgend die Unterscheidung qualifizierender und quantifizierender Daten im CROSS-DB-Modell
verdeutlicht und damit auch implizit die Frage nach dem Dimensionenbegriff aus Verwendungssicht
beantwortet.

In den Abschnitten 6.2.2 und 6.3 wurde die für das CROSS-DB-Modell fundamentale Unterscheidung
qualifizierender und quantifizierender Daten bereits erläutert. In CROSS-DB-Terminologie würden von
den oben angeführten sog. Basisdimensionen Variablen (z.B. Verkaufswerte) und Szenarien (z.B. Plan-
und Istzahlen) als quantifizierende Daten bezeichnet, während die Zeit eine grundlegende Dimension in

den qualifizierenden Daten darstellt. Die sog. hierarchischen Dimensionen stellen aus CROSS-DB-Sicht Kategorisierungen dar, welche sich teilweise auf dieselbe Dimension beziehen (z.B. Länder-, Orts- und Städtekategorisierung einer räumlichen Dimension).

Das grundlegende Problem bei einem Dimensionsbegriff wie im oben angeführten Beispiel ist, daß dort versucht wird, Dimensionen für spezifische Auswertungen bereitzustellen, ohne eine begriffliche Rekonstruktion oder zumindest eine a-posteriori-Normalisierung der logischen Begriffswelt vorzunehmen. Hierbei wird die lange Tradition des Schemaentwurfs für Datenbanksysteme mit dem grundlegenden Ziel der Schaffung von Anwendungsneutralität im konzeptionellen Datenbankschema völlig unberücksichtigt gelassen. Wie in Abschnitt 6.1 gezeigt wurde, lassen sich qualifizierende und quantifizierende Daten über Prädikatorenschemata logisch rekonstruieren, wobei die Unterscheidung zwischen beiden Bereichen in der Stelligkeit der Nominatoren begründet liegt. Dimensionen als Kern der qualifizierenden Daten müssen der Anforderung genügen, daß sie wechselseitig unabhängig voneinander über Prädikatorenschemata mit atomaren Nominatoren eingeführt werden können, während die Beschreibung quantifizierender Daten grundsätzlich eine Komposition von Nominatoren voraussetzt, um ihre Variabilität ausdrücken zu können. Relational gesprochen, stellen die einzelnen Teile eines zusammengesetzten Primärschlüssels einer normalisierten Relation somit Verweise auf die faktischen Instanzen einer Dimension dar. Die Orthogonalität und Minimalität der verschiedenen Dimensionen wird dabei entweder wie im CROSS-DB-Ansatz auf konstruktivem Wege oder durch Normalisierung der Relationenschemata gewährleistet. Transformationen quantifizierender Daten in Dimensionen zu Zwecken der Datenauswertung (z.B. zur schemabezogenen Preisklassenbildung), wie sie beispielsweise in [AgGS 96] vorgeschlagen werden, sind als Hilfskonstruktionen bei der Anfragespezifikation auf externer Schemaebene anzusehen und sollten somit die konzeptionelle Schemaebene nicht beeinflussen.

8.2 Klassifikationshierarchien und Merkmalsbeschreibungen

Mit der im letzten Abschnitt erläuterten Festlegung der Dimensionen auf konzeptioneller Schemaebene ist ein erster Schritt für die Stammdatenmodellierung im CROSS-DB-Modell vollzogen. Die Möglichkeit, auf einer Dimension mehrere voneinander unabhängige Kategorisierungen zu definieren, trägt der Anforderung nach Auswertungsflexibilität auf Anwendungsebene aber noch nicht ausreichend Rechnung. Deshalb wurde in Kapitel 6 als zweiter Mechanismus der Beschreibung von Dimensionen auf Stammdatenebene die Merkmalsmodellierung eingeführt. In diesem Abschnitt soll anhand einiger Beispiele der fundamentale Unterschied zwischen beiden Beschreibungsebenen aus logischer und systemtechnischer Sicht erläutert werden.

8.2.1 Logische Abgrenzung

Sowohl Klassifikationshierarchien als auch Merkmalsbeschreibungen dienen der näheren Beschreibung der den verschiedenen Dimensionen zugeordneten faktischen Instanzen. Bei der in Abschnitt 6.1 vorgestellten Rekonstruktion der multidimensionalen Datenmodellierung wurde der grundlegende Unterschied zwischen beiden Modellierungsinstrumenten aus logischer Sicht bereits verdeutlicht: während Merkmale für faktische Instanzen durch Prädikationen auf den zugeordneten Nominatoren eingeführt werden, beruhen Klassifikationshierarchien auf Art-Gattungs-Beziehungen zwischen verschiedenen

Eigenprädikatoren einer Dimension. Durch Klassifikationshierarchien werden somit neue Begriffe etabliert, während bei der Merkmalsbeschreibung bestehende Begriffe näher erläutert werden. Insofern konnte den durch Klassifikation gebildeten Begriffen auch ein Merkmalsschema zugeordnet werden. Andererseits wurden die Klassifikationsbegriffe durch Abstraktion über den Merkmalsbeschreibungen der faktischen und normativen Instanzen eingeführt, so daß die beiden Beschreibungsebenen in einem komplexen Zusammenhang stehen.

Daß die beiden Beschreibungsebenen zur Stammdatenmodellierung einer Dimension nicht orthogonal zueinander stehen, kann anhand des Beispiels verdeutlicht werden, daß sich der Sachverhalt, daß ein Videorecorder einer bestimmten Marke von einem ausländischen Hersteller stammt, grundsätzlich sowohl auf Klassifikations- als auch auf Merkmalsebene modellieren läßt. Die klassifikationsorientierte Modellierung des Sachverhalts kann unmittelbar durch Einführung zweier Klassifikationsknoten erfolgen. Mit einer Gruppierung der Ausprägungen des Merkmals "Marke" in inländische und ausländische Hersteller gemäß der in Abschnitt 6.1.2.2 eingeführten Möglichkeit der Gruppierung von Apprädikatorwerten kann die herstellerbezogene Unterscheidung aber auch auf Grundlage einer merkmalsorientierten Beschreibung erfolgen. In Abbildung 8.2 ist dieser Sachverhalt graphisch veranschaulicht.

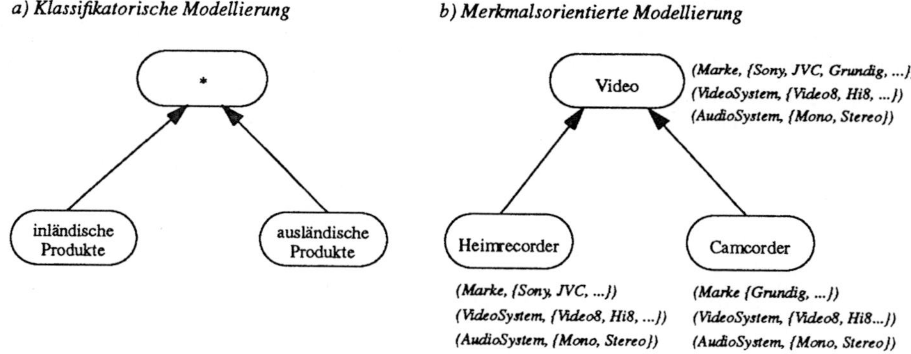

Abb. 8.2: Klassifikatorische und merkmalsorientierte Bestimmung von Dimensionen

Wie in Abbildung 8.2a) zu erkennen ist, kann bei einer klassifikatorischen Modellierung der Markenzugehörigkeit für die Klassifikationshierarchie kein Merkmalsschema angegeben werden, da das Kriterium der Markenzugehörigkeit für die weiteren Merkmale in der Produktdimension nicht selektiv ist und somit gemäß der in Abbildung 8.2b verwendeten Klassifikationshierarchie Produkte unterschiedlicher Produktgruppen demselben Klassifikationsknoten zugeordnet würden. Dagegen ist bei der in Abbildung 8.2b) angegebenen merkmalsorientierten Modellierung für die zugrundeliegende Kategorisierung nach Produktgruppen und Produkthauptgruppen eine Ausweisung weiterer Merkmale möglich, so daß die Auswertungsmöglichkeiten hier deutlich erweitert sind. Allerdings kann nur bei einer klassifikatorischen Modellierung systemseitig eine Anlage und Nutzung von Verdichtungswerten für eine markenorientierte Auswertung erfolgen, so daß in Spezialfällen auch die in Abbildung 8.2a) wiedergegebene Modellierung sinnvoll sein kann; hierauf wird in Abschnitt 8.2.2 noch näher eingegangen.

Neben der Merkmalskompatibilität wurde für Kategorisierungen im CROSS-DB-Ansatz in Abschnitt 6.3.1.1 die Forderung erhoben, daß die zugehörigen Klassifikationshierarchien vollständig, partitionierend und balanciert sein müssen. Dies bedeutet beispielsweise, daß bei einer Klassifikation der Zeitdimension mit tagesgenauer Basisgranularität keine Kategorisierung in den Stufen "Tag - Woche - Monat - Quartal - Jahr - *" möglich ist, auch wenn dies zunächst unnatürlich erscheinen mag. Bei näherer Betrachtung stellt sich aber heraus, daß eine Wochenklassifikation nicht überlappungsfrei auf die Monatsebene abgebildet werden kann und somit diese Kategorisierung nicht die Grundlage für Drill-Down- und Konsolidierungsoperationen darstellen kann. Um dies zu ermöglichen, muß die gewünschte Klassifikation entweder in zwei getrennten Kategorisierungen (z.B. "Tag - Woche - *" und "Tag - Monat - Quartal - Jahr - *") modelliert werden, oder die Wochenzuordnung wird als Merkmal modelliert und aus der Klassifikationshierarchie herausgenommen. Im letzteren Fall ist auf Auswertungsebene immer noch ein simultaner Bezug auf z.B. die Wochen- und Monatsebene möglich, während bei der Modellierung in zwei getrennten Kategorisierungen ein Bezug auf alle verschiedenen Ebenen nicht möglich ist, weil bei der Konstitution des Anfragekontextes nur eine einzige Kategorisierung ausgewählt werden kann. Das CROSS-DB-Modell erlaubt prinzipiell auch die Modellierung desselben Sachverhalts sowohl auf Merkmals- als auch auf Klassifikationsebene, so daß auch die gleichzeitige Bereitstellung beider Möglichkeiten denkbar ist; im Sinne einer Normalisierung des Anwendungsschemas sollte dies aber wegen der mit einer redundanten Modellierung möglicherweise verbundenen Probleme im laufenden Betrieb (vor allem Einfüge-, Änderungs- und Löschanomalien) vermieden werden.

8.2.2   Unterschiede aus systemtechnischer Sicht

Die Forderung, daß Klassifikationshierarchien im CROSS-DB-Modell vollständig, partitionierend und balanciert sein müssen, wird außer wegen der grundlegenden logischen Unterschiede zwischen den beiden in diesem Abschnitt beschriebenen Modellierungsebenen insbesondere auch aus systemtechnischen Gesichtspunkten erhoben. Durch die restriktiven Anforderungen können Klassifikationshierarchien als Grundlage für eine systematische Anlage und Nutzung von Datenverdichtungen im Zuge der Anfrageverarbeitung und -optimierung herangezogen werden, wie im siebten Kapitel eingehend dargelegt wurde. Merkmalsvorgaben werden dagegen bei der Anfragebearbeitung zwar überprüft, dienen aber nicht als Bezugspunkt der Anfrageoptimierung. Die Flexibilität bei der merkmalsorientierten Modellierung von Sachverhalten wird somit gewissermaßen durch eine geringere Effizienz bei der Anfrageverarbeitung erkauft.

Aufgrund der mit der unterschiedlichen Modellierung von Sachverhalten verbundenen verschiedenen Systemunterstützung im Zuge der Anfrageauswertung ist die Frage berechtigt, ob nicht grundsätzlich alle Sachverhalte über Klassifikationshierarchien modelliert werden sollten, um die Effizienz der Anfrageverarbeitung zu erhöhen. Mit einigen Kniffen, z.B. einer Einführung von "Sonstige"-Knoten, lassen sich die strengen Voraussetzungen an eine klassifikationsorientierte Modellierung grundsätzlich für beliebige Sachverhalte erfüllen. Neben allgemeinen Vorbehalten gegen eine solche "unsaubere" logische Modellierung sprechen im wesentlichen auch zwei praktische Gründe gegen eine solche Vorgehensweise. Zum ersten können im allgemeinen nicht alle Sachverhalte in derselben Klassifikationshierarchie repräsentiert werden, wie das obige Beispiel der Klassifikation der Zeitdimension gezeigt hat. Nachdem in einem Anfragekontext in jeder Dimension aber nur eine einzige Kategorisierung referenziert werden kann, wären somit nicht alle Anfragen formulierbar. Eine redundante Modellierung aller Sachverhalte sowohl über Klassifikationen als auch über Merkmale würde neben den bereits erwähnten

Problemen bei der Konsistenzerhaltung im laufenden Betrieb auch zu einer starken Überfrachtung des Anwendungsschemas führen, welche die potentiellen Vorteile bei der Anfrageoptimierung schnell zunichte machen kann. Zum zweiten reduziert jede weitere Klassifikation wegen des in Abschnitt 8.1.1 angeführten hyperexponentiellen Wachstums der Möglichkeiten zur Anlage von Datenverdichtungen bei begrenztem Speicherplatz die Wahrscheinlichkeit, daß für die in einer Anfrage benötigte Kombination von Klassifikationsbegriffen auch tatsächlich wiederbenutzbare Werte im System materialisiert vorliegen. Somit würde bei einer ungezügelten Verwendung der klassifikatorischen Beschreibung von Sachverhalten die mittlere Antwortzeit und damit die Effizienz des Gesamtsystems stark beeinträchtigt.

Aufgrund der grundsätzlichen und auch praktischen Einwände gegen einen unbeschränkten Einsatz von Klassifikationshierarchien anstelle von Merkmalsbeschreibungen kann als allgemeine Richtlinie für die Stammdatenmodellierung im CROSS-DB-Ansatz gelten, daß eine klassifikatorische Beschreibung von Sachverhalten nur dann vorgenommen werden sollte, wenn der zugrundeliegende Sachverhalt anwendungsübergreifende Bedeutung hat und entsprechend auf konzeptioneller Schemaebene in einer Kategorisierung beschrieben werden kann. Die merkmalsorientierte Auswertung bietet auf jeden Fall die größeren Freiheitsgrade bei der Modellierung und Auswertung. Mit der in Abschnitt 6.1.2.2 eingeführten Möglichkeit der Gruppierung von Merkmalswerten können Drill-Down- und Konsolidierungsoperationen auch für merkmalsorientiert beschriebene Sachverhalte eingesetzt werden[†], so daß unter Vernachlässigung von Leistungsgesichtspunkten die beiden Modellierungsansätze aus verwendungsorientierter Sicht dual zueinander stehen.

8.3 Unterstützung der Datenerhebung

Die meisten der in Kapitel 5 beschriebenen Ansätze zur Modellierung statistischer und empirischwissenschaftlicher Daten gingen davon aus, daß für bereits im System vorhandene Daten eine Schemabeschreibung gefunden werden muß. Mit der logischen Rekonstruktion der multidimensionalen Datenmodellierung, wie sie in Abschnitt 6.1 vorgetragen wurde, kann mit dem CROSS-DB-Ansatz neben der Unterstützung einer logisch begründeten konzeptionellen Anwendungsmodellierung auch der Prozeß der Datenerhebung wirksam unterstützt werden. Dieser Aspekt ist gerade in SSDB-Anwendungen, bei denen die Klassifikation der erhobenen Daten oft eine nichttriviale Aufgabe darstellt, von besonderer Bedeutung. Nachfolgend werden neben grundlegenden Aspekten der merkmalsgesteuerten Datenklassifikation auch Aspekte der Nullwert- und Ausreißerbehandlung im Zuge der Datenerhebung erörtert.

8.3.1 Merkmalsgesteuerte Datenidentifikation und -klassifikation

Die Grundlage der Anwendungsunterstützung bei der Datenerhebung stellt die in Kapitel 6.3.1 beschriebene Merkmalsvererbung bei der Instantiierung eines Klassifikationsschemas dar. Mit der Beschreibung der in einem Klassifikationsknoten zulässigen Merkmalswertebereiche in den Stammdaten kann eine systemgeführte Identifikation und Klassifikation unvollständig eingegangener bzw. neu aufzunehmender Daten vorgenommen werden. Werden beispielsweise in einem Marktforschungspanel

---

†   Systemtechnisch stellen die Merkmalsgruppierungen dabei Aliasnamen für die in der Gruppe enthaltenen Einzelmerkmale dar, welche im Zuge der Anfragebearbeitung entsprechend expandiert werden.

Verkaufswerte von Produkten mit fehlerhaften Produktidentifikationen geliefert, so kann anhand der unter Umständen mitgelieferten Merkmalsbeschreibungen zumindest der in Frage kommende Bereich an Produkten eingegrenzt werden.

Ein zweiter wichtiger Aspekt der stammdatenbezogenen Wertebereichsmodellierung ist die systematische Fehlererkennung im Zuge der Datenerhebung bzw. die Fortschreibung der Stammdaten beim Auftauchen neuer Daten. Kann ein eingehendes Datum mit keiner Merkmalsbeschreibung eines Klassifikationsknotens in Einklang gebracht werden, so liegt entweder ein Erhebungsfehler vor, oder das Datum wurde bisher noch nicht angetroffen und muß vor Aufnahme in den Datenbestand auf Schemaebene registriert werden. Die Fortschreibung der Stammdaten kann dabei wiederum mit Unterstützung der bereits vorhandenen Klassifikationshierarchien und Merkmalsbeschreibungen durchgeführt werden; beispielsweise kann festgestellt werden, daß für ein neu aufzunehmendes Produkt ein weiteres Merkmal erhoben werden muß, um eine konsistente Auswertbarkeit auf dem zugehörigen Klassifikationsniveau zu gewährleisten.

Ein interessanter Nebenaspekt der sukzessiven Wertebereichseinschränkung im Zuge der Merkmalsvererbung bei der Instantiierung eines Klassifikationsschemas ist die Möglichkeit, manche Anfragen bereits auf Metadatenebene ohne Durchgriff auf irgendwelche quantifizierenden Daten beantworten zu können. Bei dem in Abbildung 6.8 auf Seite 156 dargestellten Ausschnitt eines Klassifikationsschemas für die Produktdimension kann beispielsweise schon auf Schemaebene festgestellt werden, daß in der Datenbank keine Camcorder mit Beta-Videosystem enthalten sind. Diese Möglichkeit läßt sich auch zur Anfrageoptimierung einsetzen, da für bestimmte Anfragen der Suchraum für den rekursiven Abstieg im Granularitätenraum bereits auf Schemaebene eingeschränkt werden kann.

8.3.2 Nullwert- und Ausreißerbehandlung

Ein Thema, welches im Zuge der multidimensionalen Datenmodellierung immer wieder als besonders wichtig dargestellt wird, ist die Nullwertbehandlung. Grundlegend sind in Datenbanksystemen mindestens zwei Arten von Nullwerten zu unterscheiden ([Codd 86]):

- fehlende und grundsätzlich unmögliche Werte (*missing and inapplicable*);
- fehlende, aber grundsätzlich mögliche Werte (*missing but applicable*).

Die erste Art von Nullwerten taucht spezifisch bei der multidimensionalen Datenmodellierung auf; in einer relationalen Modellierung treten diese Nullwerte nicht in Erscheinung, da die nicht vorhandenen Tupel in der Relation nicht repräsentiert sind[†]. In einer multidimensionalen Datenmodellierung müssen die strukturell nicht belegten Datenzellen dagegen auf Stammdatenebene explizit modelliert werden. Die explizite Modellierung von strukturellen Nullwerten für multidimensionale quantifizierenden Daten auf Metadatenebene spiegelt auch die eingangs dieses Hauptabschnitts bereits angesprochene Interpretation des Akronyms CROSS-DB als ein multidimensionales Kreuzworträtsel wider, bei dem die strukturellen Nullwerte durch schwarze Felder markiert sind, während in die weißen Felder Daten einzutragen sind. Gemäß dieser Analogie kann durch die Modellierung struktureller Nullwerte auf Metadatenebene eine wirksame Unterstützung der Datenerhebung und -auswertung erfolgen, wenn die Beschreibung struktureller Nullwerte individuell für jedes quantifizierende Datum vorgenommen wird.

[†] Formal wird dies dadurch ermöglicht, daß eine Relation R als eine *Teilmenge* des Kreuzproduktes der Wertebereiche der eingehenden Attribute definiert ist.

Die zweite oben angesprochene Art von Nullwerten stellt kein Spezifikum der multidimensionalen Datenmodellierung dar, auch wenn für manche SSDB-Anwendungsbereiche, etwa die Meinungsumfrage, mit einer Vielzahl von ausbleibenden Rückmeldungen gerechnet werden muß. Für diese Anwendungsbereiche wurden spezielle Methoden zur Beseitigung dieser Nullwerte entwickelt ([Rubi 87], [BuMB 94]), welche sich gemäß einer erweiterten Sichtweise auch für die Behandlung von Ausreißerwerten einsetzen lassen. Zielsetzung bei der Anwendung dieser Verfahren ist es, in der Datenbank für die Nullwerte Ersatzwerte einzutragen, welche gemäß dem zugrundeliegenden Datentyp des quantifizierenden Datums festgelegt werden. Ein fehlender Wert bei der Anzahl verkaufter Produkte kann z.B. durch den Durchschnittswert logisch "benachbarter" Werte interpoliert oder auch durch einen in einer früheren Periode erhobenen Wert ersetzt werden. Wichtig ist auf jeden Fall, daß auf diese Weise in der Datenbank keine Nullwerte auftauchen, welche sich ohne Erweiterungen an der zugrundeliegenden Auswertelogik nicht verarbeiten lassen ([ChMR 94]). Zumindest ist für die fehlenden Werte eine Verfahrensdefinitheit zu fordern ([Wede 88a]), d.h. ein in der Datenbank eingetragener Nullwert wird vor seiner Verwendung im Zuge der Anfrageauswertung durch das an der entsprechenden Stelle referenzierte Auswerteverfahren in einen wohlbestimmten Wert überführt; sollte dies nicht möglich sein, wird die Anfrageverarbeitung abgebrochen. Im CROSS-DB-Ansatz ist neben der Angabe einer datentyporientierten Spezifikation von Interpolationsfunktion zur Berechnung von Ersatzwerten für fehlende Datenwerte auch die Möglichkeit einer Verankerung von Bestimmungsverfahren für vorläufig unbestimmte Datenwerte auf Metadatenebene vorgesehen. Für diese Verfahren zur Wertebestimmung, welche in realen Anwendungen eine beachtliche Komplexität erreichen können, kann durch die Verankerung im Datenbankystem mittels erweiterter Datenbankmechanismen, beispielsweise den in [KLRW 94] vorgeschlagenen Datenbankkonversationen zur datenbankorientierten Abwicklung von Problemlöseaktivitäten, eine wirksame Unterstützung erfolgen.

Ein spezielles Problem, welches in engem Zusammenhang mit der Nullwertbehandlung steht, entsteht in multidimensionalen Datenbanken mit dimensionsbezogenen Klassifikationshierarchien dann, wenn die quantifizierenden Daten nicht in Basisgranularität erhoben werden, wie dies beispielsweise bei umfangreichen Statistiken der Fall sein kann. In diesem Falle kann auf zweierlei Arten verfahren werden: Entweder wird bei jeder Antwort auf eine Anfrage die zugehörige Grundgesamtheit ausgewiesen, was allerdings die Vergleichbarkeit verschiedener Anfrageergebisse wesentlich beeinträchtigt, oder die auf aggregierter Ebene erhobenen Daten werden nach heuristischen Kriterien auf die niedriggranulareren Ebenen aufgeteilt. Die letztere Vorgehensweise sichert zwar eine direkte Vergleichbarkeit aller Anfrageergebnisse, kann allerdings nur dann sinnvoll eingesetzt werden, wenn die gesamte Datenerhebung auf einer Stichprobe beruht und die Auswirkungen der eingesetzten Heuristiken auch im schlechtesten anzunehmenden Fall unterhalb einer statistischen Signifikanzschwelle bleiben. Im CROSS-DB-Modell wird eine Vorgehensweise nach dem zweiten Ansatz unterstützt, indem auf Metadatenebene entsprechende Heuristiken verankert werden können. Aufgrund der im CROSS-DB-Modell vorzufindenden logischen Unabhängigkeit der einzelnen Dimensionen können diese Maßnahmen dimensionslokal durchgeführt werden können, was auf Modellierungsebene wesentlich zur Komplexitätsreduktion beiträgt.

D   Zusammenfassung und Ausblick

Die Datenverwaltung und -auswertung für empirisch erhobene Massendatenbestände erfährt in jüngster Zeit durch eine Reihe von Großprojekten im Forschungsbereich wie auch auf industrieller Ebene breite Beachtung. Auch seitens der Datenbankhersteller hat man den Entwicklungsbedarf zur Unterstützung des SSDB-Anwendungsbereichs erkannt und arbeitet an einschlägigen Erweiterungen bestehender Systeme. Darüber hinaus drängen eine Reihe neuer Systeme, etwa zur multidimensionalen Datenanalyse, in diesen noch relativ jungen Markt, so daß derzeit ein breites Angebot an unterschiedlichsten Konzepten und Systemen vorzufinden ist, welche alle für sich reklamieren, einen gewichtigen Beitrag zur Lösung der Datenverwaltungs- und -auswertungsprobleme im SSDB-Bereich zu leisten.

Aufgrund der herrschenden Vielfalt an Konzepten und Systemen für den hochdynamischen Wachstumsmarkt von SSDB-Anwendungen wurde in der vorliegenden Arbeit zunächst eine Bestandsaufnahme der spezifischen Anforderungen in typischen SSDB-Anwendungsgebieten vorgenommen und der erreichte Stand der Technik aus Datenbanksicht dargestellt. Es zeigte sich, daß für die meisten Problemstellungen und Anforderungen durchaus Lösungsansätze existieren; da diese allerdings oft unabhängig voneinander entwickelt wurden, existiert bisher kein durchgängiges Gesamtsystem, welches die verschiedenen Aspekte gleichermaßen abzudecken vermag. Auch die spezifisch für den SSDB-Bereich vorgeschlagenen Datenmodelle weisen jedes für sich interessante Ansätze zur Unterstützung der SSDB-Anforderungen auf, lassen aber eine Durchgängigkeit im Sinne des ANSI/SPARC-Referenzmodells für Datenbanksysteme vermissen. Zudem werden in vielen Modellen die fundamentalen Aspekte der Datenneutralität und Datenunabhängigkeit verletzt.

Das in der vorliegenden Arbeit vorgeschlagene CROSS-DB-Modell zur Unterstützung der Datenverwaltung und -auswertung in empirisch-wissenschaftlichen Massendatenanwendungen greift die Kritikpunkte an den bisher vorgeschlagenen Lösungsansätzen auf und stellt ein auf konzeptioneller, externer und interner Datenbankschemaebene durchgängiges Gesamtkonzept zur Entwicklung spezieller SSDB-Datenbanksysteme dar. Den Kern des CROSS-DB-Ansatzes bildet die klare Unterscheidung quantifizierender und qualifizierender Daten, wobei für den letzteren Bereich die logische Unabhängigkeit der Dimensionen von fundamentaler Bedeutung ist. Nur auf diesem Wege kann die Neutralität der konzeptionellen Schemaebene gegenüber spezifischen Anwendungen gewahrt werden. Die logische Rekonstruktion der multidimensionalen Datenmodellierung zeigte, daß die Orthogonalität von Dimensionen logisch begründet ist und keineswegs nur ein in der Praxis nicht einlösbares Modellierungsgebilde darstellt.

Auf der Basis einer logischen Rekonstruktion des Dimensionsbegriffs wurden für das CROSS-DB-Modell zwei unabhängige Modellierungskonstrukte zur Beschreibung anwendungsbezogener Klassifikationen, Kategorisierungen und Merkmalsbeschreibungen, bereitgestellt. Aufgrund der Dualität beider Ansätze kann im CROSS-DB-Ansatz in jedem Fall eine Modellierungseindeutigkeit gewährleistet werden, indem alle Klassifikationen auf eine der beiden Modellierungsmöglichkeiten zurückgeführt werden. Die Erzielung von Modellierungseindeutigkeit ist insbesondere unter dem Gesichtspunkt der Datenintegration aus heterogenen Quellen im Zuge aktueller Data Warehousing-Bestrebungen von Bedeutung.

Mit der Möglichkeit des simultanen Einsatzes von Kategorisierungen und Merkmalsbeschreibungen in konkreten Anwendungen erweitert sich die Modellierungsflexibilität im CROSS-DB-Ansatz gegenüber vergleichbaren Ansätzen in entscheidendem Maße. Durch die klassifikationsbezogene Merkmalsvererbung und die Rollenzuweisung im Zuge der Instantiierung eines Klassifikationsschemas wird eine über bestehende Ansätze weit hinausgehende Unterstützung der Datenerhebung, -verwaltung und -auswertung gewährleistet. Im Bereich der Datenerhebung bieten die auf die Klassifikationshierarchien einer Dimension bezogenen Merkmalsbeschreibungen eine wirksame Unterstützung der Datenidentifikation und -klassifikation sowie der Nullwert- und Ausreißerbehandlung. Auf Ebene der Datenverwaltung sind neben der abstrakten Speicherrepräsentation quantifizierender Daten vor allem die weitreichenden Möglichkeiten der systematischen Anfrageoptimierung auf Grundlage materialisierter Datenverdichtungswerte zu nennen. Die Datenauswertung schließlich erfährt eine Unterstützung durch die klassifikationsbezogene Ausweisung von Merkmalen und die Unterscheidung grundsätzlich möglicher und tatsächlich vorhandener Merkmalsausprägungen.

Das CROSS-DB-Modell stellt die Grundlage für derzeit am Lehrstuhl für Datenbanksysteme der Universität Erlangen-Nürnberg durchgeführte Realisierungsarbeiten dar, welche die Schaffung eines Datenbanksystems zur Unterstützung von Anwendungen des SSDB-Bereichs zum Ziel haben. Die Arbeiten auf konzeptioneller Ebene sind weitgehend abgeschlossen. Zur Realisierung der externen Ebene wird derzeit eine Abbildung der CQL-Sprachkonstrukte auf die standardisierte Datenbanksprache SQL vorgenommen, um die Wahl eines geeigneten Wirtssystems bei der Implementierung des CROSS-DB-Systems als Zusatzebenen-Architektur auf Basis kommerzieller Datenbanksysteme so wenig wie möglich einzuschränken; künftige Arbeiten sehen hier auch die Abbildung auf die Programmierschnittstelle eines multidimensionalen Datenbanksystems vor. Weiterhin wird auf externer Schemaebene an der Entwicklung einer graphischen Benutzerschnittstelle gearbeitet, welche ein interaktives Browsing entlang von Klassifikationshierarchien mit selektiver Einblendung des aktuellen Merkmalskontextes ermöglichen soll. Auf interner Ebene sind Basisarbeiten zur Speicherung multidimensionaler Datenfelder abgeschlossen, welche je nach Besetztheit und Clusterung der Datenwerte verschiedene Speicherrepräsentationen (u.a. blockorientiert, als höherdimensionales Bitmap-Feld oder auch in einem GRID-File) ermöglicht. Die gegenwärtigen Arbeiten konzentrieren sich auf die Realisierung geeigneter Indizierungsverfahren zum schnellen Auffinden von Datenwerten im Zuge der Anfrageauswertung. Daneben werden grundsätzliche Überlegungen bezüglich eines Kostenmodells im Zusammenhang mit einer Tertiärspeicherhierarchie angestellt.

Ein wichtiges Ziel bei der Realisierung des CROSS-DB-Ansatzes ist die Modularität und Konfigurierbarkeit aller Systemdienste. Großes Augenmerk wird auf die Instrumentierbarkeit der Speicherverwaltungskomponente gelegt, um bei der Anlage, Pflege und Nutzung materialisierter Datenverdichtungen genügend Spielraum für eine Anpassung an die konkreten Erfordernisse einer Anwendung bereitzustellen. In Zusammenarbeit mit einem Projektpartner aus dem Bereich der Marktforschung werden die

Auswirkungen verschiedener Anlage- und Aktualisierungsstrategien für Datenverdichtungen in einem konkreten Anwendungsfeld getestet. Durch die frühzeitige Berücksichtigung konkreter Anwendungsfälle bei der Entwicklung eines generischen Datenbankdienstes soll sichergestellt werden, daß die bei der Realisierung zu treffenden Entwurfsentscheidungen nicht nur aus theoretischer Sicht richtig, sondern auch in der Praxis tauglich sind. Die bisherigen Erfahrungen mit dem CROSS-DB-Modellansatz zeigen, daß sowohl aus wissenschaftlicher wie auch aus anwendungsorientierter Sicht ein vielversprechender Weg eingeschlagen wurde.

Das derzeit sowohl im wissenschaftlichen als auch im kommerziellen Bereich zu verzeichnende Interesse an Fragestellungen wie dem Data Warehousing oder des Online Analytical Processing läßt auf eine stärkere Beachtung der spezifischen SSDB-Anforderungen in künftigen Datenbanksystemen hoffen. Die kommenden Jahre werden zeigen, ob die derzeitigen Bemühungen mehr als nur eine Marketingoffensive darstellen. Nur wenn die Systemdienste zur Verwaltung und Auswertung empirisch erhobener Massendatenbestände auf breiter Front erweitert und verbessert werden, kann eine neue Qualität in diesem wirtschaftlich wichtigen Anwendungszweig der Datenverarbeitung geschaffen werden.

Anhang: CQL-Syntax

```
SELECT_STATEMENT ::=
     [CUBE_NAME "="]
     "select" CUBE_STATEMENT {"," CUBE_STATEMENT}
     "from" DIMENSION [ALIAS] {"," DIMENSION [ALIAS]}
     ["where" WORLD_SPEC {"," WORLD_SPEC}]
     ["restrict" CUBE_SPEC]
     ["upto" DIMENSION_RES {"," DIMENSION_RES}]
     ["by" DIMENSION_RES {"," DIMENSION_RES}]
     ["cast" DIEMNSION_RES {"," DIMENSION_RES}]
     ["with" "(" SUB_SELECT ")" {"," "(" SUB_SELECT ")"}]

CUBE_STATEMENT ::=
     ARITHM_EXP | AGGR_OP "(" ARITHM_EXP ")" |
     CELL1_FKT "(" ARITHM_EXP ")" | CELL2_FKT "("ARITHM_EXP "," ARITHM_EXP ")"

AGGR_OP ::=
     "SUM" | "AVG" | "COUNT" | "CARD" | "MIN" | "MAX"

CELL1_FKT ::=
     "ABS" | "SGN"

CELL2_FKT ::=
     "CMIN" | "CMAX"

ARITHM_EXP ::=
     ARITHM_EXP "+" TERM | ARITHM_EXP "-" TERM | TERM

TERM ::=
     TERM "*" FACTOR | TERM "/" FACTOR | FACTOR

FACTOR ::=
     CUBE_NAME | CONSTANT | "-" FACTOR | "(" ARITHM_EXP ")"

WORLD_SPEC ::=
     DIM_SPEC | WORLD_SPEC "OR" WORLD_SPEC | WORLD_SPEC "AND" WORLD_SPEC |
     NOT WORLD_SPEC | "(" WORLD_SPEC ")" | LIMIT_SPEC

DIM_SPEC ::=
     DIMENSION_RES "=" "'" INSTANCE "'" | DIMENSION_RES "!=" "'" INSTANCE "'"

LIMIT_SPEC ::=
     "<" LIMIT_NAME ALIAS {"," ALIAS} ">"
```

CUBE_SPEC ::=
    CELL_SPEC I CUBE_SPEC "OR" CUBE_SPEC I CUBE_SPEC "AND" CUBE_SPEC I
    NOT CUBE_SPEC I I "(" CUBE_SPEC ")"

CELL_SPEC ::=
    CUBE_NAME COMP_OP CONSTANT I CONSTANT COMP_OP CUBE_NAME I
    CUBE_NAME COMP_OP CUBE_NAME I
    CUBE_NAME "between" CONSTANT "AND" CONSTANT

COMP_OP ::=
    "=" I "!=" I "<" I ">" I "<=" I ">="

DIMENSION_RES ::=
    ALIAS "." CLASSIFICATION_ITEM

SUB_SELECT ::=
    CUBE_NAME "="
        "select" CUBE_STATEMENT {"," CUBE_STATEMENT}
        ["from" DIMENSION [ALIAS] {"," DIMENSION [ALIAS]}]
        ["where" WORLD_SPEC {"," WORLD_SPEC}]
        ["restrict" CUBE_SPEC]
        ["upto" DIMENSION_RES {"," DIMENSION_RES}]
        ["by" DIMENSION_RES {"," DIMENSION_RES}]
        ["cast" DIMENSION_RES {"," DIMENSION_RES}]
        ["with" "(" SUB_SELECT ")" {"," "(" SUB_SELECT ")"}]

LIMIT ::=
    "define" "limit" LIMIT_NAME
    "on" DIMENSION ALIAS {"," DIMENSION ALIAS}
    "where" WORLD_SPEC {"," WORLD_SPEC}

CUBE_NAME ::=
    STRING

LIMIT_NAME ::=
    STRING

DIMENSION ::=
    STRING

ALIAS ::=
    STRING

CONSTANT ::=
    INTEGER I FLOAT

INSTANCE ::=
    STRING

CLASSIFICATION_ITEM ::=
    STRING

Literaturverzeichnis

Abad 92   Abad-Mota, S.: Approximate Query Processing with Summary Tables in Statistical Databases, in: Pirotte, A.; Delobel, C.; Gottlob, G. (Eds.): *Proceedings of the 3rd International Conference on Extending Database Technology* (EDBT´92, Vienna, Austria, March 23-27), 1992, pp. 499-515 (*Lecture Notes in Computer Science 580*, Berlin e.a.: Springer-Verlag)

AbCM 93   Abiteboul, S.; Cluet, S.; Milo, T.: Querying and Updating the File, in: Agrawal, R.; Baker, S.; Bell, D. (Eds.): *Proceedings of the 19th International Conference on Very Large Data Bases* (VLDB´93, Dublin, Ireland, Aug. 24-27), 1993, pp. 73-84

AbCM 95   Abiteboul, S.; Cluet, S.; Milo, T.: A Database Interface for File Update, in: Carey, M.J.; Schneider, D.A. (Eds.): *Proceedings of the 1995 ACM International Conference on Management of Data* (SIGMOD´95, San Jose, CA, May 23-25), 1995, pp. 386-397 (*ACM SIGMOD Record 24(1995)2*)

ABD+ 89   Atkinson, M.; Bancilhon, F.; DeWitt, D.; Dittrich, K.R.; Maier, D.; Zdonik, S.: The Object-Oriented Database System Manifesto, in: Kim, W.; Nicolas, J.; Nishio, S. (Eds.): *Proceedings of the 1st International Conference on Deductive and Object-Oriented Databases* (DOOD´89, Kyoto, Japan, Dec. 4-6), 1989, pp. 223-240

ACF+ 93   Arya, M.; Cody, W.; Faloutsos, C.; Richardson, J.; Toga, A.: Qbism: a Prototype 3-D Medical Image Database System, *IEEE Database Engineering Bulletin 16(1993)1*, pp. 38-42

AdLi 80   Adiba, M.E.; Lindsay, B.G.: Database Snapshots, in: *Proceedings of the 6th International Conference on Very Large Data Bases* (VLDB´80, Montreal, Canada, Oct. 1-3), 1980, pp. 86-91

AdQu 86   Adiba, M.E.; Quang, N.B.: Historical Multi-Media Databases, in: Chu, W.; Gardarin, G.; Ohsuga, S.; Kambayashi, Y. (Eds.): *Proceedings of the 12th International Conference on Very Large Data Bases* (VLDB´86, Kyoto, Japan, Aug. 25-28), 1986, pp. 63-70

AdWo 89   Adam, N.R.; Wortman, J.C.: Security-Control Methods for Statistical Databases: A Comparative Study, *ACM Computing Surveys 21(1989)4*, pp. 515-556

AgGS 96   Agrawal, R.; Gupta, A.; Sarawagi, S.: Modeling Multidimensional Databases, *Research Report RJ 10014, IBM Almaden Research Center*, San Jose, CA, 1996

AgIS 93a   Agrawal, R.; Imielinski, T.; Swami, A.: Mining Association Rules between Sets of Items in Large Databases, in: *Proceedings of the 1993 ACM International Conference on Management of Data* (SIGMOD´93, Washington, D.C., May 26-28), 1993, pp. 207-216 (*ACM SIGMOD Record 22(1993)2*)

AgIS 93b   Agrawal, R.; Imielinski, T.; Swami, A.: Database Mining: A Performance Perspective, *IEEE Transactions on Knowledge and Data Engineering 5(1993)6*, pp. 914-925

AgSh 96   Agrawal, R.; Shafer, J.C.: Parallel Mining of Association Rules: Design, Implementation, and Experience, *Research Report RJ 10004, IBM Almaden Research Center*, San Jose, CA, 1996

AgSr 94   Agrawal, R.; Srikant, R.: Fast Algorithms for Mining Association Rules, in: Bocca, J.; Jarke, M.; Zaniolo, C. (Eds.): *Proceedings of the 20th International Conference on Very Large Data Bases* (VLDB´94, Santiago de Chile, Chile, Sept. 12-15), 1994, pp. 487-499

Ahn 86   Ahn, I.: Towards an Implementation of Database Systems with Temporal Support, in: *Proceedings of the 2nd IEEE International Conference on Data Engineering* (ICDE´86, Los Angeles, CA, Feb. 5-7), 1986, pp. 374-381

AJK+ 90   Ahn, T.H.; Jo, H.J.; Lee, Y.J.; Kim, B.C.: Temporal Summary Data Management and Graphic Interface, in: Michalewicz, Z. (Ed.): *Proceedings of the 5th International Conference on Statistical and Scientific Database Management* (5SSDBM, Charlotte, N.C., April 3-5), 1990, pp. 112-130

Alle 83   Allen, J. F.: Maintaining Knowledge about Temporal Intervals, *Communications of the ACM 26(1983)11*, pp. 832-843

ALSS 95   Agrawal, R.; Lin, K.; Sawhney, H.; Shim, K.: Fast Similarity Search in the Presence of Noise, Scaling, and Translation in Time-Series Databases, in: Dayal, U.; Gray, P.M.D.; Nishio, S. (Eds.): *Proceedings of the 21st International Conference on Very Large Data Bases* (VLDB´95, Zurich, Switzerland, Sept. 11-15), 1995, pp. 490-501

Amda 67   Amdahl, G.M.: Validity of the Single Processor Approach to Achieving Large Scale Computing Capabilities, in: *Proceedings of the 30th AFIPS Spring Joint Computer Conference* (Washington, D.C.), 1967, pp. 483-485

AnBN 92   Anwar, T.M.; Beck, H.W.; Navathe, S.B.: Knowledge Mining by Imprecise Querying: A Classification-Based Approach, in: *Proceedings of the 8th IEEE International Conference on Data Engineering* (ICDE´92, Tempe, Arizona, Feb. 3-7), 1992, pp. 622-630

AnKK 95   Andrès, F.; Kwakkel, F.; Kersten, M.L.: Calibration of a DBMS Cost Model with the Software Pilot, in: Bhalla, S. (Ed.): *Proceedings of the 6th International Conference on Information Systems and Data Management* (CISMOD´95, Bombay, India, Nov. 15-17), Berlin e.a.: Springer-Verlag, 1995, pp. 58-74

ANSI 75   ANSI/X3/SPARC Study Group on Data Base Management Systems: Interim Report 75-02-08, *FDT-Bulletin of the ACM SIGMOD 7(1975)2*, pp. 1-140

AnSt 94   Anderson, J.T.; Stonebraker, M.: Sequoia 2000 Metadata Schema for Satellite Images, *Sequoia 2000 Technical Report 94/59, Computer Science Division, University of California, Berkeley, CA*, 1994; ebenfalls erschienen in: *ACM SIGMOD Record 23(1994)4*, pp. 42-48

APWZ 95   Agrawal, R.; Psaila, G.; Wimmers, E.L.; Zait, M.: Querying Shapes of Histories, in: Dayal, U.; Gray, P.M.D.; Nishio, S. (Eds.): *Proceedings of the 21st International Conference on Very Large Data Bases* (VLDB´95, Zurich, Switzerland, Sept. 11-15), 1995, pp. 502-514

ArHu 95   Arabie, P.; Hubert, L.: Advances in Cluster Analysis Relevant to Marketing Research, in: Gaul, W.; Pfeifer, D. (Eds.): *From Data to Knowledge: Theoretical and Practical Aspects of Classification, Data Analysis, and Knowledge Organization*, Berlin e.a.: Springer-Verlag, 1995, pp. 3-19 (Studies in Classification, Data Analysis, and Knowledge Organization)

Aria 86   Ariav, G.: A Temporally Oriented Data Model, *ACM Transactions on Database Systems 11(1986)4*, pp. 499-527

Arms 74   Armstrong, W.W.: Dependency Structures of Database Relationships, in: *Proceedings of the 1974 IFIP Congress*, Amsterdam: North-Holland, 1974, pp. 580-583

ASSS 83   Anderson, O.; Schaffranek, M.; Stenger, H.; Szameitat, K.: *Bevölkerungs- und Wirtschaftsstatistik*, Berlin e.a.: Springer-Verlag, 1983 (Heidelberger Taschenbücher Bd. 223)

AyKi 84   Ayala, F.J.; Kiger, J.A.: *Modern Genetics*, Menlo Park, CA: Benjamin/Cummings, 1984^2

BaBa 88   Di Battista, G.; Batini, C.: Design of Statistical Databases: A Methodology for the Conceptual Step, *Information Systems 13(1988)4*, pp. 407-422

BaBD 82   Bates, D.; Boral, H.; Dewitt, D.J.: A Framework for Research in Database Management for Statistical Analysis or A Primer on Statistical Database Management Problems for Computer Scientists, in: Schkolnik, M. (Ed.): *Proceedings of the 1982 ACM International Conference on Management of Data* (SIGMOD´82, Orlando, Fla., June 2-4), 1982, pp. 69-78

BADW 82   Bolour, A.; Anderson, T.L.; Dekeyser, L.J.; Wong, H.K.T.: The Role of Time in Information Processing: A Survey, *ACM SIGMOD Record 12(1982)3*, pp. 27-50

BaFA 91   Barrera, R.; Frank, A.; Al-Taha, K.: Temporal Relations in Geographic Information Systems: A Workshop at the University of Maine, *ACM SIGMOD Record 20(1991)3*, pp. 85-91

BaKe 92   Barclay, P.J.; Kennedy, J.B.: Modelling Ecological Data, in: Hinterberger, H.; French, J.C. (Eds.): *Proceedings of the 6th International Working Conference on Scientific and Statistical Database Management* (6SSDBM, Ascona, CH, June 9-12), 1992, pp. 77-93

BaLe 96   Bauer, A.; Lehner, W.: *CQL: A Query Language for Flexible Analsis in Scientific and Statistical Databases*, Technischer Bericht, Lehrstuhl für Datenbanksysteme, Univ. Erlangen-Nürnberg, 1996

BaLi 92   Bauer, R.J.: Lipins, G.E.: Genetic Algorithms and Computerized Trading Strategies, in: O´Leary, D.E.; Watkins, P.R. (Eds.): *Expert Systems in Finance*, Amsterdam: Elsevier Science Publishers, 1992, pp. 89-100

BaLl 88   Bassiouni, M.A.; Llewellyn, M.: Handling Time in Query Languages, in: Rafanelli, M.; Klensin, J.C.; Svensson, P.: *Proceedings of the 4th International Working Conference on Statistical and Scientific Database Management* (4SSDBM, Rome, Italy, June 21-23), 1988, pp. 105-119

BaMc 72   Bayer, R.; McWright, C.: Organization and Maintenance of Large Ordered Indexes, *Acta Informatica 1(1972)3*, pp. 173-189

BaRM 88   Bassiouni, M.A.; Ranganathan, N.; Mukherjee, A.: Software and Hardware Enhancements of Arithmetic Coding, in: Rafanelli, M.; Klensin, J.C.; Svensson, P.: *Proceedings of the 4th International Working Conference on Statistical and Scientific Database Management* (4SSDBM, Rome, Italy, June 21-23), 1988, pp. 120-132

Bass 85   Bassiouni, M.A.: Data Compression in Scientific and Statistical Databases, *IEEE Transactions on Software Engineering SE-11(1985)10*, pp. 1047-1058

Bass 86   Bassiouni, M.A.: Efficient Transmission and Storage of Alphanumeric Data and Metadata, in: Cubitt, R.; Cooper, B.; Ozsoyoglu, G. (Eds.): *Proceedings of the 3rd International Workshop on Statistical and Scientific Database Management* (3SSDBM, Luxembourg, July 22-24), 1986, pp. 61-65

Bato 79   Batory, D.S.: On Searching Transposed Files, *ACM Transactions on Database Systems 4(1979)4*, pp. 531-544

Bato 83   Batory, D.S.: Index Coding: A Compression Technique for Large Statistical Databases, in: Hammond, R.; McCarthy, J.L. (Eds.): *Proceedings of the 2nd International Workshop on Statistical Database Management* (2SSDBM, Los Altos, CA, Sept. 27-29), 1983, pp. 306-314

Bato 86   Batory, D.S.: Extensible Cost Models and Query Optimization in Genesis, *IEEE Database Engineering Bulletin 9(1986)4*, pp. 30-36

Batt 88   Di Battista, G.: Automatic Drawing of Statistical Diagrams, in: Rafanelli, M.; Klensin, J.C.; Svensson, P. (Eds.): *Proceedings of the 4th International Working Conference on Statistical and Scientific Database Management* (4SSDBM, Rome, Italy, June 21-23), 1988, pp. 141-156

BCC+ 91   Burks, C.; Cassidy, M.; Cinkosky, M.J.; Cumella, K.E.; Gilna, P.; Hayden, J.E.; Keen, G.M.; Kelley, T.A.; Kelly, M.; Kristofferson, D.; Ryals, J.: GenBank, *Nucleic Acids Research 19(1991), Supplement*, pp. 2221-2225

BDH+ 95   Buneman, P.; Davidson, S.B.; Hart, K.; Overton, C.; Wong, L.: A Data Transformation System for Biological Data Sources, in: Dayal, U.; Gray, P.M.D.; Nishio, S. (Eds.): *Proceedings of the 21st International Conference on Very Large Data Bases* (VLDB '95, Zurich, Switzerland, Sept. 11-15), 1995, pp. 158-169

BeBe 79   Beeri, C.; Bernstein, P.A.: Computational Problems Related to the Design of Normal Form Relational Schema, *ACM Transactions on Database Systems 4(1979)1*, pp. 30-59

Beck 80   Beck, L.L.: A Security Mechanism for Statistical Databases, *ACM Transactions on Database Systems 5(1980)3*, pp. 316-338

BeCV 91   Bergsten, B.; Couprie, M.; Valduriez, P.: Prototyping DBS3, a Shared-Memory Parallel Database System, in: *Proceedings of the 1st IEEE International Conference on Parallel and Distributed Information Systems* (PDIS '91, Miami, Fla., Dec. 4-6), 1991

BeFe 92   van den Berg, G.M.; de Feber, E.: Definition and Use of Meta-Data in Statistical Data Processing, in: Hinterberger, H.; French, J.C. (Eds.): *Proceedings of the 6th International Working Conference on Scientific and Statistical Database Management* (6SSDBM, Ascona, CH, June 9-12), 1992, pp. 290-306

BeFr 79   Bentley, J.L.; Friedman, J.H.: Data Structures for Range Searching, *ACM Computing Surveys 11(1979)4*, pp. 397-409

BeGu 92   Becker, L.; Guting, R.H.: Rule-based Optimization and Query Processing in an Extensible Geometric Database System, *ACM Transactions on Databnase Systems 17(1992)*, pp. 247-303

Bent 75   Bentley, J.: Multidimensional Binary Search Trees Used for Associative Searching, *Communications of the ACM 18(1975)9*, pp. 509-517

Bent 77   Bentley, J.: Algorithms for Klee's Rectangle Problem, *Technical Report, Computer Science Department, Carnegie-Mellon University*, 1977

Bert 94   Bertino, E.: A Survey of Indexing Techniques for Object-Oriented Database Management Systems, in: Freytag, J.; Mayer, D.; Vossen, G. (Eds.): *Query Processing for Advanced Database Systems*, San Mateo, CA: Morgan Kaufman Publishers, 1994, pp. 383-418

BFG+ 91   Berger, A.; Fichefet, T.; Gallée, H.; Tricot, C.; van Ypersele, J.P.: Earth System and Astronomical Climate Modelling, in: Corell, R.W.; Anderson, P.A. (Eds.): *Global Environmental Change*, NATO ASI Series, Vol. 11, Berlin e.a.: Springer-Verlag, 1991, pp. 137-153

BGHG 91   Barker, W.C.; George, D.G.; Hunt, L.T.; Garavelli, J.S.: The PIR Protein Sequence Database, *Nucleic Acids Research 19(1991)Supplement*, pp. 2231-2236

Bisc 94   Bischoff, J.: Achieving Warehouse Success, *Database Programming & Design, July 1994*, pp. 27-33

BJGM 89   Billingsley, F.C.; Johnson, J.; Greenberg, E.; MacMedan, M.: Faciliating Information Transfer in the Eos Era, *IEEE Transactions on Geoscience and Remote Sensing 27(1989)2*, pp. 117-123

BJLM 92   Burrows, M.; Jerian, C.; Lampson, B.; Mann, T.: On-Line Data Compression in a Log-Structured File System, *SRC Research Report 85, DEC Systems Research Center*, Palo Alto, CA, 1992

BKSS 90   Beckmann, N.; Kriegel, H.; Schneider, R.; Seeger, B.: The R^*-Tree: An Efficient and Robust Access Method for Points and Rectangles, in: Garcia-Molina, H.; Jagadish, H.V. (Eds.): *Proceedings of the 1990 ACM International Conference on Management of Data* (SIGMOD'90, Atlantic City, NJ, May 23-25), 1990, pp. 322-331 (*ACM SIGMOD Record 19(1990)2*)

BKW+ 77   Bernstein, F.C.; Koetzle, T.F.; Williams, G.B.; Mayer, E.F.; Bryce, M.D.; Rodgers, J.R.; Kennard, O.; Himanuchi, T.; Tasumi, M.: The Protein Databank: A Computer Based Archieval File for Macromolecular Structures, *Journal of Molecular Biology 112(1977)2*, pp. 535-542

BlCL 89   Blakeley, J.A.; Coburn, N.; Larson, P.: Updating Derived Relations: Detecting Irrelevant and Autonomously Computable Updates, *ACM Transactions on Database Systems 14(1989)3*, pp. 369-400

BlLT 86   Blakeley, J.A.; Larson, P.; Tompa, F.W.: Efficiently Updating Materialized Views, in: Zaniolo, C. (Ed.): *Proceedings of the 1986 ACM International Conference on Management of Data* (SIGMOD'86, Washington, D.C., May 28-30), 1986, pp. 61-71 (*ACM SIGMOD Record 15(1986)2*)

BLRT 96   Bohlen, T.; Lehner, W.; Ruf, T.; Teschke, M.: Untersuchung von Möglichkeiten der Anfra-
          gebeschleunigung durch Materialisierung verdichteter Daten, in: Ruf, T. (Hrsg.): Redun-
          dancy-Based Query Optimization in Database Systems: Modelling and Implementation
          Issues, *Arbeitsberichte des Instituts für Mathematische Maschinen und Datenverarbeitung
          (Informatik) 29(1995)6, Univ. Erlangen-Nürnberg*, pp. 1-179

BlTo 88   Blakeley, J.A.; Tompa, F.W.: Maintaining Materialized Views without Accessing Base
          Data, *Information Systems 13(1988)4*, pp. 393-406

BoHH 78   Box, G.E.P.; Hunter, W.G.; Hunter, J.S.: *Statistics for Experimenters*, New York e.a.: Wiley,
          1978

Boru 76   Boruvka, O.: *Foundations of the Theory of Groupoids and Groups*, Birkhäuser Verlag,
          Basel, Berlin: 1976

Bräu 93   Bräunl, T.: *Parallele Programmierung: Eine Einführung*, Braunschweig, Wiesbaden:
          Vieweg, 1993

BrNS 83   Brown, V.A.; Navathe, S.B.; Su, S.Y.W.: Complex Data Types and a Data Manipulation
          Language for Scientific and Statistical Databases, in: Hammond, R.; McCarthy, J.L. (Eds.):
          Proceedings of the 2nd International Workshop on Statistical Database Management
          (2SSDBM, Los Altos, CA, Sept. 27-29), 1983, pp. 188-193

BrSi 94   Bretherton, F.P.; Singley, P.T.: Metadata: A User´s View, in: French, J.C.; Hinterberger, H.
          (Eds.): *Proceedings of the 7th International Working Conference on Scientific and Statisti-
          cal Database Management* (7SSDBM, Charlottesville, VA, Sept. 28-30), 1994,
          pp. 166-174

BrSt 95   Brown, P.; Stonebraker, M.: BigSur: A System for the Management of Earth Science Data,
          in: Dayal, U.; Gray, P.M.D.; Nishio, S. (Eds.): *Proceedings of the 21st International Confe-
          rence on Very Large Data Bases* (VLDB´95, Zurich, Switzerland, Sept. 11-15), 1995,
          pp. 720-728

BST+ 93   Brachman, R.J.; et al.: Integrated Support for Data Archaeology, *International Journal of
          Intelligent and Cooperative Information Systems 2(1993)*, pp. 159-185

BuCo 91   Buck, A.L.; Coyne, R.A.: Dynamic Hierarchies and Optimization in Distributed Storage
          Systems, in: *Proceedings of the 11th IEEE Symposium on Mass Storage Systems* (Monterey,
          CA, Oct. 7-10), 1991, pp. 85-91

Bült 87   von Bültzingsloewen, G.: Translating and Optimizing SQL Queries Having Aggregates, in:
          Stocker, P.M.; Kent, W.; Hammersley, P. (Eds.): *Proceedings of the 13th International
          Conference on Very Large Data Bases* (VLDB´87, Brighton, Great Britain, Sept. 1-4), 1987,
          pp. 235-243

BuMB 94   van Buuren, S.; van Mulligen, E.M.; Brand, J.P.L.: Routine Multiple Imputation in Statisti-
          cal Databases, in: French, J.C.; Hinterberger, H. (Eds.): *Proceedings of the 7th International
          Working Conference on Scientific and Statistical Database Management* (7SSDBM, Char-
          lottesville, VA, Sept. 28-30), 1994, pp. 74-78

BuTh 81   Burnett, R.A.; Thomas, J.J.: Data Management Support for Statistical Data Editing and
          Subset Selection, in: Wong, H.K.T. (Ed.): *Proceedings of the 1st LBL Workshop on Statisti-
          cal Database Management* (1SSDBM, Menlo Park, CA, Dec. 2-4), 1981, pp. 88-102

BWBJ 95 Bettini, C.; Wang, X.S.; Bertino, E.; Jajoda, S.: Semantic Assumptions and Query Evaluation in Temporal Databases, in: Carey, M.J.; Schneider, D.A. (Eds.): *Proceedings of the 1995 ACM International Conference on Management of Data* (SIGMOD´95, San Jose, CA, May 23-25), 1995, pp. 257-268 (*ACM SIGMOD Record 24(1995)2*)

CaHL 93 Carey, M.J.; Haas, L.M.; Livny, M.: Tapes Hold Data, Too, in: *Proceedings of the 1993 ACM International Conference on Management of Data* (SIGMOD´93, Washington, D.C., May 26-28), 1993, pp. 413-417 (*ACM SIGMOD Record 22(1993)2*)

CaHR 95 Cabrera, L.F.; Hineman, W.C.; Rees, R.M.: Applying Database Technology in the ADMS Mass Storage System, in: Dayal, U.; Gray, P.M.D.; Nishio, S. (Eds.): *Proceedings of the 21st International Conference on Very Large Data Bases* (VLDB´95, Zurich, Switzerland, Sept. 11-15), 1995, pp. 597-605

CaLo 91 Cabrera, L.F.; Long, D.D.E.: Swift: A Storage Architecture for Large Objects, in: *Proceedings of the 11th IEEE Symposium on Mass Storage Systems* (Monterey, CA, Oct. 7-10), 1991, pp. 123-128

Capp 85 Cappellini, V. (Ed.): *Data Compression and Error Control Techniques with Applications*, London: Academic Press, 1985

CCKT 83 Chambers, J.M.; Cleveland, W.S.; Kleiner, B.; Tukey, P.A.: *Graphical Methods for Data Analysis*, Boston, Mass.: Duxbury Press, 1983

CEES 93 o.V.: *Our Changing Planet: The FY 1993 U.S. Global Change Research Program*, Committee on Earth and Environmental Sciences, Federal Coordinating Council for Science, Engineering and Technology, Office of Science and Technology Policy, National Science Foundation, 1993 (Supplement to the U.S. President´s Fiscal Year 1993 Budget)

CeWi 91 Ceri, S.; Widom, J.: Deriving Production Rules for Incremental View Maintenance, in: Lohman, G.; Sernadas, A.; Camps, R. (Eds.): *Proceedings of the 17th International Conference on Very Large Data Bases* (VLDB´91, Barcelona, Spain, Aug. 3-6), 1991, pp. 577-589

Chas 89 Chase, R.R.P.: Toward a Complete Eos Data and Information System, *IEEE Transactions on Geoscience and Remote Sensing 27(1989)2*, pp. 125-131

Chat 90 Chatfield, C.: *The Analysis of Time Series: An Introduction*, London, New York: Chapman and Hall, 1984^3

Chen 76 Chen, P.: The Entity-Relationship Model: Toward a Unified View of Data, *ACM Transactions on Database Systems 1(1976)1*, pp. 9-36

Chen 89 Chen, M.C.: Derivation and Estimation of Summary Data, *Ph.D. Thesis, Department of Computer Science, University of California, Los Angeles*, 1989

ChHe 84 Chen, C.; Hernon, P. (Eds.): *Numeric Databases*, Norwood, NJ: Ablex, 1984

Chil 68 Childs, D.L.: Feasibility of a Set-Theoretic Data Structure: A General Structure Based on a Reconstituted Definition of Relation, in: *Proceedings of the 1968 IFIP Congress*, Amsterdam: North-Holland, 1968, pp. 420-432

ChKi 93 Chakravarthy, S.; Kim, S.: Resolution of Time Concepts in Temporal Databases, *Technical Report TR93-004, University of Florida*, 1994

ChKL 84   Chin, F.Y.; Kossowski, P.; Loh, S.C.: Efficient Inference Control for Range Sum Queries, *Theoretical Computer Science 32(1984)*, pp. 77-86

CHKS 95   Ceri, S.; Houtsma, M.A.W.; Keller, A.M.; Samarati, P.: Independent Updates and Incremental Agreement in Replicated Databases, *Distributed and Parallel Databases (1995)3*, pp. 225-246

ChMc 89   Chen, M.C.; McNamee, L.P.: On the Data Model and Access Method of Summary Data Management, *IEEE Transactions on Knowledge and Data Engineering 1(1989)4*, pp. 519-529

ChMM 88   Chen, M.C.; McNamee, L.P.; Melkanoff, M.: A Model of Summary Data and its Applications in Statistical Databases, in: Rafanelli, M.; Klensin, J.C.; Svensson, P.: *Proceedings of the 4th International Working Conference on Statistical and Scientific Database Management* (4SSDBM, Rome, Italy, June 21-23), 1988, pp. 356-372

ChMR 94   Chaudhry, N.A.; Moyne, J.R.; Rundensteiner, E.A.: A Design Methodology for Databases with Uncertain Data, in: French, J.C.; Hinterberger, H. (Eds.): *Proceedings of the 7th International Working Conference on Scientific and Statistical Database Management* (7SSDBM, Charlottesville, VA, Sept. 28-30), 1994, pp. 32-41

ChOz 81   Chin, F.Y.; Ozsoyoglu, G.: Statistical Database Design, *ACM Transactions on Database Systems 6(1981)1*, pp. 113-139

Chri 84   Christodulakis, S.: Implications of Certain Assumptions in Database Performance Evaluation, *ACM Transactions on Database Systems 9(1984)*, pp. 163-186

ChSe 92   Chatterjee, A.; Segev, A.: Resolving Data Heterogeneity in Scientific and Statistical Databases, in: Hinterberger, H.; French, J.C. (Eds.): *Proceedings of the 6th International Working Conference on Scientific and Statistical Database Management* (6SSDBM, Ascona, CH, June 9-12), 1992, pp. 145-159

ChSe 93   Chandra, R.; Segev, A.: Managing Temporal Financial Data in an Extensible Database, in: Agrawal, R.; Baker, S.; Bell, D. (Eds.): *Proceedings of the 19th International Conference on Very Large Data Bases* (VLDB'93, Dublin, Ireland, Aug. 24-27), 1993, pp. 302-313

ChSh 81a   Chan, P.; Shoshani, A.: SUBJECT: A Directory Driven System for Organizing and Accessing Large Statistical Databases, in: *Proceedings of the 7th International Conference on Very Large Data Bases* (VLDB'81, Cannes, France, Sep. 9-11), 1981, pp. 553-563

ChSh 81b   Chan, P.; Shoshani, A.: SUBJECT: A Directory Driven System for Large Statistical Databases, in: Wong, H.K.T. (Ed.): *Proceedings of the 1st LBL Workshop on Statistical Database Management* (1SSDBM, Menlo Park, CA, Dec. 2-4), 1981, pp. 61-62

ChSh 94   Chaudhuri, S.; Shim, K.: Including Group-By in Query Optimization, in: Bocca, J.B.; Jarke, M.; Zaniolo, C. (Eds.): *Proceedings of the 20th International Conference on Very Large Data Bases* (VLDB'94, Santiago de Chile, Chile, Sept. 12-15), 1994, pp. 354-366

ChSh 95   Chaudhuri, S.; Shim, K.: Optimizing Complex Queries: A Unifying Approach, *Technical Memo HPL-DTD-95-20, Hewlett Packard Laboratories*, Palo Alto, CA, 1995

ChSS 94   Chandra, R.; Segev, A.; Stonebraker, M.: Implementing Calendars and Temporal Rules in Next Generation Databases, in: *Proceedings of the 10th IEEE International Conference on Data Engineering* (ICDE'94, Houston, Texas, Feb. 14-18), 1994, pp. 264-273

CKPS 95   Chaudhuri, S.; Krishnamurthy, R.; Potamianos, S.; Shim, K.: Optimizing Queries with Materialized Views, in: Yu, P.S.; Chen, A.L.P. (Eds.): *Proceedings of the 11th International Conference on Data Engineering* (ICDE´95, Taipeh, Taiwan, March 6-10), 1995, pp. 190-200

ClCr 87   Clifford, J.; Croker, A.: The Historical Relational Data Model (HRDM) and Algebra Based on Lifespans, in: *Proceedings of the 3rd IEEE International Conference on Data Engineering* (ICDE´87, Los Angeles, CA, Feb. 3-5), 1987, pp. 528-537

ClCr 93   J. Cifford, A. Croker: The Historical Relational Data Model (HRDM) Revisited, in: Tansel, A.U.; Clifford, J.; Gadia, S.; Jajodia, S.; Segev, A.; Snodgrass, R.: *Temporal Databases*, Redwood City e.a.: Benjamin/Cummings, 1993, pp. 6-27

ClCT 93   Clifford, J.; Croker, A.; Tuzhilin, A.: On the Completeness of Query Languages for Grouped and Ungrouped Historical Data Models, in: Tansel, A.U.; Clifford, J.; Gadia, S.; Jajodia, S.; Segev, A.; Snodgrass, R.: *Temporal Databases*, Redwood City e.a.: Benjamin/ Cummings, 1993, pp. 496-533

CLG+ 94   Chen, P.M.; Lee, E.K.; Gibson, G.A.; Katz, R.H.; Patterson, D.A.: RAID: High-Performance, Reliable Secondary Storage, *ACM Computing Surveys 26(1994)2*, pp. 145-185

ClTa 85   Clifford, J.; Tansel, A.U.: On an Algebra for Historical Relational Databases: Two Views, in: Navathe, S. (Ed.): *Proceedings of the 1985 ACM International Conference on Management of Data* (SIGMOD´85, Austin, Texas, May 28-31), 1985, pp. 247-265 (*ACM SIGMOD Record 14(1985)4*)

CMR+ 92   Cushing, J.B.; Maier, D.; Rao, M.; DeVaney, D.M.; Feller, D.: Object-Oriented Database Support for Computational Chemistry, in: Hinterberger, H.; French, J.C. (Eds.): *Proceedings of the 6th International Working Conference on Scientific and Statistical Database Management* (6SSDBM, Ascona, CH, June 9-12), 1992, pp. 58-76

CMR+ 94   Cushing, J.B.; Maier, D.; Rao, M.; Abel, D.; Feller, D.;DeVaney, D.M.: Computational Proxies: Modeling Scientific Applications in Object Databases, in: French, J.C.; Hinterberger, H. (Eds.): *Proceedings of the 7th International Working Conference on Scientific and Statistical Database Management* (7SSDBM, Charlottesville, VA, Sept. 28-30), 1994, pp. 196-206

CoAr 69   Couch, A.S.; Armor, D.J.: DATA-TEXT System: A Computer Language for Social Science Research, *Technical Report, Department of Social Relations, Harvard University*, Cambridge, MA, 1969

CoBr 94   Cochinwala, M.; Bradley, J.: A Multidatabase System for Tracking and Retrieval of Financial Data, in: Bocca, J.B.; Jarke, M.; Zaniolo, C. (Eds.): *Proceedings of the 20th International Conference on Very Large Data Bases* (VLDB´94, Santiago de Chile, Chile, Sept. 12-15), 1994, pp. 714-721

Coch 77   Cochran, W.G.: *Sampling Techniques*, New York: Wiley, 1977[3]

CoCS 93   Codd, E.F.: Codd, S.B.; Salley, C.T.: *Providing OLAP (On-line Analytical Processing) to User Analysts: An IT Mandate*, White Paper, Arbor Software Corporation, 1993

Codd 70   Codd, E.F.: A Relational Model of Data for Large Shared Data Banks, *Communications of the ACM 13(1970)6*, pp. 377-387

Codd 72   Codd, E.F.: Further Normalization of the Data Base Relational Model, in: *Data Base Systems (Courant Computer Science Symposium Series), Vol. 6*, Englewood Cliffs, NJ: Prentice-Hall, pp. 33-64

Codd 79   Codd, E.F.: Extending the Database Relational Model to Capture More Meaning, *ACM Transactions on Database Systems 4(1979)4*, pp. 397-434

Codd 86   Codd, E.F.: Missing Information (Applicable and Inapplicable) in Relational Databases, *ACM SIGMOD Record 15(1986)4*, pp. 53-78

Codd 90   Codd, E.F.: *The Relational Model for Database Management, Version 2*, Reading, Mass.: Addison-Wesley, 1990

Codd 95   Codd, E.F.: Contemplating the 21st Century, *Keynote Address at the 1995 International Conference on Applications of Databases* (ADB´95, Santa Clara, CA, Dec. 13-15), 1995

CoHu 93   Coyne, R.A.; Hulen, H.: An Introduction to the Mass Storage System Reference Model, Version 5, in: *Proceedings of the 12th IEEE Symposium on Mass Storage Systems* (Monterey, CA), 1993, pp. 47-53

CoKh 85   Copeland, G.F.; Khoshafian, S.: A Decomposition Storage Model, in: Navathe, S. (Ed.): *Proceedings of the 1985 ACM International Conference on Management of Data* (SIGMOD´85, Austin, Texas, May 28-31), 1985, pp. 268-279 (*ACM SIGMOD Record 14(1985)4*)

CoMi 94   Consens, M.P.; Milo, T.: Optimizing Queries on Files, in: Snodgrass, R.T.; Winslett, M. (Eds.): *Proceedings of the 1994 ACM International Conference on Management of Data* (SIGMOD´94, Minneapolis, Minn., May 24-27), 1994, pp. 301-312 (*ACM SIGMOD Record 23(1994)2*)

Cubi 83   Cubitt, R.E.: Meta Data: An Experience of its Uses and Management, in: Hammond, R.; McCarthy, J.L. (Eds.): *Proceedings of the 2nd International Workshop on Statistical Database Management* (2SSDBM, Los Altos, CA, Sept. 27-29), 1983, pp. 167-169

CuCO 86   Cubitt, R.; Cooper, B.; Ozsoyoglu, G. (Eds.): *Proceedings of the 3rd International Workshop on Statistical and Scientific Database Management* (3SSDBM, Luxembourg, July 22-24), 1986

CuWe 87   Cubitt, R.; Westlake, A. (Eds.): Report on the Third International Workshop on SSDBM, *Statistical Software Newsletter 13(1987)1*, pp. 3-27

DaDa 95   Darwen, H.; Date, C.J.: The Third Manifesto, in: *SIGMOD Record 24(1995)1*, pp. 39-49

DaGr 95   Davison, D.L.; Graefe, G.: Dynamic Resource Brokering for Multi-User Query Execution, in: Carey, M.J.; Schneider, D.A. (Eds.): *Proceedings of the 1995 ACM International Conference on Management of Data* (SIGMOD´95, San Jose, CA, May 23-25), 1995, pp. 281-292 (*ACM SIGMOD Record 24(1995)2*)

Date 95   Date, C.J.: *An Introduction to Database Systems*, Reading, Mass.: Addison-Wesley, 1995[6]

Daya 87   Dayal, U.: Of Nests and Trees: A Unified Approach to Processing Queries that Contain Nested Subqueries, in: Stocker, P.M.; Kent, W.; Hammersley, P. (Eds.): *Proceedings of the 13th International Conference on Very Large Data Bases* (VLDB´87, Brighton, Great Britain, Sept. 1-4), 1987, pp. 197-208

DeGü 95   Denzler, R.; Güttler, R.: Über die Integrationsproblematik bei übergreifenden Umweltinformationssystemen, in: Huber-Wäschle, F.; Schauer, H.; Widmayer, P. (Eds.): *Proceedings der 25. GI-Jahrestagung und des 13. Schweizer Informatiktags* (GISI´95, Zürich, Schweiz, Sept. 18-20), 1995, pp. 626-632 (Reihe Informatik aktuell, Berlin e.a.: Springer-Verlag)

Denn 80   Denning, D.E.: Secure Statistical Databases with Random Sample Queries, *ACM Transactions on Database Systems 5(1980)3*, pp. 291-315

DeSc 83   Denning, D.E.; Schlörer, J.: Inference Controls for Statistical Databases, *IEEE Computer 16(1983)17*, pp. 69-85

DFHO 86   Datta, A.; Fournier, B.; Hou, W.; Ozsoyoglu, G.: The Design and Implementation of the SSDB, in: Cubitt, R.; Cooper, B.; Ozsoyoglu, G. (Eds.): *Proceedings of the 3rd International Workshop on Statistical and Scientific Database Management* (3SSDBM, Luxembourg, July 22-24), 1986, pp. 245-260

DHL+ 93   Drach, R.; Hyer, S.W.; Louis, S.; Potter, G.; Richmond, G.; Shoshani, A.; Rotem, D.; Segev, A.; Seshadri, S.; Samet, H.; Bogdanovich, P.: Optimizing Mass Storage Organization and Access for Multi-Dimensional Scientific Data, in: *Proceedings of the 12th IEEE Symposium on Mass Storage Systems* (Monterey, CA), 1993, pp. 215-219

Dieh 92   Diehl, R.: The Data Analysis System for the COMPTEL Gamma-Ray Telescope Aboard the NASA Compton Gamma-Ray Observatory - Experiences from One Year Mission Data Analysis, in: Hinterberger, H.; French, J.C. (Eds.): *Proceedings of the 6th International Working Conference on Scientific and Statistical Database Management* (6SSDBM, Ascona, CH, June 9-12), 1992, pp. 29-44

DiMa 86   Dintelman, S.E.; Maness, A.T.: Compilation of Data for Statistical Analysis: Theory and Application of Record Linking, in: Cubitt, R.; Cooper, B.; Ozsoyoglu, G. (Eds.): *Proceedings of the 3rd International Workshop on Statistical and Scientific Database Management* (3SSDBM, Luxembourg, July 22-24), 1986, pp. 203-207

DNSS 83   Denning, D.; Nicholson, W.; Sande, G.; Shoshani, A.: Research Topics in Statistical Database Management, in: Hammond, R.; McCarthy, J.L. (Eds.): *Proceedings of the 2nd International Workshop on Statistical Database Management* (2SSDBM, Los Altos, CA, Sept. 27-29), 1983, pp. 46-51

Dobb 68   van Dobben de Bruyn, D.S.: *Cumulative Sum Tests: Theory and Practice*, New York: Hafner Publishing Co., 1968

DoRa 91   Dozier, J.; Ramapriyan, H.K.: Planning for the EOS Data and Information System (EOSDIS), in: Corell, R.W.; Anderson, P.A. (Eds.): *Global Environmental Change*, NATO ASI Series, Vol. 11, Berlin e.a.: Springer-Verlag, 1991, pp. 155-180

Dozi 92   Dozier, J.: How Sequoia 2000 Addresses Issues in Data and Information Systems for Global Change, *Sequoia 2000 Technical Report 92/14, Computer Science Division, University of California, Berkeley, CA*, 1992

DrKS 94a   Dreyer, W.; Kotz-Dittrich, A.; Schmidt, D.: Research Perspectives for Time Series Management Systems, *ACM SIGMOD Record 23(1994)1*, pp. 10-15

DrKS 94b   Dreyer, W.; Kotz-Dittrich, A.; Schmidt, D.: An Object-Oriented Data Model for a Time Series Management System, in: French, J.C.; Hinterberger, H. (Eds.): *Proceedings of the 7th International Working Conference on Scientific and Statistical Database Management* (7SSDBM, Charlottesville, VA, Sept. 28-30), 1994, pp. 186-195

DrKS 95   Dreyer, W.; Kotz-Dittrich, A.; Schmidt, D.: Using the CALENDA Time Series Management System, in: Carey, M.J.; Schneider, D.A. (Eds.): *Proceedings of the 1995 ACM International Conference on Management of Data* (SIGMOD´95, San Jose, CA, May 23-25), 1995, p. 489 (*ACM SIGMOD Record 24(1995)2*)

Drur 95   Drury, C.: *OLAP++: Extending OLAP*, White Paper, SAS Institute, 1995

Dutt 89   Dutton, J.A.: The EOS Data and Information System: Concepts for Design, *IEEE Transactions on Geoscience and Remote Sensing 27(1989)2*, pp. 109-116

DySn 92   Dyreson, C.E.; Snodgrass, R.T.: Time-Stamp Semantics and Representation, *Technical Report TR92-16, University of Arizona*, 1992

DySn 93   Dyreson, C.E.; Snodgrass, R.T.: Valid-Time Indeterminacy, in: *Proceedings of the 9th IEEE International Conference on Data Engineering* (ICDE´93, Vienna, Austria, April 19-23), 1993, pp. 335-343

East 86   Easton, M.: Key-Sequence Data Sets on Indelible Storage, *IBM Journal of Research&Development 30(1986)3*, pp. 230-241

EdMa 66   Edwards, R.D.; Magee, J.: *Technical Analysis of Stock Trends*, Springfield, Mass.: John Magee, 1966[5]

EgOS 81   Eggers, S.J.; Olken, F.; Shoshani, A.: A Compression Technique for Large Statistical Databases, in: *Proceedings of the 7th International Conference on Very Large Data Bases* (VLDB´81, Cannes, France, Sep. 9-11), 1981, pp. 424-434

EgSh 80   Eggers, S.J.; Shoshani, A.: Efficient Access of Compressed Data, in: *Proceedings of the 6th International Conference on Very Large Data Bases* (VLDB´80, Montreal, Canada, Oct. 1-3), 1980, pp. 205-211

Eich 86   Eichberg, J.: Database Management Problems with a Cancer Register, in: Cubitt, R.; Cooper, B.; Ozsoyoglu, G. (Eds.): *Proceedings of the 3rd International Workshop on Statistical and Scientific Database Management* (3SSDBM, Luxembourg, July 22-24), 1986, pp. 309-311

ElWK 90   Elmasri, R.; Wuu, G.T.J.; Kim, Y.J.: The Time Index: An Access Structure for Temporal Data, in: McLeod, D.; Sacks-Davis, R.; Schek, H. (Eds.): *Proceedings of the 16th International Conference on Very Large Data Bases* (VLDB´90, Brisbane, Australia, Aug. 13-16), 1990, pp. 1-12

ElWK 93   Elmasri, R.; Wuu, G.T.J.; Kouramajian, V.: The Time Index and the Monotonic B$^+$-tree, in: Tansel, A.U.; Clifford, J.; Gadia, S.; Jajodia, S.; Segev, A.; Snodgrass, R. (Eds.): *Temporal Databases*, Redwood City e.a.: Benjamin/Cummings, 1993, pp. 433-456

ElWu 90   Elmasri, R.; Wuu, G.T.J.: A Temporal Data Model and Query Language for ER-Databases, in: *Proceedings of the 6th IEEE International Conference on Data Engineering* (ICDE´90, Los Angeles, CA, Feb. 5-9), 1990, pp. 76-83

Epst 79   Epstein, R.: Techniques for Processing of Aggregates in Relational Database Systems, *Technical Report UCB/ERL M79/8, University of California, Berkeley, CA*, 1979

FAD+ 92   Fine, J.; Anderson, T.; Dahlin, M.; Frew, J.; Olson, M.; Patterson, D.: Abstracts: A Latency-Hiding Technique for High-Capacity Mass-Storage Systems, *Sequoia 2000 Technical Reprot 92/11, Computer Science Division, University of California, Berkeley, CA*, 1992

FaLi 95   Faloutsos, C.; Lin, K.: FastMap: A Fast Algorithm for Indexing, Data Mining and Visualization of Traditional and Multimedia Datasets, in: Carey, M.J.; Schneider, D.A. (Eds.): *Proceedings of the 1995 ACM International Conference on Management of Data* (SIGMOD´95, San Jose, CA, May 23-25), pp. 163-174 (*ACM SIGMOD Record 24(1995)2*)

FaRM 94   Faloutsos, C.; Ranganathan, M.; Manolopoulos, Y.: Fast Subsequence Matching in Time-Series Databases, in: Snodgrass, R.T.; Winslett, M. (Eds.): *Proceedings of the 1994 ACM International Conference on Management of Data* (SIGMOD´94, Minneapolis, Minn., May 24-27), 1994, pp. 419-429 (*ACM SIGMOD Record 23(1994)2*)

Farr 94   Farris, A.: Modeling Complex Astrophysics Data, in: French, J.C.; Hinterberger, H. (Eds.): *Proceedings of the 7th International Working Conference on Scientific and Statistical Database Management* (7SSDBM, Charlottesville, VA, Sept. 28-30), 1994, pp. 149-158

FDBP 95   Fleury, L.; Djeraba, C.; Briand, H.; Philippe, J.: Some Aspects of Rule Discovery in Data Bases, in: Bhalla, S. (Ed.): *Proceedings of the 6th International Conference on Information Systems and Data Management* (CISMOD´95, Bombay, India, Nov. 15-17), Berlin e.a.: Springer-Verlag, 1995, pp. 192-205

FiBe 74   Finkel, R.A.; Bentley, J.L.: Quad Trees - A Data Structure for Retrieval on Composite Keys, *Acta Informatica 4(1974)1*, pp. 1-9

FiBu 89   Fickett, J.W.; Burks, C.: Development of a Database for Nucleotide Sequences, in: Waterman, M.S. (Ed.): *Mathematical Methods for DNA Sequences*, Boca Raton, Fla.: CRC Press, 1989, pp. 1-34

FiCh 71   Findler, N.; Chen, D.: On the Problems of Time Retrieval, Temporal Relations, Causality, and Coexistence, in: *Proceedings of the 2nd International Joint Conference on Artificial Intelligence* (IJCAI´71, Imperial College, GB, Sept. 1-3), 1971, pp. 531-545

FiCh 87   Finlayson, R.S.; Cheriton, D.R.: Log Files: An Extended File Service Exploiting Write-Once Storage, in: *Proceedings of the 11th ACM Symposium on Operating Systems Principles* (Austin, Texas, Nov. 8-11), 1987, pp. 139-148

Fink 95   Finkelstein, R.: *Understanding the Need for On-Line Analytical Servers*, White Paper, Arbor Software Corporation, 1995

Finl 89   Finlayson, R.S.: A Log File Service Exploiting Write-Once Storage, *Ph.D. Thesis, Department of Computer Science, Stanford University*, Stanford, CA, 1989 (*Technical Report STAN-CS-89-1272*)

FKN+ 85   Fushimi, S.; Kitsuregawa, M.; Nakayama, M.; Tanaka, H.; Moto-oka, T.: Algorithm and Performance Evaluation of Adaptive Multidimensional Clustering Technique, in: Navathe, S. (Ed.): *Proceedings of the 1985 ACM International Conference on Management of Data* (SIGMOD´85, Austin, Texas, May 28-31), 1985, pp. 308-318 (*ACM SIGMOD Record 14(1985)4*)

Flet 80   Fletcher, W.I.: *An Engineering Approach to Digital Design*, Englewood Cliffs: Prentice Hall, 1980

Floy 72   Floyd, R.W.: Permuting Information in Idealized Two-Level Storage, in: Milller, R.; Thatcher, J.: *Complexity of Computer Computations*, New York: Plenum Press, 1972

FoCh 91   Ford, D.; Christodoulakis, S.: Optimizing Random Retrievals from CLV Format Optical Disks, in: Lohman, G.; Sernadas, A.; Camps, R. (Eds.): *Proceedings of the 17th International Conference on Very Large Data Bases* (VLDB '91, Barcelona, Spain, Aug. 3-6), 1991, pp. 413-422

FoDa 90   Foley, J.A.; van Dam, A.: *Computer Graphics Principles and Practise*, Reading, Mass.: Addison-Wesley, 1990

FoMy 95   Ford, D.A.; Myllymaki, J.: A Log-Structured Organization of Tertiary Storage, *Research Report RJ 9942, IBM Almaden Research Center*, San Jose, CA, 1995

Free 87   Freeston, M.: The BANG File: A New Kind of GRID File, in: Dayal, U.; Traiger, I. (Eds.): *Proceedings of the 1987 ACM International Conference on Management of Data* (SIGMOD '87, San Francisco, CA, May 27-29), 1987, pp. 260-269 (*ACM SIGMOD Record 16(1987)3*)

Free 95   Freeston, M.: A General Solution of the n-Dimensional B-Tree Problem, in: Carey, M.J.; Schneider, D.A. (Eds.): *Proceedings of the 1995 ACM International Conference on Management of Data* (SIGMOD '95, San Jose, CA, May 23-25), pp. 80-91 (*ACM SIGMOD Record 24(1995)2*)

Fren 91   Frenkel, K.A.: The Human Genome Project and Informatics, *Communications of the ACM 34(1991)11*, pp. 41-51

Fren 95   French, C.D.: "One Size Fits All" Database Architectures do not Work for DSS, in: Carey, M.J.; Schneider, D.A. (Eds.): *Proceedings of the 1995 ACM International Conference on Management of Data* (SIGMOD '95, San Jose, CA, May 23-25), pp. 449-450 (*ACM SIGMOD Record 24(1995)2*)

FrHi 94   French, J.C.; Hinterberger, H. (Eds.): *Proceedings of the 7th International Working Conference on Scientific and Statistical Database Management* (7SSDBM, Charlottesville, VA, Sept. 28-30), 1994 (Los Alamitos: IEEE Computer Society Press)

FrJP 90a   French, J.C.; Jones, A.K.; Pfaltz, J.L. (Eds.): Scientific Database Management, *Technical Report 90-22, Department of Computer Science, University of Virginia, Charlottesville, VA*, 1990 (Report of the Invitational NSF Workshop on Scientific Database Management, Charlottesville, VA, March 12-13, 1990)

FrJP 90b   French, J.C.; Jones, A.K.; Pfaltz, J.L. (Eds.): Summary of the Final Report of the NSF Workshop on Scientific Database Management, *SIGMOD Record 19(1990)4*, pp. 32-40

FRRS 86   Fortunato, E.; Rafanelli, M.; Ricci, F.; Sebastio, A.: An Algebra for Statistical Data, in: Cubitt, R.; Cooper, B.; Ozsoyoglu, G. (Eds.): *Proceedings of the 3rd International Workshop on Statistical and Scientific Database Management* (3SSDBM, Luxembourg, July 22-24), 1986, pp. 122-134

FrVo 82   Fredman, F.L.; Volpen, D.J.: The Complexity of Partial Match Retrieval in a Dynamic Setting, *Journal of Algorithms*, 1982, pp. 68-78

FuAI 95   Furuse, K.; Asada, K.; Iizawa, A.: Implementation and Performance Evaluation of Compressed Bit-Sliced Signature Files, in: Bhalla, S. (Ed.): *Proceedings of the 6th International Conference on Information Systems and Data Management* (CISMOD´95, Bombay, India, Nov. 15-17), Berlin e.a.: Springer-Verlag, 1995, pp. 164-175

Gadi 88   Gadia, S.K.: A Homogeneous Relational Model and Query Language for Temporal Databases, *ACM Transactions on Database Systems 13(1988)4*, pp. 418-448

Gadi 93   Gadia, S.K.: Ben-Zvi´s Pioneering Work in Relational Temporal Databases, in: Tansel, A.U.; Clifford, J.; Gadia, S.; Jajodia, S.; Segev, A.; Snodgrass, R. (Eds.): *Temporal Databases*, Redwood City e.a.: Benjamin/Cummings, 1993, pp. 202-207

GaNa 93   Gadia, S.K.; Nair, S.S.: Temporal Databases: A Prelude to Parametric Data, in: Tansel, A.U.; Clifford, J.; Gadia, S.; Jajodia, S.; Segev, A.; Snodgrass, R. (Eds.): *Temporal Databases*, Redwood City e.a.: Benjamin/Cummings, 1993, pp. 28-66

Garn 94   Garner, H.R.: Can Informatics Keep Pace with Molecular Biology?, *Laboratory Information Management 26(1994)*, pp. 69-77

GaSc 89   Gaul, W.; Schader, M. (Eds.): *Data, Expert Knowledge and Decisions: An Interdisciplinary Approach with Emphasis on Marketing Applications*, Berlin e.a.: Springer-Verlag, 1989

GaYe 88   Gadia, S.K.; Yeung, C.: A Generalized Model for a Relational Temporal Database, in: Boral, H.; Larson, P. (Eds.): *Proceedings of the 1988 ACM International Conference on Management of Data* (SIGMOD´88, Chicago, Illinois, June 1-3), 1988, pp. 251-259 (*ACM SIGMOD Record 17(1988)3*)

GBLP 96   Gray, J.; Bosworth, A.; Layman, A.; Pirahesh, H.: Data Cube: A Relational Aggregation Operator Generalizing Group-By, Cross-Tab, and Sub-Totals, in: *Proceedings of the 12th IEEE International Conference on Data Engineering* (ICDE´96, New Orleans, LA, Feb. 26-March 1), 1996

GhIe 94   Ghandeharizadeh, S.; Ierardi, D.J.: Management of Disk Space with REBATE, in: *Proceedings of the 3rd International Conference on Information and Knowledge Management* (CIKM´94, Gaithersburg, MD, Nov. 29 - Dec. 2), 1994, pp. 304-311

Ghos 84   Ghosh, S.P.: An Application of Statistical Databases in Manufacturing Testing, in: *Proceedings of the 1st IEEE International Conference on Data Engineering* (ICDE´84, Los Angeles, CA, April 24-27), 1984, pp. 96-103

Ghos 86a   Ghosh, S.P.: Statistical Data Reduction for Manufacturing Testing, in: *Proceedings of the 2nd IEEE International Conference on Data Engineering* (ICDE´86, Los Angeles, CA, Feb. 5-7), 1986, pp. 58-66

Ghos 86b   Ghosh, S.P.: SIAM: Statistics Information Access Method, in: Cubitt, R.; Cooper, B.; Ozsoyoglu, G. (Eds.): *Proceedings of the 3rd International Workshop on Statistical and Scientific Database Management* (3SSDBM, Luxembourg, July 22-24), 1986, pp. 286-293; ebenfalls erschienen in: *Information Systems 13(1988)4*, pp. 359-368

Ghos 86c   Ghosh, S.P.: Statistical Relational Tables for Statistical Database Management, *IEEE Transactions on Software Engineering 12(1984)12*, pp. 1106-1116

Ghos 87   Ghosh, S.P.: Statistics Metadata: Linear Regression Analysis, in: Ghosh, S.P.; Kambayashi, Y.; Tanaka, K. (Eds.): *Foundations of Data Organization*, New York: Plenum Press, 1987, pp. 3-17

Ghos 88   Ghosh, S.P.: Statistical Relational Model, in: Rafanelli, M.; Klensin, J.C.; Svensson, P. (Eds.): *Proceedings of the 4th International Working Conference on Statistical and Scientific Database Management* (4SSDBM, Rome, Italy, June 21-23), 1988, pp. 338-355

Ghos 89   Ghosh, S.P.: Numerical Operations on Relational Databases, *IEEE Transactions on Software Engineering SE-15(1989)5*, pp. 600-610

Ghos 91a   Ghosh, S.P.: Statistical Relational Databases: Normal Forms, *IEEE Transactions on Knowledge and Data Engineering 3(1991)1*, pp. 55-64

Ghos 91b   Ghosh, S.P.: Statistical Relational Model, in: Michalewicz, Z. (Ed.): *Statistical and Scientific Databases*, New York e.a.: Ellis Horwood, 1991, Kapitel 10, pp. 267-305

GiSt 92   Gilgen, H.; Steiger, D.: The BSRN Database: Metadata Management as a Prerequisite for the Quality Control of the Radiation Data in the Baseline Surface Radiation Network, in: Hinterberger, H.; French, J.C. (Eds.): *Proceedings of the 6th International Working Conference on Scientific and Statistical Database Management* (6SSDBM, Ascona, CH, June 9-12), 1992, pp. 307-326

Goeb 95   Goebel, V.: *A Modular Approach to Support the Data Placement Aspect in Configured DBMS*, Aachen: Shaker, 1995 (zugl. Diss., Univ. Zürich, 1994)

Golo 66   Golomb, S.W.: Run-Length Encodings, *IEEE Transactions on Information Theory 12(1966)*, pp. 399-401

GoSt 85   Gonzales-Smith, M.; Storer, J.: Parallel Algorithms for Data Compression, *Journal of the ACM 32(1985)2*, pp. 344-373

Grae 73   Graef, M. (Hrsg.): *350 Jahre Rechenmaschinen*, München: Hanser, 1973

Grae 93a   Graefe, G.: Query Evaluation Techniques for Large Databases, *ACM Computing Surveys 25(1993)2*, pp. 73-170

Grae 93b   Graefe, G.: Physical Database Design - Options and Tradeoffs, *Technical Report (Draft Edition), Portland State University, Computer Science Department, Portland, OR*, 1993

Gray 95a   Gray, J.: A Survey of Parallel Database Techniques and Systems, *Tutorial Handouts of the 21st International Conference on Very Large Data Bases* (VLDB´95, Zurich, Switzerland, Sept. 11-15), 1995, pp. 1-29

Gray 95b   Gray, J.: The Great Convergence: DB + TP + OO + C/S. *Keynote Address at the 1995 International Conference on Applications of Databases* (ADB´95, Santa Clara, CA, Dec. 13-15), 1995

GrDe 87   Graefe, G.; DeWitt, D.: The EXODUS Optimizer Generator, in: Dayal, U.; Traiger, I. (Eds.): *Proceedings of the 1987 ACM International Conference on Management of Data* (SIGMOD´87, San Francisco, CA, May 27-29), 1987, pp. 160-172 (*ACM SIGMOD Record 16(1987)3*)

GrJS 93   Graf, O.; Jones, M.; Sisco, F.: Application of a Mass Storage System to Science Data Management, in: *Proceedings of the 12th IEEE Symposium on Mass Storage Systems* (Monterey, CA), 1993, pp. 191-198

GrLi 95   Griffin, T.; Libkin, L.: Incremental Maintenance of Views with Duplicates, in: Carey, M.J.; Schneider, D.A. (Eds.): *Proceedings of the 1995 ACM International Conference on Management of Data* (SIGMOD´95, San Jose, CA, May 23-25), pp. 328-339 (*ACM SIGMOD Record 24(1995)2*)

GrMc 93   Graefe, G.; McKenna, W.J.: The Volcano Optimizer Generator: Extensibility and Efficient Search, in: *Proceedings of the 9th IEEE International Conference on Data Engineering* (ICDE´93, Vienna, Austria, April 19-23), 1993, pp. 209-218

GrRe 93   Gray, J.; Reuter, A.: *Transaction Processing: Concepts and Techniques*, San Mateo, CA: Morgan Kaufman Publishers, 1993

GrSi 73   Grossman, D.D.; Silverman, H.F.: Placement of Records on a Secondary Storage Device, *Journal of the ACM 20(1973)3*, pp. 429-438

GrTu 78   Green, P.E.; Tull, D.S.: *Research for Marketing Decisions*, Englewood Cliffs, NJ: Prentice-Hall, 1978[4]

GuHQ 95   Gupta, A.; Harinarayan, V.; Quass, D.: Aggregate-Query Processing in Data Warehousing Environments, in: Dayal, U.; Gray, P.M.D.; Nishio, S. (Eds.): *Proceedings of the 21st International Conference on Very Large Data Bases* (VLDB´95, Zurich, Switzerland, Sept. 11-15), 1995, pp. 358-369

GuMR 95   Gupta, A.; Mumick, I.S.; Ross, K.A.: Adapting Materialized Views after Redefinitions, in: Carey, M.J.; Schneider, D.A. (Eds.): *Proceedings of the 1995 ACM International Conference on Management of Data* (SIGMOD´95, San Jose, CA, May 23-25), pp. 211-222 (*ACM SIGMOD Record 24(1995)2*)

GuMS 93   Gupta, A.; Mumick, I.S.; Subrahmanian, V.S.: Maintaining Views Incrementally, in: *Proceedings of the 1993 ACM International Conference on Management of Data* (SIGMOD´93, Washington, D.C., May 26-28), 1993, pp. 157-166 (*ACM SIGMOD Record 22(1993)2*)

GuMu 95   Gupta, A.; Mumick, I.S.: Maintenance of Materialized Views: Problems, Techniques, and Applications, *IEEE Database Engineering Bulletin 18(1995)2*, pp. 3-18

GuSe 90   Gunadhi, H.; Segev, A.: A Framework for Query Optimization in Temporal Databases, in: Michalewicz, Z. (Ed.): *Proceedings of the 5th International Conference on Statistical and Scientific Database Management* (5SSDBM, Charlotte, N.C., April 3-5), 1990, pp. 131-147

GuSe 91   Gunadhi, H.; Segev, A.: Query Processing Algorithms for Termporal Intersection Joins, in: *Proceedings of the 7th IEEE International Conference on Data Engineering* (ICDE´91, Kobe, Japan, April 8-12), 1991, pp. 336-344

GuSe 93   Gunadhi, H.; Segev, A.: Efficient Indexing Methods for Temporal Relations, in: *Proceedings of the 9th IEEE International Conference on Data Engineering* (ICDE´93, Vienna, Austria, April 19-23), 1993, pp. 496-509

GuSS 93   Gulbins, J.; Seyfried, M.; Strack-Zimmermann, H.: *Elektronische Archivierungssysteme*, Berlin e.a.: Springer-Verlag, 1993

Gutt 84   Guttman, A.: R-Trees: A Dynamic Index Structure for Spatial Searching, in: Yormark, B. (Ed.): *Proceedings of the 1984 ACM International Conference on Management of Data* (SIGMOD´84, Boston, Mass., June 18-21), pp. 47-57 (*ACM SIGMOD Record 14(1984)2*)

HaDe 79   Hartwig, F.; Dearing, B.E.: *Exploratory Data Analysis*, Newbury Park, London, New Delhi: Sage Publications, 1979 (Sage University Paper Series on Quantitative Applications in the Social Sciences, Series 07-016)

HaFu 95   Han, J.; Fu, Y.: Discovery of Multiple-Level Association Rules from Large Databases, in: Dayal, U.; Gray, P.M.D.; Nishio, S. (Eds.): *Proceedings of the 21st International Conference on Very Large Data Bases* (VLDB´95, Zurich, Switzerland, Sept. 11-15), 1995, pp. 420-431

Hall 95   Hallmark, G.: The Oracle Warehouse, in: Dayal, U.; Gray, P.M.D.; Nishio, S. (Eds.): *Proceedings of the 21st International Conference on Very Large Data Bases* (VLDB´95, Zurich, Switzerland, Sept. 11-15), 1995, pp. 707-709

HaMc 83   Hammond, R.; McCarthy, J.L. (Eds.): *Proceedings of the 2nd International Workshop on Statistical Database Management* (2SSDBM, Los Altos, CA, Sept. 27-29), 1983

Hand 93   Hand, D.J.: Measurement Scales as Metadata, in: Hand, D.J. (Ed.): *Artifical Intelligence Frontiers in Statistics, AI and Statistics III*, London: Chapman & Hall, 1993, pp.54-64

HaNi 79   Hammer, M.; Niamar, B.: A Heuristic Approach to Attribute Partitioning, in: Bernstein, P.A. (Ed.): *Proceedings of the 1979 ACM International Conference on Management of Data* (SIGMOD´79, Boston, Mass., May 30 - June 1), 1979, pp. 93-101

Härd 78   Härder, T.: *Implementierung von Datenbanksystemen*, München, Wien: Hanser, 1978

Hawt 82   Hawthorn, P.: Microprocessor Assisted Tuple Access, Decompression and Assembly for Statistical Database Systems, in: *Proceedings of the 8th International Conference on Very Large Data Bases* (VLDB´82, Mexico City, Mexico, Sept. 8-10), 1982, pp. 223-233

Hebr 86   Hebrail, G.: A Model of Summaries for Very Large Databases, in: Cubitt, R.; Cooper, B.; Ozsoyoglu, G. (Eds.): *Proceedings of the 3rd International Workshop on Statistical and Scientific Database Management* (3SSDBM, Luxembourg, July 22-24), 1986, pp. 143-151

Hell 92   Hellerstein, J.M.: Predicate Migration: Optimizing Queries with Expensive Predicates, *Technical Report 92/13, Computer Science Division, University of Califiornia, Berkeley, CA*, 1992

HePa 90   Hennessy, J.L; Patterson, D.A.: *Computer Architecture: A Quantitative Approach*, San Mateo, CA: Morgan Kaufman Publishers, 1990

HeQu 89   Heise, W.; Quattrocchi, P.: *Informations- und Codierungstheorie*, Berlin e.a.: Springer-Verlag, 1989^2 (Studienreihe Informatik)

Herb 94   Herbst, A.: Long-Term Database Support for EXPRESS Data, in: French, J.C.; Hinterberger, H. (Eds.): *Proceedings of the 7th International Working Conference on Scientific and Statistical Database Management* (7SSDBM, Charlottesville, VA, Sept. 28-30), 1994, pp. 207-217

Hero 80   Herot, C.F.: Spatial Management of Data, *ACM Transactions on Database Systems 5(1980)4*, pp. 493-513

Herz 95   Herzberger, J. (Hrsg.): *Wissenschaftliches Rechnen: Eine Einführung in das Scientific Computing*, Berlin: Akademie Verlag, 1995

HeST 93   Hellerstein, J.; Stonebraker, M.: Predicate Migration: Optimizing Queries with Expensive Predicates, in: *Proceedings of the 1993 ACM International Conference on Management of Data* (SIGMOD´93, Washington, D.C., May 26-28), 1993, pp. 267-276 (*ACM SIGMOD Record 22(1993)2*)

HiFr 92   Hinterberger, H.; French, J.C. (Eds.): *Proceedings of the 6th International Working Conference on Scientific and Statistical Database Management* (6SSDBM, Ascona, CH, June 9-12), 1992 (Institute for Scientific Computing, ETH Zurich)

HiKT 92   Hiranandani, S.; Kennedy, K.; Tseng, C.: Compiling FORTRAN D for MIMD Distributed-Memory Machines, *Communications of the ACM 35(1992)8*, pp. 66-80

HiMG 94   Hinterberger, H.; Meier, K.A.; Gilgen, H.: Spatial Data Reallocation Based on Multidimensional Range Queries, in: French, J.C.; Hinterberger, H. (Eds.): *Proceedings of the 7th International Working Conference on Scientific and Statistical Database Management* (7SSDBM, Charlottesville, VA, Sept. 28-30), 1994, pp. 228-239

Hint 87   Hinterberger, H.: *Data Density: A Powerful Abstraction to Manage and Analyze Multivariate Data*, Doctoral Dissertation ETH No. 8330, Swiss Federal Institute of Technology, Zürich, 1987

HiSr 94   Himatsingka, B.; Srivastava, J.: Performace Evaluation of Grid Based Multi-Attribute Record Declustering Methods, in: *Proceedings of the 10th IEEE International Conference on Data Engineering* (ICDE´94, Houston, Texas, Feb. 14-18), 1994, pp. 356-365

HiWM 90   Hildebrandt, R.; Wedel, T.; Mertens, P.: Zusammenarbeit mehrerer Expertensysteme in einem großen PPS-Modularprogramm, in: Reuter, A. (Hrsg.): *Informatik auf dem Weg zum Anwender* (20. GI-Jahrestagung, Stuttgart, Okt. 8-12), Berlin e.a.: Springer-Verlag, 1990

Holl 1889   Hollerith, H.: Art of Compiling Statistics, *US Patent No. 395781*, 1889

HoMi 70   Hoffman, L.J.; Miller, W.F.: Getting a Personal Dossier from a Statistical Databank, *Datamation 15(1970)5*, pp. 74-75

HoJR 89   Hofmann, P.; Jablonski, S.; Ruf, T.: Modelling Error Processing in Flexible Manufacturing Systems, in: *Proceedings of the 4th International Symposium on Computer and Information Sciences* (ISCIS IV, Cesme, Turkey), 1989, pp. 977-985

HoSa 77   Horowitz, H.; Sahni, S.: *Fundamentals of Data Structures*, Potomac, MD: Computer Science Press, 1977

HQGW 93   Hachem, N.I.H.; Qiu, K.; Gennert, M.; Ward, M.: Managing Derived Data in the Gaea Scientific DBMS, in: Agrawal, R.; Baker, S.; Bell, D. (Eds.): *Proceedings of the 19th International Conference on Very Large Data Bases* (VLDB´93, Dublin, Ireland, Aug. 24-27), 1993, pp. 1-12

Huff 52   Huffman, D.A.: A Method for the Construction of Minimum Redundancy Codes, in: *Proceedings of IRE, Vol. 40*, Sept. 1952, pp. 1098-1101

IBM 96   o.V.: *Data Mining: Extending the Information Warehouse Framework*, White Paper, IBM Almaden Research Center, San Jose, CA, 1996

IkKo 81   Ikeda, H.; Kobayashi, Y.: Additional Facilities of a Conventional Database DBMS to Support Interactive Statistical Analysis, in: Wong, H.K.T. (Ed.): *Proceedings of the 1st LBL Workshop on Statistical Database Management* (1SSDBM, Menlo Park, CA, Dec. 2-4), 1981, pp. 25-36

Illu 94   o.V.: Illustra Time Series Data Blade, *Illustra Information Technologies, Inc.*, Oakland, CA, 1994

ImVi 95   Imielinski, T.; Virmani, A.: DataMine: Interactive Rule Discovery System, in: Carey, M.J.; Schneider, D.A. (Eds.): *Proceedings of the 1995 ACM International Conference on Management of Data* (SIGMOD'95, San Jose, CA, May 23-25), p. 472 (*ACM SIGMOD Record 24(1995)2*)

Info 94   o.V.: MetaCube/MetaCube Agents, *Informix Software, Inc.*, Menlo Park, CA, 1994

Info 95   o.V.: Designing the Data Warehouse on Relational Databases, *Informix Software, Inc.*, Menlo Park, CA, 1995

IRI 93   o.V.: EXPRESS User´s Manual, Version 4.0. *Information Resources, Inc.*, 1993

IyWi 94   Iyer, B.R.; Wilhite, D.: Data Compression Support in Databases, in: Bocca, J.; Jarke, M.; Zaniolo, C. (Eds.): *Proceedings of the 20th International Conference on Very Large Data Bases* (VLDB'94, Santiago de Chile, Chile, Sept. 12-15), 1994, pp. 695-704

Jabl 90   Jablonski, S.: *Datenverwaltung in verteilten Systemen*, Berlin e.a.: Springer-Verlag, 1993 (Informatik-Fachberichte 233)

Jaga 91   Jagadish, H.V.: A Retrieval Technique for Similar Shapes, in: Clifford, J.; King, R. (Eds.): *Proceedings of the 1991 ACM International Conference on Management of Data* (SIGMOD'91, Denver, Col., May 29-31), pp. 208-217 (*ACM SIGMOD Record 20(1991)2*)

JaNo 84   Jayant, N.S.; Noll, P.: *Digital Coding of Waveforms*, Englewood Cliffs: Prentice-Hall, 1984

JaRu 91   Jablonski, S.; Ruf, T.: Datenkonsistenz in verteilten Systemen, *it informationstechnik 33(1991)4*, S. 175-184

JaRW 90a Jablonski, S.; Ruf, T.; Wedekind, H.: Concepts and Methods for the Optimization of Distributed Data Processing, in: *Proceedings of the 2nd International Symposium on Databases in Parallel and Distributed Systems* (2DPDS, Dublin, Ireland, July 2-4), 1990, pp. 171-180

JaRW 90b Jablonski, S.; Ruf, T.; Wedekind, H.: Implementation of a Distributed Data Management System for Manufacturing Applications - A Feasibility Study, Revised version, *Information Systems 15(1990)2*, pp. 247-256

JCE+ 94   Jensen, C.S.; Clifford, J.; Elmasri, R.; Gadia, S.K.; Hayes, P.; Jajodia, S. (Eds.): A Consensus Glossary of Temporal Database Concepts, *ACM SIGMOD Record 23(1994)1*, pp. 52-63

JCG+ 92   Jensen, C.S.; Clifford, J.; Gadia, S.K.; Segev, A.; Snodgrass, R.T.: A Glossary of Temporal Database Concepts, *ACM SIGMOD Record 21(1992)3*, pp. 35-43

JeMa 90   Jensen, C.S.; Mark, L.: A Framework for Vacuuming Temporal Databases, *Technical Report CS-TR-2516/UMIACS-TR-90-105, Department of Computer Science, University of Maryland*, College Park, MD, Aug. 1990

JeMa 93   Jensen, C.S.; Mark, L.: Differential Query Processing in Transaction-Time Databases, in: Tansel, A.U.; Clifford, J.; Gadia, S.; Jajodia, S.; Segev, A.; Snodgrass, R.: *Temporal Databases*, Redwood City e.a.: Benjamin/Cummings, 1993, pp. 457-491

JeSn 92   Jensen, C.S.; Snodgrass, R.T.: Temporal Specialization, in: *Proceedings of the 8th IEEE International Conference on Data Engineering* (ICDE´92, Tempe, Arizona, Feb. 3-7), 1992, pp. 594-603

JoFo 94   Johnson, A.; Fotouhi, F.: The SANDBOX: A Virtual Reality Interface to Scientific Databases, in: French, J.C.; Hinterberger, H. (Eds.): *Proceedings of the 7th International Working Conference on Scientific and Statistical Database Management* (7SSDBM, Charlottesville, VA, Sept. 28-30), 1994, pp. 12-21

John 80   Johnson, R.R.: Modelling Summary Data with the Entity Relationship Model, *Technical Report 10647, Lawrence Berkeley Laboratory*, Berkeley, CA, 1980

John 81   Johnson, R.R.: Modelling Summary Data, in: Lien, Y.E. (Ed.): *Proceedings of the 1981 ACM International Conference on Management of Data* (SIGMOD´81, Ann Arbor, Michigan, April 29 - May 1), 1981, pp. 93-97

JoKR 86   Jomier, G.; Kezouit, O.; Ralambondrainy, H.: Data Analysis for Relational Data Bases: The PEPIN-SICLA System, in: Cubitt, R.; Cooper, B.; Ozsoyoglu, G. (Eds.): *Proceedings of the 3rd International Workshop on Statistical and Scientific Database Management* (3SSDBM, Luxembourg, July 22-24), 1986, pp. 211-218

Jong 83   de Jonge, W.: Compromising Statistical Databases Responding to Queries about Means, *ACM Transactions on Database Systems 8(1983)1*, pp. 60-80

JRWZ 87   Jablonski, S.; Ruf, T.; Wedekind, H.; Zörntlein, G.: Data Distribution in Manufacturing Systems, in: *Proceedings of the 7th IEEE International Conference on Distributed Computing Systems* (7ICDCS, Berlin, Sept. 21-25), 1987, pp. 206-213

Käfe 88   Käfer, W.: Ein Modell zur Integration der Zeit in relationalen Datenbanksystemen, *Bericht-Nr. 27/88, SFB 124, Universität Kaiserslautern*, 1988

KäRS 90   Käfer, W.; Ritter, N.; Schöning, H.: Support for Temporal Data by Complex Objects, in: McLeod, D.; Sacks-Davis, R.; Schek, H. (Eds.): *Proceedings of the 16th International Conference on Very Large Data Bases* (VLDB´90, Brisbane, Australia, Aug. 13-16), 1990, pp. 24-35

KaFa 93   Kamel, I.; Faloutsos, C.: On Packing R-Trees, in: *Proceedings of the 2nd International Conference on Information and Knowledge Management* (CIKM´93, Washington, D.C., Nov. 1-5), 1993, pp. 490-499

KaLo 73   Kamlah, W.; Lorenzen, P.: *Logische Propädeutik*, Mannheim: Bibliographisches Institut, 1973

KaSv 83   Karasalo, I.; Svensson, P.: An Overview of CANTOR - A New System for Data Analysis, in: Hammond, R.; McCarthy, J.L. (Eds.): *Proceedings of the 2nd International Workshop on Statistical Database Management* (2SSDBM, Los Altos, CA, Sept. 27-29), 1983, pp. 315-324

KaSv 86   Karasalo, I.; Svensson, P.: The Design of CANTOR - A New System for Data Analysis, in: Cubitt, R.; Cooper, B.; Ozsoyoglu, G. (Eds.): *Proceedings of the 3rd International Workshop on Statistical and Scientific Database Management* (3SSDBM, Luxembourg, July 22-24), 1986, pp. 224-244

KaUl 77   Kam, J.B.; Ullman, J.D.: A Model of Statistical Databases and Their Security, *ACM Transaction on Database Systems 2(1977)1*, pp. 1-10

Kent 80   Kent, W.: Splitting the Conceptual Schema, in: *Proceedings of the 6th International Conference on Very Large Data Bases* (VLDB´80, Montreal, Canada, Oct. 1-3), 1980, pp. 10-14

KhBD 85   Khoshafian, S.; Bates, D.M.; DeWitt, D.J.: Efficient Support of Statistical Operations, *IEEE Transactions on Software Engineering SE11(1985)10*, pp. 1058-1070

Kim 90   Kim, W.: Object-Oriented Approach to Managing Statistical and Scientific Databases, in: Michalewicz, Z. (Ed.): *Proceedings of the 5th International Conference on Statistical and Scientific Database Management* (5SSDBM, Charlotte, N.C., April 3-5), 1990, pp. 1-13

Kim 93   Kim, W.: Object-Oriented Database Systems: Promises, Reality, and Future, in: Agrawal, R.; Baker, S.; Bell, D. (Eds.): *Proceedings of the 19th International Conference on Very Large Data Bases* (VLDB´93, Dublin, Ireland, Aug. 24-27), 1993, pp. 676-687

KiRu 93   Kirsche, T.; Ruf, T.: A Trigger Rewriting Mechanism for Processinf Complex Event Specifications in Active Database Systems, in: Kirsche, T.; Wedekind, H. (Hrsg.): Data Management for Advanced Applications, *Arbeitsberichte des Instituts für Mathematische Maschinen und Datenverarbeitung (Informatik) 26(1993)12, Univ. Erlangen-Nürnberg*, pp. 103-111

KKEW 94   Kouramajian, V.; Kamel, I.; Elmasri, R.; Waheed, S.: The Time Index$^+$: An Incremental Access Structure for Temporal Databases, in: *Proceedings of the 3rd International Conference on Information and Knowledge Management* (CIKM´94, Gaithersburg, MD, Nov. 29 - Dec. 2), 1994, pp. 296-303

Klep 1896   von Klepacki: Die Hollerith'sche elektrische Zählmaschine für Volkszählungen, *Polytechnisches Zentralblatt 57(1896)11*, S. 121-125

Klin 93   Kline, N.: An Update of the Temporal Database Bibliography, *ACM SIGMOD Record 22(1993)4*, pp. 66-80

KlLo 83   Klopproge, M.R.; Lockemann, P.C.: Modeling Information Preserving Databases: Consequences of the Concepts of Time, in: Schkolnick, M.; Thanos, C. (Eds.): *Proceedings of the 9th International Conference on Very Large Data Bases* (VLDB´83, Florence, Italy, Oct. 31-Nov. 2), 1983, pp. 399-416

Klop 81   Klopproge, M.R.: TERM: An Approach to Include the Time Dimension in the Entity-Relationship Model, in: Chen, P. (Ed.): *Proceedings of the 2nd International Conference on E-R Approach* (Washington, D.C., Oct. 12-14), 1981, pp. 473-508 (*Entity-Relationship Approach to Information Modeling and Analysis*, Amsterdam e.a.: North-Holland)

KlRo 88   Klensin, J.C.; Romberg, R.M.: Statistical Data Management Requirements and the SQL Standards -- An Evolving Comparison, in: Rafanelli, M.; Klensin, J.C.; Svensson, P. (Eds.): *Proceedings of the 4th International Working Conference on Statistical and Scientific Database Management* (4SSDBM, Rome, Italy, June 21-23), 1988, pp. 19-38

KLRW 94   Kirsche, T.; Lenz, R.; Ruf, T.; Wedekind, H.: Cooperative Problem Solving Using Database Conversations, in: *Proceedings of the 10th IEEE International Conference on Data Engineering* (ICDE´94, Houston, Texas, Feb. 14-18), 1994, pp. 134143

KLS+ 94   Kirsche, T.; Lenz, R.; Schuster, H.; Ruf, T.; Wedekind, H.: Application-Oriented Specification and Efficient Processing of Complex Triggers in an ADBS Context, in: *Proceedings 39. Internationales Wissenschaftliches Kolloquium* (Technische Universität Ilmenau, Sept. 27-30), 1994, S. 321-326

Klug 81   Klug, A.: ABE - A Query Language for Constructing Aggregates-By-Example, in: Wong, H.K.T. (Ed.): *Proceedings of the 1st LBL Workshop on Statistical Database Management* (1SSDBM, Menlo Park, CA, Dec. 2-4), 1981, pp. 190-205

Klug 82a   Klug, A.: Equivalence of Relational Algebra and Relational Calculus Query Languages Having Aggregate Functions, *Journal of the ACM 29(1982)3*, pp. 699-717

Klug 82b   Klug, A.: Access Path in the ABE Statistical Query Facility, in: Schkolnik, M. (Ed.): *Proceedings of the 1982 ACM International Conference on Management of Data* (SIGMOD´82, Orlando, Fla., June 2-4), 1982, pp. 161-173

KlYn 81   Klensin, J.C.; Yntema, D.B.: Beyond the Package: a New Approach to Behavioral Science Computing, *Social Science Information 20(1981)4/5*, pp. 787-815

Knea 88   Kneale, D.: Into the Void: What Becomes of Data Sent Back From Space?, *The Wall Street Journal, Vol. V, No. 242*, 13.Jan.1988

Knut 73   Knuth, D.E.: *The Art of Computer Programming: Vol. 3, Sorting and Searching*, Reading, Mass.: Addison-Wesley, 1973

KoBe 91   Kobler, B.; Berbert, J.: NASA Earth Observing System Data Information System (EOSDIS), in: *Proceedings of the 11th IEEE Symposium on Mass Storage Systems* (Monterey, CA, Oct. 7-10), 1991, pp. 18-19

Kolo 90   Kolovson, C.P.: Indexing Techniques for Multi-Dimensional Spatial and Historical Data in Database Management Systems, *Ph.D. Thesis, University of California, Berkeley*, CA, Nov. 1990,

Kolo 93   Kolovson, C.P.: Indexing Techniques for Historical Databases, in: Tansel, A.U.; Clifford, J.; Gadia, S.; Jajodia, S.; Segev, A.; Snodgrass, R.: *Temporal Databases*, Redwood City e.a.: Benjamin/Cummings, 1993, pp. 418-432

KoPa 81   Koenig, S.; Paige, R.: A Transformational Framework for the Automatic Control of Derived Data, in: *Proceedings of the 7th International Conference on Very Large Data Bases* (VLDB´81, Cannes, France, Sep. 9-11), 1981, pp. 306-318

KoSS 93   Kohl, J.T.; Staelin, C.; Stonebraker, M.: Highlight: Using a Log-Structured File System for Tertiary Storage Management, in: *Proceedings of the Winter 1993 USENIX Conference* (San Diego, CA, Jan. 25-29), 1993, pp. 435-447

KoSt 89   Kolovson, C.P.; Stonebraker, M.: Indexing Techniques for Historical Databases, in: *Proceedings of the 5th IEEE International Conference on Data Engineering* (ICDE´89, Los Angeles, CA, Feb. 6-10), 1989, pp. 127-137

KoSt 91   Kolovson, C.P.; Stonebraker, M.: Segment Indexes: Dynamic Indexing Techniques for Multi-Dimensional Interval Data, in: Clifford, J.; King, R. (Eds.): *Proceedings of the 1991 ACM International Conference on Management of Data* (SIGMOD´91, Denver, Col., May 29-31), pp. 138-147 (*ACM SIGMOD Record 20(1991)2*)

Kres 85   Kress, G.: *Practical Techniques of Business Forecasting: Fundamentals and Applications for Marketing, Production, and Financial Managers*, Westport, London: Quorum Books, 1985

KrRa 88   Krishnaiah, P.R.; Rao, C.R. (Eds.): *Quality Conntrol and Reliability*, Amsterdam e.a.: Elsevier Science Publishers (North-Holland), 1988 (Handbook of Statistics, Vol. 7)

KrWi 92   Kruskal, J.B.; Wish, M.: *Multidimensional Scaling*, Beverly Hills, London: Sage Publications, 1992 (Sage University Paper Series on Quantitative Applications in the Social Sciences, Series 07-011)

KuLe 91   Kurtzberg, J.M.; Levanoni, M.: ABC: A Better Control for Manufacturing, *Research Report RC 16642, IBM T.J. Watson Research Center*, Yorktown Heights, NY, 199

KwRo 92   Kwan, S.K.; Rotem, D.: Analysis of Tradeoff between Data Accuracy and Performance of Databases, in: Hinterberger, H.; French, J.C. (Eds.): *Proceedings of the 6th International Working Conference on Scientific and Statistical Database Management* (6SSDBM, Ascona, CH, June 9-12), 1992, pp. 221-238

LaLS 91   Lander, E.; Langridge, R.; Saccocio, D.: Computing in Molecular Biology: Mapping and Interpreting Biological Information, *IEEE Computer 25(1991)11*, pp. 6-13

Lamp 78   Lamport, L.: Time, Clocks and the Ordering of Events in a Distributed System, *Communications of the ACM 21(1978)7*, pp. 558-565

Lang 89   Langran, G.: A Review of Temporal Database Research and its Use in GIS Applications, *International Journal of Geographic Information Systems 3(1989)3*, pp. 215-232

LaYa 85   Larson, P.; Yang, H.Z.: Computing Queries from Derived Relations, in: Pirotte, A.; Vassiliou, Y. (Eds.): *Proceedings of the 11th International Conference on Very Large Data Bases* (VLDB´85, Stockholm, Sweden, Aug. 21-23), 1985, pp. 259-269

LDE+ 84   Lum, V.; Dadam, P.; Erbe, R.; Guenauer, J.; Pistor, P.; Walch, G.; Werner, H.; Woodfill, J.: Designing DBMS Support for the Temporal Dimension, in: Yormark, B. (Ed.): *Proceedings of the 1984 ACM International Conference on Management of Data* (SIGMOD´84, Boston, Mass., June 18-21), pp. 115-130 (*ACM SIGMOD Record 14(1984)2*)

LeHi 87   Lelewer, D.A.; Hirschberg, D.S.: Data Compression, *ACM Computing Surveys 19(1987)3*, pp. 261-296

Lehn 95   Lehner, W.: *Konzeption eines Daten-, Zugriffs- und Speichermodells zur Unterstützung von zeit- und verlaufsbezogenen Auswertungen in "Scientific Databases"*, Diplomarbeit, Lehrstuhl für Datenbanksysteme, Friedrich-Alexander-Universität Erlangen-Nürnberg, 1995

LeHo 89   Lee, F.; Hotaka, R.: A Statistical Database Model: Its Uniqueness and the Design Procedure, *Journal of Information Processing 12(1989)2*, pp. 105-118

LeMF 86   Leban, B.; McDonald, D.; Forster, D.: A Representation for Collections of Temporal Intervals, in: *Proceedings of the 5th International Conference on Artificial Intelligence* (AAAI´86, Philadelphia, PA, Aug. 11-15), 1986, pp. 367-371

LeMS 94   Levy, A.Y.; Mumick, I.S.; Sagiv, Y.: Query Optimization by Predicate Move-Around, in: Bocca, J.; Jarke, M.; Zaniolo, C. (Eds.): *Proceedings of the 20th International Conference on Very Large Data Bases* (VLDB´94, Santiago de Chile, Chile, Sept. 12-15), 1994, pp. 96-107

LeMu 90   Leung, T.Y.C.; Muntz, R.R.: Query Processing for Temporal Databases, in: *Proceedings of the 6th IEEE International Conference on Data Engineering* (ICDE´90, Los Angeles, CA, Feb. 5-9), 1990, pp. 200-208

LeMu 93   Leung, T.Y.C.; Muntz, R.R.: Stream Processing: Temporal Query Processing and Optimization, in: Tansel, A.U.; Clifford, J.; Gadia, S.; Jajodia, S.; Segev, A.; Snodgrass, R.: *Temporal Databases*, Redwood City e.a.: Benjamin/Cummings, 1993, pp. 329-355

Lenz 95   Lenz, R.: Distributed Data Management with Weak Consistent Replicated Data: A System Architecture Proposal, in: Ruf, T. (Hrsg.): Redundancy-Based Query Optimization in Database Systems: Examples, Benefits, and Control, *Arbeitsberichte des Instituts für Mathematische Maschinen und Datenverarbeitung (Informatik) 28(1995)6, Univ. Erlangen-Nürnberg*, pp. 121-134

LeRT 94a   Lee, A.J.; Rundensteiner, E.A.; Thomas, S.: Physical Map Assembler: An Active OODB System for Human Genome Applications, in: French, J.C.; Hinterberger, H. (Eds.): *Proceedings of the 7th International Working Conference on Scientific and Statistical Database Management* (7SSDBM, Charlottesville, VA, Sept. 28-30), 1994, pp. 128-137

LeRT 94b   Lehner, W.; Ruf, T.; Teschke, M.: Datenbanksysteme mit flexiblem Daten-, Zugriffs- und Speichermodell, in: Lenz, R.; Wedekind, H. (Hrsg.): Aspects of Advanced Data Management, *Arbeitsberichte des Instituts für Mathematische Maschinen und Datenverarbeitung (Informatik) 27(1994)5, Univ. Erlangen-Nürnberg*, pp. 106-120

LeRT 95a   Lehner, W.; Ruf, T.; Teschke, M.: Data Management in Scientific Computing: A Study in Market Research, in: *Proceedings of the 1995 International Conference on Applications of Databases* (ADB´95, Santa Clara, CA, Dec. 13-15), 1995, pp. 31-35

LeRT 95b   Lehner, W.; Ruf, T.; Teschke, M.: Optimizing Database Access Performance in Scientific Applications without Compromising Logical Data Independence, in: *Proceedings of the 1995 International Conference on Applications of Databases* (ADB´95, Santa Clara, CA, Dec. 13-15), 1995, pp. 120-135

LeRT 96a   Lehner, W.; Ruf, T.; Teschke, M.: Improving Query Response Time in Scientific Databases Using Data Aggregation, erscheint in: *Proceedingsof the 7th International Conference ans Workshop on Database and Expert Systems Applications* (DEXA´96, Zurich, Switzerland, Sept. 9-13), 1996

LeRT 96b   Lehner, W.; Ruf, T.; Teschke, M.: CROSS-DB: A Data Model Preserving Logical and Physical Data Independence in Statistical and Scientific Applications, in: Ruf, T. (Hrsg.): Redundancy-Based Query Optimization in Database Systems: Modelling and Implementation Issues, *Arbeitsberichte des Instituts für Mathematische Maschinen und Datenverarbeitung (Informatik) 29(1995)6, Univ. Erlangen-Nürnberg*, pp. 195-216

LeRT 96c   Lehner, W.; Ruf, T.; Teschke, M.: CROSS-DB: A Feature-Extended Multidimensional Data Model for Statistical and Scientific Databases, erscheint in: *Proceedings of the 5th International Conference on Information and Knowledge Management* (CIKM´96, Rockville, MD, Nov. 12-16), 1996

LeRu 96   Lehner, W.; Ruf, T.: A Redundancy-Based Optimization Approach for Aggregation Queries in Scientific and Statistical Databases, in: Ruf, T. (Hrsg.): Redundancy-Based Query Optimization in Database Systems: Modelling and Implementation Issues, *Arbeitsberichte des Instituts für Mathematische Maschinen und Datenverarbeitung (Informatik) 29(1995)6*, Univ. Erlangen-Nürnberg, pp. 217-236

LeST 83   Lefons, E.; Silvestri, A.; Tangorra, F.: An Analytic Approach to Statistical Databases, in: Schkolnick, M.; Thanos, C. (Eds.): *Proceedings of the 9th International Conference on Very Large Data Bases* (VLDB´83, Florence, Italy, Oct. 31-Nov. 2), 1983, pp. 260-274

LeWW 84   Lenz, H.; Wetherill, G.B.; Wilrich, P. (Eds.): *Frontiers in Statistical Quality Control 2*, Würzburg: Physica-Verlag, 1984

LHM+ 86   Lindsay, B.G.; Haas, L.; Mohan, C.; Pirahesh, H.; Wilms, P.: A Snapshot Differential Refresh Algorithm, in: Zaniolo, C. (Ed.): *Proceedings of the 1986 ACM International Conference on Management of Data* (SIGMOD´86, Washington, D.C., May 28-30), 1986, pp. 53-60 (*ACM SIGMOD Record 15(1986)2*)

LiBe 90   Ling, D.H.O.; Bell, D.A.: Taxonomy of Time Models in Databases, *information and software technology 32(1990)*, pp. 215-224

LiCL 85   Liew, C.K.; Choi, W.J.; Liew, C.J.: A Data Distortion by Probability Distribution, *ACM Transactions on Database Systems 10(1985)3*, pp. 395-411

LiRW 87   Li, J.Z.; Rotem, D.; Wong, H.K.T.: A New Compression Method with Fast Searching on Large Databases, in: Stocker, P.M.; Kent, W.; Hammersley, P. (Eds.): *Proceedings of the 13th International Conference on Very Large Data Bases* (VLDB´87, Brighton, Great Britain, Sept. 1-4), 1987, pp. 311-318

Litt 79   Little, J.D.C.: Decision Support Systems for Marketing Managers, *Journal of Marketing 43(1979)3*, S. 9-26

LMSS 95a   Levy, A.Y.; Mendelzon, A.O.; Sagiv, Y.; Srivastava, D.: Answering Queries Using Views, in: *Proceedings of the 14th ACM SIGACT-SIGMOD-SIGART Symposium on Principles of Database Systems* (PODS´94, San Jose, CA, May 22-25), 1995, pp. 95-104

LMSS 95b   Lu, J.L.; Moerkotte, G.; Schue, J.; Subrahmanian, V.S.: Efficient Maintenance of Materialized Mediated Views, in: Carey, M.J.; Schneider, D.A. (Eds.): *Proceedings of the 1995 ACM International Conference on Management of Data* (SIGMOD´95, San Jose, CA, May 23-25), pp. 340-351 (*ACM SIGMOD Record 24(1995)2*)

LoMC 94   Long, D.D.E.; Montague, B.R.; Cabrera, L.: Swift/RAID: A Distributed RAID System, *Computing Systems 7(1994)3*, pp. 333-359

Lore 93   Lorentzos, N.A.: The Interval-Extended Relational Model and its Application to Valid-Time Databases, in: Tansel, A.U.; Clifford, J.; Gadia, S.; Jajodia, S.; Segev, A.; Snodgrass, R.: *Temporal Databases*, Redwood City e.a.: Benjamin/Cummings, 1993, pp. 67-91

LoSa 89   Lomet, D.; Salzberg, B.: Access Methods for Multiversion Data, in: Clifford, J.; Linsay, B.; Maier, D. (Eds.): *Proceedings of the 1989 ACM International Conference on Management of Data* (SIGMOD´89, Portland, Oregon, May 31-June 2), 1989, pp. 315-324 (*ACM SIGMOD Record 18(1989)2*)

LoSa 90   Lomet, D.; Salzberg, B.: The hB-Tree: A Multiattribute Indexing Method with Good Guaranteed Performance, *ACM Transactions on Database Systems 15(1990)4*, pp. 625-658

LoSa 93a   Lomet, D.; Salzberg, B.: Exploiting a History Database for Backup, in: Agrawal, R.; Baker, S.; Bell, D. (Eds.): *Proceedings of the 19th International Conference on Very Large Data Bases* (VLDB´93, Dublin, Ireland, Aug. 24-27), 1993, pp. 380-390

LoSa 93b   Lomet, D.; Salzberg, B.: Transaction-Time Databases, in: Tansel, A.U.; Clifford, J.; Gadia, S.; Jajodia, S.; Segev, A.; Snodgrass, R.: *Temporal Databases*, Redwood City e.a.: Benjamin/Cummings, 1993, pp. 388-417

LoSc 87   Lockemann, P.; Schmidt, J.W. (Hrsg.): *Datenbank-Handbuch*, Berlin e.a.: Springer-Verlag, 1987

LuSt 92   Luchian, H.; Stamate, D.: Statistical Protection for Statistical Databases, in: Hinterberger, H.; French, J.C. (Eds.): *Proceedings of the 6th International Working Conference on Scientific and Statistical Database Management* (6SSDBM, Ascona, CH, June 9-12), 1992, pp. 160-177

LuTD 95   Lu, H.; Tan, K.; Dao, S.: The Fittest Survives: An Adaptive Approach to Query Optimization, in: Dayal, U.; Gray, P.M.D.; Nishio, S. (Eds.): *Proceedings of the 21st International Conference on Very Large Data Bases* (VLDB´95, Zurich, Switzerland, Sept. 11-15), 1995, pp. 251-262

Lutz 84   Lutz, H.: Experiences in Data Structuring Gained from Running a General Statistical Data Bank System, *Statistical Journal of the United Nations ECE 2 (1984)*, pp. 179-190

MaDi 81   Maness, A.T.; Dintelman, S.M.: Design of the Genealogical Information System, in: Wong, H.K.T. (Ed.): *Proceedings of the 1st LBL Workshop on Statistical Database Management* (1SSDBM, Menlo Park, CA, Dec. 2-4), 1981, pp. 41-58

MaHa 94   Maier, D.; Hansen, D.M.: Bambi meets Godzilla: Object Databases for Scientific Computing, in: French, J.C.; Hinterberger, H. (Eds.): *Proceedings of the 7th International Working Conference on Scientific and Statistical Database Management* (7SSDBM, Charlottesville, VA, Sept. 28-30), 1994, pp. 176-184

MaLo 86   Mackert, L.; Lohman, G.: R* Optimizer Validation and Performance Evaluation for Local Queries, in: Zaniolo, C. (Ed.): *Proceedings of the 1986 ACM International Conference on Management of Data* (SIGMOD´86, Washington, D.C., May 28-30), 1986, pp. 84-95 (*ACM SIGMOD Record 15(1986)2*)

Malm 86   Malmborg, E.: On the Semantics of Aggregated Data, in: Cubitt, R.; Cooper, B.; Ozsoyoglu, G. (Eds.): *Proceedings of the 3rd International Workshop on Statistical and Scientific Database Management* (3SSDBM, Luxembourg, July 22-24), 1986, pp. 152-158

Malm 88   Malmborg, E.: Design of the User-Interface for an Object-Oriented Statistical Data-Base, in: Rafanelli, M.; Klensin, J.C.; Svensson, P. (Eds.): *Proceedings of the 4th International Working Conference on Statistical and Scientific Database Management* (4SSDBM, Rome, Italy, June 21-23), 1988, pp. 314-326

Malm 92   Malmborg, E.: Matrix-Based Interchange of Aggregated Statistical Data, in: Hinterberger, H.; French, J.C. (Eds.): *Proceedings of the 6th International Working Conference on Scientific and Statistical Database Management* (6SSDBM, Ascona, CH, June 9-12), 1992, pp. 259-273

Malv 88   Malvestuto, F.M.: The Derivation Problem for Summary Data, in: Boral, H.; Larson, P. (Eds.): *Proceedings of the 1988 ACM International Conference on Management of Data* (SIGMOD´88, Chicago, Illinois, June 1-3), 1988, pp. 82-89 (*ACM SIGMOD Record 17(1988)3*)

Malv 89   Malvestuto, F.M.: A Universal Table Model for Categorical Databases, *Information Sciences 49(1989)*, pp. 203-223

Malv 93   Malvestuto, F.M.: A Universal-Scheme Approach to Statistical Databases Containing Homogeneous Summary Tables, *ACM Transactions on Database Systems 18(1993)4*, pp. 678-708

MaMo 89   Malvestuto, F.M.; Moscarini, M.: Aggregate Evaluability in Statistical Databases, in: Apers, P.M.G.; Wiederhold, G. (Eds.): *Proceedings of the 15th International Conference on Very Large Data Bases* (VLDB´89, Amsterdam, Holland, Aug. 22-25), 1989, pp. 279-286

Mank 92   Mankiw, G.: *Macroeconomics*, New York: Worth Publishers, 1992

MaSc 84   March, S.T.; Scudder, G.: On the Selection of Efficient Record Segmentations and Backup Strategies for Shared Databases, *ACM Transactions on Database Systems 9(1984)3*, pp. 409-438

MaSe 77   March, S.T.; Severance, D.: The Determination of Efficient Record Segmentations and Blocking Factors for Shared Data Files, *ACM Transactions on Database Systems 2(1977)3*, pp. 279-296

MaSh 92   Markowitz, V.M.; Shoshani, A.: Representing Extended Entity-Relationship Structures in Relational Databases: A Modular Approach, *ACM Transactions on Database Systems 17(1992)3*, pp. 423-464

MaSu 94   Malmborg, E.; Sundgren, B.: Integration of Statistical Information Systems - Theory and Practise, in: French, J.C.; Hinterberger, H. (Eds.): *Proceedings of the 7th International Working Conference on Scientific and Statistical Database Management* (7SSDBM, Charlottesville, VA, Sept. 28-30), 1994, pp. 80-89

MaUV 84   Maier, D.; Ullman, J.D.; Vardi, M.Y.: On the Foundations of the Universal Relation Model, *ACM Transactions on Database Systems 9(1984)2*, pp. 283-308

MaZu 88   Malvestuto, F.M.; Zuffada, C.: The Classification Problem with Semantically Heterogeneous Data, in: Rafanelli, M.; Klensin, J.C.; Svensson, P. (Eds.): *Proceedings of the 4th International Working Conference on Statistical and Scientific Database Management* (4SSDBM, Rome, Italy, June 21-23), 1988, pp. 157-176

McCa 82   McCarthy, J.L.: Metadata Management for Large Statistical Databases, in: *Proceedings of the 8th International Conference on Very Large Data Bases* (VLDB´82, Mexico City, Mexico, Sept. 8-10), 1982, pp. 234-243

McFB 87   McCormick, B.H.; DeFanti, T.A.; Brown, M.D.: Visualization in Scientific Computing, *Computer Graphics 21(1987)6*, pp. 1-14

McKe 86   McKenzie, L.E.: Bibliography: Temporal Databases, *ACM SIGMOD Record 15(1986)4*, pp. 40-52

McLe 83   McLeish, M.: An Information-Theoretic Approach to Statistical Databases and their Security: A Preliminary Report, in: Hammond, R.; McCarthy, J.L. (Eds.): *Proceedings of the 2nd International Workshop on Statistical Database Management* (2SSDBM, Los Altos, CA, Sept. 27-29), 1983, pp. 355-359

McLe 89   McLeish, M.: Further Results on the Security of Partitioned Dynamic Statistical Databases, *ACM Transactions on Database Systems 14(1989)1*, pp. 98-113

McSn 91   McKenzie, L.E.; Snodgrass, R.: Evaluation of Relational Algebras Incorporating the Time Dimension in Databases, *ACM Computing Surveys 23(1991)4*, pp. 501-543

Meld 95   Meldrum, D.: The Interdisciplinary Nature of Genomics, *IEEE Engineering in Medicine and Biology 14(1995)4*, pp. 443-448

MeMi 91   Mecozzi, D.; Minton, J.: Design for a Transparent, Distributed File System, in: *Proceedings of the 11th IEEE Symposium on Mass Storage Systems* (Monterey, CA, Oct. 7-10), 1991, pp. 77-84

MePi 94   Medeiros, C.M.; Pires, F.: Databases for GIS, *ACM SIGMOD Record 23(1994)1*, pp. 107-115

MeRS 92   Meo-Evoli, L.; Ricci, F.L.; Shoshani, A.: On the Semantic Completeness of Macro-Data Operators for Statistical Aggregation, in: Hinterberger, H.; French, J.C. (Eds.): *Proceedings of the 6th International Working Conference on Scientific and Statistical Database Management* (6SSDBM, Ascona, CH, June 9-12), 1992, pp. 239-258

Meye 73   Meyers, E.D.: *Time-Sharing Computation in the Social Sciences*, Englewood Cliffs, NJ: Prentice-Hall, 1973

Meye 91   Meyer-Wegener, K.: *Multimedia-Datenbanken: Einsatz von Datenbanktechnik in Multimedia-Systemen*, Stuttgart: Teubner, 1991 (Leitfäden der angewandten Informatik)

MiCh 88   Michalewicz, Z.; Chen, K.: Ranges and Trackers in Statistical Databases, in: Rafanelli, M.; Klensin, J.C.; Svensson, P. (Eds.): *Proceedings of the 4th International Working Conference on Statistical and Scientific Database Management* (4SSDBM, Rome, Italy, June 21-23), 1988, pp. 193-206

Mich 90   Michalewicz, Z. (Ed.): *Proceedings of the 5th International Conference on Statistical and Scientific Database Management* (5SSDBM, Charlotte, N.C., April 3-5), 1990 (*Lecture Notes in Computer Science 420*, Berlin e.a.: Springer-Verlag)

Mich 91   Michalewicz, Z. (Ed.): *Statistical and Scientific Databases*, New York e.a.: Ellis Horwood, 1991

Micr 95   o.V.: *The Case for Relational OLAP*, White Paper, MicroStrategy, Inc., 1995

MiSH 94   Miller, W.; Schwartz, S.; Hardison, R.C.: A Point of Contact Between Computer Science and Molecular Biology, *IEEE Computational Science&Engineering 1(1994)1*, pp. 69-78

Mits 95   Mitschang, B.: *Anfrageverarbeitung in Datenbanksystemen: Entwurfs- und Implemenztierungskonzepte*, Braunschweig, Wiesbaden: Vieweg, 1995 (Reihe Vieweg Datenbanksysteme)

Mitt 84   Mittelstraß, J.: *Enzyklopädie Philosophie und Wissenschaftstheorie*, Mannheim: Bibliographisches Institut, 1984

MiYe 87   Michalewicz, Z.; Yeo, A.: Multiranges and Multitrackers in Statistical Databases, *Fundamanta Informaticae, Vol. X, 1987*, pp. 81-91

MLM+ 92   Markowitz, V.M.; Lewis, S.; McCarty, J.; Olken, F.; Zorn, M.: Data Management for Genomic Mapping Applications: A Case Study, in: Hinterberger, H.; French, J.C. (Eds.): *Proceedings of the 6th International Working Conference on Scientific and Statistical Database Management* (6SSDBM, Ascona, CH, June 9-12), 1992, pp. 45-57

Mont 85   Montgomery, D.C.: *Introduction to Statistical Quality Control*, New York e.a.: Wiley, 1985

Mumi 95   Mumick, I.S.: The Rejuvenation of Materialized Views, in: Bhalla, S. (Ed.): *Proceedings of the 6th International Conference on Information Systems and Data Management* (CISMOD´95, Bombay, India, Nov. 15-17), Berlin e.a.: Springer-Verlag, 1995, pp. 258-264

NaAh 87   Navathe, S.B.; Ahmet, R.: TSQL - A Language Interface for History Data Bases, *Proceedings of Temporal Aspects of Information Systems*, Amsterdam: North-Holland, 1987, pp. 113-128

NaAh 93   Navathe, S.B.; Ahmed, R.: Temporal Extensions to the Relational Model and SQL, in: Tansel, A.U.; Clifford, J.; Gadia, S.; Jajodia, S.; Segev, A.; Snodgrass, R.: *Temporal Databases*, Redwood City e.a.: Benjamin/Cummings, 1993, pp. 92-109

NASA 86   o.V.: Earth Observing System Data and Information System: Report of the Eos Data Panel, *Technical Memo TM-87777, National Aeronautics and Space Administration*, 1986

Neug 89   Neugebauer, L.: Extending a Database to Support the Handling of Environmental Measurement Data, in: Buchmann, A.; Günther, O.; Smith, T.R.; Wang, Y. (Eds.): *Proceedings of the 1st Symposium on Design and Implementation of Large Spatial Databases* (SSD´89, Santa Barbara, CA, July 17-18), 1989, pp. 147-165 (*Lecture Notes in Computer Science 409*, Berlin e.a.: Springer-Verlag)

Newc 85   Newcombe, H.B.: *Handbook of Record Linkage: Methods for Health and Statistical Studies, Administration, and Business*, Oxford: Oxford University Press, 1985

NgRa 94   Ng, W.K.; Ravishankar, C.V.: A Physical Storage Model for Efficient Statistical Query Processing, in: French, J.C.; Hinterberger, H. (Eds.): *Proceedings of the 7th International Working Conference on Scientific and Statistical Database Management* (7SSDBM, Charlottesville, VA, Sept. 28-30), 1994, pp. 97-106

NiHi 87   Nievergelt, J.; Hinrichs, K.: Storage and Access Structures for Geometric Data Bases, in: Ghosh, S.P.; Kambayashi, Y.; Tanaka, K. (Eds.): *Foundations of Data Organization*, New York: Plenum Press, 1987, pp. 441-455

NiHS 84   Nievergelt, J.; Hinrichs, K.; Sevcik, K.C.: The Grid File: An Adaptable, Symmetric Multi-Key File Structure, *ACM Transactions on Database Systems 9(1984)1*, pp. 38-71

NKAJ 59   Newcombe, H.B.; Kennedy, J.M.; Axford, S.L.; James, A.P.: Automatic Linkage of Vital Records, *Science 130(1959)*, pp. 954-959

Nord 83   Nordbäck, L.: Problems, Plans and Activities Concerning the Economic Databases at Statistics Sweden, in: Hammond, R.; McCarthy, J.L. (Eds.): *Proceedings of the 2nd International Workshop on Statistical Database Management* (2SSDBM, Los Altos, CA, Sept. 27-29), 1983, pp. 170-171

NoWi 82   Nordbäck, L.; Widlund, A.: AXIS - The Manager of Very Large Statistical Databases, in: Caussinus, H.; Ettinger, P.; Mathieu, J.R. (Eds.): *Proceedings of the 5th COMPSTAT Symposium* (COMPSTAT-82, Toulouse, France, Aug. 30 - Sept. 3), 1982, pp. 203-204 (Wien: Physica-Verlag)

NRC 88   National Research Council: Mapping and Sequencing the Human Genome, *Report of the Committee on Mapping and Sequencing the Human Genome*, Washington, D.C., 1988

ObSä 94   Oberweis, A.; Sänger, V.: GTL - A Graphical Language for Temporal Data, in: French, J.C.; Hinterberger, H. (Eds.): *Proceedings of the 7th International Working Conference on Scientific and Statistical Database Management* (7SSDBM, Charlottesville, VA, Sept. 28-30), 1994, pp. 22-31

OhSa 83   Ohsawa, Y.; Sakauchi, M.: The BD-Tree: A New N-Dimensional Data Structure with Highly Efficient Dynamic Characteristics, in: *Proceedings of the 9th IFIP Congress* (Paris, France, Sept. 19-23), 1983

Olke 86   Olken, F.: Physical Database Support for Scientific and Statistical Database Management, in: Cubitt, R.; Cooper, B.; Ozsoyoglu, G. (Eds.): *Proceedings of the 3rd International Workshop on Statistical and Scientific Database Management* (3SSDBM, Luxembourg, July 22-24), 1986, pp. 44-60

OlRo 86a   Olken, F.; Rotem, D.: Rearranging Data to Maximize the Efficiency of Compression, *Proceedings of the 5th ACM SIGACT-SIGMOD Symposium on Principles of Database Systems* (PODS´86, Cambridge, Mass., March 24-26), 1986, pp. 78-90

OlRo 86b   Olken, F.; Rotem, D.: Simple Random Sampling from Relational Databases, in: Chu, W.; Gardarin, G.; Ohsuga, S.; Kambayashi, Y. (Eds.): *Proceedings of the 12th International Conference on Very Large Data Bases* (VLDB´86, Kyoto, Japan, Aug. 25-28), 1986, pp. 160-169

OlRo 89   Olken, F.; Rotem, D.: Random Sampling from B$^+$-Trees, in: Apers, P.M.G.; Wiederhold, G. (Eds.): *Proceedings of the 15th International Conference on Very Large Data Bases* (VLDB´89, Amsterdam, Holland, Aug. 22-25), 1989, pp. 269-277

OlRo 90   Olken, F.; Rotem, D.: Random Sampling from Database Files: A Survey, in: Michalewicz, Z. (Ed.): *Proceedings of the 5th International Conference on Statistical and Scientific Database Management* (5SSDBM, Charlotte, N.C., April 3-5), 1990, pp. 92-111

Olso 93   Olson, M.: The Design and Implementation of the Inversion File System, in: *Proceedings of the Winter 1993 USENIX Conference* (San Diego, CA, Jan. 25-29), 1993, pp. 205-217

Opit 78   Opitz, O. (Hrsg.): *Numerische Taxonomie in der Marktforschung*, München: Vahlen, 1978

Orac 95   o.V.: *Oracle 7 MultiDimension: Advances in Relational Database Technology for Spatial Data Management*, White Paper, Oracle Corporation, 1995

Oren 82   Orenstein, J.A.: Multidimensional Tries Used for Associative Searching, *Information Processing Letters 14(1982)4*, pp. 150-157

OrHE 94   Orfali, R.; Harkey, D.; Edwards, J.: *The Essential Client/Server Survival Guide*, New York e.a.: Van Nostrand Reinhold, 1994

OrMe 84   Orenstein, J.A.; Merrett, T.H.: A Class of Data Structures for Associative Searching, in: *Proceedings of the 3rd ACM SIGACT-SIGMOD Symposium on Principles of Database Systems* (PODS´84, Waterloo, Ont., Canada, April 2-4), pp. 181-190

OrPf 88   Orlandic, R.; Pfaltz, J.L.: Compact 0-Complete Trees, in: Bancilhon, F.; DeWitt, D.J. (Eds.): *Proceedings of the 14th International Conference on Very Large Data Bases* (VLDB´88, Long Beach, CA, Aug. 29-Sept. 1), 1988, pp. 372-381

ORSW 86   Olken, F.; Rotem, D.; Shoshani, A.; Wong, H.K.T.: Scientific and Statistical Data Management Research at LBL, in: Cubitt, R.; Cooper, B.; Ozsoyoglu, G. (Eds.): *Proceedings of the 3rd International Workshop on Statistical and Scientific Database Management* (3SSDBM, Luxembourg, July 22-24), 1986, pp. 1-20

Ortn 94   Ortner, E.: MELCHIOS, Methodenneutrale Konstruktionssprache für Informationssysteme, *Technischer Bericht 60-94, Universität Konstanz, Fachbereich Informationswissenschaft*, 1994

Ortn 95   Ortner, E.: Elemente einer methodenneutralen Konstruktionssprache für Informationssysteme, *Informatik Forschung und Entwicklung 10(1995)3*, pp. 148-160

OuDo 88   Ousterhout, J.; Douglis, F.: Beating the I/O Bottleneck: A Case for Log-Structured File Systems, *Report No. UCB/CSD 88/467, Computer Science Division, Univ. of Berkeley*, Berkeley, CA, 1988

OvLe 82   Overmars, M.H.; van Leeuwen, J.: Dynamic Multi-Dimensional Data Structures Based on Quad- and k-d-Trees, *Acta Informatica 17(1982)3*, pp. 267-285

OzHO 90   Ozsoyoglu, G.; Hou, W.; Ola, A.: A Scientific DBMS for Programmable Logic Controllers, *IEEE Data Engineering Bulletin 13(1990)3*, pp. 164-170

OzMO 89   Ozsoyoglu, G.; Matos, V.; Ozsoyoglu, Z.M.: Query Processing Techniques in the Summary-Table-By-Example Database Query Language, *ACM Transactions on Database Systems 14(1989)4*, pp. 526-573

OzOM 85   Ozsoyoglu, G.; Ozsoyoglu, Z.M.; Mata, F.: A Language and a Physical Organization Technique for Summary Tables, in: Navathe, S. (Ed.): *Proceedings of the 1985 ACM International Conference on Management of Data* (SIGMOD´85, Austin, Texas, May 28-31), 1985, pp. 3-16 (*ACM SIGMOD Record 14(1985)4*)

OzOM 87   Ozsoyoglu, G.; Ozsoyoglu, Z.M.; Matos, V.: Extending Relational Algebra and Relational Calculus with Set-Valued Attributes and Aggregate Functions, *ACM Transactions on Database Systems 12(1987)4*, pp. 566-592

OzOV 94   Ozsoyoglu, G.; Ozsoyoglu, Z.M.; Vadaparty, K.: A Scientific Database System for Polymers and Materials Engineering Needs, in: French, J.C.; Hinterberger, H. (Eds.): *Proceedings of the 7th International Working Conference on Scientific and Statistical Database Management* (7SSDBM, Charlottesville, VA, Sept. 28-30), 1994, pp. 138-148

OzOz 81   Ozsoyoglu, G.; Ozsoyoglu, Z.M.: Update Handling Techniques in Statistical Databases, in: Wong, H.K.T. (Ed.): *Proceedings of the 1st LBL Workshop on Statistical Database Management* (1SSDBM, Menlo Park, CA, Dec. 2-4), 1981, pp. 249-284

OzOz83a   Ozsoyoglu, G.; Ozsoyoglu, Z.M: Features of a System for Statistical Databases, in: Hammond, R.; McCarthy, J.L. (Eds.): *Proceedings of the Second International LBL Workshop on Statistical Database Management* (2SSDBM, Los Altos, CA, Sept. 27-29), 1983, pp. 9-18

OzOz 83b   Ozsoyoglu, Z.M.; Ozsoyoglu, G.: An Extension of Relational Algebra for Summary Tables, in: Hammond, R.; McCarthy, J.L. (Eds.): *Proceedings of the Second International LBL Workshop on Statistical Database Management* (2SSDBM, Los Altos, CA, Sept. 27-29), 1983, pp. 202-211

OzOz 84a   Ozsoyoglu, Z.M.; Ozsoyoglu, G.: Summary-Table-By-Example: A Database Query Language for Manipulating Summary Data, in: *Proceedings of the 1st IEEE International Conference on Data Engineering* (ICDE´84, Los Angeles, CA, April 24-27), 1984, pp. 193-202

OzOz 84b   Ozsoyoglu, Z.M.; Ozsoyoglu, G.: SSDB: An Architecture for Statistical Databases, in: *Proceedings of the 4th International Jerusalem Conference on Information Technology* (IJCIT´84, Jerusalem, Israel), 1984, pp. 327-341

OzOz 85a   Ozsoyoglu, Z.M.; Ozsoyoglu, G.: A Query Language for Statistical Databases, in: Kim, W.; Reiner, D.S.; Batory, D.S. (Eds.): *Query Processing in Database Systems*, Berlin, Heidelberg, New York, Tokyo: Springer-Verlag, 1985, pp. 171-187

OzOz 85b   Ozsoyoglu, G.; Ozsoyoglu, Z.M.: Statistical Database Query Languages, *IEEE Transactions on Software Engineering SE-11(1985)10*, pp. 1071-1081

PaCY 95a   Park, J.S.; Chen, M.C.; Yu, P.S.: Efficient Parallel Mining for Association Rules, *Research Report RC 20156, IBM T.J. Watson Research Center*, Yorktown Heights, NY, 1995

PaCY 95b   Park, J.S.; Chen, M.C.; Yu, P.S.: An Effective Hash-Based Algorithm for Mining Association Rules, in: Carey, M.J.; Schneider, D.A. (Eds.): *Proceedings of the 1995 ACM International Conference on Management of Data* (SIGMOD´95, San Jose, CA, May 23-25), pp. 175-186 (*ACM SIGMOD Record 24(1995)2*)

PaHe 94   Patterson, D.A.; Hennessy, J.L.: *Computer Organization and Design: The Hardware/Software Interface*, San Mateo, CA: Morgan Kaufman Publishers, 1994

Para 95   The Paradise Team: Paradise: A Database System for GIS Applications, in: Carey, M.J.; Schneider, D.A. (Eds.): *Proceedings of the 1995 ACM International Conference on Management of Data* (SIGMOD´95, San Jose, CA, May 23-25), 1995, p.485 (*ACM SIGMOD Record 24(1995)2*)

PaSp 86   Pacco, M.G.; Springmann, E.: Use of a Commercial DBMS in a Scientific Environment, in: Cubitt, R.; Cooper, B.; Ozsoyoglu, G. (Eds.): *Proceedings of the 3rd International Workshop on Statistical and Scientific Database Management* (3SSDBM, Luxembourg, July 22-24), 1986, pp. 25-30

Pear 01   Pearson, K.: Mathematical Contributions to the Theory of Evolution - Supplement to a Memoir on Skew Variation, *Pilosophical Transactions A 197(1901)*, pp. 443-459

Pear 16   Pearson, K.: Mathematical Contributions to the Theory of Evolution - Second Supplement to a Memoir on Skew Variation, *Pilosophical Transactions A 216(1916)*, pp. 429-457

Pear 91   Pearson, P.L.: The Genome Data Base (GDB) - A Human Gene Mapping Repository, *Nucleic Acids Research 19(1991)Supplement*, pp. 2237-2239

PeCr 95   Pensde, N.; Creeth, R.: *The OLAP Report: Succeeding with On-Line Analytical Processing*, Wimbledon: Business Intelligence Ltd., 1995

PeLM 1899 Pearson, K.; Lee; P.: Moore, P.: Mathematical Contributions to the Theory of Evolution, *Pilosophical Transactions A 192(1899)*, p. 303

Perr 93   Perry, T.S.: Modeling the World´s Climate, *IEEE Spectrum 30(1993)7*, pp. 33-41

PeRS 88   Peinl, P.; Reuter, A.; Sammer, H.: High Contention in a Stock Trading Database: A Case Study, in: Boral, H.; Larson, P. (Eds.): *Proceedings of the 1988 ACM International Conference on Management of Data* (SIGMOD´88, Chicago, Illinois, June 1-3), 1988, pp. 260-268 (*ACM SIGMOD Record 17(1988)3*)

Pete 94   Peterson, S.: *Stars: A Pattern Language for Query Optimized Schema*, White Paper, Sequent Computer Systems, 1994

PeWe 72   Peterson, E.W.; Weldon, E.J.: *Error-Correcting Codes*, Cambridge, Mass.: MIT Press, 1972^2

PfFr 90   Pfaltz, J.L.; French, J.C.: Implementing Subscripted Identifiers in Scientific Databases, in: Michalewicz, Z. (Ed.): *Proceedings of the 5th International Conference on Statistical and Scientific Database Management* (5SSDBM, Charlotte, N.C., April 3-5), 1990, pp. 80-91

PfSF 88   Pfaltz, J.L.; Son, S.H.; French, J.C.: The ADAMS Interface Language, in: *Proceedings of the 3rd Conference on Hypercube Concurrents Computers and Applications* (Pasadena, CA, Jan. 19-20), 1988, pp. 1382-1389

PfFS 89   Pfaltz, J.L.; French, J.C.; Son, S.H.: Parallel Set Operators, in: *Proceedings 4th Conference on Hypercube Concurrent Computers and Applications*, (Monterey, CA), 1989, pp. 481-486

Piat 91   Piatetsky-Shapiro, G. (Ed.): *Knowledge Discovery in Databases*, Cambridge, Mass.: AAAI/MIT Press, 1991

PiHH 92   Pirahesh, H; Hellerstein, J.M.; Hasan, W.: Extensible/Rule Based Query Rewrite Optimization in Starburst, in: Stonebraker, M. (Ed.): *Proceedings of the 1992 ACM International Conference on Management of Data* (SIGMOD´92, San Diego, CA, June 2-5), 1992, pp. 39-48 (*ACM SIGMOD Record 21(1991)2*)

PoGo 90   Pomphrey, R.; Good, J.: The Astrophysics Data System: An Overview, *Information Systems Newsletter, NASA Office of Space Science and Application, May 1990*, pp. 39-42

Pöni 95   Pönighaus, R.: 'Favourite'SQL´-Statements - An Empirical Analysis of SQL-Usage in Commercial Applications, in: Bhalla, S. (Ed.): *Proceedings of the 6th International Conference on Information Systems and Data Management* (CISMOD´95, Bombay, India, Nov. 15-17), Berlin e.a.: Springer-Verlag, 1995, pp. 75-91

PrCo 92   Pratt, J.; Cohen, M.: A Process-Oriented Scientific Database Model, in: Stonebraker, M. (Ed.): *Proceedings of the 1992 ACM International Conference on Management of Data* (SIGMOD´92, San Diego, CA, June 2-5), 1992, pp. 17-25 (*ACM SIGMOD Record 21(1991)2*)

PrSh 85   Preparata, F.P.; Shamos, M.I.: *Computational Geometry: An Introduction*, New York: Springer-Verlag, 1985

PZMY 94   Pirotte, A.; Zimányi, E.; Massart, D.: Yakusheva, T.: Materialization: A Powerful and Ubiquitous Abstraction Pattern, in: Bocca, J.; Jarke, M.; Zaniolo, C. (Eds.): *Proceedings of the 20th International Conference on Very Large Data Bases* (VLDB´94, Santiago de Chile, Chile, Sept. 12-15), 1994, pp. 630-641

QHWG 92   Qiu, K; Hachem, N.I.; Ward, M.O.; Gennert, M.A.: Providing Temporal Support in Data Base Management Systems for Global Change Research, in: Hinterberger, H.; French, J.C. (Eds.): *Proceedings of the 6th International Working Conference on Scientific and Statistical Database Management* (6SSDBM, Ascona, CH, June 9-12), 1992, pp. 274-289

Rafa 87   Rafanelli, M.: A Graphical Approach for Statistical Summaries: The GRASS Model, in: *Proceedings of the ISMM International Symposium on Microcomputer and their Application*, 1987, pp. 78-81

Rafa 88   Rafanelli, M.: Research Topics in Statistical and Scientific Database Management: The IV SSDBM, in: Rafanelli, M.; Klensin, J.C.; Svensson, P. (Eds.): *Proceedings of the 4th International Working Conference on Statistical and Scientific Database Management* (4SSDBM, Rome, Italy, June 21-23), 1988, pp. 1-18

RaFe 92   Rafanelli, M.; Ferri, F.: VIDDEL: An Object Oriented VIsual Data DEfinition Language for Statistical Data, in: Hinterberger, H.; French, J.C. (Eds.): *Proceedings of the 6th International Working Conference on Scientific and Statistical Database Management* (6SSDBM, Ascona, CH, June 9-12), 1992, pp. 18-28

Rahm 90   Rahm, E.: Utilization of Extended Storage Architectures for High-Volume Transaction Processing, *Technical Report6/90, Dept. of Computer Science, Univ. Kaiserslautern*, 1990

Rahm 93   Rahm, E.: *Hochleistungs-Transaktionssysteme: Konzepte und Entwicklungen moderner Datenbankarchitekturen*, Braunschweig, Wiesbaden: Vieweg, 1993 (Reihe Vieweg Datenbanksysteme)

RaKS 88   Rafanelli, M.; Klensin, J.C.; Svensson, P. (Eds.): *Proceedings of the 4th International Working Conference on Statistical and Scientific Database Management* (4SSDBM, Rome, Italy, June 21-23), 1988 (*Lecture Notes in Computer Science 339*, Berlin e.a.: Springer-Verlag, 1989)

RaRi 83   Rafanelli, M.; Ricci, F.L.: Proposal of a Logical Model for Statistical Data Base, in: Hammond, R.; McCarthy, J.L. (Eds.): *Proceedings of the 2nd International Workshop on Statistical Database Management* (2SSDBM, Los Altos, CA, Sept. 27-29), 1983, pp. 264-272

RaRi 90   Rafanelli, M.; Ricci, F.: A Functional Model for Statistical Entities, in: *Proceedings of the International Conference on Database and Expert Systems Applications* (DEXA´90, Vienna, Austria), 1990

RaRi 91   Rafanelli, M.; Ricci, F.: Mefisto: A Functional Model for Macro-Databases, in: Clifford, J.; King, R. (Eds.): *Proceedings of the 1991 ACM International Conference on Management of Data* (SIGMOD´91, Denver, Col., May 29-31), (*ACM SIGMOD Record 20(1991)2*)

RaSh 90   Rafanelli, M.; Shoshani, A.: STORM: A Statistical Object Representation Model, in: Michalewicz, Z. (Ed.): *Proceedings of the 5th International Conference on Statistical and Scientific Database Management* (5SSDBM, Charlotte, N.C., April 3-5), 1990, pp. 14-29

Rauc 1896 Rauchberg, H.: Erfahrungen mit der elektrischen Zählmaschine, *Allgemeines Statistisches Archiv Vol. 1896*, S. 131-163, Tübingen: Laupp, 1896

ReDa 90   Rew, R.K.; Davis, G.P.: NetCDF: An Interface for Scientific Data Access, *IEEE Computer Graphics & Applications 10(1990)4*, pp. 76-82

ReHa 92   Read, B.J.; Hapgood, M.A.: Approximate Joins in Scientific Databases in Practise, in: Hinterberger, H.; French, J.C. (Eds.): *Proceedings of the 6th International Working Conference on Scientific and Statistical Database Management* (6SSDBM, Ascona, CH, June 9-12), 1992, pp. 123-131

Reis 84   Reiss, S.P.: Practical Data Swapping: The First Steps, *ACM Transactions on Database Systems 9(1984)1*, pp. 20-37

Reit 78   Reiter, R.: On Closed World Data Bases, in: Gallaire, H.; Minker, J. (Eds.): *Logic and Data Bases*, New York: Plenum Press, 1978, pp. 55-76

ReWi 91   Redfield, S.; Willenbring, J.: Holostore Technology for Higher Levels of Memory Hierarchy, in: *Proceedings of the 11th IEEE Symposium on Mass Storage Systems* (Monterey, CA, Oct. 7-10), 1991, pp. 155-159

RiDi 94   Riechle, B.; Dittrich, K.R.: A Federated DBMS-Based Integrated Environment for Molecular Biology, in: French, J.C.; Hinterberger, H. (Eds.): *Proceedings of the 7th International Working Conference on Scientific and Statistical Database Management* (7SSDBM, Charlottesville, VA, Sept. 28-30), 1994, pp. 118-127

Robi 81   Robinson, J.: The K-D-B-Tree: A Search Structure for Large Multidimensional Dynamic Indexes, in: Lien, Y.E. (Ed.): *Proceedings of the 1981 ACM International Conference on Management of Data* (SIGMOD´81, Ann Arbor, Mich., April 29 -May 1), 1981, pp. 10-18

RoFr 93   Robinson, J.T.; Franaszek, P.A.: Analysis of Reorganization Overhead in Log-Structured File Systems, *Research Report RC 19056, IBM T.J. Watson Research Center*, Yorktown Heights, NY, 1993 (in veränderter Form ebenfalls erschienen in: *Proceedings of the 10th IEEE International Conference on Data Engineering* (ICDE´94, Houston, Texas, Feb. 14-18), 1994, pp. 102-110)

RoGa 94   Rose, J.R.; Gasteiger, J.: Hierarchical Classification as an Aid to Database and Hit-List Browsing, in: *Proceedings of the 3rd International Conference on Information and Knowledge Management* (CIKM´94, Gaithersburg, MD, Nov. 29 - Dec. 2), 1994, pp. 408-414

RoKV 95   Roussopoulos, N.; Kelley, S.; Vincent, F.: Nearest Neighbor Queries, in: Carey, M.J.; Schneider, D.A. (Eds.): *Proceedings of the 1995 ACM International Conference on Management of Data* (SIGMOD´95, San Jose, CA, May 23-25), 1995, pp. 71-79 (*ACM SIGMOD Record 24(1995)2*)

RoLe 85   Roussopoulos, N.; Leifker, D.: Direct Spatial Search on Pictoral Databases Using Packed R-Trees, in: Navathe, S. (Ed.): *Proceedings of the 1985 ACM International Conference on Management of Data* (SIGMOD´85, Austin, Texas, May 28-31), 1985, pp. 17-31 (*ACM SIGMOD Record 14(1985)4*)

RoSe 87   Rotem, D.; Segev, A.: Physical Organization of Temporal Data, in: *Proceedings of the 3rd IEEE International Conference on Data Engineering* (ICDE´87, Los Angeles, CA, Feb. 3-5), 1987, pp. 547-553

RoSe 88   Rotem, D.; Segev, A.: Algorithms for Multidimensional Partitioning of Static Files, *IEEE Transactions on Software Engineering 14(1988)11*, pp. 1700 ff.

Rose 95   Rosenblum, M.: *The Design and Implementation of a Log-Structured File System*, Norwell, Mass.: Kluwer, 1995

Rowe 81   Rowe, N.C.: Rule-Based Statistical Calculations on a Database Abstract, in: Wong, H.K.T. (Ed.): *Proceedings of the 1st LBL Workshop on Statistical Database Management* (1SSDBM, Menlo Park, CA, Dec. 2-4), 1981, pp. 163-175

Rowe 83   Rowe, N.C.: Rule-Based Statistical Calculations on a Database Abstract, *Ph.D. Thesis, Department of Computer Science, Stanford University*, Stanford, CA, 1983 (*Technical Report STAN-CS-83-975*)

Rubi 87   Rubin, D.B.: *Multiple Imputation for Nonresponse in Surveys*, New York e.a.: Wiley, 1987

Ruf 91   Ruf, T.: *Featurebasierte Integration von CAD/CAM-Systemen*, Berlin e.a.: Springer-Verlag, 1991 (Informatik-Fachberichte 297)

Ruf 93a   Ruf, T.: A Data Collection, Storage and Retrieval Architecture for LAN-Based Manufacturing Process Control Systems, *Research Report RJ 9409, IBM Almaden Research Center*, San Jose, CA, 1993

Ruf 93b   Ruf, T.: Data Management Across Multiple Platforms: A Case Study for Network-Based Manufacturing Process Control Systems, in: *Proceedings of the SI-DBTA Workshop on Interoperability of Database Systems and Database Applications* (Fribourg, Switzerland, Oct. 13-14), 1993, pp. 247-254

Ruf 94   Ruf, T.: *Gutachten über das künftige Datenbanksystem der GfK Handelsforschung*, Technischer Bericht, Lehrstuhl für Datenbanksysteme, Univ. Erlangen-Nürnberg, 1994

Ruff 92   Ruff, M.; KITLOG: A Generic Logging Service, in: *Proceedings of the 11th Symposium on Reliable Distributed Systems* (Houston, Texas, Oct. 5-7), 1992, pp. 139-146

Rula 89   Ruland, D.: *Datenbankeinsatz in CIM-Anwendungen*, Habilitationsschrift, Fakultät für Mathematik, Univ. Würzburg, 1989

RuTe 95   Ruf, T.; Teschke, M.: Datenbankeinsatz im 'Scientific Computing': Eine Fallstudie im Anwendungsgebiet der Marktforschung, in: Ruf, T. (Hrsg.): Redundancy-Based Query Optimization in Database Systems: Examples, Benefits, and Control, *Arbeitsberichte des Instituts für Mathematische Maschinen und Datenverarbeitung (Informatik) 28(1995)6, Univ. Erlangen-Nürnberg*, pp. 1-100

SAA+ 94   Snodgrass, R.T.; Ahn, I.; Ariav, G.; Batory, D.; Clifford, J.; Dyreson, C.E.; Elmasri, R.; Grandi, F.; Jensen, C.S.; Käfer, W.; Kline, N.; Kulkarni, K.; Leung, T.Y.C.; Lorentzos, N.; Roddick, J.F.; Segev, A.; Soo, M.D.; Sripada, S.M.: A TSQL2 Tutorial, *ACM SIGMOD Record 23(1994)3*, pp. 27-34

SAC+ 79   Selinger, P.G.; Astrahan, M.M.; Chamberlain, D.D.; Lorie, R.A.; Price, T.G.: Access Path Selection in a Relational Database Management System, in: Bernstein, P.A. (Ed.): *Proceedings of the 1979 ACM International Conference on Management of Data* (SIGMOD´79, Boston, Mass., May 30-June 1), 1979, pp. 23-32

SaGa 86   Salem, K.; Garcia-Molina, H: Disk Striping, in: *Proceedings of the 2nd IEEE International Conference on Data Engineering* (ICDE´86, Los Angeles, CA, Feb. 5-7), 1986, pp. 336-342

Same 84   Samet, H.: The Quadtree and Related Hierarchical Data Structures, *ACM Computing Surveys 6(1984)2*, pp. 187-260

Same 88   Samet, H.: Hierarchical Representations of Collections of Small Rectangles, *ACM Computing Surveys 20(1988)4*, pp. 271-309

Same 89   Samet, H.: *The Design & Analysis of Spatial Data Structures*, Reading, Mass.: Addison-Wesley, 1989

Samm 87   Sammer, H.: Online Stock Trading Systems: Study of an Application, in: *Proceedings of Spring COMPCON´87*, San Francisco, 1987, pp. 161-163

Sara 95   Sarawagi, S.: Query Processing in Tertiary Memory Databases, in: Dayal, U.; Gray, P.M.D.; Nishio, S. (Eds.): *Proceedings of the 21st International Conference on Very Large Data Bases* (VLDB´95, Zurich, Switzerland, Sept. 11-15), 1995, pp. 595-596

Sard 90   Sarda, N.L.: Extensions to SQL for Historical Databases, *IEEE Transactions on Knowledge and Data Engineering 2(1990)2*, pp. 220-230

Sard 93   Sarda, N.L.: HSQL: A Historical Query Language, in: Tansel, A.U.; Clifford, J.; Gadia, S.; Jajodia, S.; Segev, A.; Snodgrass, R.: *Temporal Databases*, Redwood City e.a.: Benjamin/ Cummings, 1993, pp. 110-140

SaSt 94   Sarawagi, S.; Stonebraker, M.: Efficient Organization of Large Multidimensional Arrays, in: *Proceedings of the 10th IEEE International Conference on Data Engineering* (ICDE´94, Houston, Texas, Feb. 14-18), 1994, pp. 328-336

Sato 81   Sato, H.: Handling Summary Information in a Database: Derivability, in: Lien, Y.E. (Ed.): *Proceedings of the 1981 ACM International Conference on Management of Data* (SIGMOD´81, Ann Arbor, Michigan, April 29 - May 1), 1981, pp. 98-107

Sato 88   Sato, H.: A Data Model, Knowledge Base, and Natural Language Processing for Sharing a Large Statistical Database, in: Rafanelli, M.; Klensin, J.C.; Svensson, P. (Eds.): *Proceedings of the 4th International Working Conference on Statistical and Scientific Database Management* (4SSDBM, Rome, Italy, June 21-23), 1988, pp. 207-225

Schä 1895   Schäffler, O.: Neuerungen an statistischen Zählmaschinen, *Österreichisches Privilegium Nr. 46/3182*, 1895

Sche 87   Scheer, A.: *CIM (Computer Integrated Manufacturing): Der computergeteuerte Industriebetrieb*, Berlin e.a.: Springer-Verlag, 1987

Sche 95   Scheer, A.: *Wirtschaftsinformatik: Referenzmodelle für industrielle Geschäftsprozesse*, Berlin e.a.: Springer-Verlag, 1995 (Studienausgabe)

ScHi 94   Schmid, C.; Hinterberger, H.: Comparative Multivariate Visualization Across Conceptually Different Graphic Displays, in: French, J.C.; Hinterberger, H. (Eds.): *Proceedings of the 7th International Working Conference on Scientific and Statistical Database Management* (7SSDBM, Charlottesville, VA, Sept. 28-30), 1994, pp. 42-51

Schl 80   Schlörer, J.: Disclosure from Statistical Databases: Quantitative Aspects of Trackers, *ACM Transactions on Database Systems 5(1980)4*, pp. 467-492

Schl 81   Schlörer, J.: Security of Statistical Databases: Multidimensional Transformation, *ACM Transactions on Database Systems 6(1981)1*, pp. 95-112

Schl 83   Schlörer, J.: Information Loss in Partitioned Statistical Databases, *Computer Journal 26(1983)3*, pp. 218-223

SCN+ 93   Stonebraker, M.; Chen, J.; Nathan, N.; Paxson, C.; Wu, J.: Tioga: Providing Data Management for Scientific Visualization, in: Agrawal, R.; Baker, S.; Bell, D. (Eds.): *Proceedings of the 19th International Conference on Very Large Data Bases* (VLDB´93, Dublin, Ireland, Aug. 24-27), 1993, pp. 25-38

SDK+ 94   Stonebraker, M.; Devine, R.; Kornacker, M.; Litwin, W.; Pfeffer, A.; Sah, A.; Staelin, C.: An Economic Paradigm for Query Processing and Data Migration in Mariposa, in: *Proceedings of the 3rd International Conference on Parallel and Distributed Information Systems* (PDIS´94, Austin, Texas, Sept. 28-30), 1994, pp. 58-67

Sear 93   Searls, D.B.: Genome Informatics, *IEEE Engineering in Medicine and Biology 12(1993)6*, pp. 124-130

SeCh 94a   Segev, A.; Chandra, R.: A Data Model for Time-Series Analysis, *Technical Report (Workung Draft), Lawrence Berkeley Laboratory*, Berkeley, CA, 1994

SeCh 94b   Segev, A.; Chatterjee, A.: Supporting Statistics in Extensible Databases: A Case Study, in: French, J.C.; Hinterberger, H. (Eds.): *Proceedings of the 7th International Working Conference on Scientific and Statistical Database Management* (7SSDBM, Charlottesville, VA, Sept. 28-30), 1994, pp. 54-63

Sege 93   Segev, A.: Join Processing and Optimization in Temporal Relational Databases, in: Tansel, A.U.; Clifford, J.; Gadia, S.; Jajodia, S.; Segev, A.; Snodgrass, R.: *Temporal Databases*, Redwood City e.a.: Benjamin/Cummings, 1993, pp. 356-387

SeGh 90   Sellis, T.; Ghosh, S.P.: On the Multiple Query Optimization Problem, *IEEE Transactions on Knowledge and Data Engineering 2(1990)2*, pp. 262-266

SeGu 89   Segev, A.; Gunadhi, H.: Event-Join Optimization in Temporal Relational Databases, in: Apers, P.M.G.; Wiederhold, G. (Eds.): *Proceedings of the 15th International Conference on Very Large Data Bases* (VLDB´89, Amsterdam, Holland, Aug. 22-25), 1989, pp. 205-215

SeLR 94   Seshadri, P.; Livny, M.; Ramakrishnan, R.: Sequence Query Processing, in: Snodgrass, R.T.; Winslett, M. (Eds.): *Proceedings of the 1994 ACM International Conference on Management of Data* (SIGMOD´94, Minneapolis, Minn., May 24-27), 1994, pp. 430-441 (*ACM SIGMOD Record 23(1994)2*)

SeLR 95   Seshadri, P.; Livny, M.; Ramakrishnan, R.: SEQ: A Model for Sequence Databases, in: *Proceedings of the 11th IEEE International Conference on Data Engineering* (ICDE´95, Taipei, Taiwan, March 6-10), pp. 232-239

SePa 89   Segev, A.; Park, J.: Maintaining Materialized Views in Distributed Databases, in: *Proceedings of the 5th IEEE International Conference on Data Engineering* (ICDE´89, Los Angeles, CA, Feb. 6-10), 1989, pp. 262-270

SeRF 87   Sellis, T.; Roussopoulos, N.; Faloutsos, C.: The R^+-Tree: A Dynamic Index for Multi-Dimensional Objects, in: Stocker, P.M.; Kent, W.; Hammersley, P. (Eds.): *Proceedings of the 13th International Conference on Very Large Data Bases* (VLDB´87, Brighton, Great Britain, Sept. 1-4), 1987, pp. 507-518

SeSh 87   Segev, A.; Shoshani, A.: Logical Modelling of Temporal Data, in: Dayal, U.; Traiger, I. (Eds.): *Proceedings of the 1987 ACM International Conference on Management of Data* (SIGMOD´87, San Francisco, CA, May 27-29), 1987, pp. 454-466 (*ACM SIGMOD Record 16(1987)3*)

SeSh 88   Segev, A.; Shoshani, A.: The Representation of a Temporal Data Model in the Relational Environment, in: Rafanelli, M.; Klensin, J.C.; Svensson, P. (Eds.): *Proceedings of the 4th International Working Conference on Statistical and Scientific Database Management* (4SSDBM, Rome, Italy, June 21-23), 1988, pp. 39-61

SeSh 93   Segev, A.; Shoshani, A.: A Temporal Data Model Based on Time Sequences, in: Tansel, A.U.; Clifford, J.; Gadia, S.; Jajodia, S.; Segev, A.; Snodgrass, R.: *TemporalDatabases*, Redwood City e.a.: Benjamin/Cummings, 1993, pp. 248-270

SeWi 94   Seamons, K.E.; Winslett, M.: Physical Schemas for Large Multidimensional Arrays in Scientific Computing Applications, in: French, J.C.; Hinterberger, H. (Eds.): *Proceedings of the 7th International Working Conference on Scientific and Statistical Database Management* (7SSDBM, Charlottesville, VA, Sept. 28-30), 1994, pp. 218-227

SFGM 92   Stonebraker, M.; Frew, J.; Gardels, K.; Meredith, J.: The Sequoia 2000 Storage Benchmark, *Sequoia 2000 Technical Report 92/12, Computer Science Division, University of California, Berkeley, CA*, 1992

ShDi 95   Short, N.M.; Dickens, L.: Automatic Generation of Products from Terabyte-Size Geographical Information Systems using Planning and Scheduling, *International Journal of Geographical Information Systems 9(1995)1*, pp. 47-65

ShDr 94   Shoshani, A.; Drach, R.: Metadata for Climate Models: A Case Study of Multidimensional Dataset Modeling, *Presentation at the Workshop on Data Representation in Scientific Computing* (Pleasanton, CA, Aug. 8), 1994

Shie 91   Shiers, J.D.: Distributed Storage Management in High Energy Physics, in: *Proceedings of the 11th IEEE Symposium on Mass Storage Systems* (Monterey, CA, Oct. 7-10), 1991, pp. 109-112

ShIt 84   Shmueli, O.; Itai, A.: Maintenance of Views, in: Yormark, B. (Ed.): *Proceedings of the 1984 ACM International Conference on Management of Data* (SIGMOD´84, Boston, Mass., June 18-21), pp. 240-255 (*ACM SIGMOD Record 14(1984)2*)

ShKa 86   Shoshani, A.; Kawagoe, K.: Temporal Data Management, in: Chu, W.; Gardarin, G.; Ohsuga, S.; Kambayashi, Y. (Eds.): *Proceedings of the 12th International Conference on Very Large Data Bases* (VLDB´86, Kyoto, Japan, Aug. 25-28), 1986, pp. 79-88

ShLa 90   Shet, A.; Larson, J.: Federated Database Systems for Manageing Distributed, Heterogeneous, and Autonomous Databases, *ACM Computing Surveys 22(1990)3*, pp. 183-235

ShNa 95   Shatdal, A.; Naughton, J.F.: Adaptive Parallel Aggregation Algorithms, in: Carey, M.J.; Schneider, D.A. (Eds.): *Proceedings of the 1995 ACM International Conference on Management of Data* (SIGMOD´95, San Jose, CA, May 23-25), 1995, pp. 104-114 (*ACM SIGMOD Record 24(1995)2*)

ShOL 94   Shen, H.; Ooi, B.C.; Lu, H.: The TP-Index: A Dynamic and Efficient Indexing Mechanism for Temporal Databases, in: *Proceedings of the 10th IEEE International Conference on Data Engineering* (ICDE´94, Houston, Texas, Feb. 14-18), 1994, pp. 274-281

ShRa 95   Shoshani, A.; Rafanelli, M.: Modeling Summary Data: The STORM Model, *Technical Report (Draft Edition), Lawrence Berkeley Laboratory*, Berkeley, CA, 1995

Shos 78   Shoshani, A.: CABLE: A Language based on the Entity-Relationship Model, *Technical Report UCID-8005, Lawrence Berkeley Laboratory*, Berkeley, CA, 1978

Shos 82   Shoshani, A.: Statistical Databases: Characteristics, Problems, and Some Solutions, in: *Proceedings of the 8th International Conference on Very Large Data Bases* (VLDB´82, Mexico City, Mexico, Sept. 8-10), 1982, pp. 208-222

ShOW 84   Shoshani, A.; Olken, F.; Wong, H.K.T.: Characteristics of Scientific Databases, in: Dayal, U.; Schlageter, G.; Seng, L.H. (Eds.): *Proceedings of the 10th International Conference on Very Large Data Bases* (VLDB´84, Singapore, Aug. 27-31), 1984, pp. 147-160

ShWo 85   Shoshani, A.; Wong, H.K.T.: Statistical and Scientific Database Issues, *IEEE Transactions on Software Engineering SE-11(1985)10*, pp. 1040-1047

Smit 85   Smith, R.J.: The Analysis of Nucleic Acid Sequences, in: Ireland, C.R.; Long, S.P. Eds.): *Microcomputers in Biology: A Practical Approach*, Oxford, Washington, D.C.: IRL Press, 1985, pp. 151-164

SmKr 92   Smith, F.J.; Krishnamurthy, M.V.: Integration of Scientific Data and Formulae in an Object-Oriented System, in: Hinterberger, H.; French, J.C. (Eds.): *Proceedings of the 6th International Working Conference on Scientific and Statistical Database Management* (6SSDBM, Ascona, CH, June 9-12), 1992, pp. 110-122

SmLi 89   Smith, K.P.; Liu, J.W.S.: Monotonically Improving Approximate Answers to Relational Algebra Queries, in: *Proceedings of the 13th Annual IEEE International Computer Software and Applications Conference* (COMPSAC´89, Orlando, Fla.), 1989, pp. 234-241

SmSm 77   Smith, J.M.; Smith, D.C.P.: Database Abstractions: Aggregation and Generalization, *ACM Transactions on Database Systems 2(1977)2*, pp. 105-133

SnAh 85   Snodgrass, R.T.; Ahn, I.: A Taxonomy of Time in Databases, *ACM SIGMOD Record 15(1985)2*, pp. 236-246

SnAh 89   Snodgrass, R.T.; Ahn, I.: Performance Analysis of Temporal Queries, Information Sciences 49(1989), pp. 103-146

SNFH 86   Sato, H.; Nakano, T.; Fukasawa, Y.; Hotaka, R.: Conceptual Schema for a Wide-Scope Statistical Database and its Application, in: Cubitt, R.; Cooper, B.; Ozsoyoglu, G. (Eds.): *Proceedings of the 3rd International Workshop on Statistical and Scientific Database Management* (3SSDBM, Luxembourg, July 22-24), 1986, pp. 165-172

SNKT 95   Sako, K.; Nemoto, T.; Kitsiregawa, M.; Takagi, M.: Partial Migration in an 8mm Tape Based Tertiary Storage File System and its Performance Evaluation through Satellite Image Processing Applications, in: Bhalla, S. (Ed.): *Proceedings of the 6th International Conference on Information Systems and Data Management* (CISMOD´95, Bombay, India, Nov. 15-17), Berlin e.a.: Springer-Verlag, 1995, pp. 178-191

Snod 87   Snodgrass, R.T.: The Temporal Query Language TQuel, *ACM Transactions on Database Systems 12(1987)2*, pp. 247-298

Snod 90   Snodgrass, R.T.: Temporal Databases - Status and Research Directions, *ACM SIGMOD Record 19(1990)4*, pp. 83-89

Snod 93   Snodgrass, R.T.: An Overview of TQuel, in: Tansel, A.U.; Clifford, J.; Gadia, S.; Jajodia, S.; Segev, A.; Snodgrass, R.: *Temporal Databases*, Redwood City e.a.: Benjamin/ Cummings, 1993, pp. 141-182

Snod 95   Snodgrass, R.T.: Temporal Object-Oriented Databases: A Critical Comparison, in: Kim, W. (Ed.): *Modern Database Systems*, Reading e.a.: Addison-Wesley, 1995, pp. 386-405

SoDu 77   Sonquist, J.A.; Dunkelberg, W.C.: *Survey and Opinion Research: Procedures for Processing and Analysis*, Englewood Cliffs, NJ: Prentice-Hall, 1977

Soo 91   Soo, M.D.: Bibliography on Temporal Databases, *ACM SIGMOD Record 20(1991)1*, pp. 14-23

SoSn 92   Soo, M.D.; Snodgrass, R.T.: Mixed Calendar Query Language Support for Temporal Constants, *Technical Report TempIS 29, Univ. of Arizona*, 1992

SqCh 87   Squibb, G.F.; Cheung, C.Y.: NASA Astrophysics Data System (ADS) Study, in: *Proceedings of the Conference on Astronomy from Large Databases: Scientific Objectives and Methodological Approaches* (Garching, Germany, Oct. 1987), pp. 489-496

Squi 95   Squire, C.: Data Extraction and Transformation for the Data Warehouse, in: Carey, M.J.; Schneider, D.A. (Eds.): *Proceedings of the 1995 ACM International Conference on Management of Data* (SIGMOD´95, San Jose, CA, May 23-25), 1995, pp. 446-447 (*ACM SIGMOD Record 24(1995)2*)

SrAg 95   Srikant, R.; Agrawal, R.: Mining Generalized Association Rules, in: Dayal, U.; Gray, P.M.D.; Nishio, S. (Eds.): *Proceedings of the 21st International Conference on Very Large Data Bases* (VLDB '95, Zurich, Switzerland, Sept. 11-15), 1995, pp. 407-419

SrLu 86   Srivastava, J.; Lum, V.Y.: A Tree-Based Statistics Access Method (TBSAM), in: *Proceedings of the 4th IEEE International Conference on Data Engineering* (ICDE '88, Los Angeles, CA, Feb. 1-5), 1988, pp. 504-510

SrRo 88   Srivastava, J.; Rotem, D.: Precision-Time Tradeoffs: A Paradigm for Processing Statistical Queries on Databases, in: Rafanelli, M.; Klensin, J.C.; Svensson, P. (Eds.): *Proceedings of the 4th International Working Conference on Statistical and Scientific Database Management* (4SSDBM, Rome, Italy, June 21-23), 1988, pp. 226-245

SrRo 89   Srivastava, J.; Rotem, D.: A Framework for Expressing and Controlling Imprecision in Databases, in: *Proceedings of the 13th International COMPSAC Conference (Orlando, Fla.)*, 1989

SrTL 89   Srivastava, J.; Tan, J.S.E.; Lum, V.Y.: TBSAM: An Access Method for Efficient Processing of Statistical Queries, *IEEE Transactions on Knowledge and Data Engineering 1(1989)4*, pp. 414-423

SSAA 93   Smith, T.R.; Su, J.; Agrawal, D.; El Abbadi, A.E.: MDBS: A Modelling and Database System to Support Research in the Earth Sciences, *Technical Report TRCS93-15, University of California, Santa Barbara, CA*, 1993

StAH 87   Stonebraker, M.; Anton, J.; Hanson, E.: Extending a Database System with Procedures, *ACM Transactions on Database Systems 12(1987)3*, pp. 350-376

StBo 86   Stefik, M.; Bobrow, D.G.: Object-Oriented Programming: Themes and Variations, *The AI Magazine 6(1986)4*, pp. 40-62

StCa 91   Stoehr, P.J.; Cameron, G.N.: The EMBL Data Library, *Nucleic Acids Research 19(1991)Supplement*, pp. 2227-2230

StDo 91   Stonebraker, M.; Dozier, J.: Sequoia 2000: Large Capacity Object Servers to Support Global Change Research, *Sequoia 2000 Technical Report 91/1, Computer Science Division, University of California, Berkeley, CA*, 1991

Stev 46   Stevens, S.S.: On the Theory of Scales of Measurement, *Science 103(1946)*, pp. 677-680

StHa 87   Stonebraker, M.; Hanson, E.: A Rule Manager for Relational Database Systems, *Technical Report M87/38, Electronics Research Laboratory, University of California, Berkeley, CA*, 1987

StKe 91   Stonebraker, M.; Kemnitz, G.: The POSTGRES Next-Generation Database Management System, *Communications of the ACM 34(1991)10*, pp. 78-92

StOl 93   Stonebraker, M.; Olson, M.: Large Object Support in POSTGRES, in: *Proceedings of the 9th IEEE International Conference on Data Engineering* (ICDE '93, Vienna, Austria, April 19-23), 1993, pp. 355-362

Ston 87   Stonebraker, M.: The Design of the POSTGRES Storage System, in: Stocker, P.M.; Kent, W.; Hammersley, P. (Eds.): *Proceedings of the 13th International Conference on Very Large Data Bases* (VLDB '87, Brighton, Great Britain, Sept. 1-4), 1987, pp. 289-300

Ston 89　　Stonebraker, M.: The Case for Partial Indexes, *ACM SIGMOD Record 18(1989)4*, pp. 4-11

Ston 90　　Stonebraker, M., et al.: Third Generation Database System Manifesto, *ACM SIGMOD Record 19(1990)3*, pp. 31-44

Ston 91　　Stonebraker, M.: An Overview of the Sequoia 2000 Project, *Sequoia 2000 Technical Report 91/5, Computer Science Division, University of California, Berkeley, CA*, 1991

Ston 94　　Stonebraker, M.: Sequoia 2000 -- A Reflection on the First Three Years, in: French, J.C.; Hinterberger, H. (Eds.): *Proceedings of the 7th International Working Conference on Scientific and Statistical Database Management* (7SSDBM, Charlottesville, VA, Sept. 28-30), 1994, pp. 108-116

StRH 90　　Stonebreaker, M.; Rowe, L.A.; Hirohama, M.: The Implementation of POSTGRES, *IEEE Transactions on Knowledge and Data Engineering 2(1990)1*, pp. 125-141

StSn 88　　Stam, R.; Snodgrass, R.T.: A Bibliography on Temporal Databases, *IEEE Bulletin on Data Engineering 11(1988)4*, pp. 231-239

StWa 73　　Stamen, J.P.; Wallace, R.M.: JANUS: A Data Management and Analysis System for the Behavioral Sciences, in: *Proceedings of the 1973 Annual Conference of the ACM*, New York, 1973, pp. 273-282

SuLo 79　　Su, S.Y.W.; Lo, D.H.: A Semantic Association Model for Conceptual Database Design, in: Chen, P. (Ed.): *Proceedings of the International Conference on Entity-Relationship Approach to Systems Analysis and Design* (Los Angeles, CA, Dec. 10-12), 1979, pp. 169-192 (*Entity-Relationship Approach to Systems Analysis and Design*, Amsterdam e.a.: North-Holland)

Su 83　　Su, S.Y.W.: SAM*: A Semantic Association Model for Corporate and Scientific-Statistical Databases, *Journal of Information Sciences 29(1983)2/3*, pp. 151-199

SuNB 83　　Su, S.Y.W.; Navathe, S.B.; Batory, D.S.: Logical and Physical Modelling of Statistical/ Scientific Databases, in: Hammond, R.; McCarthy, J.L. (Eds.): *Proceedings of the 2nd International Workshop on Statistical Database Management* (2SSDBM, Los Altos, CA, Sept. 27-29), 1983, pp. 252-263

Sven 79　　Svensson, P.: On Search Performance for Conjunctive Queries in Compressed, Fully Transposed Ordered Files, in: Furtado, A.L.; Morgan, H.L. (Eds.): *Proceedings of the 5th International Conference on Very Large Data Bases* (VLDB'79, Rio de Janeiro, Brasil, Oct. 3-5), 1979, pp. 155-163

Sven 96　　Svensson, P. (Ed.): *Proceedings of the 8th International Conference on Scientific and Statistical Database Management* (8SSDBM, Stockholm, Sweden, June 18-20), 1996

TaAr 86a　　Tansel, A.U.; Arkun, M.E.: Aggregation Operations in Historical Relational Databases, in: Cubitt, R.; Cooper, B.; Ozsoyoglu, G. (Eds.): *Proceedings of the 3rd International Workshop on Statistical and Scientific Database Management* (3SSDBM, Luxembourg, July 22-24), 1986, pp. 116-121

TaAr 86b　　Tansel, A.U.; Arkun, M.E.: HQUEL: A Query Language for Historical Relational Databases, in: Cubitt, R.; Cooper, B.; Ozsoyoglu, G. (Eds.): *Proceedings of the 3rd International Workshop on Statistical and Scientific Database Management* (3SSDBM, Luxembourg, July 22-24), 1986, pp. 135-142

Tans 86   Tansel, A.U.: Adding Time Dimension to Relational Model and Extending Relational Algebra, *Information Systems 11(1986)4*, pp. 343-355

Tans 87   Tansel, A.U.: A Statistical Interface for Historical Relational Databases, in: *Proceedings of the 3rd IEEE International Conference on Data Engineering* (ICDE´87, Los Angeles, CA, Feb. 3-5), 1987, pp. 538-546

TaYa 79   Tarjan, R.E.; Yao, A.C.: Storing a Sparse Table, *Communications of the ACM 22(1979)11*, pp. 606-611

TBB+ 94   Thomas, J.J.; Bohn, S.; Brown, J.C.; Pennock, K.; Schur, A.; Wise, J.A.: Information Visualization: Data Infrastructure Architectures, in: French, J.C.; Hinterberger, H. (Eds.): *Proceedings of the 7th International Working Conference on Scientific and Statistical Database Management* (7SSDBM, Charlottesville, VA, Sept. 28-30), 1994, pp. 2-9

TCG+ 93   Tansel, A.U.; Clifford, J.; Gadia, S.; Jajodia, S.; Segev, A.; Snodgrass, R.: *Temporal Databases*, Redwood City e.a.: Benjamin/Cummings, 1993

ThAS 95   Thoben, W.; Appelrath, H.; Sauer, S.: Record Linkage of Anomymous Data by Control Numbers, in: Gaul, W.; Pfeifer, D. (Eds.): *From Data to Knowledge: Theoretical and Practical Aspects of Classification, Data Analysis, and Knowledge Organization*, Berlin e.a.: Springer-Verlag, 1995, pp. 412-419 (Studies in Classification, Data Analysis, and Knowledge Organization)

Thie 94   Thiemann, U.: Gleichzeitig überall, *iX 7/1994*, pp. 152-156

TKF+ 93   Treinish, L.; Kulkani, R.; Folk, M.; Goucher, G.W.; Rew, R.: Data Models, Structures and Access Software for Scientific Visualization, *Research Report RC 19129, IBM T.J. Wartson Research Center*, Yorktown Heights, NY, 1993

TLKR 94   Teschke, M.; Lehner, W.; Kirsche, T.; Ruf, T.: Datenbanksysteme mit flexiblem Daten-, Zugriffs- und Speichermodell, in: R. Lenz, H. Wedekind (Hrsg.): *Arbeitsberichte des Instituts für mathematische Maschinen und Datenverarbeitung 27(1994)5*, S. 106-120

Trau 89   Trautmann, S.: OPTRAD: A Decision Support System for Portfolio Management in Stock and Options Markets, in: Gaul, W.; Schader, M. (Eds.): *Data, Expert Knowledge and Decisions: An Interdisciplinary Approach with Emphasis on Marketing Applications*, Berlin e.a.: Springer-Verlag, 1989, pp. 185-203

TrGo 87   Treinish, L.A.; Gough, M.L.: A Software Package for the Data-Independent Storage of Multi-Dimensional Data, in: *EOS Transactions American Geophysical Union (1987)6*, pp. 633-635

TrYW 84   Traub, J.F.; Yemini, Y.; Wozniakowski, H.: The Statistical Security of a Statistical Database, *ACM Transactions on Database Systems 9(1984)4*, pp. 672-679

TsUS 83a   Tsuda, T.; Urano, A.; Sato, T.: Transposition of Large Tabular Data Structures with Applications to Physical Database Organization, Part I, *Acta Informatica 19(1983)*, pp. 13-33

TsUS 83b   Tsuda, T.; Urano, A.; Sato, T.: Transposition of Large Tabular Data Structures with Applications to Physical Database Organization, Part II, *Acta Informatica 19(1983)*, pp. 167-182

TuCl 90   Tuzhilin, A.; Clifford, J.: A Temporal Relational Algebra as a Basis for Temporal Relational Completeness, in: McLeod, D.; Sacks-Davis, R.; Schek, H. (Eds.): *Proceedings of the 16th International Conference on Very Large Data Bases* (VLDB´90, Brisbane, Australia, Aug. 13-16), 1990, pp. 234-247

TuHC 79   Turner, M.J.; Hammond, R.; Cotton, F.: A DBMS for Large Statistical Databases, in: Furtado, A.L.; Morgan, H.L. (Eds.): *Proceedings of the 5th International Conference on Very Large Data Bases* (VLDB´79, Rio de Janeiro, Brasil, Oct. 3-5), 1979, pp. 319-327

Tuke 77   Tukey, J.W.: *Exploratory Data Analysis*, Reading, Mass.: Addison-Wesley, 1977

TuTu 82   Tukey, J.W.; Tukey, P.A.: Some Graphics for Studying Four-Dimensional Data, in: Heiner, K.W.; Sacher, R.S.; Wilkinson, J.W. (Eds.): *Computer Science and Statistics: Proceedings of the 14th Symposium on the Interface* (Rensselaer Polytechnic Institute, Troy, N.Y., July 5-7), 1982, pp. 60-66

UN 75   o.V.: Towards a System of Social and Demographic Statistics, *United Nations, Department of Economic and Social Affairs, Statistical Office, Studies in Methods, Series F, No. 18 (ST/ESA/STAT/SER.F/18)*, New York, 1975

Vask 94   Vaskevitck, D.: Database in Crisis und Transition: A Technical Agenda for the Year 2001, in: Snodgrass, R.T.; Winslett, M. (Eds.): *Proceedings of the 1994 ACM International Conference on Management of Data* (SIGMOD´94, Minneapolis, Minn., May 24-27), 1994, pp. 484-489 (*ACM SIGMOD Record 23(1994)2*)

Warn 65   Warner, S.L.: Randomized Response: A Survey Technique for Eliminating Evasive Answer Bias, *Journal of the American Statistics Association 60(1965)309*, pp. 63-69

WaZS 95   Wang, J.T.L.; Zhang, K.; Shasha, D.: Pattern Matching and Pattern Discovery in Scientific, Program, and Document Databases, in: Carey, M.J.; Schneider, D.A. (Eds.): *Proceedings of the 1995 ACM International Conference on Management of Data* (SIGMOD´95, San Jose, CA, May 23-25), 1995, p. 487 (*ACM Sigmod Record 24(1995)2*)

WCM+ 94   Wang, J.T.; Chirn, G.; Marr, T.G.; Shapiro, B.; Shasha, D.; Zhang, K.: Combinatorial Pattern Discovery for Scientific Data: Some Preliminary Results, in: Snodgrass, R.T.; Winslett, M. (Eds.): *Proceedings of the 1994 ACM International Conference on Management of Data* (SIGMOD´94, Minneapolis, Minn., May 24-27), 1994, pp. 115-125 (*ACM SIGMOD Record 23(1994)2*)

Wede 81   Wedekind, H.: *Datenbanksysteme I: Eine konstruktive Einführung in die Datenverarbeitung in Wirtschaft und Verwaltung*, Mannheim, Wien, Zürich: BI Wissenschaftsverlag, 1981^2 (Reihe Informatik, Bd. 16)

Wede 88a   Wedekind, H.: Nullwerte in Datenbanksystemen, *Informatik-Spektrum 11(1988)2*, S. 97-98

Wede 88b   Wedekind, H.: Ubiquity and Need-to-know: Two Principles of Data Distribution, *Operating Systems Review 22(1988)4*, pp. 39-45

Wede 94   Wedekind, H. (Hrsg.): *Verteilte Systeme: Grundlagen und zukünftige Entwicklung aus Sicht des Sonderforschungsbereichs 182 "Multiprozessor- und Netzwerkkonfigurationen"*, Mannheim e.a.: BI-Wissenschafts-Verlag, 1994

WeKu 91   Weiss, S.M.; Kulikowski: *Computer Systems that Learn: Classification and Prediction Methods from Statistics, Neural Nets, Machine Learning, and Expert Systems*, San Mateo, CA: Morgan Kaufman Publishers, 1991

Welc 84   Welch, T.: A Technique for High-Performance Data Compression, *IEEE Computer 17(1984)6*, pp. 8-19

WeSt 81   Weiss, S.E.; Stevens, P.B.: Solving Complex Data Retrieval Problems with TPL, in: Wong, H.K.T. (Ed.): *Proceedings of the 1st LBL Workshop on Statistical Database Management* (1SSDBM, Menlo Park, CA, Dec. 2-4), 1981, pp. 390-397

WhNe 89   Wharton, S.W.; Newcomer, J.A.: Land Image Data Processing Requirements for the EOS Era, *IEEE Transactions on Geoscience and Remote Sensing 27(1989)2*, pp. 236-242

Wied 77   Wiederhold, G.: *Data Base Design*, New York: McGraw-Hill, 1977

Wiin 91   Wiin-Nielsen, A.: Observed Climate Variations and Change: A Study of the Data, in: Corell, R.W.; Anderson, P.A. (Eds.): *Global Environmental Change*, Berlin e.a.: Springer-Verlag, 1991, pp. 121-135 (NATO ASI Series, Vol. 11)

WiNC 87   Witten, I.; Neal, R.; Cleary, J.: Arithmetic Coding for Data Compression, *Communications of the ACM 30(1987)6*, pp. 520-540

WiJL 91   Wiederhold, G.; Jajodia, S.; Litwin, W.: Dealing with Different Granularity of Time in Temporal Databases, *Proceedings of the 3rd Conference on Advanced Information Systems Engineering Conference* (CAISE'91, Trondheim, Sweden, May 13-15), 1991, pp. 124-140

Wins 77   Winston, P.H.: *Artificial Intelligence*, Reading, Mass.: Addison-Wesley, 1977

WJLF 80   Wong, C.; Joy, W.; Leffler, S.; Fabry, R.: Minimizing Expected Head Movement in One-Dimensional and Two-Dimensional Mass Storage Systems, *ACM Computing Surveys 12(1980)2*, pp. 167-178

WLO+ 85   Wong, H.K.T.; Liu, H.; Olken, F.; Rotem, D.; Wong, L.: Bit Transposed Files, in: Pirotte, A.; Vassiliou, Y. (Eds.): *Proceedings of the 11th International Conference on Very Large Data Bases* (VLDB'85, Stockholm, Sweden, Aug. 21-23), 1985, pp. 448-457

WoGr 93   Wolniewicz, R.; Graefe, G.: Algebraic Optimization of Computations over Scientific Databases, in: Agrawal, R.; Baker, S.; Bell, D. (Eds.): *Proceedings of the 19th International Conference on Very Large Data Bases* (VLDB'93, Dublin, Ireland, Aug. 24-27), 1993, pp. 13-24

WoKu 82   Wong, H.K.T.; Kuo, I.: GUIDE: Graphical User Interface for Database Exploration, in: *Proceedings of the 8th International Conference on Very Large Data Bases* (VLDB'82, Mexico City, Mexico, Sept. 8-10), 1982, pp. 22-32

WoLi 86   Wong, H.K.T.; Li, J.Z.: Transposition Algorithms for Very Large Compressed Databases, in: Chu, W.; Gardarin, G.; Ohsuga, S.; Kambayashi, Y. (Eds.): *Proceedings of the 12th International Conference on Very Large Data Bases* (VLDB'86, Kyoto, Japan, Aug. 25-28), 1986, pp. 304-311

Wong 81   Wong, H.K.T. (Ed.): *Proceedings of the 1st LBL Workshop on Statistical Database Management* (1SSDBM, Menlo Park, CA, Dec. 2-4), 1981

Wong 82   Wong, H.K.T.: Statistical Database Management, in: Schkolnik, M. (Ed.): *Proceedings of the 1982 ACM International Conference on Management of Data* (SIGMOD´82, Orlando, Fla., June 2-4), 1982, p. 118

Wong 84   Wong, H.K.T.: Micro and Macro Statistical/Scientific Database Management, in: *Proceedings of the 1st IEEE International Conference on Data Engineering* (ICDE´84, Los Angeles, CA, April 24-27), 1984, pp. 104-106

WoVa 92   Wongsaroje, M.; Vandijck, E.: An Object-Oriented Statistical Database: A Proposal for the National Statistical Office, in: Hinterberger, H.; French, J.C. (Eds.): *Proceedings of the 6th International Working Conference on Scientific and Statistical Database Management* (6SSDBM, Ascona, CH, June 9-12), 1992, pp. 178-194

WuDa 92   Wuu, G.T.J.; Dayal, U.: A Uniform Model for Temporal Object-Oriented Databases, in: *Proceedings of the 8th IEEE International Conference on Data Engineering* (ICDE´92, Tempe, Arizona, Feb. 3-7), 1992, pp. 584-593

WuDa 93   Wuu, G.T.J.; Dayal, U.: A Uniform Model for Temporal and Versioned Object-Oriented Databases, in: Tansel, A.U.; Clifford, J.; Gadia, S.; Jajodia, S.; Segev, A.; Snodgrass, R.: *Temporal Databases*, Redwood City e.a.: Benjamin/Cummings, 1993, pp. 230-247

YaLa 94   Yan, W.P.; Larson, P.A.: Performing Group-By Before Join, in: *Proceedings of the 10th IEEE International Conference on Data Engineering* (ICDE´94, Houston, Texas, Feb. 14-18), 1994, pp. 89-100

YaLa 95   Yan, W.P.; Larson, P.A.: Eager Aggregation and Lazy Aggregation, in: Dayal, U.; Gray, P.M.D.; Nishio, S. (Eds.): *Proceedings of the 21st International Conference on Very Large Data Bases* (VLDB´95, Zurich, Switzerland, Sept. 11-15), 1995, pp. 345-357

Zech 92   Zeches, N.: Process Control and Data Integration, *AMPC Research Report, IBM Almaden Research Center*, San Jose, CA, 1992

Zema 88   Zemanek, H.: *Ausgewählte Beiträge zu Geschichte und Philosophie der Informationsverarbeitung*, Wien, München: Oldenbourg, 1988 (Schriftenreihe der Österreichischen Computer Gesellschaft, Bd. 43)

ZGHW 95   Zhuge, Y.; Garcia-Molina, H.; Hammer, J.; Widom, J.: View Maintenance in a Warehousing Environment, in: Carey, M.J.; Schneider, D.A. (Eds.): *Proceedings of the 1995 ACM International Conference on Management of Data* (SIGMOD´95, San Jose, CA, May 23-25), 1995, pp. 316-327 (*ACM SIGMOD Record 24(1995)2*)

Zloo 77   Zloof, M.M.: Query by Example: A Database Language, *IBM Systems Journal 16(1977)4*, pp. 324-343

Zörn 88   Zörntlein, G.: *Flexible Fertigungssysteme: Belegung, Steuerung, Datenorganisation*, München, Wien: Hanser, 1988

Zorp 93   Zorpette, G.: Sensing Climate Change, *IEEE Spectrum 30(1993)7*, pp. 20-27

Stichwortverzeichnis